海洋功能性资源技术丛书
国家自然科学基金项目资助（U1804112）
河南中医药大学仲景骨干学者基金资助（00104311-2021）

杜氏盐藻

DUNALIELLA SALINA

冯书营　王白燕
李姝璇　李亚兰　主编

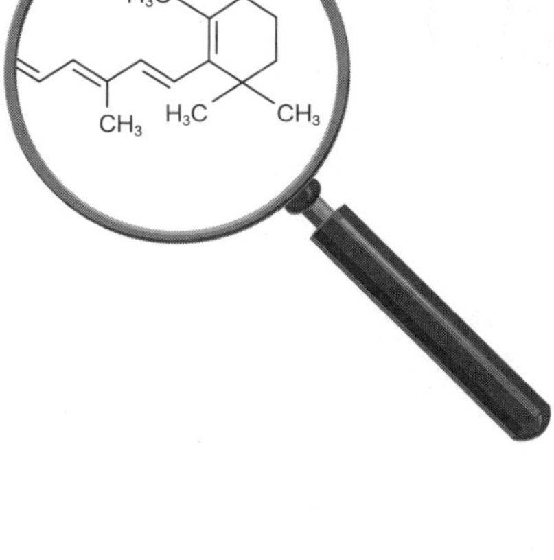

中国轻工业出版社

图书在版编目（CIP）数据

杜氏盐藻 / 冯书营等主编. —北京：中国轻工业出版社，2022.6
ISBN 978-7-5184-3733-7

Ⅰ. ①杜… Ⅱ. ①冯… Ⅲ. ①盐—藻类—研究 Ⅳ. ①Q949.2

中国版本图书馆CIP数据核字（2021）第227482号

责任编辑：罗晓航
策划编辑：罗晓航　　责任终审：白　洁　　封面设计：锋尚设计
版式设计：砚祥志远　　责任校对：吴大朋　　责任监印：张　可

出版发行：中国轻工业出版社（北京东长安街6号，邮编：100740）
印　　刷：三河市万龙印装有限公司
经　　销：各地新华书店
版　　次：2022年6月第1版第1次印刷
开　　本：710×1000　1/16　印张：22.75
字　　数：400千字
书　　号：ISBN 978-7-5184-3733-7　定价：158.00元
邮购电话：010-65241695
发行电话：010-85119835　传真：85113293
网　　址：http://www.chlip.com.cn
Email：club@chlip.com.cn
如发现图书残缺请与我社邮购联系调换
211099K1X101ZBW

本书编写人员

主　　编　冯书营　王白燕　李姝璇　李亚兰

副 主 编　李爱芳　张文靖　李晓娟　牛春玲
　　　　　尹素改　胡利娜

参编人员　徐　朋　黄晓雯　于扬帆　王　静
　　　　　王孜龙　谢　鑫　刘俊杰　王倩芳
　　　　　曹静格　王美乐　李怡春　朱雅馨
　　　　　梁高峰　杜景霞　倪良平　郑　行
　　　　　郭　涛　苑　娟　殷萌琪　禄保平
　　　　　黄　钰　冯艳霞

前言 | Foreword

杜氏盐藻（简称盐藻）是一种生活在咸水中的单细胞真核绿藻，自从其被发现至今，已有一百多年的研究历史。盐藻具有多种天然的优点，如盐藻本身无毒无害且营养丰富，具有增强机体免疫力和抵抗力的作用；盐藻属于光合自养型生物，适合大规模工厂化养殖，培养成本低廉；盐藻富含多种天然色素及不饱和脂肪酸，有着促进生长和改变体色的功能；盐藻具有高效利用废气、进行污水处理、控制重金属污染的能力；盐藻属于真核细胞，具有细胞核和叶绿体等多个细胞器，利于高效生产生物活性物质；盐藻被开发作为一种新型的表达系统，用来进行重组疫苗和药用蛋白质的开发制备；等等。鉴于盐藻的诸多优点，目前其已被广泛应用到废气利用、废水处理、水产养殖、畜禽养殖、食品加工、保健品开发等多个领域，显示出较高的应用价值和广阔的应用前景。

盐藻作为一种多功能性的海洋源健康产品，在目前大健康时代背景下有着重要的现实应用意义。目前盐藻已经应用于人体多种机能的改善与提升、多种疾病的预防与治疗等方面。主要应用范围有：盐藻作为天然的抗氧化剂，用于提高人体抗氧化能力，延缓衰老；盐藻具有较强抗菌消炎能力，用于治疗消化道炎症和保护消化道黏膜；盐藻能够增强抗病毒的能力，用于病毒性疾病的防控；盐藻具有显著抗肿瘤作用，用于肺癌、乳腺癌、皮肤癌、宫颈癌、白血病等多种肿瘤的防治；盐藻对心血管疾病和肥胖有着明显的改善作用；盐藻对糖尿病、肝脏疾病、神经系统疾病有着较强的保护和改善作用；盐藻在化妆品领域和无污染涂料领域有着十分美好的应用前景。此外，盐藻对机体的其他机能和疾病防治方面，目前正在进行深入的挖掘与开发。

为了促进盐藻产业的快速发展和广泛应用，编者对盐藻多个研究领域的现状进行了系统的整理和全面的总结，共梳理了1502篇中文文献、1259篇英文文献，957项中文专利，322项英文专利，著作及教材12部，参考其中的主要研究成果和进展，首次编写了盐藻研究的专业著作《杜氏盐藻》。本书共分为七章，内容覆盖了盐藻的发现历史及形态特征、影响盐藻生长的各种因素、盐藻的培养及育种、盐藻胡萝卜素的研究现状、盐藻脂质研究的最新进展、盐藻分子生物学的研究现状、盐藻的应用等多个领域。《杜氏盐藻》由河南中医药大学冯书营教授团队编写，编写成员有冯书营、王白燕、李姝璇、李亚兰、李爱芳、张文靖、李晓娟、牛春玲、尹素改、胡利娜、徐朋、黄晓雯、于扬帆、王静、王孜龙、谢鑫、刘俊杰、曹静格、王美乐、李怡春、朱雅馨、郭涛、苑娟、殷萌琪、禄保平、黄钰、冯艳霞等。同时，在本书编写过程中，得到了河南科技大学王倩芳、梁高峰、杜景霞，上海光语生物科技有限公司倪良平，福清市新大泽螺旋藻有限公司郑行等人员的支持协助。

本书可作为微藻、水产养殖、畜禽养殖、生态农业、食品工业、生物医药、化妆品等多个领域的技术人员和专家学者的参考用书。

本书在编写过程中，参考了国内外研究人员的著作及研究论文等资料，在此一并表示衷心感谢。

由于编者水平有限，书中不妥之处，敬请读者指正！

编者

2022年3月

目录 | Contents

第一章　盐藻的发现及其形态特征

第一节　盐藻的发现及其分布

一、盐藻的发现

公元17世纪，在瑞典的一个小渔村里有个传说，当地所有村民的寿命均超过了100岁，更令人惊奇的是，年龄在50岁以上的人，容貌比实际年龄偏年轻，对他们来说，时间就像停滞了一样。很快，这个消息就传遍了整个欧洲。许多贵族慕名而来，希望找到这个能够使人"冻龄"和长寿的秘诀。结果一无所获。后来，有几位医学家将渔村的水带了回去，通过研究发现这些水可以让人永葆青春和长寿，之后人们就将渔村的水称为"圣水"。而传说中的"圣水"，其实就是我们今天所知道的"用极端生命给人类带来的长寿钥匙""叩开长寿之门"的杜氏盐藻。

杜氏盐藻（*Dunaliella salina*，*D. salina*），别名盐生杜氏藻，简称盐藻或杜氏藻。盐藻诞生于38亿年前，是地球上最古老的单细胞生物。在漫长的历史长河中，盐藻历经五次生物大灭绝。起源比盐藻晚的三叶虫、猛犸象、剑齿虎等早已灭绝，而盐藻却越挫越勇，依然存活在地球，可谓是地球生命演变过程中的"老寿星"。盐藻最早发现于1838年，由法国生物学家杜纳尔（Michel Felix Dunal，1789—1856）在法国南部地中海沿岸蒙彼利埃的盐田中发现。当时杜纳尔受法国科学院的邀请，进行一项关于盐水变红原因的调查。结果发现，在湖水中生长有一种微小的生物——单细胞双鞭毛的红色藻类（图1-1），这些藻类正是造成湖水发红的原因。因此，他将观察到的生物命名为盐红球藻或红球藻（Dunal，1838）。在此发现之前，人们普遍认为湖水变红的原因是由物理或者化学因素造成的。为查清湖水变红的原因及杜纳尔的发现是否正确，该研究院任命了一个委员会重新审查此事，结果也得到了同杜纳尔一样的结论（Turpin，1839）。

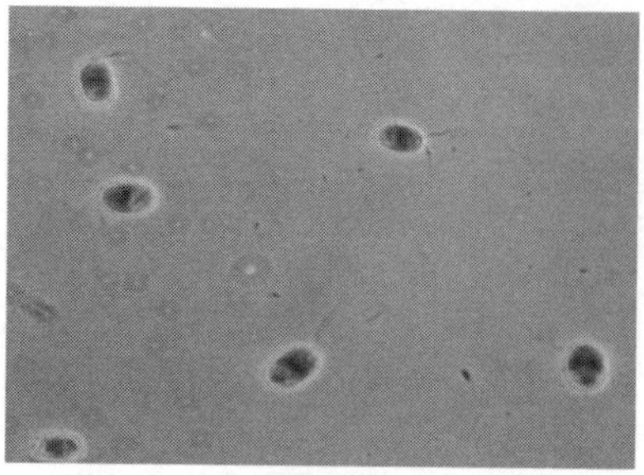

图 1-1 杜纳尔发现的盐藻

资料来源：Dunal，1838。

科研的道路注定是艰辛的，有人对结论是质疑的。同一时期，部分生物学家仍持有不同的看法，认为盐水变红的原因是由卤水虾肠道内存在的半消化和腐烂的红色鞭毛虫所致（Joly，1840）。但任何真理都是经得起实践和时间考验的。在随后的几年时间里，生物学家陆续在克里米亚、阿尔及利亚、法国、罗马尼亚等地的盐湖和其他高盐地区观察到杜纳尔之前所描述的盐红球藻，并给予了不同的命名（表 1-1）。直到 1905 年，两位生物学家 Teodoresco 和 Hamburger 在其论文中分别对盐藻作为一个新的种属进行了深入的描述（Teodoresco，1905；Hamburger，1905），并提供了生物样本的详图（图 1-2、图 1-3）。文中对盐藻的形态结构和繁殖方式进行了叙述。但是，对盐藻作为一个新的种属正式描述是在 1906 年 Teodoresco 发表的。盐藻不同于红球藻，并没有细胞壁，故将其建立一个新属：杜氏藻属。为了纪念生物学家杜纳尔的发现，Teodoresco 将其命名为 *Dunaliella*（Teodoresco，1905）。近年来，来自于不同国家的四位学者（美国医学家斯提夫 · 凯伦、德国基因学家席勒 · 尤瑟夫、日本生物学家宫本雄二、欧洲营养学家严子涵）联合发现了盐藻母藻，共同提出了真核盐藻的概念，在实验中记录了盐藻裂变的发生发展过程，取得了历史性的突破和成就。

表 1-1 盐藻的命名历史

作者	命名	时间
Dunal	*Haematococcus salinus*	1838
Dunal；Geleznow	*Protococcus salinus*	1838
Joly；Blanchard；Butschinsky	*Monas* Dunalii	1840；1888；1897
Dujardin	*Diselmis* Dunalii	1841
Cohn；Blanchard；Bujor	*Chlamydomonas* Dunalii	1865；1891；1900
Hansgirg	*Sphaerella lacustris* var. Dunalii	1866
Teodoresco	*Dunaliella salina*	1905；1906

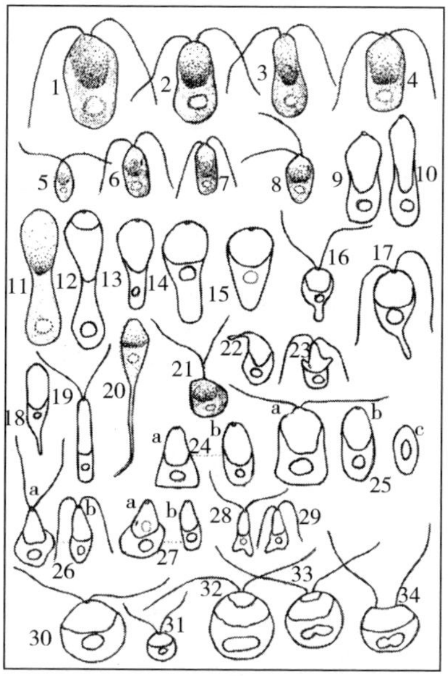

1~4—红细胞（杜氏盐藻）；5~8— 绿细胞（绿色杜氏藻，*D. viridis*）；9~29—培养液蒸发后盐藻的形态；30~31— 稀释后液体中呈球形的盐藻细胞；32~34 —盐藻细胞分裂初期的形态。

图 1-2　Hamburger 绘制的盐藻图

资料来源：Hamburger，1905。

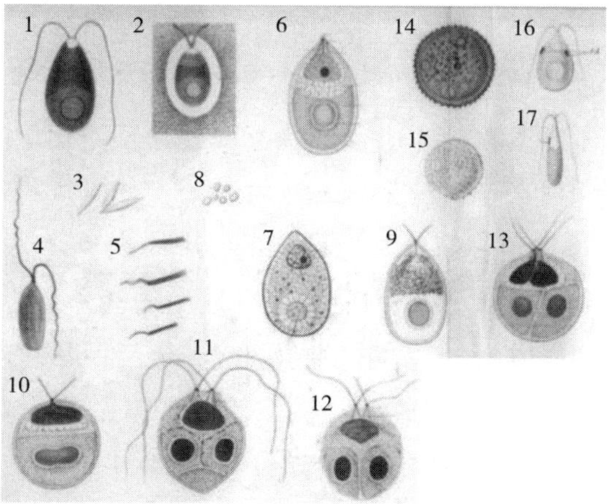

1~17—不同固定方法处理的盐藻；3—色素晶体；8—颗粒；10~13—盐藻细胞的分裂期；14、15—不动孢子；16、17—绿细胞（*D. viridis*）。

图 1-3　Hamburger 绘制的盐藻图

资料来源：Hamburger，1905。

盐藻是一种没有细胞壁的单细胞浮游生物。主要存在于世界各大盐湖、盐池、盐田等盐度较高的卤水中，是迄今为止人类发现的最耐盐、最极端的真核生物。

盐藻对不利生长环境抵抗力较强，可以在强光、低氧、强酸、强碱的条件下生存，可以在 –27℃的低温和 53℃的高温环境中存活，即使在高盐的环境下也能焕发出生生不息的独特魅力，被世人誉为“死海中绽放的生命奇迹”。此外，盐藻还代表着生命体最早的雏形，富含多种营养成分，如抗氧化、抗辐射、提高人体免疫力的天然胡萝卜素，70 多种矿物质，微量元素和 18 种氨基酸，有“细胞最全面的营养库”之美誉。最独特的是这些营养成分与人体的体液、细胞质相吻合，可使人体直接吸收率高达 98.79%，又被称为“人体细胞的动力源”和“生命的保护剂”。

由于盐藻具有极高的营养成分，并且随着盐藻的活性成分及其功能研究的不断深入，各类产品的开发和利用，引发了世界生物学家、医学家、研究所、商业和其他产业的广泛关注和高度重视。作为盐藻提取物的 β- 胡萝卜素，具有免疫调控、抑制自由基产生、抗氧化、抗染色体畸变和抗肿瘤的作用。β- 胡萝卜素还是公认的一种安全有效的食品添加剂，可以改善和提高人体免疫力。因其较高的应用价值，曾在我国青岛召开的第十一届国际海藻学术讨论会上被列入会议的专题讨论。同时，世界营养学会将其列入大会的核心主题，美联社将其列为全球十大科技工程中的第三名，联合国将其列为全球推广项目。1986 年我国首次引入盐藻藻种，迈开了盐藻产业化的第一步。随后的几年中，我国在盐藻的研究中已取得突破性的进展，“盐藻提取物的应用研究”荣获国家“七五科技攻关重大成果奖”，“盐藻素对实验性动脉粥样硬化预防作用的研究”被列入原国家科学技术委员会“八五重点科技攻关项目”。有关盐藻的相关信息也在各大新闻媒体中不断被报道。纪录片《神奇的盐藻》曾在中国教育电视台热播，该片以科普的手法，首次向观众展现了神奇妙幻的盐藻世界。《小盐藻，大健康》专访节目在中央电视台《奋斗》栏目中播出，使得越来越多的人了解到盐藻的神奇之处和有效的营养成分对机体健康带来的巨大作用。在山东青岛召开的第二届国际海藻活性物质科学与技术研讨会中提到：“海洋是生命的摇篮，要加快开发海洋资源的步伐，大力发展蓝色健康产业”。盐藻作为海洋里一种奇特的生物，活性独特、营养价值高，具有广阔的开发前景和极高的应用价值。

二、盐藻的生物学分类

盐藻是一种单细胞真核藻类，为盐藻科单生藻类的一个属。从生物学分类上看，盐藻属于植物界，绿藻门，绿藻纲，团藻目，盐藻科，杜氏藻属，后来被不同的生物学家又分为许多不同的种（刘亚军，2004）。Teodoresco 在将盐藻设为一个新属的论文中，将杜氏藻属又分为两个种：盐藻和绿色杜氏藻（*D. viridis*）。描述称盐藻具有一个大的细胞，在适宜的条件下，能够合成大量的类胡萝卜素，使细胞呈红色。而绿色杜氏藻从不产生这样的红细胞（Teodoresco，1905）。为此，学者产生了不同的看法，讨论是否确实存在两个种，还是同一种的不同显现形式。Blanchard 和 Hamburger 认为绿色杜氏藻是盐藻的幼龄阶段（Blanchard，1891；Hamburger，1905）。Labbé 则认为并不存在两个种，细胞之所以呈现绿色和红色，是由于环境中盐度的差异引起的（Labbé A，1921a；Labbé A，1921b）。

Lerche 调查研究了罗马尼亚、美国加利福尼亚、意大利卡利亚里盐湖的标本，并将绿色杜氏藻分为 4 个新种，即 *D. media*、*D. euchlora*、*D. minuta*、*D. parva*（Lerche W，1937）。Butcher 通过进一步的深入研究，将杜氏藻属又增加了其他的一些新种，包括 *D. tertiolecta*、*D. primolecta*、*D. quartolecta*、*D. polymorpha*（Butcher，1959）。1973 年，Massyuk 将杜氏藻属分为两个亚属：杜氏藻亚属（*Dunaliella*）和巴氏藻亚属（*Pascheria*），其中杜氏藻亚属包括 23 个种，均生活在盐湖。巴氏藻亚属包括 5 个种，仅生活在淡水（Massyuk，1973）。近年来，刘亚军等也将杜氏藻属分为两个亚属（杜氏藻亚属、巴氏藻亚属）和 4 个组，其中 *Tertiolectae* 组有 5 种，多为海水种；*Peirceinae* 组有 4 种，均不常见；杜氏藻属组和 *Viridis* 组均为常见种，前者以盐藻为代表，分布于盐田，后者以绿色杜氏藻为代表，主要用作海水养殖的生物饵料（刘亚军，2004）。生物学家在调查研究中发现，捷克共和国与意大利酸性的水域及土壤中存在有嗜酸杜氏藻，这种藻类生长的最佳 pH 介于 0.5~2（Kalina，1965；Albertano，1981）。

随着分子生物学和基因工程技术的快速发展，自 1999 年起，一些分子生物学技术已被广泛应用于盐藻的分类研究。常用的主要有：18S 核糖体核糖核酸（rRNA）基因、内部转录间隔区、基因序列比较、限制性片段长度多态性分析等。早期 Olmos 等根据 18S rRNA 基因序列，将盐藻、巴夫杜氏藻（*D. parva*）和巴氏杜氏藻（*D. bardawil*）分为分别含有 1、2、3 个内含子的物种（Olmos，2000）。Olmos 称在早期的研究中，很可能会出现盐藻物种命名错误和提出的一些不必要的物种名称。潘卫东等分析了盐藻的叶绿体 16S rRNA 序列，发现盐藻与衣藻属同源性最高，为 85%~89%；与素衣藻属同源性为 80%~87%；与金藻、褐藻、甲藻同源性为 74%~76%；与蓝藻、绿藻、红藻、硅藻、隐藻和陆生高等植物同源性为 77%~81%；该结果与之前盐藻的生物学分类相一致（潘卫东，2004）。

通过构建进化树，整个植物界为三大类，绿藻门与陆生高等植物（苔藓植物、蕨类植物、裸子植物、被子植物）聚为一类。虽然这两者分属于不同的门，但其叶绿体 16S rRNA 基因序列差异较小；裸藻门单独聚为一类；而不含叶绿素 b 的低等藻类（如红藻门、蓝藻门、金藻门、褐藻门、隐藻门、硅藻门、甲藻门等）聚为一类。属于绿藻门团藻目中的盐藻、莱茵衣藻、素衣藻和其他绿藻、高等植物分离，则形成一个分散的类群。说明团藻目盐藻属于较为原始的绿藻，彼此间亲缘关系较远，与进化主干上的其他绿藻和高等植物分离较早（潘卫东，2004）。

三、盐藻的生态学分布

（一）国外报道盐藻的分布情况

盐藻主要生活在盐度较高的卤水中，广泛分布在海洋、盐湖、盐池和盐田等区域，具有极强的耐盐性和渗透调节能力。在濒临大西洋的西非塞内加尔，有一个闻名遐迩的盐湖——玫瑰湖（又名瑞特巴湖）。该湖位于佛得角半岛北部，距离塞内加尔首都达喀尔 35km，湖区面积约 $3km^2$，深达 3m。由于气候干燥，湖水蒸发较快，使得瑞特巴湖的含盐量高达 380g/L。每年 12 月至次年 1 月，瑞特巴湖的湖水就会呈现极具浪漫的粉红色，显得格外迷人，可以说这两个月是瑞特巴湖最绚丽多彩的时节（图 1-4）。从空中俯瞰，椭圆形的湖泊镶嵌在金色的沙漠中，平静的湖面闪烁着粉红色的光泽，仿佛一朵绽放的玫瑰花，因此人们将其命名为“玫瑰湖”“粉色湖”。湖水之所以呈粉红色，究其原因是该湖生长有大量的盐藻，每到气候干燥时，反而是盐藻繁殖最旺盛的时期。当湖水盐度增高，盐藻体内积累的 β- 胡萝卜素就会越多，瑞特巴湖就会呈现出浪漫的粉红色。随着季节的不同，湖水也会随之发生奇妙的变化。

图 1-4　塞内加尔玫瑰湖

在西班牙也有一个被大自然偏爱的粉红色盐湖——托雷维耶哈盐湖（图 1-5），湖水的颜色也是由盐藻一手打造的奇迹。托雷维耶哈盐湖位于西班牙东南阿里坎特城南约 50km 的托雷维耶哈镇。该镇没有悠久的历史，曾经只是一个海边的小渔村。村民以传统的渔业劳作和海盐提取为生。小镇附近有两片盐湖，其中一片就是粉红色盐湖。在高温和充足的光照下，盐藻体内就会积累大量的β-胡萝卜素，导致湖水呈梦幻般的粉红色。因日照强烈，水分蒸发后湖岸会留下许多洁白的盐滩。人们通常把托雷维耶哈盐湖形容为“绿野中一颗粉红色的珍珠”。在火烈鸟繁殖的季节，托雷维耶哈盐湖还会聚集大量的火烈鸟，景色美不胜收。

图 1-5　西班牙托雷维耶哈盐湖

在澳大利亚有三个粉红色湖泊，其中赫特泻湖是澳大利亚最大的一个粉红色盐湖（图1-6）。其地理位置位于西澳大利亚州珊瑚海岸的格雷戈里港，湖区面积约 70km^2，长 14km，宽 2km。赫特泻湖盐度较高，湖内生长有大量的盐藻，使得湖水呈现娇羞的粉红色。记载称赫特泻湖曾经是赫特河的入海口，在史前赫特河因为改变了河道，之前的河口被一条沙洲所孤立，形成泻湖。每年根据季节的不同，以及云层覆盖量的差异，赫特泻湖可以展示其独特的魅力。颜色从粉红色到鲜红色，再到浅紫色和深紫色。

图 1-6　澳大利亚赫特泻湖

希勒湖是澳大利亚另外一个粉红色湖泊，属于一个小盐湖（图 1-7）。位于西澳大利亚中岛的海岸线的边缘，紧邻着海边，湖区呈椭圆形。早期，希勒湖是一个有砂坝的小海湾，随着砂坝的堆积，形成了一个独立的小湖泊。远远望去，像一块儿较大的泡泡糖。湖岸布满了晶莹的白盐，四周是郁郁葱葱的桉树。树林外是一条狭长的白色沙带,将湖水与海水分割开。奇特的地貌，粉色的湖水，白色的沙滩，绿色的树木，蓝色的海水，从空中俯视，颜色对比鲜明，包括粉色、白色、绿色和蓝色，视觉冲击效果强烈。因此，希勒湖常被形容为“一半是海水，一半是火焰”。

有研究报道美国大盐湖，之所以称之为大盐湖，因该湖实际上是由两个湖泊所组成。其中一个为高盐（330g/L）的北支，另外一个是中等盐（120g/L）的南支，中间由半透水的岩

图 1-7　澳大利亚希勒湖

堤隔开。湖的北部有大量的有机物堆积，这是超过十万年的生产力的结果。从淡水循环到盐湖，再加上近代人类工业和农业的影响。北部湖的浮游和附生群落主要由两个属的细菌组成，即盐细菌和盐球菌；两种藻类，盐藻和绿色杜氏藻。藻类和细菌似乎是相互依赖的。细菌利用藻类产生的有机物，而藻类利用细菌或盐水虾产生的氨。尽管在北湖并不缺乏其他形式的氮，氨的生产似乎是限制速度的步骤。根据水族馆的研究，藻类和细菌的生物量生产潜力比在北湖实际观察到的要高得多（Post，1977）。

（二）盐藻在中国分布的报道情况

中国盐湖的分布情况与国外盐湖的分布形成明显的差异，国外的盐湖主要分布在沿海地区，冬季气温为 10~20℃。而中国的盐湖主要分布在西北部内陆的干旱和半干旱地区，一般冬季气温低于 0~10℃。中国海域辽阔，江河湖泊众多，使得藻类资源也非常丰富。同时，也是藻类养殖规模最大和利用率最多的国家。藻类作为地球上最古老的物种之一，不仅可以生长在海洋和内陆水域，还可以生长在草原和沙漠。中国是世界上盐湖最多的国家之一，约有 1000 多个，主要分布在中国的西部、北部以及东北部地区，面积广阔，约占 4.1 万 km^2。就地理位置而言，中国的盐湖大致处于北纬 30º~50º，属于世界著名的亚、非、欧大陆盐湖带的最东缘，称之为中国盐湖带。这些地区的盐湖不仅是美丽的旅游胜地，还蕴藏着巨大的生物资源，如盐藻、绿藻、螺旋藻、蓝藻、以及其他的微生物。这些生物体内含有多种营养成分，可从中获取人类所必需的类胡萝卜素、维生素、蛋白质、食用色素、甘油、脂肪酸等多种生物精细材料（柯为，2008）。

1982 年，中国生物学家在西藏仲巴县扎布耶盐湖首次发现盐湖中生存有大量盐藻（图 1-8）。该湖地处西藏阿里地区羌塘高原，湖区面积约 258km^2，水深约 1~2m，三面环山，东面较平坦，其湖水由泉水和两条常流河的淡水供给。湖区气候干燥寒冷，环境条件极其恶劣。生物学家们在扎布耶盐湖初次发现盐藻时，湖水盐度已达 32°。调查发现，在高盐、强光、氮磷缺乏的高原盐湖环境下，盐藻呈金黄或橘红色，含有较高的 β- 胡萝卜素，为干重的 5%~10%。胡萝卜素提取后，藻渣中还含有 38% 的蛋白质，可作为优质的饲料添加剂。还可以从藻渣中提取复合氨基酸、多糖等，这些丰富的产物都是西藏羌塘特有的、宝贵的生物资源，并为盐藻的研究提供了生物学资源（贺超兴，1997）。

运城盐湖位于山西省南部运城盆地的盆底，三面环山，总面积约为 132km^2，是山西省最大的湖泊，也是中国北方地区一个天然的大盐池（图 1-9）。每年根据季节的不同，运城盐湖的湖面也是绚丽多彩。由玫瑰红转化为七彩盐湖，摇身一变又变成了“鸳鸯锅”。之所以形成美不胜收的景色，这些都是盐藻所创造的奇迹。在特定的环境下，盐藻会产生血红素，使盐藻藻体呈红色。到了繁殖季节，平均每滴湖水中就会产生成千上万只盐藻。所谓“鸳鸯锅”就是在横贯运城盐湖的大道两侧，由于盐藻的存在，使得湖水一半为红色，一半为绿色，从空中俯瞰，格外美丽。“鸳鸯锅”的形成也由此而来。

图 1-8　中国西藏扎布耶盐湖

图 1-9　中国山西运城盐湖

运城盐湖及其邻近水域构成了一个复杂的水体系统，涵盖了淡水水体（含盐量 0.001%~0.05%）、混盐水体（含盐量 0.05%~3%）、真盐水体（含盐量 3%~4%）和高盐水体（含盐量为 4%~34.7%）所有的水体类型。为确定运城盐湖各个水体内藻类的分布和组成，探讨各藻类分布的类型和水体盐度之间的关系，研究人员曾在运城盐湖采集标本 4 次，标本约 130 号，涵盖了该区域的各个水体类型。通过常规显微镜下形态学观察，共鉴定出藻类 9 门，55 科，122 属，366 种（表 1-2）。其中大多数藻类为偶见，只有少数（小形色球藻、钝顶节旋藻、阿氏拟鱼腥藻、裸甲藻、绿色裸藻、实球藻及梅尼小环藻等）为水体中的优势种类。裸藻门的种类大多数是一些耐污的种类，这表明运城盐湖水域的水质遭到了不同程度的污染。随着水体含盐量的增高，藻类的种类明显减少。大多数种类在淡水水体和混盐水体都有分布，而在真盐水体和高盐水体中，仅分布有盐藻、颤藻、小球藻、舟形藻、菱形藻、双眉藻、四鞭藻、大型鞘丝藻、钝顶节旋藻及牟氏角毛藻等少数种类（李超，2012）。

表 1-2　运城盐湖藻类鉴定结果

门	科	属	种
绿藻门	21	49	116
硅藻门	13	28	110
蓝藻门	10	26	90
裸藻门	3	8	39
黄藻门	2	2	3
隐藻门	1	2	3
甲藻门	2	2	2
金藻门	2	2	2
轮藻门	1	1	1
9	55	120	366

内蒙古大草原上有很多盐湖，目前一直在生产的盐湖主要有锡林郭勒大草原上的额吉淖尔盐湖，面积约 25km^2。非常有名的青盐就产自额吉淖尔盐湖、阿拉善盟的吉兰泰盐湖（面积约 120km^2）、雅布赖盐湖（面积约 22.6km^2）、锡林郭勒盟盐湖（面积约 31km^2）等。锡林郭勒盟盐湖内生长有丰富多样的浮游生物，其中浮游植物 59 种，浮游动物 34 种。浮游植物主要有盐藻、衣藻、绿裸藻、小席藻、舟形藻、线形粘杆藻、针晶蓝纤维藻、微小平裂藻和普通小球藻等。浮游动物以纤毛虫、四膜虫、裸口虫、膜袋虫、萼花臂尾轮虫、褶皱臂尾轮虫、蒙古裸腹溞、卤虫、咸水北镖水蚤和新月北镖水蚤等为优势种类（霍元子，2005）。

第二节　盐藻的形态特征及繁殖

一、盐藻的形态特征

（一）盐藻的大小及形态

盐藻为单细胞浮游植物，是一种极端耐盐的真核藻类。由于盐藻个体较小，肉眼看不到，需在光学显微镜下才能观察到（图 1-10）。藻体一般呈卵圆形、椭圆形或梨形，长 18~28 μm，宽 9.5~14 μm。盐藻细胞的前端呈凹陷状，凹陷处有两根等长的鞭毛，鞭毛比盐藻细胞长约 1/3，盐藻可通过鞭毛游动。运动时，盐藻的体形随着外界环境的不同会发生形态的改变，尤其在光照、盐度、温度等差异较大的环境下更甚。

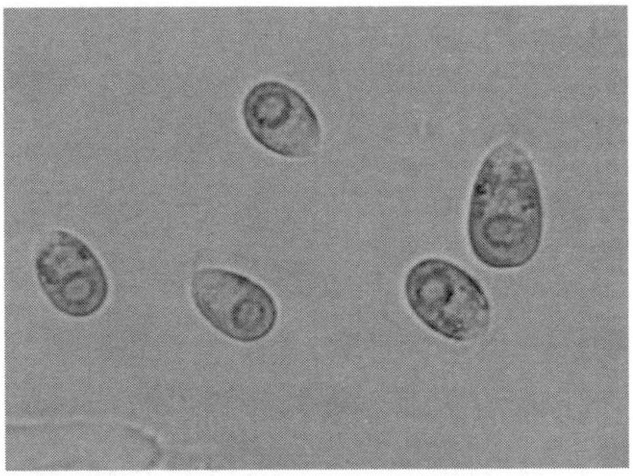

图 1-10　光学显微镜下盐藻的形态（×400）

为建立和优化一种测量盐藻细胞内体积的新方法，还可利用锂离子作为细胞外体积的监测器。锂离子在细胞内不易穿透，盐藻对其吸收不明显。而锂离子作用于细胞外，能够迅速且均匀分布。盐藻和巴氏杜氏藻在 0.5~4mol/L 氯化钠的培养基中，均能适应恒定的细胞体积。显示盐藻每个细胞的体积是 $9\times10^{-8}mm^3$，而巴氏杜氏藻每个细胞的体积是 $6\times10^{-7}mm^3$（Katz，1985）。

盐藻没有细胞壁，其原生质膜外仅有一层糖蛋白和神经氨酸组成的外膜结构。细胞内含有一个呈杯状结构的叶绿体，可进行光合作用。叶绿体内的色素主要以叶绿素和类胡萝卜素为主。当外界环境对其生长不利时，就会产生血红素，致使藻体呈现红色或粉红色（图 1-11）。叶绿体基部的中央有一个淀粉核，具有储存淀粉的功能。淀粉核的周围具有 β- 胡萝卜素的脂质小颗粒，使细胞呈红色。藻体的前端有一个较大的红色眼点，具有趋光性。

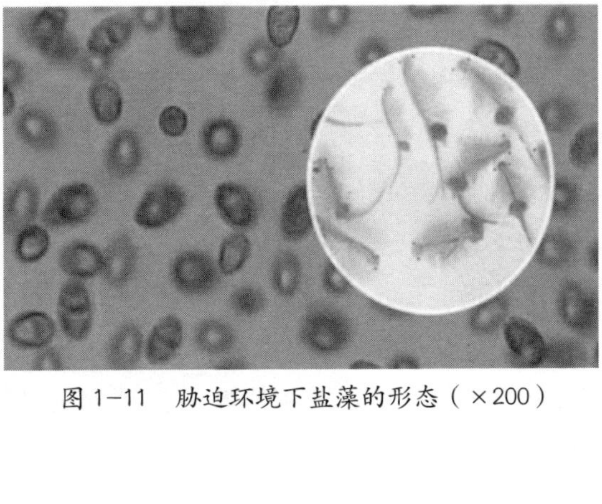

图 1-11　胁迫环境下盐藻的形态（×200）

（二）盐藻的超微结构

盐藻细胞的外面有一层薄而富有弹性、厚薄不均匀的外膜。藻体前端的凹陷处具有两根等长的鞭毛，通过盐藻短鞭毛突变体实验和突变体运动模式分析显示，盐藻鞭毛的超微结构为“9+2”组织，鞭毛比纵轴略长，外周是一圈细胞质构成的鞘。免疫荧光显示了突变体微管蛋白轴突的正常构造，该突变体虽然不能自由活动，但仍能进行移动。通过反射显微镜观察，其轨迹重建和旋转运动显示突变体可能是通过短节的鞭毛滑行来进行移动的（Vismara，2004）。盐藻内质网较发达，位于细胞核附近。滑面内质网与细胞核之间的胞质中具有脂肪滴和液泡。粗面内质网可见核糖体颗粒。细胞纵轴前 1/3 处有一眼点，紧靠细胞核，由多个椭圆形小球构成，其直径在 100~300nm。盐藻可借助该眼点感知光照的方向和强度。线粒体形状多样，多呈哑铃形、椭圆形和长条形。叶绿体位于细胞中后部，约占整个细胞的 2/3。因其周边沿细胞膜向前不均等延伸，使叶绿体前端呈现不规则的杯状结构。叶绿体内含淀粉粒，中部有 1~2 个大型的淀粉粒。细胞核位于细胞前部中央，核膜清晰。核内膜常有异染色质附着，核仁仅在分裂末期后出现（张西玉，2000）。

（三）盐藻的营养成分

盐藻含有丰富的蛋白质、胡萝卜素、甘油、叶绿素、氨基酸、四烯酸、维生素、矿物质、不饱和脂肪酸、碳水化合物以及多糖等营养成分。其中盐藻蛋白质含量占细胞干重的 50%~60%，胡萝卜素占其干重的 8%~14%，甘油含量达 36% 左右，而碳水化合物和脂肪含量相对较低，分别占 12%~40% 和 6%~10%。由于盐藻具有多种营养成分和独特的生理特性，使得盐藻在食品、保健、医药、工业、环境治理、养殖业等领域具有广阔的开发和应用前景。在一定的胁迫条件下，盐藻细胞能够合成大量的甘油和 β- 胡萝卜素，生成的 β- 胡萝卜素可达干重的 14%，高于其他动物和植物体内的含量。此外，盐藻对于固定 CO_2 继而缓解温室效应，制备清洁能源（生物柴油）方面具有重要的研究价值（柯为，2008；李淑清，2000）。

（四）盐藻的功能特性

盐藻作为生物界极端的生物，还具有一些独特的特性。如盐藻具备动物、植物的双重特性，当盐藻未发育成熟时，显现的是植物的特性，经过光合作用可将叶绿体逐渐转化为类胡萝卜素。发育成熟后体现的是动物的特性。由于盐藻所处的外界环境不同，其产生的色素也会有差异。随着湖水盐度的变化，盐藻的数量也会分布不均，其生长繁殖的能力和繁殖速度也会受到影响。由此可导致湖水的颜色表现出深浅不一的红色或粉红色。除了上述因素，湖水颜色的变化也受到盐湖中矿物质成分以及水位高低等多重因素的影响。因此，映入我们眼帘的湖水的颜色更加多姿多彩，令人惊叹。此外，盐藻对外界的适应能力也非常强，具有趋光、耐强酸或强碱、耐盐、耐高寒和酷热的特性，尤其在极其恶劣的环境下也能焕发出顽强的生命力。在适合动物生长的环境时，盐藻可通过鞭毛朝利于自己生长的方向游动，也可通过鞭毛四处觅食。在难以获取食物时，盐藻则可进行光合作用进行自养生活。

作为一种单细胞真核生物，盐藻具有转录、翻译和加工的功能，且细胞结构简单、耐盐性强、易于培养。而盐藻细胞表面的鞭毛更易于分离、可进行生化和遗传分析。因此，盐藻可作为模式生物进行真核细胞鞭毛装配和功能的研究。此外，盐藻还可作为一种新型生物反应器，生产更多的生物制品，如医用蛋白质、乙型肝炎病毒疫苗、禽流感疫苗及口服疫苗等外源生物活性物质（贾岩龙，2008）。

二、盐藻的繁殖

盐藻的繁殖主要有营养繁殖、无性繁殖和有性繁殖三种方式，其中营养繁殖是以细胞分裂为主；无性繁殖是通过释放游动的孢子；有性繁殖则是通过配子结合的方式进行。按照盐藻生长繁殖的特点，将其生活史分为四个阶段：

（1）营养细胞期　又称营养繁殖期。该期是以营养细胞的形式存在，细胞进行纵向分裂为二，形成新的个体，属于无性繁殖阶段。

（2）胶群体期　营养细胞下沉，褪去鞭毛，形成圆球形的藻体。静止状态时，藻体进行细胞分裂，分泌胶质膜，形成群体。

（3）孢囊期　细胞呈圆球形，无鞭毛，外被双层厚膜，外膜呈褐色或暗红色，有小瘤或粒状物。

（4）配子期　属于有性繁殖阶段，两个同形配子相互结合，然后形成合子。合子呈圆球形，具有红色厚壁。合子在盐藻的生活史中是仅存的二倍体阶段，经过一段时间的休眠，合子进行减数分裂和细胞分裂，形成 32 个细胞。随后从母体中释放出来。

在盐藻生活史的四个阶段中，胶群体期、孢囊期和配子期都是在不利于盐藻生长的环境条件下形成的。当外界环境对盐藻生长不利时，细胞呈休眠状态。一旦生长条件好转后，即可恢复为营养细胞期。对盐藻来说，其生长繁殖的方式以无性繁殖为主。当盐藻细胞分裂旺盛时，普通光学显微镜下可以看到4~8个新体同时产生。在分裂期，盐藻个体较小，呈绿色。成熟后，两个不同的个体相互结合形成合子，合子略大，呈圆球形。每一个合子进行减数分裂，最终形成16个长梭形可游动的孢子。盐藻和其他生物物种一样，也经历了复杂的生命周期。除了营养细胞分裂的无性繁殖，还有有性繁殖，即两个大小相同的配子相互融合形成合子的过程（胡树慧，2002；Oren，2005）。Lerche通过实验描述了杜氏藻属其中5个物种（*D. salina*、*D. parva*、*D. peircei*、*D. euchlora*、*D. minuta*）的有性繁殖方式。将富含胡萝卜素的盐藻和绿色杜氏藻进行杂交（图1-12），发现盐度从10%降低到3%时，可诱导盐藻合子的形成。盐藻和绿色杜氏藻首先通过鞭毛接触，配子间相互融合形成合子，合子呈圆球形，有一层很厚的外壁，使得合子既能在淡水中生存，也能在较为干燥的环境中生长。合子形成的过程伴随着多达32个单倍体子细胞的形成，然后子细胞通过细胞膜的分裂而释放（Lerche，1937）。之后，Oren等从死海中采集到的盐藻标本中，也观察到了Lerche所描述的圆球形合子（Oren，1995）。

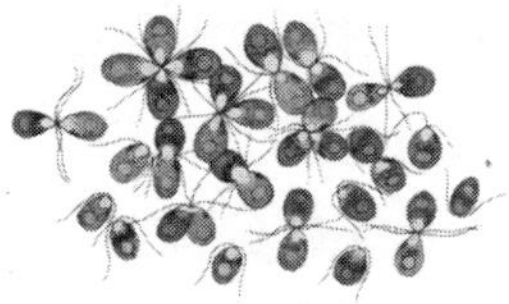

（1）盐藻和绿色杜氏藻的聚集

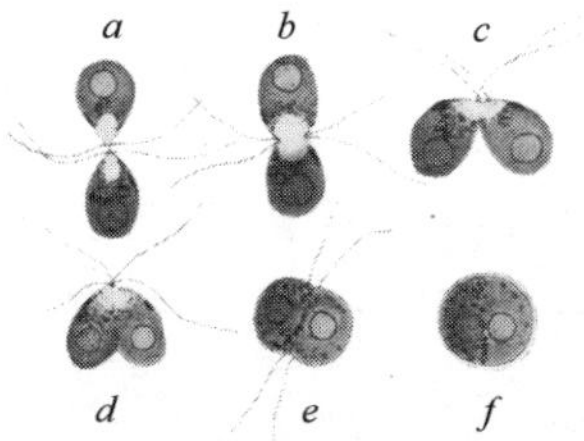

（2）合子的形成过程

图1-12　盐藻和绿色杜氏藻杂交实验

资料来源：Lerche，1937。

三、盐藻的活细胞检测

目前检测微藻细胞活性的方法有多种，其中最常用的方法有：①非染色测定法：用胰蛋白酶将死亡的细胞去除，此过程中活细胞并不受影响，仍可保持完整性，这种方法有助于细胞计数；②染色测定法：首先用荧光或非荧光染色剂对细胞进行染色，然后在显微镜下根据死亡细胞和活细胞产生的不同颜色进行检测；③生物量测定法：通过测定细胞密度或叶绿素 a 的变化检测细胞活性。由于叶绿素 a 在藻类死亡 2 周后仍能检测到，所以该方法的不足之处在于很难准确判断死亡细胞和活细胞的个数。

在医学、生物学及环境科学等领域，细胞计数法通常作为实验研究中的重要环节，具有操作简单以及方便快捷等优势。在早期的研究中就曾有用血球计数板对盐藻细胞进行直接计数的报道。由于盐藻细胞前端长有两根等长的鞭毛，在水中可以自由活动，因此会造成计数的误差。加盐酸计数法会使部分细胞处于死亡状态，致使死、活细胞难以区分导致计数结果偏高。为避免上述情况的产生，研究人员在其计数时加入具有黏性的羧甲基纤维素钠，不仅削弱了藻细胞在液体中的游动，还可使细胞处于存活状态，是一种切实可行的盐藻活细胞计数方法。同时通过实验得出，加入羧甲基纤维素钠的最佳浓度为 23g/L（卢俊，2012）。面积法细胞计数是对分离细胞区域的面积进行概率密度估计，从而得出单个细胞面积最可能的值。再以图像中细胞区域的总面积除以单个细胞面积最可能的值，进而得出图像中的细胞总数。该方法细胞计数的精准度高达 97%。而普通不连通区域计数法的计数精准度只有 72%，表明面积法细胞计数的准确度与稳定性远高于隔离标记计数法，较有效的克服常规方法的缺陷（胡洋洋，2015）。除此之外，藻类细胞计数法还可用于研究农药制剂对藻类生长的抑制实验。通过对比血球计数法、分光光度法、流式细胞仪检测法用于藻细胞计数的测试，结果发现，采用连续扫描（400~780nm）确定分光光度法对小球藻的最佳检测波长为 687nm；分光光度法与流式细胞仪检测法检测结果间无显著差异。稀释液无论是哪种类型，分光光度法均可以作为血球计数法的替代方法；对于稀释液为纳米溶液及真溶液的农药，流式细胞仪可以替代血球计数法进行检测（瞿唯钢，2013）。

船舶压载水是造成外来海洋生物物种传播的最主要途径。其中海洋微藻的入侵已给全球的经济和环境造成了巨大损失和破坏。微藻活细胞的检测在压载水的处理和分析方面也具有非常重要的作用。为建立一种简单、快捷及可靠的海洋微藻的细胞活性检测方法，研究者基于染色测定法，对船舶压载水中 11 种微藻分别用中性红、5- 氯甲基荧光素二乙酸酯、荧光素二乙酸酯三种染料进行染色测定。结果显示，中性红是检测这 11 种海洋微藻细胞活性的最佳染料，更适合检测船舶压载水中微藻活细胞。而 5- 氯甲基荧光素二乙酸酯及荧光素二乙酸酯及双荧光染色法对多数海洋微藻活细胞着色时间短，染色效果明显。但仅局限于检测这 11 种海洋微藻中的绿藻门，如盐藻和青岛大扁藻；甲藻门中的微小原甲藻、东海原甲藻、利玛原甲藻、米氏凯伦藻、链状亚历山大藻和塔玛亚历山大藻的活性，而不适用于检测硅藻门的细胞活性（王帅，2018）。

近年来，叶绿素荧光动力学法因具有测量速度快、灵敏度高、无须提前处理等优点备受研究人员的青睐。海洋船舶压载水中存在大量死亡藻细胞和有色溶解有机物（CDOM），荧光背景复杂。因此，获得不受荧光背景影响且能够准确表征活体藻细胞数的光合荧光参数，是叶绿素荧光动力学法直接测量压载水活体藻细胞数的关键。以死细胞和 CDOM 溶液模拟压载水的复杂荧光背景，以二氯苯基二甲脲（DCMU）胁迫条件模拟实际应用，研究不同荧光背景下最大荧光强度（*F*m）、初始荧光强度（*F*0）、[RCⅡ] 和可变荧光强度（*F*v）等多个光合荧光参数与活体藻细胞数之间的关系。结果表明，光合荧光参数（*F*v）不受荧光背景干扰，是表征压载水中活体藻细胞数的最佳光合荧光参数（华卉，2021）。此外，研究人员将藻液按适应数分钟后进行饱和脉冲光诱导，结果发现叶绿素荧光强度先快速上升后再缓慢下降，这一过程与藻类光合作用过程密切相关。证明荧光动力学曲线可以快速无损地获取 *F*0、最大荧光 *F*m、*F*v、光化学产量（*F*v/*F*m）等多种光合荧光参数。

除了上述作用，叶绿素荧光还可作为植物细胞光合活性和生存状态的重要指示物。为快速、准确地检测单个微藻细胞的生存能力，研究者们设计了基于叶绿素荧光技术的微流控生物传感器系统。该系统由激光二极管作为激发光源，光电二极管探测器、信号分析电路和微流控芯片作为微藻细胞传输平台组成。研究人员通过检测 6 种不同的活藻和死藻类样品（米氏凯伦藻、小球藻、新月菱形藻、青岛大扁藻、塔胞藻及盐藻）证实，该系统可区分活细胞和死细胞，且在压载水原位分析方面也具有很大的应用价值（Wang，2013）。此外，从微流控芯片中的样品悬浮液中也可以检测活微藻。实验通过在微流体通道上放置两根圆柱形铜线，设计一个三维电容传感器。然后用麦克斯韦混合理论分析活盐藻和死盐藻频率相关电容变化。该电容变化的幅度与盐藻细胞的大小成正相关，与外加电流频率成负相关。而对于同一种藻类，在相同频率下，活藻引起的电容变化比死藻要大，即可通过测定的频率窗口来区分活藻和死藻（Song，2014）。此外，静态荧光光谱法可以反映活盐藻细胞浓度的变化情况，更能反映盐藻的实际生长规律。并且具有操作简便、灵敏度高、可实现远距离非接触测量等优点（张敏，2010）。

参考文献

［1］Albertano P，Pinto G，Santisi S，Taddei R. *Spermatozopsis acidophila Kalina*（Chlorophyta，Volvocales），a little known alga from highly acidic environments［J］. Giorn Bot Ital，1981，115：65-76.

［2］Blanchard R. Résultats d'une excursion zoologique en Algérie［J］. Mém de la Soc Zool de France 1891，Ⅳ.

［3］Butcher RW. An introductory account of the smaller algae of British coastal waters［J］. Part Ⅰ：introduction and *Chlorophyceae.* London：Ministry for Agriculture，Fisheries and Food，Fishery Investigations，Series Ⅳ. Her Majesty's Stationery Office，1959：1-54.

［4］Dunal F. Extrait d'un mémoire sur les algues qui colorent en rouge certains eaux des marais salants méditerranéens［J］. Ann Sc Nat Bot 2 Sér，1838，9：172.

［5］Hamburger C. Zur Kenntnis der *Dunaliella salina* und einer Amöbe aus Salinenwasser von Cagliari［J］. Arch f Protistenkd 1905，6：111-131.

［6］Joly N. Histoire d'un petit crustacé（*Artemia salina*）auquel on a faussement attribué la coloration en rouge des marais salants mediterraneens，suivie de recherches sur la cause reelle de cette coloration［J］. Ann Sc Nat Zool Sér 2，1840，13：225.

［7］Kalina T. Zur morphologie und taxonomie der gattung *Spermatozopsis korschikow*（Volvocales）. *Spermatozopsis acidophila* sp. nov［J］. Preslia，1965，37：9-12.

［8］Katz A，Avron M. Determination of intracellular osmotic volume and sodium concentration in *Dunaliella*［J］. Plant Physiol. 1985，78（4）：817-820.

［9］Labbé A. Le cycle évolutif de *Dunaliella salina*［J］. C R Acad Sci 1921b，172：1689-1690.

［10］Labbé A. Sur les modifications adaptives de *Dunaliella salina* Dunal［J］. C R Acad Sci，1921a，172：1074-1076.

［11］Lerche W. Untersuchungen über entwicklung und fortpflanzung in der gattung *Dunaliella*［J］. Arch f Protistenkd，1937，88：236-268.

［12］Barbosa MJ，Hadiyanto，Wijffels RH. Overcoming shear stress of microalgae cultures in sparged photobioreactors［J］. Biotechnol Bioeng，2004，85（1）：78-85.

［13］Massyuk NP. Morphology，taxonomy，ecology and geographic distribution of the genus *Dunaliella Teod.* and prospects for its potential utilization［J］. Naukova，1973：218-242.

[14] Olmos J, Paniagua J, Contreras R. Molecular identification of *Dunaliella* sp. utilizing the 18S rDNA gene [J] . Lett Appl Microbiol, 2000, 30: 80-84.
[15] Oren A. A hundred years of *Dunaliella* research: 1905-2005 [J] . Saline Syst, 2005, 1: 2.
[16] Oren A, Gurevich P, Anati DA, Barkan E, Luz B. A bloom of *Dunaliella parva* in the Dead Sea in 1992: Biological and biogeochemical aspects [J] . Hydrobiologia, 1995, 297: 173-185.
[17] Post FJ. The microbial ecology of the Great Salt Lake [J] . Microb Ecol, 1977, 3 (2): 143-165.
[18] Rosa Vismara, Franco Verni, Laura Barsanti, et al. A short flagella mutant of *Dunaliella salina* (Chlorophyta, Chlorophyceae) [J] . Micron, 2004, 35 (5): 337-344.
[19] Song YX, Li MQ, Yang JD, et al. Capacitive detection of living microalgae in a microfluidic chip [J] . Sensors & Actuators: B Chemical, 2014, 194: 164-172.
[20] Teodoresco EC. Organisation et développement du *Dunaliella*, nouveau genre de Volvocacée -Polyblepharidée [J] . Beih z Bot Centralbl, 1905, Bd. XVIII: 215-232.
[21] Turpin PJF. Quelques observations nouvelles sur les *Protococcus*, qui colorent en rouge les eaux des marais salants [J] . Comp Rend Acad Sci, 1839.
[22] Wang J, Sun J, Song Y, et al. A label-free microfluidic biosensor for activity detection of single microalgae cells based on chlorophyll fluorescence [J] . Switzerland, Sensors (Basel), 2013, 13 (12): 16075-16089.
[23] 贺超兴，郑绵平. 西藏扎布耶盐湖杜氏藻的现状及人工培养初报 [J] . 生物多样性，1997，5（1）：36-39.
[24] 胡树慧. 经济藻类-盐藻 [J] . 特种经济动植物，2002，5（5）：39.
[25] 胡洋洋，王鑫. 基于细胞面积估计的蓝藻细胞计数 [J]. 江南大学学报（自然科学版），2015，14（5）：523-526.
[26] 华卉，殷高方，赵南京，等. 基于叶绿素荧光动力学的压载水活体藻细胞数表征参数选择研究 [J] . 光学学报，2021，41（6）：183-190.
[27] 霍元子，赵文，张永生，等. 内蒙古锡林郭勒盟盐湖浮游生物的群落特征 [J] . 湖泊科学，2005，17（3）：243-250.
[28] 贾岩龙. 杜氏盐藻鞭毛蛋白质组学分析和GAPDH基因及其调控区的克隆与功能鉴定 [D] . 郑州：郑州大学，2008.
[29] 柯为. 盐湖生物资源的研发 [J] . 生物工程学报，2008，24（2）：261-261.
[30] 李超. 山西运城盐池湖区藻类群落结构的研究 [D] . 太原：山西大学，2012.
[31] 李淑清，索全伶，杨伟. 吉兰泰杜氏盐藻中营养成分的分析 [J] . 内蒙古工业大学学报（自然科学版），2000，19（1）：22-24.

[32] 刘亚军，赵文. 杜氏藻的生物学和生态学研究进展[J]. 大连水产学院学报，2004，19（2）：126-131.

[33] 卢俊，卢庆华，张冬艳，等. 活性盐藻细胞计数法的研究[J]. 盐业与化工，2012，41（10）：24-27.

[34] 潘卫东，张娟，张贵星，等. 藻类及陆生高等植物叶绿体16S rRNA基因进化谱系及同源性分析[J]. 郑州大学学报（医学版），2004，39（1）：15-20.

[35] 瞿唯钢，魏方林，刘梅凤，等. 藻类生长抑制试验中藻细胞计数方法比较[J]. 农药，2013，52（7）：497-502.

[36] 王帅，张波，赵昔龙，等. 适合海洋微藻活体染色的方法评价[J]. 海洋科学进展，2018，36（2）：321-330.

[37] 张敏，彭长德，侯玉娟，等. 静态荧光光谱法研究杜氏盐藻的生长规律[J]. 激光生物学报，2010，19（4）：530-534.

[38] 张西玉，白林含，陈维琼. 杜氏盐藻（*Dunaliella salina*）超微结构研究[J]. 乐山师范学院学报，2000，3：54-56.

第二章　盐藻生长的影响因素

第一节　盐度对盐藻生长的影响

盐藻是迄今为止发现的最耐盐的单细胞真核绿藻，其可在 0.05~5.5mol/L NaCl 的培养基中正常生长。因此，盐藻成为研究植物耐盐机制的良好模式生物。本节主要论述盐藻在盐胁迫条件下，其生长、形态、蛋白质活性和色素含量以及光系统等方面的变化。

一、盐胁迫对盐藻生长的影响

盐度是影响盐藻生长和 β- 胡萝卜素积累的主要环境因子之一。研究盐度在盐藻生长和色素积累方面的影响对于降低生产成本、提高盐藻的胡萝卜素产量有着重要意义。研究发现，当 NaCl 浓度为 25g/L 和 50g/L 时，盐藻生长速度最优；当盐浓度高于 15% 时，其生长明显受到抑制（Al-Hasan，1987）。利用 f/2 培养基（配方参见表 2-1），采用添加 NaCl 和稀释的方式，分别配制出 8 个不同盐度的培养液（15、20、25、30、50、70、90、110）。采用光照强度为 7200lx，光暗比为 12h：12h，探索不同盐度下盐藻的生长情况。结果显示，盐藻对于盐度梯度处理的反应敏感，高盐度（50~110）处理使盐藻生长不良，藻细胞生长的最适盐度范围为 20~30（吴春，2006）。其他研究用蒸馏水稀释至不同的盐度培养盐藻北京 1 号。培养光照强度为 4000lx，光暗比为 16h：8h。结果显示，培养基盐度为 30 时，细胞生长最快，细胞最大密度可达 8.92×10^5cell/mL。与对照组相比，细胞密度可增加 2.18 倍。在实验盐度范围（30~120）内，较低的盐度有利于细胞生长和分裂，而高盐度抑制细胞生长（王培磊，2009）。另有研究表明，盐藻生长的最适盐度为 90（陈书秀，2010），适宜盐度范围为 20~110（王帅，2015）。这些结果的不一致可能是：以不同的盐浓度单位，得出不同的最适宜盐度，可能跟所采用的培养基和浓度分类方法不同有关。

盐度以物质的量浓度表示，盐藻在 2.0mol/L NaCl 条件下生长良好，3.0mol/L 和 4.0mol/L NaCl 高渗胁迫初期其生长受到抑制，且与渗透胁迫强度成正相关（周丽，2006）。另有研究表明，在 0.5~5.5mol/L NaCl 下盐藻的生长规律，发现 1.0mol/L NaCl 为最适生长盐度。而且在 0.5mol/L NaCl 的盐度下，盐藻第 13 天生长达到最大值，而其他浓度下则在第 17 天生长达最大值（Mishra，2008）。事实上，综合各种研究报道，不同盐度对盐藻生长影响的差异可能是由于所使用的环境条件、生长阶段（藻类取样）、分析方法以及实验中使用的藻种不同等有关。在进行盐藻最适盐度的选择时应综合考虑，建议依据地域条件，进行最佳培养盐度的确定工作。

二、盐胁迫对盐藻细胞形态的影响

由于盐藻没有细胞壁，原生质体外仅有一层糖蛋白组成的外膜。当外界渗透压改变时，盐藻细胞可通过迅速改变细胞体积来应对外界渗透压的变化。当遇到高渗或低渗休克情况下，盐藻细胞能够在数秒内体积改变约 2 倍。例如，当培养基从含 1.71mol/L NaCl 迅速稀释到含 0.86mol/L NaCl 时，盐藻细胞在 2~3 min 内体积膨胀 1.76 倍，表面积增大 1.53 倍。电镜形态观察显示，质膜表面积的增大主要来源于细胞质中大量小囊泡的融合。这些结果表明盐藻具有一种特殊的膜库，可以使细胞体积快速的增大或减小（图 2-1；Chen，2009；Maeda，1986)。当盐胁迫时，渗透调节也在形态变化中起作用，当外界环境高渗时盐藻细胞的渗透性下降 2 倍多，而处于低渗环境时，渗透性增加 20 倍。盐藻细胞的瞬时通透性变化可能是由于细胞内质膜和 / 或其他细胞器的快速变化引起的。暴露于低渗环境下的细胞表面逐渐变得饱满，在 5min 内，细胞呈均匀的圆形。30min 后，这种总体结构没有明显变化。紧接着进行高渗冲击，细胞逐渐收缩，有狭窄的颈连接远端叶绿体和顶端含核的末端。在 5min 内，细胞呈均匀拉长的形状。30min 后，体积和形状慢慢恢复。这些结果清楚地表明，盐胁迫会诱导细胞形状和表面积发生快速改变（Weiss，1991）。

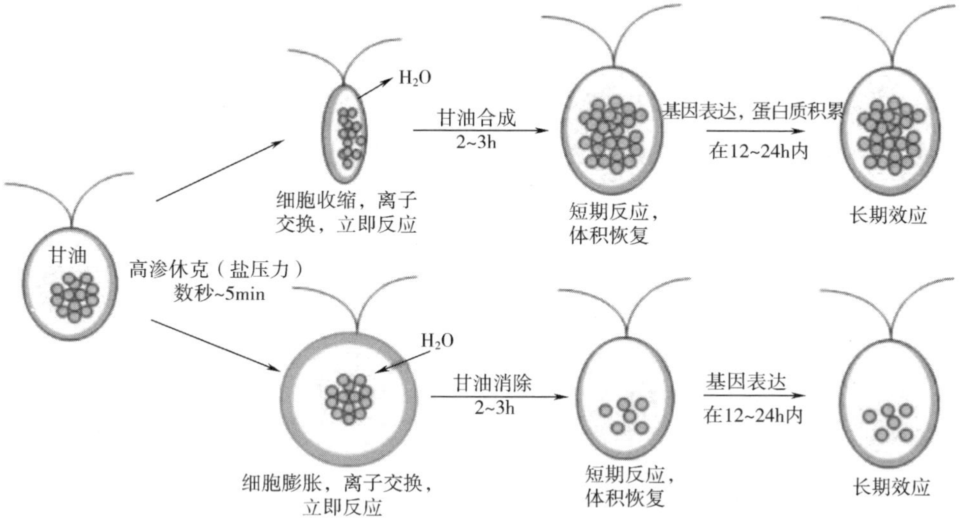

图 2-1　盐胁迫下盐藻渗透反应模式图

资料来源：Chen，2009。

三、盐胁迫对盐藻蛋白及色素含量的影响

（一）盐胁迫对盐藻总蛋白质和色素含量的影响

大量研究发现，盐胁迫有助于许多盐藻有效成分的积累。盐胁迫时，胡萝卜素含量随盐度的增加明显高于叶绿素含量的增加。胡萝卜素 / 叶绿素比值从25g/L NaCl 下的约 1.1 逐渐增加到 300g/L NaCl 下的 7.7（Al-Hasan，1987）。盐藻 FV-002 的叶绿素的色素含量较高，且当盐度大于 2.5mol/L 时，盐度与色素含量（mg/L）呈负相关（Serpa，2005）。研究盐藻对盐度改变的生理反应时，采用 f/2 培养基，设置 8 个盐度（15、20、25、30、50、70、90、110）处理盐藻。发现盐度为 20 时，叶绿素 a 含量最高。而可溶性蛋白质含量在盐度 20 以上时均出现不同程度的下降。可能的原因为：Na^+ 促进 DNA 和组蛋白分离，活化 DNA，从而提高 DNA 的转录水平。盐度升高导致单个细胞的蛋白质含量增加，实际是藻细胞通过细胞内溶质浓度的改变来调节其细胞内渗透压以适应新的渗透环境（吴春，2006）。另有研究发现，当盐度为 30 时，叶绿素 a 含量最高可达 82mg/g，蛋白质最高含量可达 37.5%，明显高于对照组。可见盐度较低对细胞蛋白质的合成更加有利（王培磊，2009）。

Mishra 团队从实验盐场的盐晶体中分离到一株杜氏藻。不同盐度（0.5~5.5mol/L NaCl）下该盐藻株的总蛋白质和叶绿素 a/b 含量测试结果显示，在 0.5~3.0mol/L NaCl 下，总蛋白质含量下降。但 5.5mol/L NaCl 时，总蛋白质含量显著增加；叶绿素 a/b 含量在 2.0mol/L 之前没有显著性差异，在 3.0~5.5mol/L NaCl 下逐渐增加,之后下降。电感耦合等离子体（ICP）分析表明，2.0mol/L NaCl 时细胞内 Na^+ 没有变化，之后随着 NaCl 浓度的增加，细胞内 Na^+ 显著升高。但细胞内 K^+ 和 Mg^{2+} 水平没有相应的增加（Mishra，1987）。Tavallaie 团队发现蛋白质产量和色素积淀与生长速率有较好的相关性。在 100g/L NaCl、pH 8.5 的培养条件下培养 42d 后，获得类胡萝卜素（14.95 ± 0.6）μg/mL，蛋白质（186 ± 8.6）μg/mL。但在 300g/L NaCl 下盐藻生长受到抑制（Tavallaie，2015）。一般而言，生物量蛋白质在盐藻整个生长周期中呈现先增加后下降趋势。其中，在对数期达到最大值（占藻体干重的 60%~80%）；生物量色素含量相对稳定。其中，类胡萝卜素、叶绿素 a 和叶绿素 b 分别占藻体干重的 0.5%、1.3% 和 0.5%。在 2.0mol/L NaCl、pH 7.5 时的蛋白质产量最高，可达 43.5 mg/（L · d），超过其他条件培养下的 16%~97%（Sui，2019）。

（二）盐胁迫下蛋白质表达谱的变化

盐胁迫适应过程是一个复杂的相互作用的网络系统，需要大量基因协同作用。在不同盐度下连续培养的藻类蛋白质谱进行比较时发现了一种分子质量为 150ku 的蛋白质（p150），其表达谱与细胞增殖相一致。利用环己酰亚胺阻断实验，证明这种蛋白质是一种盐诱导的可溶性糖蛋白，定位于细胞表面（Sadka，1991）。在不同盐度处理盐藻的实验中，蛋白质条带的数量和密度是不同的。在光照强度 4500lx 下，大部分电泳蛋白带在 1.8mol/L 和 2.6mol/L NaCl 的培养基中分离。在相同光照强度下，2.6mol/L NaCl 的培养基中发现了 75ku 和 106ku 的蛋白质，这些条带可能不是在低渗透介质中形成的（Heidari，2000）。对高盐（3.5mol/L NaCl）和低盐（1.5mol/L NaCl）培养条件下盐藻蛋白质组的双向电泳图谱进行比较分析，筛选高盐诱导蛋白并鉴定。发现有 21 个蛋白质增强表达，达到 3 倍。通过基质辅助激光解吸飞行时间质谱（MALDI-TOFMS）鉴定出了其中的 12 个，为进一步克隆鉴定特异的盐藻耐盐基因及最终阐明高等植物的耐盐机制提供了依据（柴玉荣，2011）。胶群体期是一些单细胞藻类在极端环境中生存的关键阶段。在盐休克诱导胶群体期形成过程中，151 个盐度响应蛋白和 35 个盐度响应磷酸化蛋白参与了多种信号传导和代谢途径。盐度响应蛋白相互作用（PPI）表明，信号转导和蛋白质合成是调节这些过程的关键（Wei，2017）。

（三）盐胁迫对相关酶活性的影响

盐胁迫过程中细胞会调动耐盐相关的代谢，相应的酶活性会提高。通过cDNA克隆和酶学分析，显示p60蛋白是一个内部双拷贝的碳酸酐酶。盐藻诱导的盐度增加、碱性转移或碳酸氢盐去除。同时，增加了p60及其信使核糖核酸（mRNA）水平和外部碳酸酐酶活性。富含p60的可溶性制备物在大约1.0mol/L NaCl下表现出最大的碳酸酐酶活性，并在较高的盐浓度下保持相当的活性。这些结果表明p60为一种结构新颖的碳酸酐酶，并表现出嗜盐样特征（Fisher，1996）。基因克隆和测序结果表明，p150蛋白属于转铁蛋白家族，与细胞的分裂和高盐胁迫有关（Chen，2009）。

在光照条件下，野生型的光合复合体受到盐胁迫的严重影响。其中，转谷氨酰胺酶以25U和50U两个单位存在于叶绿体中，特别是50U单位的量，在高盐胁迫后变化最明显。发现这些浓度变化与酶活性的变化一致，酶活性也受光的存在或不存在的影响（Dondini，2001）。在盐胁迫下，盐藻针对渗透压胁迫产生应急应答主要是参与渗透平衡产物的迅速合成。高渗胁迫条件下盐藻细胞内甘油的含量迅速增加，外源Ca^{2+}处理在一定程度上可提高高渗胁迫条件下3-磷酸甘油磷酸酶（GPase）和二羟基丙酮还原酶（DHA-RD）催化甘油合成活性。同时外源Ca^{2+}处理引起盐藻细胞的过早衰退，说明Ca^{2+}具有双重作用。低渗胁迫时，外源Ca^{2+}处理后，细胞内催化甘油转化为二羟丙酮的相关代谢酶的活性则增加（周丽，2006）。

四、盐胁迫对光合系统的影响

（一）盐胁迫对叶绿体结构及光合作用的影响

当盐藻处于35~250g/L NaCl范围内时，叶绿体没有显示明显的结构变化。但是盐藻叶绿体的类囊体膜表面则大部分被压缩，只有末端的类囊体膜没有皱缩。在250g/L NaCl下，叶绿体的B面单位面积上的基粒数是在低盐（35g/L NaCl）条件下驯化的同类类囊体膜的3倍，而且这种类囊体的变化在这个盐度范围是可逆的（Pfeifhofer，1975）。当使用300g/L的NaCl，仍然可以识别完整的类囊体。相比于25g/L NaCl，光系统Ⅱ（PSⅡ）和光系统Ⅰ（PSⅠ）的活性以及辅酶Ⅱ（NADP）的光还原活性在200g/L NaCl更高。而且渗透调节剂甘油是通过光合作用产生的（Al-Hasan，1987）。叶绿体及类囊体的结构和代谢变化与其耐盐代谢的变化是一致的。在光照条件下，野生型的光合复合体受到盐胁迫的严重影响，在高盐胁迫下，多胺偶联可能也参与叶绿体蛋白的组装（Dondini，

2001）。

在植物的光合作用过程中，PS Ⅰ和 PS Ⅱ两个光系统需协同作用。在光照强度和光质不断变化的环境里，捕光色素蛋白（LHC Ⅱ）的可逆磷酸化及其在两个光系统间的移动有助于调节激发能在两个光系统间的分配。盐胁迫会导致盐藻的呼吸作用减弱，细胞内腺苷三磷酸（ATP）含量降低。同时，受胁迫细胞内 LHC Ⅱ磷酸化水平增加，这将导致见光以后围绕 PS Ⅰ的循环电子传递加强。盐是通过离子效应而不是渗透压起作用的，盐胁迫引起的 LHC Ⅱ磷酸化既与上述的 ATP 含量降低有关，还受到盐离子内流的影响。LHC Ⅱ的可逆磷酸化可能是盐藻对高盐环境中盐浓度瞬时变化的适应性机制，这将有助于我们对 LHC Ⅱ磷酸化的多种调节机制及其生理意义的了解（刘贤德，2005）。当 NaCl 浓度由 1.5mol/L 骤降至 0.5mol/L 时，黑暗条件下盐藻的光合速率下降，而呼吸速率和细胞内 ATP 含量上升。低渗透性休克对盐藻细胞的 PS Ⅱ /PS Ⅰ比值高于对照细胞，说明光照对盐藻细胞 PS Ⅱ的激发能量增加。当盐藻暴露于低渗休克时，LHC Ⅱ磷酸化水平也下降。因此，在黑暗条件下，当盐藻发生低渗透性休克时，光合器官的状态Ⅰ发生转变，这可能与盐藻细胞呼吸增强和 ATP 含量增加有关（Liu，2004）。

（二）盐胁迫时叶绿素荧光参数的变化

叶绿体吸收光后激发捕光复合物（LHC），LHC 将其能量转移到 PS Ⅰ和 PS Ⅱ。其间所吸收的光能有所损失，3%~9% 的光能被重新发射出去，波长较长，即叶绿素荧光。叶绿素荧光几乎全部来自于 PS Ⅱ，而且光合作用过程的各个步骤密切偶联。任何一步变化就会影响到 PS Ⅱ，从而引起荧光变化。盐藻在盐胁迫下的正常生长与光合作用密切相关。相关性分析得出：在整个培养周期中，Fv/Fm（反应 PS Ⅱ最大光能转换效率）、叶绿素相对含量均与细胞密度呈显著的正相关。因此，可以利用上述参数的变化来反映盐藻的生长情况及其对盐度的适应性（陈书秀，2010）。

与传统的测量细胞密度的方法相比，利用叶绿素荧光法，具有简单、快速、准确的优点。但目前仅对少量的微藻品种进行了这方面的研究，此方法的可靠性还需进行大量的实验研究。盐藻在不同盐度下处理不同时间后的生长及叶绿素荧光特性会有一定变化。当盐度低于 20 或者高于 110 时，盐藻的 PS Ⅱ的荧光指标［Fv/Fm、ΦPS Ⅱ、$Fv/F0$ 和表观光和电子传递的相对速度（rETR）］显著降低，这些荧光指标与细胞密度呈极显著的正相关性，可通过 PS Ⅱ荧光指标的变化来反映该藻对盐胁迫的耐受性（王帅，2015）。盐胁迫下，通过下调盐藻的光合饱和点，可以有效地应对 NaCl 胁迫的剧烈增加。NaCl 浓度在 80~160g/L 范围内时，盐藻通过散热将多余的能量耗散。在 NaCl 浓度为 240~320g/L 时，光合电子传递受到抑制，导致单电子传递体（Q_A^-）生产过剩，PS Ⅱ受体则被破坏。在面对盐浓度急速变化时，细胞内 β- 胡萝卜素和甘油起到重要的渗透调节作用。但是在盐胁迫下，盐藻的存活率和光合活性均显著降低（Qin，2015）。

第二节　光照及温度对盐藻生长的影响

盐藻是一种可以进行光合作用的自养型微藻。光照为光合作用提供能量来源，对光合作用的过程起到至关重要的作用。叶绿素的生物合成是一个酶促反应，最适温度约为 30℃，极限温度约为 40℃（于贵瑞，2010）。盐藻细胞内一些复杂的生理生化过程也需要在适宜的温度下进行。本节内容主要论述光照和温度对盐藻生长的影响。

一、光照的影响

在盐藻的培养过程中，一个重要的耗能阶段是光能耗电。我们研究光照对盐藻生长的影响，目的主要是提高盐藻光能利用效率，促进生长的同时降低能耗。光照对盐藻生长的影响主要从光照强度、光照类型以及光源和光质三方面展开。

（一）光照强度的影响

1. 光照强度对盐藻生长和各成分含量的影响

在盐藻的光合作用过程中，光合作用效率是决定微藻生物质产率的关键因素。经过长期进化，不同微藻各有其适宜生长的光照环境，以光照强度的影响最为明显。目前，盐藻培养的适宜光照强度多通过实验确定。但是，即使是同一种藻株，不同实验方法的结果也存在差异。盐藻在白光发光二极管（LED）和较低的光照强度（3000lx）下，导致更好的生物质产量，达到 1.3g/L（Choi，2012）。而其他报道称盐藻的最适光照强度为 4000lx（Mariaj，2014）或 4460lx（Imamoglu，2014）。不仅如此，随光照强度的变化，藻体内脂肪酸的组成含量也会发生变化。随光照强度的增加，饱和脂肪酸 C16：0 和 C18：0 都呈增加趋势，以脂肪酸 C16：0 较为明显；而不饱和脂肪 C16：1、C18：1 和 C18：2 的百分含量都略有减少（郑亚君，2011）。高等植物及光合微生物在强光照射下会出现光氧化现象，从而引起光合效率降低，光合产物减少。当产生这种有害作用时，早期光诱导蛋白（early light-inducible proteins，ELIPs）迅速被诱导表达，并与游离的叶绿素、类胡萝卜素结合形成抑制三聚体，有效地阻止了游离氧对光合结构的进一步损害（马梵辛，2004）。

2. 光照强度对光合系统的影响

（1）捕光复合体　光合作用是绿色植物最重要的生理活动，可分为光反应和暗反应（图 2-2）。在光反应中，主要利用光能，经过原初反应（包括光能吸收、传递与光化学反应）和同化力形成（包括光电子传递和光合磷酸化作用）过程。储备高能物质 ATP 和还原型辅酶Ⅱ（NADPH），并分解 H_2O，生成 O_2。暗反应主要利用上一阶段形成的同化力（ATP 和 NADPH），完成碳代谢过程，最终形成碳水化合物和其他有机物（于贵瑞，2010）。在盐藻叶绿素 a/b LHC Ⅱ大小和组成的光依赖变化的研究中指出，各种 LHC Ⅱ基因的表达在转录水平上受生长光照强度的调节。除了 LHC Ⅱ基因的转录调控，盐藻中 LHC Ⅱ的载脂蛋白以大约相同的速度合成。但 LHC Ⅱ的最终组装是由各种 LHC Ⅱ载脂蛋白的稳定性在翻译后决定的（Tanaka，1997）。因此，叶绿素对 LHC Ⅱ载脂蛋白的不同稳定性可能是叶绿素与光合作用类囊体膜载脂蛋白积累协调的一个重要机制。盐藻 PS Ⅱ及其光捕获系统在面对光变化时会调节 PS Ⅱ复合体与 LHC Ⅱ的叶绿素比值来增加剩余 PS Ⅱ反应中心的光捕获能力（Pick，1987）。光可诱导盐藻类囊体膜的 LHC Ⅱ磷酸化。LHC Ⅱ可以平衡 PS Ⅰ和 PS Ⅱ的激发能。而在没有光照的情况下，NaCl 也能在黑暗中诱导盐藻类囊体膜的 LHC Ⅱ磷酸化（Liu，2004）。此种现象的解释为：NaCl 可能会刺激光诱导的相关蛋白激酶的激活和 / 或诱导 LHC Ⅱ的构象变化，导致光诱导的 LHC Ⅱ磷酸化的叠加效应。通过这种方式，盐藻可以增强 ATP 的合成，从而增强其耐受性。

在黑暗低渗胁迫下，探索了盐藻光合机构状态转换的影响。结果表明，低渗处理同时还会引起盐藻磷酸化的捕光复合物蛋白（LHCP）去磷酸化，表明盐藻的光合机构在低渗胁迫下发生了向状态Ⅰ转换的过程，这可能与黑暗中低渗处理促进呼吸作用及细胞内 ATP 含量增加有联系（刘贤德，2004）。在高光胁迫下，盐藻也表现出更强的利用叶黄素循环和循环光合电子传递途径的能力（Gu，2014），也是盐藻自我保护机制的启动。盐藻光合器官面对强光胁迫时，盐藻细胞可以通过调节各光系统叶绿素天线大小和类囊体膜 PS Ⅱ浓度来响应光照胁迫（Smith，1990）。叶绿素天线尺寸小的盐藻比正常色素细胞表现出更高的光合效率和光子利用效率（Melis, 1998）。通过最小化光收集叶绿素（Chl）天线的大小,可以最大限度地提高光合效率和光利用率(Neidhardt, 1998)。因此，光系统的截短 Chl 天线尺寸有望增加盐藻在大规模培养中的光子利用效率。因为其将最大限度地减少吸收的阳光的浪费，减少细胞间的遮光，允许更大的光透过培养，从而使细胞得到更均匀的光照。

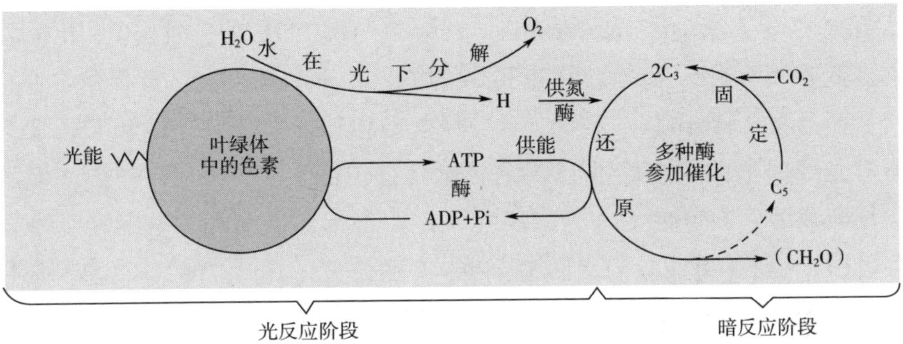

图 2-2　类囊体膜上光合电子传递系统示意图

资料来源：Lamers，2008。

（2）光系统Ⅱ（PS Ⅱ）　通常情况下，当 PS Ⅱ的光吸收速率远远超过反应中心的光利用率时，光合作用就会受到抑制，从而对反应中心造成损害。在类囊体膜中，正常情况下双电子受体质醌（Q_B）还原中心占总 PS Ⅱ的 75%，可以将单电子受体质醌（Q_A）向质体醌高效电子传递；Q_B 非还原中心占总 PS Ⅱ的 25%，不能将电子从 Q_A 转移到 Q_B，且不参与质体醌的还原。在盐藻中，Q_B 非还原中心池的大小在细胞生长过程中随着光的干扰而发生短暂的变化。中等强度光培养下的细胞，暗诱导引起 Q_B 非还原中心池增加 10%；低光照强度下培养的细胞，暗诱导不会引起 Q_B 非还原中心的相对浓度变化。将弱光培养的细胞转移到中等光照下，诱导 Q_B 非还原池的大小迅速减少，同时 Q_B 还原池的大小也随之增加。表明盐藻遇到光胁迫时，细胞会调节 Q_B 非还原池中心的流入和流出，以保持类囊体膜中 Q_B 非还原中心池大小不变，Q_B 非还原性中心是 PS Ⅱ损伤修复过程中的中间阶段（Guenther，1990）。PS Ⅱ的 D1/32u 反应中心蛋白（称为 psbA 叶绿体基因产物）在类囊体膜中经历频繁的光依赖损伤和转换。在低光照强度下 D1 每 7 h 更新一次，在高光照强度下 D1 每 20min 更新一次。PS Ⅱ的损伤和修复速率似乎与光照强度成正比，D1 的降解速率是 PS Ⅱ修复周期的限速步骤（Kim，1993）。

在弱光和强光照条件下，D1 重新生物合成的速率在每个叶绿体或细胞上都是相当稳定，盐藻对损伤率增强的反应包括光损伤中心的积累（所有 PS Ⅱ的 80%）和包含少量 PS Ⅰ中心的类囊体膜的形成（约 10% 在弱光下生长的细胞）。而改变的类囊体膜组织确保了一小部分 PS Ⅱ中心在光胁迫下保持功能，并足以满足叶绿体光合作用和细胞生长的速率，维持从 H_2O 到铁还原蛋白的电子流动（Vasilikiotis，1994）。HSP70b 在光损伤 PS Ⅱ中心修复中也起重要作用。例如，稳定拆卸的 PS Ⅱ核心复合物以及促进 D1 的降解和替换过程（Kittisak，2001）。与野生型相比，盐藻的光敏和 Chl 缺乏突变体对光照胁迫的响应增强。该突变体具有较低水平的 Chl，较低水平的光捕获复合物Ⅱ，较小的 Chl 天线尺寸；说明玉米黄质和类胡萝卜素生物合成相关蛋白（Cbr）可能参与光胁迫下 PS Ⅱ的修复（Jin，2001）。这些研究结果都为深入理解光胁迫下的光损伤和修复提供了依据。

（二）光照类型的影响

微藻在培养过程中的生产率与光合效率密切相关，与细胞的光能利用率密切相关。在搅动和高度浑浊的悬浮液中，单个浮游植物细胞在密集培养运动中所接收到的光信号是一系列闪光。因此，微藻在这种动态光照条件下的生长特性是了解光合过程非线性特性和改进培养过程设计和操作的基础信息。虽然光合效率会随着闪光频率的增加而增强，但在特定碳和叶绿素含量上差异不显著（Combe，2015）。与相同时间积累光子剂量的恒定光照条件下相比，在闪烁光下盐藻的光合作用和生长显著增强。由于闪光可以使紫黄质循环脱环氧化率降低，最有利于盐藻的生长和光合作用。相比于持续光照积累的非光化学淬灭（NPQ），闪光条件下细胞积累的强光诱导的 NPQ 更低；叶黄素循环（VC）的激活减慢，以及 NPQ 的诱导似乎在闪烁光下生长的盐藻光合作用的增强中起着重要的作用（Abu-Ghosh，2015a）。此外，通过实验证实了在相同的光子剂量下，连续光和闪烁光联合应用，盐藻的光合作用速率和生长速率显著增强，远超出了仅仅对盐藻施加闪光或者连续光照的速率（Abu-Ghosh，2015b）。

有研究表明，微藻光合作用在光暗循环的不同阶段发生周期性变化。这种变化可能受光暗交替和生物节奏双重控制，即存在“生物钟”现象（Yen，2004）。这种光暗周期对盐藻的生长和生物质的积累都是有影响的。与连续光照条件下相比，12h∶12h 的光∶暗周期交替的盐藻的生长速度提高了 138%；

必需氨基酸指数（EAAI）在稳定期呈积累趋势，达到1.53，超过联合国粮食及农业组织（FAO）/世界卫生组织（WHO）人类营养标准。光：暗条件下的光利用效率更高，蛋白质和必需氨基酸在光：暗交替条件的合成水平分别提高了5%~97%和18%~28%（Sui，2019）。

（三）光源和光质的影响

任何一种发光的物体都可以称为光源。按获得方式不同，有天然光源和人工光源；按发光原理，可分为热辐射光源、气体放电光源和LED三大类。近几年LED灯应用于微藻培养的报道日益增多，其本身有很多优势，比如节能，体积小，带状光谱更易于与微藻的吸收光谱相匹配，利于微藻的生长。而可见光波段内，波长400~700nm的光能够被植物吸收，用于推动光合作用。该波段的光辐射称为光合有效辐射（PAR）。Chl-a是大多数微藻光合作用的主要色素。从其吸收光谱看，在PAR范围内，红光区（约676 nm）和蓝光区（约440nm）各有一个吸收峰，而在450~650nm尤其是绿光区只有很低的吸收（韩博平，2003）。当细胞在四种白色LED光照强度下达到固定相时，施加相同的蓝色或红色LED的四种光照强度。结果显示，生物量浓度和生物量生产率在第2阶段增加了1.3~1.7倍，而蛋白质浓度和蛋白质生产率增加了约1.1倍。氨基酸含量和氨基酸指数在第1~2阶段基本保持不变，不同光照强度间差异最小（Sui，2021）。因此，可以利用不同的光照强度和光质，增加盐藻生物量、蛋白质和氨基酸以及类胡萝卜素的产量。

二、温度的影响

在自然状态下，影响盐藻生长发育的主要因素是温度。盐藻比一般的单细胞绿藻有更宽的温度适应范围。盐藻的产地范围从南极到热带地区均有，这表明其对温度（–35~40℃）有广泛的耐受性。不同的研究，得出的最适温度略有差别，可能跟盐藻的种类、培养基和光照条件的差别有关。一般其生长的最适宜温度在22℃左右（Choi，2012；张学成，2006）。对于盐藻，随温度升高，其平均比生长速率增加，生长变快，生物量也相应增加。盐藻在培养温度为32℃时，达到了较高的平均生长速率（郑亚君，2011）。培养温度对盐藻β-类胡萝卜素的积累、脂肪酸种类和脂肪酸含量也有较大影响。在其生长的温度范围内，升高培养温度会使其藻株内饱和脂肪酸所占比例上升，而多不饱和脂肪酸所占比例下降。其原因可能为：随着培养温度的上升，微藻新陈代谢速率提高，不饱和脂肪酸消耗量将增加，其细胞内多不饱和脂肪酸的相对含量比较低。因此，针对不同应用领域的需求，可通过改变温度来调节饱和脂肪酸的含量（郑亚君，2011）。

温度过高时会严重抑制微藻生长，甚至使藻细胞死亡。高温下 CO_2 的溶解度低于 O_2，易引起 Rubisco（核酮糖 -1，5- 二磷酸羧化酶，是光合作用 C3 碳反应中重要的羧化酶，是光合作用中决定碳同化速率的关键酶）的催化活性向加氧反应偏离。同时导致叶绿体和细胞质结构破坏，呼吸作用加强，表现为微藻净光合作用的下降。高温导致的养殖崩溃会显著影响室外藻类养殖系统的盈利能力。建立的模型可用于预测高温对盐藻生物燃料生产力的影响。以使养殖崩溃的风险降至最低，从而最大限度地提高生物燃料生产率（Bechet，2017）。在海洋微环境中，温度对物种的主导地位有巨大的影响，在 20℃时，绿色鞭毛虫，羽状硅藻和蓝绿藻占主导地位。在 35℃条件下，只有蓝绿藻占主导地位。因为 CO_2 溶解度在更高温度下得以降低，盐藻的高温存活依赖于其本身的较好的抗逆特性（Regan，1984）。盐藻能耐受极低的温度是因为生长过程中合成的甘油不仅能够有效地调节渗透压，还能够防止冰晶的形成。从而减轻温度对细胞中相关酶的压力，防止酶功能受损，从而增强盐藻细胞对温度变化的适应能力（Borowitzka，1974）。

第三节　培养基及添加物对盐藻生长的影响

一、培养基对盐藻生长的影响

（一）培养基配方及改良

1. 常用培养基组成

培养基是供微生物、植物和动物组织生长和维持生命活动用的人工配制的养料，通常含有碳水化合物、含氮物质、无机盐、维生素及水等，是提供细胞营养和促进细胞生长增殖的物质基础（周丽花，2015）。配制培养基常用的营养成分包括蛋白胨、牛肉浸膏、酵母粉等，琼脂是制备固体培养基最为常用的凝固剂（陈天寿，1995）。影响盐藻生长的因素有很多，如盐度、光照强度、温度、pH、通气量、接种密度、培养方式、培养基配方等。培养盐藻有几种常见的培养基，如 f/2 培养基、J/L 培养基、BG11 培养基、Basal 培养基（表 2-1）（许萌萌，2011）及 Pick 培养基（表 2-2）（Fisher，1994）等。

表 2-1 各种培养基成分 单位：g/L

成分	f/2 培养基	J/L 培养基	BG11 培养基	Basal 培养基
$NaHCO_3$	12.0	43.0mg/L		
NaCl	1.0	90.0		
KH_2PO_4	0.02	35.0mg/L		1.25
KNO_3	0.1	1.0		1.25
NH_2CONH_2	0.03			
$MgSO_4 \cdot 7H_2O$	0.02			
f/2 微量元素溶液	1.0mL			
f/2 维生素溶液	1.0mL			
$MgCl_2 \cdot 6H_2O$		1.5		
$MgSO_4 \cdot 6H_2O$		0.5		
KCl		0.2		
$CaCl_2 \cdot 6H_2O$		0.2		
1.0mol/L Tris-HCl（pH 8.0）		10.0mg/L		
螯合铁溶液		10.0mg/L		
微量元素溶液		10.0mg/L		
$NaNO_3$			1.5	
$K_2HPO_4 \cdot 3H_2O$			40mg/L	
$MgSO_4 \cdot 7H_2O$			75mg/L	1.0
$CaCl_2 \cdot 2H_2O$			36mg/L	111mg/L
$C_6H_8O_7 \cdot H_2O$			6mg/L	
$Fe(NH_4)_3(C_6H_5O_7)_2$			6mg/L	
EDTA			1mg/L	0.5
Na_2CO_3			2mg/L	
A_5+Co			1mL	
H_3BO_3				114.2mg/L
$FeSO_4 \cdot 7H_2O$				49.8mg/L
$ZnSO_4 \cdot 7H_2O$				88.2mg/L
$MnCl_2 \cdot 4H_2O$				14.2mg/L
MoO_3				7.1mg/L
$CuSO_4 \cdot 5H_2O$				15.7mg/L
$Co(NO_3)_2 \cdot 6H_2O$				4.9mg/L

资料来源：许萌萌，2011。

表 2-2 Pick 培养基

成分	用量
NaCl	2mol/L
$NaHCO_3$	50mmol/L
KNO_3	5mmol/L
KH_2PO_4	0.2mmol/L
Na_2EDTA	6μmol/L
$CaCl_2$	0.2mmol/L
$MgSO_4$	5mmol/L
$FeCl_3$	1.5μmol/L
$MnCl_2$	7μmol/L
$ZnSO_4$	1μmol/L
$CoCl_2$	1μmol/L
$CuSO_4$	1μmol/L
$(NH_4)_6Mo_7O_{24}$	1μmol/L

资料来源：Fisher，1994。

2. 培养基的改良

因传统培养基在盐藻培养过程中存在生长速度慢、产量低、光合色素少等不足，不少研究团队对盐藻的培养基进行优化，使其可以增加生物量、提高生长速度、积累 *β*- 胡萝卜素、降低成本、防止污染。例如，改良后的 Johnson 培养基培养的盐藻叶绿素 a、叶绿素 b 含量及总量和类胡萝卜素含量高，利于色素积累（Colusse，2020）。目前主要对 Ben-Amotz、Johnson、f/2、Pick 培养基进行改良，取得了良好的效果，具体配方见表 2-3（周丽花，2015）。还有一些为了获得特定效果，制成新型培养基，具体配方和优点如下：

由于在固体培养基上培养藻类细胞困难而且不方便，目前有研究创造了一种简便高效的培养方法，并制作成新的固体培养基，命名为 SGM（含氯化钠和甘油的培养基），见表 2-4（Yang，2000）。在该培养基上盐藻细胞的存活率可达 63%。另一种优化的盐藻培养基配方及四级培养技术，使盐藻的培养具有生长速度快、产量高、*β*- 胡萝卜素含量高、成本低、易于操作、不易污染的优点，配方见表 2-5（王培磊，2013a）。还有一种新型培养基进行盐藻的培养，有利于盐藻细胞的增殖，可使单个盐藻细胞中的 *β*- 胡萝卜素含量达到最高。同时还可明显提高盐藻蛋白质的合成量，配方见表 2-6（郭狄，2015）。除上面三种优化培养基外，还有一种具有生长速率快、细胞密度大等突出优点的培养基，配方见表 2-7（王计平，2020）。

表 2-3　改良培养基

成分	Ben-Amotz 培养基	Johnson 培养基	Guillard f/2 培养基	Pick 培养基
NaCl	2mol/L	2mol/L	1.5mol/L	1.5mol/L
$NaHCO_3$	25mmol/L	50mmol/L	38mmol/L	50mmol/L
KNO_3	5mmol/L	10mmol/L	—	5mmol/L
$NaNO_3$	—	—	1mmol/L	—
KH_2PO_4	0.2mmol/L	0.25mmol/L	0.04mmol/L	0.25mmol/L
KCl	—	2.68mmol/L		—
Na_2EDTA	20μmol/L	5.62μmol/L	13μmol/L	6μmol/L
$MgCl_2$	—	7.38mmol/L	—	—
$CaCl_2$	0.3mmol/L	1.36mmol/L	—	0.3mmol/L
$MgSO_4$	5mmol/L	2.03mmol/L	—	5mmol/L
$FeCl_3$	2μmol/L	0.9μmol/L	11μmol/L	1.5μmol/L
$MnCl_2$	7μmol/L	0.21μmol/L	0.9μmol/L	7μmol/L
$ZnSO_4$	0.8μmol/L	0.3μmol/L	0.08μmol/L	—
$ZnCl_2$	—	—		0.8μmol/L
$CoCl_2$	0.02μmol/L	0.23μmol/L	0.04μmol/L	0.02μmol/L
$CuSO_4$	0.2mmol/L	0.24μmol/L	0.04μmol/L	—
$CuCl_2$	—	—	—	0.2nmol/L
Na_2MoO_4	—	—	0.03μmol/L	—
Na_2SiO_3	—	—	0.04μmol/L	—
H_3BO_3	185μmol/L	10μmol/L	—	185μmol/L
VH	—	—	0.002μmol/L	—
VB_{12}	—	—	0.4nmol/L	—
$NaHSO_3$	—	—	—	0.07mmol/L

资料来源：周丽花，2015。

表 2-4　SGM 培养基的组成

成分	用量
NaCl	0.25mol/L
$C_3H_8O_3$	1mol/L
$NaHCO_3$	10mmol/L
$MgSO_4$	5mmol/L
$CaCl_2$	0.3mmol/L

续表

成分	用量
KH_2PO_4	0.2mmol/L
H_3BO_3	0.2mmol/L
$MnCl_2$	7μmol/L
Na_2EDTA	6μmol/L
$FeCl_3$	1.5μmol/L
$ZnCl_2$	0.8μmol/L
$CoCl_2$	20nmol/L
$CuCl_2$	0.2nmol/L

资料来源：Yang，2000。

表 2-5　盐藻培养基配方

成分	用量
NH_4NO	320mg
CH_4N_2O	15mg
KH_2PO_4	13.6mg
$NaHCO_3$	504mg
$FeC_6H_5O_7$	16.75mg
维生素 B_1	2×10^4mg
维生素 B_{12}	8×10^4mg
生物素	1×10^3mg
消毒海水	1000mL

资料来源：王培磊，2013a。

表 2-6　培养基的组成

成分	用量
$NaNO_3$	20~60mg/L
Na_3PO_4	20~40mg/L
K_2HPO_4	15~20mg/L
铁盐母液	10~15mL/L
$ZnSO_4 \cdot 7H_2O$	6~8mg/L
$MnCl_2 \cdot 4H_2O$	4~6mg/L
$CuSO_4 \cdot 5H_2O$	45~54μg/L
海盐	200~250g/L
$Na_2B_4O_7 \cdot 10H_2O$	0.03~0.2g/L
$CaCl_2$	0.05~0.1mg/L

资料来源：郭狄，2015。

表 2-7 培养基的组成

成分	用量
海水	1L
NaCl	5g/L
$NaNO_3$	0.5g/L
KH_2PO_4	45mg/L
$FeC_6H_5O_7$	1mg/L
CH_3COOK	0.2g/L
$C_2H_5NO_2$	0.25g/L
增产胺 DCPTA	1mg/L
$ZnSO_4 \cdot 4H_2O$	23μg/L
$MnCl_2 \cdot 4H_2O$	178μg/L
$CuSO_4 \cdot 5H_2O$	10μg/L
$Na_2MoO_4 \cdot 2H_2O$	7.3μg/L
$CoCl_2 \cdot 6H_2O$	12μg/L

资料来源：王计平，2020。

除改良培养基成分外，还可向培养基中添加氮、磷、钾肥料等，用于提高盐藻的生物量。在富集天然海水培养基（MD4）中添加氮磷钾 0.15g/L 时，能够提高盐藻生物量和色素产量，明显降低了生产成本，这种方法也适用于其他海藻的培养（Tran，2014）。有研究从泰国东北部盐渍土中分离得到盐藻株 KU11，用改良的 Johnson 培养基（含 2~3.5mol/L NaCl）进行培养开放式培养。藻类在第 4 天达到最大细胞密度。分别增加 KNO_3 和 $NaHCO_3$，显著提高了盐藻的生物量和 β- 胡萝卜素的产量。这种方法适合户外大规模养殖，并可产生较高的经济效益，所以可以推广使用（Wu，2017）。

3. 培养方法的优化和改良

（1）培养条件的优化　盐藻 DCCBC2 是大规模生产海藻生物量的最佳菌株。微藻细胞的生长在很大程度上依赖于氮和磷酸盐浓度，这些是高效生物量生产的关键营养物质。研究发现盐藻生长和繁殖的适宜培养条件为：培养基配方为 J/L 培养基、pH 9.0、温度 32℃、光照强度 10000lx、接种密度 0.3；盐藻藻液的细胞密度在波长为 654 nm 处与吸光值之间存在显著的线性关系（郑亚君，2012）。采用响应面法（RSM）对盐藻 DCCBC2 培养条件进行了优化，优化后盐藻 DCCBC2 最适培养条件是：初始 pH 8.0，硝态氮为 3.3mmol/L，磷酸盐为 0.0375mmol/L，此条件为最佳生长条件，生长速率最高（Kim，2012）。在基础培养基上进行培养时，初始密度的增加减少了滞后期底物抑制的影响。并在不改变真实增长率的情况下，显著增加了培养物的渐近密度。如果营养培养基组成得到显著改善的话，培养物的渐近密度就会翻倍（Maliuk，1977）。通过采用室内实验方法，以添加 f/2 营养液的人工海水为培养介质，在植物培养箱中利用三角瓶进行培养，发现盐藻的细胞生长特性，较优于角毛藻、绿色巴氏藻、叉鞭金藻等其他微藻。盐藻的最大细胞密度为 4.64×10^6 cell/mL，生长速率在 5~9d 最大，为 0.68/d（蔡卓平，2013）。

（2）浓缩海水养殖　在养殖过程中，培养液盐度随着海水的蒸发而逐渐上升。高盐度的培养环境，抑制了微生物的生长以及绝大多数其他藻类或者捕食者的入侵，使盐藻可以保持在相对纯种的状况下生长，易于人工养殖。海水养殖有望成为一种大规模培养盐藻的既简单又经济的发展模式。其次，海水富含多种元素成分和盐分，只需补充少量的 N、P、Mg、Zn、Cu 元素，即可利用海水作为盐藻的培养液，养殖成本大幅降低（陈昱，2011）。也有研究通过使用反渗透海水淡化过程的盐水可作为高盐水培养基来培养盐藻。在残余盐水和人工高盐水培养基中培养的盐藻新菌株（*Ds. Janubiense*-ITC 5.105），并与该物种一个成熟的菌株（*Ds.* BCA421-ITC 5.003）的生产力进行比较。盐藻成熟菌株在盐度与海水淡化盐水相似的控制培养基中生长，产生最大生物量产量为 26.44g/（$m^2 \cdot d$），最大类胡萝卜素产量为 20.93mg/（$m^2 \cdot d$）。SWRO 盐水是在有海水淡化厂的地区以低成本种植这种物种的理想介质。新藻株生长在海水淡化过程的 SWRO 盐水中，盐藻固定 NO_3^- 和 PO_4^{3-} 比率分别高达 99% 和 71%。而且由于海水淡化的盐水在其成分中含有一定量的营养物质，使用其作为培养基只需较低的试剂费用。培养也有利于完全去除盐水中的某些离子，简单易行、成本低廉，有望克服生物质能源成本过高的瓶颈，从而提高最终处理的质量（Méndez，2012；陈昱，2011）。

（3）轮流养殖　目前有在室外周年养殖盐藻及其多个突变株，发现在养殖过程中培养液的盐度、pH 以及细菌含量的变化对盐藻的生长没有显著影响。通过培养，不同株系盐藻都可以获得较高的生物量和脂类产量，特别是耐高温及高脂突变株可以适应夏天室外的高温、高盐等恶劣环境。普通株在冬天尚能生长，不同特性的藻株的轮换养殖可以保证养殖场周年养殖。在周年养殖的过程中，可获得较高的藻细胞生物量和脂类含量（陈昱，2011）。

（4）悬浮养殖　在培养方法方面，可使用塑料薄膜悬浮吊带（图 2-3）培养代替传统的开放水泥池培养。传统开放水泥池存在易污染、洗刷不便的缺点，而塑料薄膜悬浮吊带培养盐藻有易于操作、不易污染、易于掌控、灵活多样、不易划破、安全可靠、透光性好、成本低、生长快、产量高等优点。对于藻液中原生动物污染的情况，可采用以下消除方法：每升藻液中加入 0.6g $(NH_4)_2CO_3$，处理藻液 12h 能有效杀灭藻液中的尖鼻虫、游仆虫、纤毛虫及变形虫等原生动物，操作简便，对盐藻细胞伤害小（王培磊，2013b）。

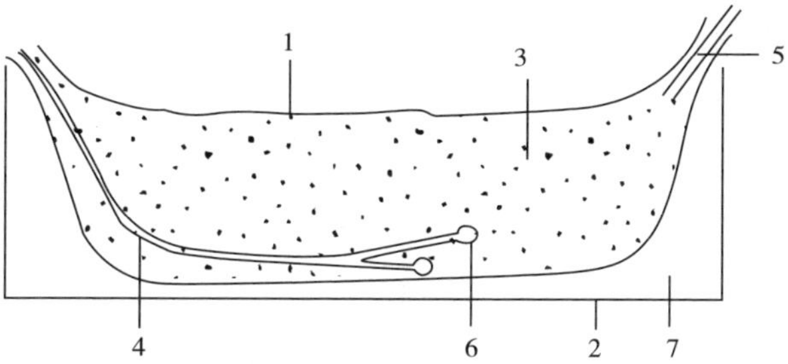

1—塑料薄膜袋；2—水泥池；3—藻液；4—进气管；5—出气管；6—散气石；7—普通海水。

图 2-3　塑料薄膜悬浮吊带法

资料来源：王培磊，2013b。

（二）不同培养基的比较

研究 f/2、Conway 和 Johnson 三种培养基培养盐藻细胞在生长、生化特性、色素分布方面的差异。Johnson 生物质的蛋白质含量及总碳水化合物量提高，Conway 生物质显示出更高的脂质含量。Johnson 培养基显示出 14.255mg/g 的叶绿素 a 含量，而 Conway 培养基显示出 2.596mg/g 的叶黄素产量，细胞生长更快。Conway 培养基显著改善了细胞生长参数，使用 Johnson 培养基时色素积累量最大，尤其是叶绿素 a（14.255mg/g）。Conway 培养基的总脂含量是 Johnson 和 f/2 培养基中含量的 1.5 倍和 1.4 倍。对盐藻在不同营养基中进行培养发现，盐藻脂质产量可以通过优化养分供应来增加，这对盐藻和其他藻类的共存有重要帮助（Colusse，2020）。

二、培养基添加物的影响

通过向盐藻培养基中加入某些物质，会对盐藻的生长起到促进或抑制作用。目前，有向培养基中加入 60% 的农村生活污水，可促进盐藻蛋白质的积累；添加完全农村生活污水可使可溶性糖含量增高；添加螺旋藻养殖液残液，有利于盐藻营养成分积累，在短期内获得大量藻细胞数；添加一种优质高效植物生长调节剂乙烯利和 2，4- 二氯苯氧乙酸（2，4-D），可加快藻细胞的分裂速度，提高生物量，增加 β- 胡萝卜素的产量；乙酸、葡萄糖、碳酸氢钠可促进叶绿素合成；添加褐藻寡糖提高细胞生长速率；添加鲫鱼汤提取物可提高盐藻植板率；维生素 B_{12} 等维生素可提升盐藻的增殖能力；硝普钠可缓解盐胁迫下对盐藻的氧化损伤；鱼粉厂鱼胶水提高盐藻细胞密度；肌醇使盐藻中中性脂含量显著增加；青蒿提取物高浓度可有效杀灭培养液中的纤毛虫，低浓度下促进盐藻的生长、β- 胡萝卜素和胞外多糖的积累。

1. 激素的影响

在 Johnson 培养基中，发现 0.5μg/mL 吲哚丁酸（IBA）、1.0μg/mL 2，4- 二氯苯氧乙酸（2，4-D）、5.0μg/mL 1- 萘乙酸（NAA）、0.5μg/mL 吲哚 -3- 乙酸（IAA）、1.0μg/mL 6- 苄氨基嘌呤（6-BA）、0.5μg/mL 赤霉素（GA）6 种激素可促进盐藻生长。其中（IBA、2，4-D、6-BA、GA）4 种激素的促生长效果较好。进行正交实验，以盐藻 β- 胡萝卜素含量为指标，最优组合为 2，4-D 0.5μg/mL，IBA 1.0μg/mL，6-BA 1.0μg/mL 和 GA 0.1μg/mL；以生物量大小为指标，最优组合为 2，4-D 0.5μg/mL，IBA 1.0μg/mL，GA 0.05μg/mL、6-BA 2.0μg/mL（赵良侠，2007）。IAA、GA 等植物激素可增加藻多倍体细胞生物量的生化值（Mansouri，2021）。乙烯利和 2，4-D 可增加盐藻生物量和促进某些物质积累。向处于对数生长期的盐藻中分别添加浓度为 0.01、0.05、0.1、0.5、1、5、10、25、50mg/L 乙烯利或 2，4-D 对盐藻进行诱导培养，周期性收集藻细胞。对各阶段藻细胞中的细胞密度、β- 胡萝卜素、叶绿素、总可溶性蛋白质含量进行检测和比较发现，在 1 个月的诱导期内，0.05mg/L 乙烯利和 0.1mg/L 2，4-D 能显著加快藻细胞的分裂速度，提高生物量，增加 β- 胡萝卜素的产量；但叶绿素含量、可溶性总蛋白质含量与其他组相比无明显区别（孟春晓，2010；高政权，2010）。

2. 不同碳源的影响

有机碳源及无机碳源对盐藻生产有着重要影响作用，添加不同碳源对盐藻生长有不同影响（安彩华，2011）。

（1）有机碳源　添加有机碳源如乙酸（CH_3COOH）、葡萄糖对盐藻叶绿素合成起着明显促进作用。不同浓度的乙酸和葡萄糖对盐藻叶绿素合成作用不同。其中促进作用最明显的为2.0g/L的乙酸，其叶绿素的含量最高达3.217mg/L。而葡萄糖不仅是营养物质，而且还是信号物质。目前，有研究发现葡萄糖抑制了盐藻光合作用，使代谢受阻。但未影响β-胡萝卜素生物合成相关通路及关键基因（朱帅旗，2015）。

（2）无机碳源　添加无机碳源如碳酸氢钠（$NaHCO_3$）对盐藻叶绿素的合成起着明显促进作用。不同浓度的碳酸氢钠对盐藻叶绿素的合成作用不同（安彩华，2011）。在缺乏无机碳源的情况下，最适宜藻体生长的葡萄糖浓度为15%~20%（孙俊楠，2006）。

（3）CO_2浓度　盐藻细胞中气体交换和碳分配对氮源和CO_2浓度有一定影响。通过在10mmol/L NH_4^+或NO_3^-条件下，以空气或5%（体积分数）CO_2培养盐藻。发现NH_4^+培养的盐藻细胞比NO_3^-培养的细胞体积大17%，但分裂率相似。在空气中培养的藻类比高CO_2浓度下培养的藻类小44%，细胞分裂率降低了55%至67%。因此出现了碳限制，可溶性无机碳的光合作用统计系数$K_{0.5}$降低，但光饱和与二氧化碳饱和光合作用、暗呼吸和不依赖光的固定率增加。表明碳在NH_4^+作用下生长，由碳水化合物重新分配为蛋白质和色素。因此CO_2在很大程度上改变了盐藻细胞的光合和生长特性、不依赖光的碳代谢和碳分配模式（Giordano，1997）。

3. 维生素的影响

在不同的营养结构环境下盐藻可能具有某一特定的维生素吸收机制，与微藻代谢多途径选择有关，复合维生素更能促进微藻的增殖。维生素B_1、维生素B_6、维生素B_{12}和维生素H是盐藻增殖非必需的外源有机营养，均是盐藻的生长促进因子。但对盐藻的增殖能力存在很大差异，在增殖能力上维生素B_{12}>维生素B_1>维生素B_6>维生素H。维生素B_1对于盐藻生长的最佳浓度为150μg/L，过高浓度会引起藻细胞渗透压失调，使羧化作用被抑制，CO_2同化急剧下降，从而抑制生长。在盐藻培养液中添加适当浓度的维生素B_6可促进藻细胞的分裂，并且在缺锌的培养液中加入维生素B_6，能使植物生长良好。维生素B_{12}和维生素H对处在对数期的盐藻均有促进生长作用。另外，维生素C作为一种抗氧化剂，可通过氧化还原反应清除超氧阴离子自由基的毒害作用。维生素C低浓度组在盐藻培养后期藻细胞生长呈现下降趋势，而高浓度组藻细胞仍生长较好。说明维生素C在盐藻培养中，特别是强光照造成藻细胞超氧阴离子自由基毒害时有很好的保护作用（汪本凡，2008）。

4. 褐藻寡糖的影响

褐藻寡糖促进盐藻生长主要通过提高异养同化和光合作用实现。使用50mg/L质量浓度褐藻寡糖，对盐藻的生长速率、色素含量、光合放氧、呼吸耗氧速率和叶绿素荧光参数进行研究。结果表明细胞生长速率明显提升，盐藻在兼氧下的比生长速率达0.259d，是自养的1.9倍，异养的1.3倍（马冬冬，2020）。

5. 海藻提取物的影响

将马尾藻和石莼中提取的海藻提取物，分别以1.0%、1.5%、2.0%和2.5%的浓度添加到Basal培养基中，评估对藻类色素（即叶绿素a、叶绿素b和β-胡萝卜素）的生长和浓度的影响。分离β-胡萝卜素，在443nm和475nm处的可见吸收光谱证实了9-顺式-胡萝卜素和全反式-胡萝卜素异构体的存在。经DAPI染色后，在1.5%的藻体和2%的藻体中培养的细胞产量、分裂率和色素浓度均达到最高。超荧光显微镜和图像分析结果显示微藻的细胞和面积显著增加（Raja，2007）。

6. 肌醇的影响

肌醇（myo-inositol，MI）可促进海洋微藻生长。在四种肌醇衍生物中，MI的促生长作用最强，且呈浓度依赖性。MI对总类胡萝卜素含量无显著影响，但会引起中性脂含量显著增加。MI对脂肪酸甲酯组成也有影响，亚油酸、亚麻酸、亚油酸水平与不添加MI的盐藻相比均显著提高。MI有通过促进生长和提高油脂生产率来提高盐藻生物燃料生产效率的潜力（Cho，2015）。

7. 青蒿提取物的影响

青蒿在盐藻培养过程中可对敌害生物进行防治。通过青蒿提取物对盐藻和纤毛虫的毒性实验，发现青蒿提取物浓度为400mg/L时，能有效杀灭培养液中的纤毛虫，同时对藻细胞的伤害较小。青蒿提取物在低浓度下对盐藻的生长、β-胡萝卜素和胞外多糖的积累有一定的促进作用。当青蒿水提物浓度为221mg/L时，能促进盐藻的生长，增加盐藻胞内β-胡萝卜素和胞外多糖的含量（李加林，2006）。

8. 硝普钠的影响

硝普钠（sodium nitroprusside，SNP）可缓解 3.0mol/L NaCl 胁迫下对盐藻的氧化损伤作用。与单独盐胁迫相比，添加低浓度的 SNP（0.5μmol/L 和 1μmol/L）能促进盐藻的生长，显著提高叶绿素含量，增强超氧化物歧化酶（SOD）的活性。其中，1.0μmol/L SNP 处理 24h 后，SOD 活性提高了 1.6 倍。半定量逆转录聚合酶链式反应（RT-PCR）显示，0.5μmol/L 和 1.0μmol/L SNP 对盐胁迫下盐藻的 Fe-SOD 基因转录具有促进作用。在 24h 时作用显著，表达量最高。而 50μmol/L 的 SNP 则抑制 Fe-SOD 基因的表达，加剧了盐胁迫带来的氧化伤害（卢雪景，2009）。

9. 复合营养的影响

（1）鲫鱼汤提取物　不同浓度鲫鱼汤提取物对盐藻植板率有一定影响。在培养基中加入一定浓度鱼汤提取物之后，盐藻藻落明显增大，颜色加深，呈深绿色，并且可获得较为分散的单克隆。当鱼汤浓度为 8%（体积分数）时，盐藻植板率为 42%，比不加鱼汤植板率提高了 6.4 倍（魏娟，2007）。20~40 mL/L 浓度的鱼汤可强烈地促进藻细胞分裂，以用于筛选营养缺陷型藻株（汪本凡，2004）。

（2）马铃薯汁、豆芽汁、蛋白胨的影响　马铃薯和豆芽的抽出液含有许多有价值的营养物质。马铃薯含有大量的淀粉，在一定条件下，淀粉可转变为葡萄糖、麦芽糖及糊精等。这些物质又可被盐藻吸收利用，在一定程度上能促进盐藻生长，提高盐藻植板率。蛋白胨在微生物的培养中常被视为一种氮源，但其在一定浓度范围内，也可以促进盐藻的生长，提高盐藻植板率（汪本凡，2004）。

10. 农村生活污水的影响

向培养基中添加农村生活污水对盐藻的生长有一定影响。研究不同浓度（0%、20%、40%、60%、80%、100%，体积分数）的农村生活污水对盐藻的生长、β- 胡萝卜素含量、叶绿素 a 含量、蛋白质含量及可溶性糖含量的影响。结果表明，盐藻在不同培养基中均能生存。当培养到第 21 天时，无污水的培养基中 β- 胡萝卜素含量和叶绿素 a 含量最高；含 60% 污水的培养基中蛋白质含量最高；含 100% 污水的培养基中 β- 胡萝卜素含量和叶绿素 a 含量最低，可溶性糖含量最高。因此应用适当浓度的农村生活污水培养盐藻，可以增加相应盐藻生物质含量（张扬，2011）。

11. 鱼粉厂鱼胶水的影响

目前建立了利用废水代替传统种植微藻的方法，用鱼粉厂排出的鱼胶水进行盐藻培养。当使用75%（体积分数）的鱼胶水替代f/2培养基时，在14d内观察到细胞密度显著增加。此外，鱼胶水的添加也显著影响色素含量，在75%（体积分数）鱼胶水中计算出叶绿素、总类胡萝卜素和β-胡萝卜素（3.64μg/mL）的含量最高。用鱼胶水代替f/2培养基，使得盐藻能够在具有75%（体积分数）鱼胶水的处理培养基中作为生物修复剂生长。若用100%（体积分数）鱼胶水完全替代f/2培养基，则对微藻的生长性能和生化组成均产生负面影响（Hadizadeh，2020）。

12. 螺旋藻养殖液残液的影响

结合现代生物技术，利用螺旋藻养殖液残液来养殖盐藻，有利于盐藻营养成分积累，可在短期内获得大量藻细胞，增加产品的产量和附加值。该方法具有工艺简单、能耗低、养殖时间短、养殖条件易于控制、生产成本低及产品附加值高等优点。首先需要在pH为10~14、碳酸钠含量为9~20g/L的螺旋藻养殖液残液中，加入浓度为20%（体积分数）的盐酸5.0~8.0g/L，组成盐藻培养液。将培养液加入藻种池内，对藻种进行扩大培养至对数生长期。将对数期生长的藻液按一定接种量接入到生长池，生长池中培养成熟的藻液经除沙和离心机分离、收集。其中培养液可用于盐藻培养液的配制，实现循环利用，藻糊用于后期的加工应用（张德荣，2014）。总之，影响盐藻生长及生物质含量的因素较多，在大规模培养中需要根据盐藻养殖的生产目的选择合适的影响因素进行干预，以达到产业推进和工业规模化需求。

第四节　营养盐及营养元素对盐藻生长的影响

一、单盐研究

（一）钠盐

1. $NaHCO_3$

在众多的钠盐中，碳酸氢钠（$NaHCO_3$）是应用最广泛的钠盐之一。因此探究碳酸氢钠对盐藻光合作用、生物合成、营养吸收及抗氧化反应等有重大意义。现发现在氮源、磷源、硫源不足的情况下，添加100mmol/L $NaHCO_3$可显著提高盐藻的β-胡萝卜素、叶黄素及脂肪酸等生物合成量。同时补充碳酸氢盐可增强养分同化活性和碳酸酐酶活性，提高抗氧化酶［如SOD、过氧化氢酶（CAT）、抗坏血酸过氧化物酶（APX）］的活性；减少活性氧（ROS）引起的氧化应激，降低脂质过氧化损伤（Ramachandran，2018）。盐藻可以在以 $NaHCO_3$ 为唯一碳源的简单培养基中生长（Bruce，1988）。当 $NaHCO_3$ 的浓度为 12mmol/L 时最适合盐藻的生长，浓度为 15mmol/L 时叶绿素 a 的含量最大，为 135mg/g。而 β- 胡萝卜素含量会随 $NaHCO_3$ 浓度的升高而增加（刘明河，2006）。

基于微藻固定 CO_2 的特性，一种基于碳酸氢盐的综合碳捕获和藻类生产系统（BICCAPS）被提出。其中高浓度碳酸氢盐用于藻类培养，并且该过程中再生的碳酸盐可用于捕获更多的 CO_2。从而开发了碳酸盐的海洋集成碳捕获与藻类生产系统（图 2-4）。本研究测试了不同菌株的微藻和蓝藻在高浓度 $NaHCO_3$ 中的生长能力。25.2g 为其耐受的最高 $NaHCO_3$ 浓度，表明 BICCAPS 可以达到与常规相同的 CO_2 气泡培养生物质生产力（Chi，2014）。

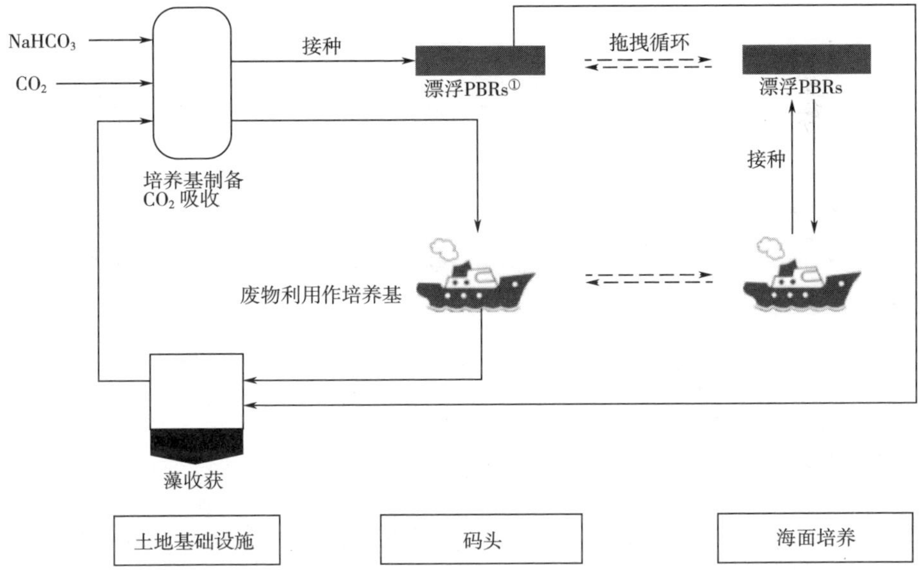

图 2-4　CO_2 和 $NaHCO_3$ 的相互作用及与藻类生长的关系

2. $NaHSO_3$

$NaHSO_3$ 为植物循环光合磷酸化促进剂。为了优化盐藻营养配方、降低养殖成本、提高生物量及色素积累，研究了不同浓度 $NaHSO_3$（≤ 0.40mmol/L）溶液对盐藻生长和光合色素含量的影响。结果显示，$NaHSO_3$ 可显著促进盐藻生长，提高叶绿素 a 和叶绿素 b 含量、叶绿素（Chl）总量、类胡萝卜素

① PBRs：漂浮的基于物理的渲染材质包。

（Car）含量、Chl/Car 和类胡萝卜素含量和蛋白含量（宋永佳，2013）。促进效应随浓度增加表现为先升后降。低浓度（< 0.10mmol/L）效应较好，以 0.07mmol/L 为最佳（图 2-5）。$NaHSO_3$ 提高叶绿素 b 的效应大于叶绿素 a，所以叶绿素 a 叶绿素 b 比值降低。随浓度增加表现为先降后升，以 0.07mmol/L 降低最大（程建峰，2010）。

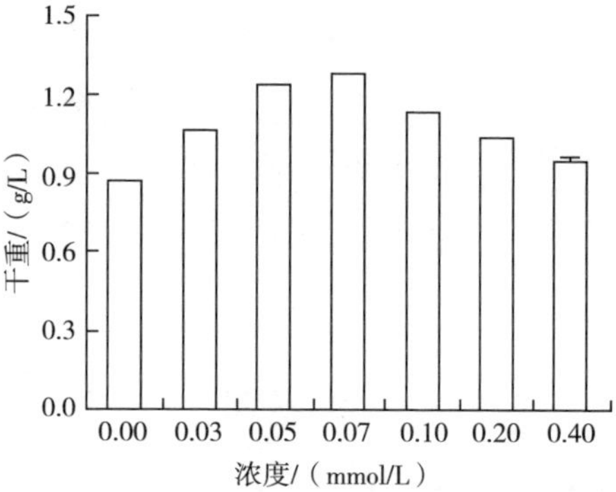

图 2-5　不同浓度 $NaHSO_3$ 对盐藻生物量的影响

3. $NaNO_3$

$NaNO_3$ 对盐藻的生长速度、色素积累均有影响，同时也会影响盐藻对 $NaNO_3$ 的吸收规律。当 $NaNO_3$ 浓度为 1.5mmol/L 时，盐藻生长最快。当 $NaNO_3$ 浓度为 0.5mmol/L 时，β- 胡萝卜素出现积累的最大值 105mg/g，并且较高的 $NaNO_3$ 有利于叶绿素 a 的合成（王培磊，2012）。

（二）碘

1. 碘的分布

依托中国科学院南海海洋研究所，南沙综合科学考察和科技基础性工作专项南海断面科学考察项目，南海碘的生物地球化学特征研究表明：南海 1500m 浅水体中溶解无机态碘的浓度变化范围为 350~641nmol/L，平均值为 471nmol/L。发现表层的 I^- 和 I^-/IO_3^- 与盐藻叶绿素浓度和初级生产力呈显著正相关；而 50m 和 75m 层（营养盐跃层顶部）的 I^- 和 I^-/IO_3^- 与水层初级生产力呈显著负相关。也就是 I^- 和 I^-/IO_3^- 与初级生产力在表层和营养盐跃层顶部（50m 和 75m 层）出现完全相反的相关关系（党爱翠，2012）。

2. 碘的富集培养

影响盐藻生长的外源碘主要涉及 KIO_3 及 KI。分别将不同剂量的 KIO_3 及 KI

加入初始接种量相同的两组盐藻培养液中，在适宜条件下培养，用溴水氧化法测总碘含量。结果显示：盐藻对 KI 耐受性差，不利于盐藻正常生长。而 KIO_3 是进行盐藻富碘培养的适宜碘源，最佳添加浓度为 0.5g/L。在此浓度下，收获的富碘盐藻藻细胞干重为 545mg/L；总碘含量为 110.48mg/kg，无机碘含量为 10.39mg/kg，有机碘含量为 100.09mg/kg。细胞富集的碘大部分转化为有机碘，藻体内有机碘含量占总碘的 90.6%。综上所述，盐藻对碘的富集作用明显，富碘培养后品质和抗氧化能力均好于对照组。并且富碘培养后其附加值增加，具有潜在的市场应用前景（洪利亚，2011；2012a）。

3. 碘的功能研究

碘对盐藻生长及品质有明显影响。用不同浓度的 KI、KIO_3 处理盐藻，发现 0.5~5.0g/L 的 KI 均抑制盐藻的生长，0.5~5.0g/L 的 KIO_3 不同程度地提高了盐藻中叶绿素 a、β- 胡萝卜素、黄酮、维生素 E、碘及可溶性蛋白质的含量，增加了藻的干重。盐藻提取物清除超氧阴离子自由基（$\cdot O_2^-$）和羟自由基（$\cdot OH$）的能力也有不同程度地增强（于涛，2013）。在此基础上，有团队通过改变盐藻的养殖条件达到促进其生长、增加 β- 胡萝卜素和有机碘的积累量的效果。最终获得盐藻生物量、β- 胡萝卜素积累量均为常规培养的 1.5 倍以上，藻体有机碘含量达到 110.6mg/kg 干重。因此 KI 可抑制盐藻的生长，KIO_3 不但能刺激盐藻的生长还能提高其内在活性物质的含量（洪利亚，2012b）。

（三）氮盐

1. 氮的形式

（1）NH_4^+、NO_3^- 或 NO_3　在高浓度 CO_2（5mmol/L），NO_3^- 或 NH_4^+ 作为唯一氮源的培养基中，盐藻生长速率为 50%。盐藻细胞在 NH_4^+ 存在下比在 NO_3^- 存在下生长速率高。细胞大小、蛋白质含量、磷酸烯醇式丙酮酸羧化酶（PEPC）活性因 NH_4^+ 的存在而增强。另一方面，以 NH_4^+ 形式的氮源存在时，最大光合速率和细胞甘油浓度较低，但氮源对谷氨酰胺合成酶的活性影响很小（Giordano，2001）。

（2）硝酸盐　硝酸盐作为盐藻氮源的主要来源，影响盐藻的生长代谢。通过研究盐藻对硝酸盐的转运吸收状况，可为生长于高盐、低盐环境中作物吸收氮的研究提供理论基础。以水杨酸法测定硝酸盐浓度，盐藻在低浓度的硝酸盐（0.2mmol/L）溶液中对硝酸盐有吸收，吸收效率随硝酸盐浓度的增大而提高。当盐浓度增大至 2mol/L 时其硝酸盐吸收效率最高，说明一定的盐浓度能诱导盐藻对硝酸盐的吸收。而经 NH_4^+ 处理过的盐藻，在相同硝酸盐浓度下培养时其硝酸盐吸收效率比未经 NH_4^+ 预处理的低。此结果提示盐藻存在高亲和性的硝酸盐转运蛋白（吴鹏，2010）。

硝酸盐不仅是植物氮代谢途径中的主要营养成分，更是植物生长发育中的重要信号分子。有研究成功克隆到一个硝酸盐转运蛋白基因 DsNRT 2.1-1，通过氨基酸序列比对分析，发现 DsNRT 2.1-1 与 24 个植物高亲和性硝酸盐转运蛋白（NRT2）序列的同源性高达 66%。在不同浓度硝酸盐诱导下，低浓度硝酸盐诱导 DsNRT 2.1-1 基因表达，而高浓度硝酸盐则抑制其表达。当外源添加不同浓度的硝酸盐代谢产物 NH_4^+ 或天冬氨酸或谷氨酸时，上述产物可明显反馈抑制 DsNRT 2.1-1 基因的表达。此研究结果有助于深入研究盐藻硝酸盐转运蛋白的作用机制（王中浩，2013）。

（3）氮气　在不同氮气浓度条件下培养盐藻，结果表明氮气浓度会直接影响盐藻的生长和生产力。在缺氮时将诱导盐藻产生氧化应激反应，从而介导盐藻中脂质积累，这为绿藻提供清洁、环保、可持续能源，包括大量生产藻类生物柴油有着重要意义（Yilancioglu，2014）。

2. 不同氮源比较

三种氮源（$NaNO_3$、尿素、NH_4NO_3/ 尿素复合肥）对盐藻（OUN07）生长、细胞生化组成的研究结果显示：0.75mmol/L 尿素最适合 OUN07 生长，较低的氮盐有利于 β- 胡萝卜素的积累，较高的氮盐有利于叶绿素 a 的合成。NH_4NO_3 对促进盐藻细胞生长、β- 胡萝卜素积累和叶绿素 a 合成效果最好。氮源对 OUN07 蛋白含量也有显著影响，NH_4NO_3/ 尿素组蛋白含量最高为 33.61%（王培磊，2007）。NO_3^- 和 NH_4^+ 共同存在时，优先利用 NH_4^+，所以盐藻在有 NH_4Cl 的培养液中的平均比生长速率显著高于有 $NaNO_3$ 和尿素的培养液（梁英,2015）。氮溶液还可用于盐藻半连续培养方式及藻液中原生动物污染的消除。按每升藻液加入 0.6 g $(NH_4)_2CO_3$，处理藻液 12 h 能有效杀灭藻液中的尖鼻虫、游仆虫、纤毛虫及变形虫等原生动物。然而，其对盐藻细胞伤害很小，所以氮溶液在盐藻培养中有很好的应用前景（王培磊，2014）。

3. 氮饥饿

在培养基中含氮或缺氮条件下，通过叶绿素荧光和 P700 氧化还原的变化，分别估算了盐藻 PS Ⅱ和 PS Ⅰ的电子传递。在含氮介质中，PS Ⅱ的量子产量（Φ Ⅱ）和 PS Ⅰ的量子产量（Φ Ⅰ）在低光照下处于同一水平，而围绕 PS Ⅰ

的循环电子传递（CET-PS Ⅰ）在强光下被诱导，这从 Φ Ⅰ/Φ Ⅱ的增加中可以估计出来。高光照可以通过诱导态 2 跃迁进一步提高 PS Ⅰ中的电子传递率，其中诱导态 2 跃迁使光能的分布以 PS Ⅱ为代价转移到 PS Ⅰ。缺氮导致 Φ Ⅱ减少，Φ Ⅰ增加。因此，CET-PS Ⅰ率预计会增加（Einali，2013）。

氮饥饿对 NO_3^- 诱导硝酸盐还原酶（NR）和亚硝酸盐还原酶（NIR）也有一定的影响。将原先生长在以 NH_4^+ 为唯一氮源培养基中的 NH_4^+- 细胞转入 NO_3^- 培养基中，在光照下诱导 NR。再将之前在无氮培养基中生长的细胞转移到含 NO_3^- 的培养基中，在光照或黑暗条件下诱导 NR。结果表明，NIR 活性在氮饥饿细胞中降低，而 NO_3^- 的加入能显著提高 NIR 活性。在黑暗条件下，谷氨酰胺合成酶活性在氮饥饿时达到最高水平，可诱导 NR。由于 NR 和 NO_3^- 转运体 mRNA 的表达，光似乎对 NO_3^- 摄取和 NR 诱导起间接调控作用（Jiménez del Río，1994）。

4. 不同营养盐浓度的比较

在不同的营养盐总体浓度（2f、f/2、f/8 培养基）和不同的铁质量浓度（15.6、3.9、0.98mg/L）下，对三角褐指藻、盐藻、米氏凯伦藻、小新月菱形藻、青岛大扁藻和前沟藻进行混合培养实验。采用恒定最终密度法，研究营养盐浓度对 6 种海洋微藻群落演替的影响。结果表明，在高营养盐浓度（2f 培养基）时绿藻达总细胞密度的 75.6%，随着营养盐浓度的降低，硅藻竞争力上升。在低营养盐浓度（f/8 培养基）时，硅藻达总细胞密度的 57.0%。硅藻在铁高质量浓度（15.6mg/L）和低质量浓度（0.98mg/L）时，都能占有一定的竞争优势，分别占总细胞密度的 71.5% 和 52.1%（刘春强，2012）。

为了研究盐藻和亚心形扁藻在不同接种密度和氮浓度下的细胞群体生长，通过在氮浓度为 1.4、14、140mg/L 下，对盐藻和亚心形扁藻进行细胞接种比例为 10 ∶ 0、7 ∶ 3、5 ∶ 5、3 ∶ 7 和 0 ∶ 10 的培养实验。结果发现，盐藻与亚心形扁藻细胞群体的生长随着氮浓度的增加而提高。两种藻在氮浓度分别为 14mg/L 和 140mg/L 时混合培养时，细胞群体生长明显优于单独培养。且在这两个氮浓度下，当两种藻以 7 ∶ 3 的接种比例混合时，细胞群体生物量和胞内物质含量相比单独藻培养和其他比例均有显著提高（黄伟伟，2010）。

5. 氮磷比

在对盐藻进行培养前后氮磷比对培养实验时发现，盐藻对无机氮和无机磷的平均转化率分别为 96.6% 和 92.3%，生长过程中所消耗的氮磷比与初始氮磷比有极其显著相关性，因此氮磷营养盐浓度和盐藻细胞增殖密切相关。盐藻能有效地完成对氮磷营养盐的转化，这为淡化后浓海水日晒制盐过程建立平衡的盐田生态系统提供了依据（贺华，2007）。另外，在高营养盐水平条件下，氮的浓度及氮磷比的变化对盐藻的细胞生命力、干重、细胞的生化组成、表面吸附力等也有显著影响。当氮磷比为 40 时最适合盐藻的生长（王俊，2012）；氮磷比为 6 ： 0.5 时盐藻生命力最强，细胞的干重、蛋白质、碳水化合物含量达到最大，为最佳生长营养盐条件。而叶绿素含量在氮磷比为 55 ： 0.5 时最高；盐藻对海水中微量金属的吸附作用与细胞大小、碱性活性基团含量相关。碱性基团含量越高、细胞越大，越有利于对微量金属的吸附（江忠溪，2008）。

（四）磷

磷肥对盐藻的生物量的积累有一定影响。在不同磷酸盐（PO_4^{3-}）条件下，暴露于亚砷酸盐[As(Ⅲ)]和亚砷酸盐[As(Ⅴ)]的盐藻样品中半胱氨酸(Cys)、谷胱甘肽（GSH）和植物螯合素（PC）等巯基化合物的动态变化。其中盐藻细胞中均含有 PC_2、PC_3 和 PC_4，谷胱甘肽是盐藻中主要的非蛋白巯基化合物。当 As 暴露 3d 后，PC 浓度逐渐下降。As（Ⅴ）比 As（Ⅲ）处理的藻细胞中检测到更多的 PC，表明培养物中 As（Ⅲ）比 As（Ⅴ）更影响 $PC_{2\text{-}3}$ 的合成。所以 PC 水平随培养基中 As（Ⅲ）/As（Ⅴ）含量的增加而升高。相比之下，在 72h 暴露期间，PC 合成与细胞内 As（Ⅲ）含量或 As（Ⅲ）处理的藻类细胞中的 As 积累呈显著正相关。最终数据表明 GSH 和 PC 的产生受到 PO_4^{3-} 的影响（Wang，2017）。

（五）硒

有研究考察了不同浓度（0.01、0.5、1、5、10mg/L）的硒对盐藻微藻生长和超微结构的影响。发现 0.01mg/L 和 0.5mg/L 浓度的硒刺激盐藻细胞群生长。而浓度为 1mg/L 时，细胞群的生长略有下降，细胞器受损和完全被破坏的数量有所增加。此外，细胞液泡的排泄功能受到抑制，因为这些液泡的自噬活性被激活，破坏了细胞质和细胞核。而当浓度升高至 5mg/L 和 10mg/L 时对盐藻产生毒性，可抑制细胞群生长，促进广泛的破坏性变化。而盐藻的硒阈浓度为 1mg/L，是最大允许浓度（MPC）的 1000 倍。微藻能够在这种浓度下存活数天的事实表明其对硒具有很高的抗性（Reunova，2007）。

（六）硫

硫是盐藻生长的必要成分，研究发现硫缺乏时细胞生长和光合速率降低。而当细胞内硫酸盐耗尽时，磷酸盐、硝酸盐、铵盐和氨基酸含量增加。碳、硫和氮代谢的四个关键酶的活性受到不同程度的调节，而碳酸酐酶活性保持不变。产生的可能有毒铵的积累表明，碳骨架的可用性不足，这会进一步导致碳和氮之间的不平衡。因此，碳、氮和硫代谢关键步骤和成分的协调才使盐藻能适应长期的硫限制（Yang，2000）。

（七）溴氯离子

评价离子液体对微藻的生长性能和抗氧化反应，有助于探索微藻的应激调节机制和研究可能的环境风险。已知离子液体可以诱导微藻产生活性氧（ROS）。这些氧化应激可能来自阳离子、阴离子和盐度。有学者研究［BMIM］Br（1-丁基-3-甲基咪唑溴盐）、［BMIM］Cl（1-丁基-3-甲基咪唑氯盐）对鱼腥藻、小球藻、盐藻的生长抑制作用。最终发现，Br^-和阳离子［BMIM］$^+$对这些微藻的生长有明显的抑制作用。而［BMIM］Br和［BMIM］Cl对鱼腥藻和小球藻几乎无害，对盐藻相对无害。高浓度离子液体时，3种微藻叶绿素含量降低，而ROS含量和丙二醛（MDA）含量增加、超氧化物歧化酶活性也提高。因此，可以看出离子液体对微藻的抑制率与ROS水平或MDA含量呈正相关，而抗氧化酶有助于降低离子液体诱导ROS的产生（Zhu，2021）。

二、多种营养盐组合

（一）钙、镁、钾盐

有研究通过$CaCl_2$、$MgCl_2$、KNO_3和KH_2PO_4四种营养盐单因子实验，研究了不同浓度营养盐对搭载和非搭载盐藻生长及胞外多糖积累的影响。结果显示，经“神舟5号”搭载后盐藻最适营养盐浓度发生了变化。搭载盐藻生长最佳单因子水平组合为：$CaCl_2$ 250mg/L、$MgCl_2$ 500mg/L、KNO_3 1000mg/L、KH_2PO_4 15mg/L。非搭载盐藻生长最佳单因子水平组合为：$CaCl_2$ 200mg/L、$MgCl_2$ 500mg/L、KNO_3 1000mg/L、KH_2PO_4 55mg/L。搭载和非搭载盐藻胞外多糖积累的最佳单因子组合均为$CaCl_2$、$MgCl_2$、KNO_3和KH_2PO_4分别为250、2000、500、15mg/L。表明盐藻经航天飞行后，胞外多糖的分泌量明显高于非搭载盐藻（李加林，2006）。

（二）钠盐、尿素

通过研究营养盐对3株盐藻株系（BJ、OUC38和OUC8）生长的影响，发现盐藻最适于生长的营养盐条件是$NaNO_3$ 0.4mmol/L、尿素0.6mmol/L和$NaHCO_3$ 18mmol/L（张学成，2006）。不同盐度（9~15°Bé）会影响盐藻细胞生长及色素。在盐度为30%(9°Bé)和40%(12° Bé)培养液中盐藻生长速率较快，然而高盐度（15°Bé以上）对盐藻细胞分裂有明显抑制作用。但有利于盐藻积累β-胡萝卜素。因此，室外大规模养殖盐藻最适宜盐度范围40%~50%（即12~15°Bé）(彭家军，2020)。

（三）钠钾盐和氰钴胺素

通过研究在f/2、Conway和Johnson三种培养基培养中盐藻细胞在生长、生化特性、色素分布和成本等方面的表现，结果证实了Johnson生物质的蛋白质含量（38.3%）和总碳水化合物（11.3%）大幅提高，而Conway生物质显示出更高的脂质产量（43.4%）。此外，Johnson生物质显示出14.255mg/g的叶绿素a含量，而Conway培养基显示出2.596mg/g的叶黄素产量和更快的细胞生长速度。由于添加了$NaNO_3$、KNO_3和氰钴胺素，培养基成本呈现出每103 L培养基1.17~49.62美元的变化。因此，按干重计算，生物质生产的成本变化为4.64~301.61美元/kg。研究发现，仅通过改变培养基就会在生产方面存在巨大的变化，带来更高的经济效益（Colusse，2020）。

三、营养盐的其他影响方面

（一）输入方式

在不同的营养盐输入方式（一次性输入、每2d输入和每5d输入）下对三角褐指藻、盐藻、米氏凯伦藻分别进行单种培养和混合培养实验。结果发现，三角褐指藻适宜高频率的营养盐输入，随着营养盐输入频率的加快。三角褐指藻在总细胞密度中比例上升，当每2d一次输入的方式时，三角褐指藻比例能达到90%以上（刘春强，2012）。而脉冲输入方式对盐藻生长影响不大，盐藻和米氏凯伦藻只有在一次性输入方式时对生长起促进作用（梁英，2014）。

（二）营养盐水平和形态

微藻群落的演替受到各种环境因子的影响。随着近年来赤潮的频发，微藻群落的演替及其种间关系也被作为解释赤潮爆发及其防治的思路。营养盐是微藻类生长的必需条件和重要因子。以氮、磷、铁三种营养元素为核心，选择

3~6 种常见的海洋浮游植物。在实验室可控条件下，研究营养盐水平、营养盐形态对海洋微藻群落演替的影响。结果发现：在不周的营养盐总体水平（f、f/2、f/4、f/8）、不同的氮浓度（149.6、74.8、37.4、18.7mg/L）、不同的磷浓度（8.8、4.4、2.2、1.1mg/L）和不同的 Fe 浓度（7.8、3.9、1.95、0.98mg/L）条件下对三角褐指藻、盐藻、米氏凯伦藻分别进行单种培养和混合培养实验。在不同的营养盐浓度下,混合培养时 3 种藻的生长都受到了抑制。但三角褐指藻都占据优势，随营养盐浓度的下降，在总细胞密度中盐藻的比例下降。而米氏凯伦藻的比例上升，表明米氏凯伦藻在低营养盐浓度下有竞争优势。不同氮浓度时，三角褐指藻都占据优势，而米氏凯伦藻的竞争性则随氮浓度的降低而增强。不同的磷浓度时，高磷浓度（8.8mg/L）时三角褐指藻具有绝对的优势，其他三个磷浓度时，总细胞密度中盐藻和米氏凯伦藻的比例上升，随磷浓度的降低米氏凯伦藻竞争力增强。不同的铁浓度时，盐藻在低铁浓度（0.98mg/L）时具有竞争优势。其他三个铁浓度时，三角褐指藻具有优势，混合培养时铁浓度的变化对米氏凯伦藻的影响不大（刘春强，2012）。

（三）浓度波动

盐藻和海链藻的抗浊培养物可在硝酸盐、磷酸盐和硅酸盐的波动浓度下生长。聚丙烯酰胺荧光的在线测量，可以监测波动的营养供应对光适应细胞的 PS Ⅱ反应中心的光化学效率的影响（$\Delta F/F'm$）。通过在线荧光测量实验装置为各种荧光信号提供了灵敏和可再现的检测，进而发现营养供应对 PS Ⅱ光化学效率有强烈影响。研究表明，在线荧光测量为调查浮游植物对波动养分的反应提供了一种新的工具，并提供了在野外检测养分缺乏的可能性（Lippemeier，2001）。

（四）稀土

稀土对盐藻的生长、细胞生化组成有重大影响。采用静态荧光光谱法，研究稀土对盐藻生长的影响。通过采用静态荧光光谱分析法，研究两组不同质量浓度的稀土硝酸镧、硝酸钐对盐藻生长及其叶绿素积累的影响，并对其机制进行了讨论。结果显示，硝酸镧和硝酸钐的质量浓度分别为 2mg/L 和 20mg/L 时为适宜于盐藻生长的稀土质量浓度。分别观察 370nm 光激发叶绿素 a 和 460nm 光激发叶绿素 c 的荧光峰值曲线，发现硝酸镧和质量浓度为 60mg/L 的硝酸钐对盐藻培养后期叶绿素 a 的积累起到了抑制作用，而两种稀土均加速了盐藻中叶绿素 c 的消耗（张敏，2010）。

（五）微晶纤维素

先用微晶纤维素预处理盐藻液，再向其中添加适量微晶纤维素（MCC），发现可促进盐藻的生长并可提高 20% 的藻细胞密度，且添加量为 0.3g 时促进作用最为明显。这可能是由于培养基中藻分泌物中一些抑制物被去除，从而减轻了对藻生长的抑制。同时，预处理后的 MCC 结构被严重破坏，表面变得很粗糙甚至出现裂痕，内部氢键断裂。纤维素的结晶度和聚合度分别从 80 和 209 最低降到 70 和 170，热稳定性也有所下降。可见，藻培养基中的无机盐离子和藻分泌物对 MCC 原先非常稳定的结构造成了明显的变化（曾蛟龙，2012）。

第五节　金属离子对盐藻生长的影响

盐藻的生长不但受盐度、光照及温度、培养基及营养元素的影响，还会受到其他因素，如金属离子的影响，本节主要论述盐藻在不同金属离子如钠、镁、钙、钾、铁、铜、锰、锌、铝、铅等离子的胁迫下，其生长、超微结构、β- 胡萝卜素、叶绿素 a、多糖及蛋白质合成等的变化。

一、钠离子、镁离子、钙离子、钾离子

（一）钠离子（Na^+）

氯化钠对盐藻的影响作用详见本章第一节。

（二）镁离子（Mg^{2+}）

镁（Mg）离子对盐藻的生长、抑制杂藻污染及 β- 胡萝卜素的积累均有一定的影响。已有研究发明了一种抑制盐藻养殖过程中杂藻污染的方法。将盐藻所用培养基中 Mg^{2+} 浓度（$MgSO_4 \cdot 7H_2O$）设置成 0、1、2、3、4、5mmol/L 六个梯度，其他成分不变。然后分别将被杂藻污染的盐藻进行培养。用上述培养基将藻细胞培养到稳定期后，检测藻液中 β- 胡萝卜素含量与杂藻所占比例，确定培养基中最佳 Mg^{2+} 浓度为 2mmol/L。发现与不添加镁离子的盐藻相比，显著降低了盐藻养殖过程中污染杂藻的比例。并且在不影响藻粉产量与质量的前提下，使培养基更有利于盐藻的生长与 β- 胡萝卜素的积累（季祥，2017）。依据人工海水理论和方法，研究水体 Na^+/Mg^{2+} 比值对极端嗜盐绿色盐藻生长的影响。可得到适合该藻类生长的最佳化学环境，从而提高多种营养成分和生物活性物质的产量（张福，2010）。

（三）钙离子（Ca^{2+}）、钾离子（K^+）

在盐藻生长的过程中，钙（Ca）、钾（K）离子对其有很重要的影响。在特定培养基中通过补加金属离子，分析盐藻的离子消耗速率、光合速率和色素量。结果发现，对数期盐藻细胞对铁离子与钙离子的消耗呈线性降低。并在稳定期后，钙、铁离子浓度继续下降，而对钾离子的需求变化不显著。铁、钙离子补料能恢复盐藻的生长，但光合活性与色素含量变化较补料前的对数期光合速率与色素含量要低，但是总类胡萝卜素含量升高。所以，盐藻的生长可以通过铁、钙离子补料恢复，但光合活性与色素含量不能完全恢复，但同期的总类胡萝卜素含量会增加（吕和鑫，2014）。

二、铁离子、铜离子、锰离子、锌离子、铝离子、铅离子

（一）铁离子（Fe^{3+}）

在营养物质中添加铁（Fe）、锰（Mn）、锌（Zn）、铜（Cu）元素发现，这些重金属离子对于盐藻吸收（胞内吸收）、吸附（胞表面吸收）和生物富集的均有影响（Li，2007），说明这几种金属离子在盐藻的生长过程中均起一定的作用。在对铁的吸收中，Fe^{2+} 是盐藻的主要吸收形式。并且盐藻对铁的吸收是一个循序渐进的过程。在整个培养周期，铁的总量保持不变，铁离子的添加不会对盐藻细胞的分子基团产生伤害（凌娜，2015）。柠檬酸铁对盐藻（OUN04 和 OUN09）生长和色素积累有一定的影响。研究发现，OUNO4 生长最适的铁浓度为 0.05mmol/L。在此铁浓度下，细胞密度可达 111.5×10^4cell/mL。当铁浓度在 0.25mmol/L 时，β- 胡萝卜素含量最高，可达 83.2mg/g。此时的叶绿素 a 含量可高达 98.4mg/g。当铁浓度为 0.05mmol/L 时，OUNO9 生长速度最快，且 β- 胡萝卜素和叶绿素 a 含量最高。此时的细胞密度可达 131×10^4cell/mL，β- 胡萝卜素含量可达 130.2mg/g，叶绿素 a 浓度可达 64.2mg/g（王培磊，2007）。

盐藻对铁的摄取是由转铁蛋白样蛋白（TTf）所介导的（Paz，2007a）。当铁缺乏时，会导致盐藻细胞质膜中的类转铁蛋白 TTf 的积累。而 TTf 结合铁的特性和动物转铁蛋白（Tfs）相似，都需要 HCO_3^- 作为共同配体。但相比动物 Tfs 来说，TTf 结合铁离子的专一性和释放时对 pH 依赖性是不同的。且 NaCl 浓度高会刺激 TTf 的铁离子结合活性，但高盐环境对 TTf 的铁离子结合亲和力没有什么明显影响（Schwarz，2003；Michal，2003；Varsano，2003；Kuo，2000）。此外，有研究在盐藻的质膜中发现了两种新的铁缺乏蛋白：一种是称为 D-Fox 的多铜铁氧化酶，另一种是内部复制的糖蛋白（p130B），而且 D-Fox

和 p130B 的诱导与增强铁结合和摄取活性呈动力学相关（Paz，2007b）。

另外通过探究盐藻在接触时间、生物量浓度、酸碱度及初始 Fe^{3+} 浓度等多种因素对其吸收 Fe^{3+} 能力的影响。结果显示，在 pH 8 时，盐藻对 Fe^{3+} 吸收能力最强。此时，随着生物量浓度的增加，Fe^{3+} 吸收量也逐渐增加。并且 Fe^{3+} 吸收量也会随着初始金属离子浓度的增加而增加。细胞表面存在的氨基、羧基、羟基、磷酸基和磺酸基的脂类、蛋白质和多糖均参与 Fe^{3+} 获取过程（Anghel，2018）。

（二）铜离子（Cu^{2+}）

盐藻是一种较为耐铜离子的微藻，用铜离子测试毒素的敏感性发现，盐藻对铜离子的敏感度最低，其半抑制浓度 EC_{50} 为 220mg/L（Millán，2006）。研究发现，盐藻藻株（15D）是所有藻株中最耐铜离子的。在铜浓度不高于 1500μg/L 时，72h 的 EC_{50} 为 3000μg/L，其生长几乎不受影响。而盐藻藻株（13D）对铜的耐受能力相对最差，72h 的 EC_{50} 为 1500μg/L。不同的盐藻对铜的解毒机制不同，其中 15D 可能主要是通过膜流动性改变将细胞内铜离子排出到胞外，而 13D 则可能是将吸收到细胞内的铜结合在内部某些非活性位点上，或是产生与铜结合的某些应激蛋白或抗氧化剂。虽然 15D 单个细胞内部积累铜量远远低于 13D，但是 15D 的细胞密度较高，在整个藻液培养基中吸收的铜量较多。因此，从铜污染治理的角度出发，15D 更适合应用于铜废水处理研究（Millán，2006）。

通过利用不同质量浓度的 $CuCl_2$ 溶液培养盐藻，研究重金属铜对盐藻胁迫的生理响应机制。结果显示，铜可抑制盐藻细胞的生长，且呈剂量 - 效应关系，72h 的 EC_{50} 为 9.55mg/L。且随着铜质量浓度的增加，各质量浓度组盐藻细胞内叶绿素 a、叶绿素 b、总叶绿素、类胡萝卜素、多糖和蛋白质质量浓度均显著性降低。说明铜可以抑制盐藻细胞内光合色素、多糖和蛋白质的合成（郭宏实，2019）。而海藻糖可降低铜胁迫对盐藻生长和色素积累的影响。在铜胁迫下，当海藻糖浓度 15%（质量分数）时，最有利于盐藻的生长和分裂，此时的 β- 胡萝卜素的含量也最高；而海藻糖浓度为 10%（质量分数）时，叶绿素 a 的含量最高（姚晓彤，2013）。

除此之外，还发现铜和镉对盐藻和大泡衣藻的生长抑制具有协同作用（Visviki，1994）。将盐藻和大泡衣藻短时间暴露于铜和（或）镉的环境，或暴露于这些阳离子低剂量中 8 个月后，两种藻类的超微结构发生了变化，且镉对这些物种超微结构的影响大于铜。其实金属胁迫可影响细胞的各种参数，包括细胞总体积、蛋白核、细胞核、淀粉颗粒、聚磷酸盐小体、脂质、空泡、细胞壁和细胞质周间隙（龙爱民，2003a）。与此同时，盐藻在不同浓度的 Cu^{2+}、Zn^{2+}、Cd^{2+} 等重金属离子胁迫一段时间后，细胞密度和叶绿素荧光特性也显著降低。根据 3 种重金属离子的 *EC50*，发现其毒性大小呈现 $Cu^{2+}>Cd^{2+}>Zn^{2+}$ 的顺序（王帅，2010；Zhu，2019）。

（三）锰离子（Mn^{2+}）

已知锰对盐藻中的镉毒性具有拮抗作用。在低浓度锰的存在下，盐藻细胞渗透调节、甘油的生物合成不受镉毒性的影响。因为镉 - 锰在细胞膜上或细胞内特定的金属酶上存在一种特殊的双曲竞争性相互作用。因此说明，锰可保护浮游植物免受海洋中有毒重金属的影响（Stella，1988）。进一步研究锰硼组合对盐藻细胞生长与物质积累的影响发现，锰硼浓度过高或过低对盐藻细胞的生长与物质积累都是不利的。而当培养液中锰和硼的浓度均为 4mg/L 的组合时，可使盐藻细胞密度、蛋白质积累量和 β- 胡萝卜素积累量都达到最高。这说明不同的锰硼浓度对盐藻细胞的生长和物质积累有不同的影响（龚一富，2013）。

（四）锌离子（Zn^{2+}）

锌离子可抑制盐藻的生长（Dr，2014）。把 Zn^{2+} 的浓度设置为 0、200、400、600、800、1600、3200μmol/L 的梯度。培养发现，盐藻的细胞密度与 Zn^{2+} 浓度呈显著的负相关。随着浓度的增大，细胞密度逐渐下降；且盐藻的叶绿素相对含量与 Zn^{2+} 浓度呈显著的负相关。随着 Zn^{2+} 浓度的增大，叶绿素相对含量逐渐下降（王帅，2010）。此外，还观察了低浓度 Zn^{2+} 和 Cd^{2+} 驯化的盐藻在不同浓度 Cd^{2+} 胁迫条件下的生长状况，并通过微分脉冲极谱法测定了盐藻细胞 Cd^{2+} 的吸收量。经 Zn^{2+} 驯化的盐藻生长力和耐受力均强于 Cd^{2+} 驯化藻，二者的半抑制浓度分别为 29μmol/L 和 26μmol/L。收获藻细胞干重为 13.46~51.90mg/L 和 9.90~54.33mg/L，且不同浓度组藻细胞 Cd^{2+} 吸收量分别在 20.17~144.58μg/10^9cell 和 93.67~180.64μg/10^9cell。以上说明 Cd^{2+} 驯化盐藻相对更易吸收富集重金属（李春娣，2007）。

（五）铝离子（Al^{3+}）、铅离子（Pb^{2+}）

对不同盐藻在不同铝沉淀中的持续能力实验发现，盐藻具有很强的铝沉降能力,因此盐藻的生物修复可以借助水生环境中的铝（Al）来完成（Akbarzadeh，2014）。而硫化铅纳米颗粒对盐藻的生长、还原能力、脂质过氧化和总类胡萝卜素含量具有负面影响（Zamani，2014）。已有一种降低养殖过程中铅污染的盐藻养殖方法，能够克服自然环境对盐藻干粉铅含量的影响，获得的盐藻干粉铅含量能够满足标准要求（<1.0mg/kg）。这种方法提高了盐藻干粉的经济价值（王海军，2020）。

三、镉离子、锑离子、金离子

（一）镉离子（Cd^{2+}）

已知盐藻对镉（Cd）非常敏感，且镉能导致盐藻超微结构发生变化（Zhu，2019）。在不同金属镉浓度下培养微藻发现，盐藻可归入最耐镉微藻种类。因为其拥有的 EC_{50} 值很高，96h 培养时 EC_{50} 为 48.9mg/L。在镉浓度为 5mg/L 培养基中，96h 的镉去除率较高，但也只是去除了 11.3% 的添加镉。且在所有培养条件下，细胞内镉的去除量都远低于生物吸附量（Folgar，2009）。

通过对不同 Cd^{2+} 浓度与不同温度交互作用，对小球藻、微绿球藻和盐藻的叶绿素荧光参数（PS Ⅱ的最大光化学量子产量 Fv/Fm、PS Ⅱ的实际光能转化效率）、叶绿素相对含量以及细胞密度的检测。结果显示，随着 Cd^{2+} 浓度的升高，3 株微藻的主要荧光参数、叶绿素相对含量和细胞密度均明显下降。多重比较结果显示，在同一镉浓度下，小球藻和盐藻在 25℃时对 Cd^{2+} 的耐受性最强。该温度下，荧光参数（Fv/Fm 和 Yield）、细胞密度和叶绿素相时含量显著高于其他温度。而微绿球藻在 30℃时对 Cd^{2+} 比较敏感，但各荧光参数值均较低，细胞密度和叶绿素相对含量明显下降。以上说明不适合的温度会增加重金属 Cd^{2+} 对藻类的胁迫作用。并且在镉（0.3×10^6、0.7×10^6、2×10^6、10×10^6mg/kg）暴露条件下，盐碱生产各种生物复合物（色素、脂类、蛋白质和糖类）也不同，这些成分在镉存在下含量增加。因此，以上结果可能指导盐藻选择合适的环境条件和藻类生物量的收获时间，朝着产生所需代谢物的方向发展。且盐藻盐碱地可以大容量积累镉，因此也可以用于生物修复的目的（王帅，2012）。

（二）锑离子（Sb^{3+}）

过渡金属的光化学氧化还原可以诱导锑（Sb）的物种转化。在海洋浮游植物和过渡金属的光诱导氧化作用下，五种藻类（利维斯四色藻、自养小球藻、亚心形四色藻、三角褐指藻和紫球藻）的 Sb^{5+} 与 Sb^{3+} 的比值在 1.07~5.48 之间。而盐藻的 Sb^{5+} 与 Sb^{3+} 的比值仅为 0.92，说明海洋浮游植物对锑光化学有一定的影响（Li，2006）。

（三）金离子（Au^{+}）

金（Au）离子对盐藻的生长影响不大。观察不同金属元素培养基中盐藻生长情况发现，盐藻的形态学特征不受金纳米粒子的影响，金纳米粒子也不易诱导盐藻氧化应激的防御（Larguinho，2014）。

四、铬离子、锗离子、锂离子

（一）铬离子（Cr^{3+}）

铬（Cr）是一种毒性非常高的重金属之一，通常以 Cr^{3+}、Cr^{6+} 两种价态存在于自然界中。铬不仅会抑制盐藻的生长，更会抑制其光合色素、蛋白质和碳水化合物的水平，并且使其对铬（Ⅵ）产生诱导氧化应激（Arun，2014）。将蛋白核小球藻和盐藻在 Cr^{3+} 处理后发现，培养液的 Cr^{3+} 浓度为 1.0mg/L 时，可以提高小球藻的生物量、叶绿素 a、蛋白质和可溶性糖的含量。且小球藻获得最大生物量和富集量的优化组合：温度 30℃，pH 7，N 3.0g/L，P 0.08g/L。Cr^{3+} 浓度为 0.2mg/L 时，可以提高盐藻的生物量、β- 胡萝卜素、蛋白质、可溶性糖含量，且盐藻获得最大生物量和富集量的优化组合：温度 30℃，pH 7，盐度 70%（张学颖，2004）。此外，Cr^{6+} 对盐藻的生长状况也有一定的影响，而且这种影响与铬离子浓度直接相关。Cr^{6+} 在盐藻体内的积累可以明显抑制盐藻细胞的生长，且盐藻细胞叶绿素和胡萝卜素含量明显降低。因此，可以通过叶绿素荧光的变化来检测环境对盐藻的影响（孙正，2018）。除此之外，铬的物种分布受到海洋浮游植物（主要贡献者）和过渡金属联合作用的极大影响，并对在阳光照射下的表面海水中铬的风险评估具有重大意义（Li，2009）。

（二）锗离子（Ge^{2+}）

将钝顶螺旋藻、盐藻、湛江叉鞭金藻和微绿藻经锗（Ge）处理后发现，其光合色素有不同的变化。尤其是经 10mg/dm^3 锗处理后，四种藻类细胞中的光合色素都发生了比较明显的变化。有些色素发生明显的增加或形成，有些色素则减少或消失，但不同种间差别较大（王大志，2000）。进一步利用钝顶螺旋藻和盐藻暴露在不同浓度锗的培养液中之后，发现锗对钝顶螺旋藻的毒性较盐藻大，而钝顶螺旋藻中的总锗含量与培养介质中的锗含量关系不大。且锗在钝顶螺旋藻中的分布较均匀呈剂量效应；而在盐藻中，总锗含量随着培养液中锗含量的增加而增加。以上反映了当藻类暴露在含锗介质中时，可吸收积累一定量的锗并结合到细胞内的大分子物质中，从而达到降低锗毒性的作用（朱友芳，2001）。

（三）锂离子（Li^+）

盐藻具有较高的表面负电性，对其捕获锂离子的能力有直接的正向影响。对直接影响细胞摄取锂的关键参数，如 pH 和初始锂浓度进行优化后发现，在初始锂离子浓度为20.0mg/L、pH 9.0条件下，盐藻对锂的最大吸收容量为4.003mg 锂 /g 干生物量［576.7μmol/（L · g）］。盐藻以其高效的锂离子摄取在营养、医药和海水摄食等行业中具有巨大的应用前景（Günan，2021）。

五、纳米化金属离子

（一）TiO_2 纳米颗粒

随着纳米科技的飞速发展，越来越多的纳米材料进入周围环境及生命体中。已有研究表明，由于纳米材料的特殊理化性质，可对生态环境产生潜在的负面效应。因此，纳米材料的生物安全性问题引起了研究者们的广泛关注。盐藻作为一种常用的毒性指示物种，有团队研究调查了锐钛矿和金红石型 TiO_2 纳米颗粒对藻类的生长、光合色素（叶绿素）、光合作用和呼吸速率的影响。发现纳米 TiO_2 对盐藻有毒性作用，并且其作用取决于 NaCl 的浓度。在较高浓度的 NaCl 下，毒性作用会降低（Ghazaei，2020）。此外，半致死浓度的纳米二氧化钛（$nTiO_2$）（50mg/L）和纳米氧化锌（nZnO）（5mg/L）对盐藻超微结构、细胞活性、胞内 ROS 的均有一定的影响。$nTiO_2$ 和 nZnO 均能进入盐藻细胞内，使淀粉核和淀粉粒被氧化变黑、类囊体严重氧化断裂、线粒体肿大、细胞膜疏松，并使部分细胞器和细胞核发生了凋亡。但随着时间的变化，盐藻细胞活性出现从抑制到细胞活性完全恢复的变化；且在 48 h 时，ROS 对应的荧光值最高。由此可推断，$nTiO_2$ 和 nZnO 对盐藻的氧化损伤可能是由于氧化应激引起了细胞内 ROS 的升高，使细胞核凋亡、细胞器解体等。除此之外，$nTiO_2$ 和 nZnO 的吸附性可对细胞产生损伤，但随着被吸附物的增多，其吸附能力会有所下降。同时也会导致纳米材料的光催化性能下降，从而降低对细胞的毒性效应（周占清，2013）。

（二）二硫化钼纳米粒子

二硫化钼纳米粒子（MoS_2 NPs）对盐藻可表现出“兴奋剂样的”效应。当添加 50μg/L MoS_2 NPs 后，生长刺激为 193.55%，叶绿素含量增加了 1.61 倍；且暴露于 MoS_2 NPs 后还能使蛋白质和碳水化合物含量显著增加 2.03 倍和 1.56 倍，以及抗氧化系统也被激活以消除 ROS 的不利影响（Luo，2021a）。并且二硫化钼纳米颗粒对海洋微藻具有“掺杂”效应。当添加 50μg/L MoS_2 NPs 后，转录组学分析发现，MoS_2 NPs 暴露后，参与卟啉合成、糖酵解 / 糖异生、三羧酸循环和 DNA 复制的基因上调，支持了 MoS_2 NPs 改善细胞生长和光合作用的机制作用。以上现象表明，低浓度的 MoS_2 NPs 可能会改变海洋中的基本生态组成。除此之外，在最佳浓度下，结合高光照强度的 MoS_2 NPs 可以同时提高微藻生物量和 β- 胡萝卜素产量（Luo，2021b）。

（三）氧化锌（ZnO）纳米材料和 Fe_2WO_6 纳米颗粒

氧化锌（ZnO）纳米材料和 Fe_2WO_6 纳米颗粒的毒性随剂量和暴露时间的增加而增加（Sergey，2020；Mohammad，2020）。且纳米氧化锌（nZnO）对盐藻超微结构、细胞活性、胞内 ROS，以及 HSP70 和 Mn-SOD 基因表达影响见以上纳米二氧化钛（$nTiO_2$）部分，此处不再重复。

（四）氧化石墨烯

氧化石墨烯（GO）对海洋微藻也有一定的影响。把盐藻和海洋微拟球藻暴露于含 GO 的 f/2 培养基中，根据对其生长、细胞形态、超微结构、光合色素、抗氧化防御系统和脂质过氧化的毒性效应进行评价。结果显示，其对两种微藻具有不同毒性：72h 盐藻和海洋微拟球藻的 EC_{50} 分别为 13.04mg/L 和 79.10mg/L；且发现 GO 纳米片层既能通过吸附直接与藻细胞表面作用，也能侵入藻细胞内部。造成 2 种微藻的细胞形态畸变和淀粉粒积累量增加，并且无细胞壁的盐藻还出现细胞膜破损、内容物外泄、细胞核皱缩、核膜模糊不清、核质凝聚等异常现象。除此之外,GO 对光合色素合成具有促进作用而非抑制作用，这与细胞中淀粉的积累相一致。另外，当经高浓度（100mg/L）GO 胁迫时，细胞内脂质过氧化产物丙二醛（MDA）含量激增，表明脂质过氧化严重，并且盐藻更为明显。以上表明海洋微藻对 GO 的敏感性与其是否存在细胞壁及其抗氧化能力有关（杜树豪，2020）。

（五）$CoWO_4$ 纳米颗粒

通过不同浓度的 $CoWO_4$ 纳米颗粒（15、30、60mg/L）对盐藻生长的影响，结果显示盐藻的生长参数取决于纳米颗粒的浓度。在 15mg/L 和 30mg/L 浓度的纳米颗粒处理下，细胞数量、生长速率、生物量和色素含量均有显著提高。此外，细胞内脂质过氧化产物丙二醛的测定也表明，该参数与纳米颗粒浓度的增加直接相关。在 60mg/L 的纳米颗粒处理下，丙二醛含量高于其他组，说明纳米颗粒对藻细胞具有破坏作用（Hassanpour，2021）。

第六节　辐射及声波的影响

一、辐射的影响

（一）紫外线辐射

1. 对盐藻生长的影响

紫外线 B（UV-B）辐射对盐藻生长有着显著的影响。不同时间长短的UV-B 辐射增强会对盐藻造成不同程度的影响。短期、适量的 UV-B 辐射增强将增大盐藻细胞体积，增加细胞核附近的空泡量，并破坏盐藻细胞的细胞核结构，从而抑制盐藻的生长。同时 UV-B 辐射增强量与盐藻的可溶性蛋白质含量呈正相关。通过色素检测即荧光技术发现，UV-B 辐射增强将降低盐藻的光合效率和光能利用率，但其在强光下的耐受能力和固碳能力将增强。适量 UV-B 辐射还可以诱导盐藻发生膜脂过氧化反应，造成氧化损伤。而长期的、致死剂量的UV-B 辐射将导致盐藻细胞大量死亡，并出现抗 UV-B 辐射细胞从而使其重新繁殖和生长（张鑫鑫，2014）。另外，低剂量 UV-B 辐射对盐藻的生长起促进作用，而较高剂量的 UV-B 辐射会降低编码蛋白质，尤其是叶绿体中参与光合作用的关键蛋白质的 mRNA 含量，从而影响盐藻的生长。辐射处理盐藻可使其叶绿素含量呈现出先升高后下降特征。这可能是因为在胁迫情况下，藻细胞表现出一定的抗逆性，促进了叶绿素 a 和叶绿素 b 的合成。而随着 UV-B 辐射时间的延长和辐射剂量的增加，最终破坏了叶绿体质膜和叶绿体，抑制二磷酸核酮糖（RUBP）羧化酶活性，从而抑制 Hill 反应，破坏光反应中心 PS Ⅱ，使叶绿素含量下降。并且由于藻细胞对 UV-B 辐射会产生逐渐适应，有时辐射反而能刺激藻细胞的生长（俞泓伶，2011）。

除此之外，通过对盐藻进行紫外线辐射后在黑暗环境培养发现，紫外线对盐藻、三角褐指藻、中肋骨条藻和赤潮异弯藻具有一定的灭活效果。随着紫外线剂量的增加，灭活率会提高。对于小新月菱形藻和塔胞藻来说，小剂量的紫外线辐射会起一定的灭活作用，但灭活率与紫外线剂量不呈正相关。而青岛大扁藻的生长会受小剂量的紫外线辐射刺激。总而言之，紫外线对海藻灭活效果不太明显，且其灭活效果不受海藻细胞个体大小的影响（刘澈，2014）。

2. 对盐藻分裂的影响

UV-B 射线已被用于触发海洋微藻的常见代谢反应。以盐藻为例，增强UV-B 辐射能显著降低细胞密度，并呈剂量依赖性。但对细胞生长必需的蛋白质和甘油含量增加，这说明 UV-B 对细胞的负作用是细胞分裂而不是细胞生长。UV-B 辐射可促进 ROS 的形成。而 ROS 清除剂和谷胱甘肽生物合成前体 *N*- 乙酰 -l- 半胱氨酸（NAC）的加入可减轻 UV-B 辐射的胁迫程度，说明 ROS 介导的途径参与了 UV-B 辐射的胁迫反应。当 Ca^{2+}-ATPase 的瞬时升高与 UV-B 照射同时触发时，细胞内游离钙螯合剂的加入加重了细胞分裂的损伤。但外源性钙离子通道阻滞剂的应用没有加重细胞分裂的损伤，推测内源性启动的钙信号在 UV-B 反应中起作用。串扰分析表明 ROS 抑制与 Ca^{2+}-ATPase 抑制之间有较明显的关系，Ca^{2+} 抑制与谷胱甘肽过氧化物酶（GPx）活性变化之间也有一定的关系。由此推测，ROS 通过谷胱甘肽循环耦合钙信号参与了海洋微藻对 UV-B 刺激的反应（韩玉谦，2005）。

另外，通过比较远紫外辐射（254nm）和近紫外辐射（300nm 以上）对盐藻 DNA 的影响发现，等效剂量的紫外线均能延缓 DNA 合成，但远紫外线作用后对 DNA 合成的抑制程度更强（Tsolova，1975）。并且为了研究补充 UV-B 辐射对盐藻分裂的影响，补充 UV-B 辐射诱导细胞体积增加一倍，发现这一现象可能是由于细胞分裂速率的减慢。而在类囊体膜水平，补充 UV-B 辐射对 PS Ⅱ的 32u（D1）和 34u（D2）反应中心蛋白质造成了光损伤。说明补充 UV-B 的光损伤和修复可能是可见光诱导的损伤和修复周期明显不同的结果（Antonio，1997）。

3. 对盐藻超微结构的影响

UV-B 辐射对盐藻超微结构也有一定的影响。为了评估藻类在适应增强的 UV-B 辐射期间超微结构的变化，盐藻用更高剂量的 UV-B 辐射［13.2kJ/（m^2·d）剂量］进行处理。发现盐藻的超微结构有如下变化：类囊体肿胀，其中一些渗入核糖体；脂球堆积；淀粉粒量增加；线粒体嵴解体；液泡中的夹杂物减少；高尔基体的水池变松、肿胀（Tian，2009）。

4. 对盐藻光合系统的影响

研究不同光照水平对盐藻细胞生长、光合活性、色素和中性脂的影响，发现随着光照强度的增加，PS Ⅱ活性和叶绿素含量降低。类胡萝卜素含量和中性脂类含量增加，说明光合器官减少，而光保护机制被激活。为了考察从正常光照条件过渡到较高光照强度后生物体的转录组反应，对盐藻的 RNA 进行测序。结果显示参与光合作用的酶编码基因下调，而参与类胡萝卜素和三酰甘油代谢的基因上调。在较高的辐照度水平下，与活性氧清除和叶黄素循环相关的光保护酶基因编码也上调（Li，2019）。

为进一步研究单色光紫外线（280~315nm）照射对海洋绿藻盐藻光合活性的影响。利用不同紫外波长（281、290、300、310、322nm）照射样品，通过增加紫外辐射通量，观察到氧产生速率随波长而降低。在紫外线照射的同时监测氧交换，发现氧气产生速率的下降在短波长处更剧烈，并且随着 UV-B 光子通量密度的增加而更快（Ghetti，1998）。中波紫外线（UV-B，280~320nm）也是一种自然胁迫因子，具有对浮游植物生物产生负面影响的潜力。中波紫外线胁迫会降低 PS Ⅱ的光能利用率，从而破坏光反应中的光合作用能力。而盐藻对中度中波紫外线辐射具有适应机制。虽然中波紫外线增强可以干扰盐藻的光吸收，但盐藻可以通过调节光合色素来应对胁迫。而非光化学淬灭可能是低剂量 PS Ⅱ中过量光能耗散的主要途径，而提高光化学淬灭能力可能是避免高剂量光抑制的关键。以上说明，盐藻的损伤和适应之间存在动态平衡，这有助于应对中波紫外线引起的光系统的变化（Zhang，2015）。

5. 对盐藻抗氧化系统的影响

增强的 UV-B 辐照也可诱导盐藻中抗氧化系统的不同反应。例如，硫代巴比妥酸反应物质和 H_2O_2 的含量可显著增加以及类菌孢素氨基酸（MAA）的水平开始增加然后减少，且最后它们在较低的值处趋于平稳。此外，叶绿素 a 含量呈先升高后降低趋势，抗坏血酸和谷胱甘肽含量均可显著增加，但类胡萝卜素含量无明显变化。而在酶活性方面，过氧化物酶（POD）活性显著升高，SOD 活性明显下降，盐藻中 CAT 活性变化不大。总之，增强的 UV-B 辐射会引起盐藻抗氧化系统的不同反应（Tian，2009）。

（二）激光照射

激光照射对盐藻细胞的增殖、胡萝卜素及类胡萝卜素的合成具有不同程度的影响。为研究不同激光对盐藻的生理刺激效果，用 YAG、LD 和 Ar^+ 三种不同激光辐照处理盐藻细胞,并对其前后生长速率和色素含量进行测定。结果表明，YAG 激光辐照剂量超过 1min 时，其对盐藻细胞的增殖和胡萝卜素的合成具有明显的抑制作用。而 LD 激光辐照剂量为 3~5min 时，具有促进细胞增殖的作用。尤其在 5min 时，其生长速率提高了 190%，而且叶绿素和类胡萝卜素的含量分别提高了 27.2% 和 24.4%。但 Ar^+ 激光在辐照剂量为 5~30min 范围内，可抑制细胞增殖，但能促进类胡萝卜素的积累，说明三种激光照射对盐藻的影响是不同的（孙杰，2007）。

（三）有色光照射

盐藻对某些有色光的照射是比较敏感的，尤其是蓝光。其对光胁迫的反应主要是紫藻黄素的去环氧化和植物早期光诱导蛋白 Cbr 的积累。在盐藻中，紫黄菌素脱环氧化显示出类似的光谱范围依赖性，而 Cbr 只在 UV-A 或蓝光下积累，在绿光或红光下不积累。低剂量蓝光叠加红光的强烈协同效应可导致 Cbr 的积累，这说明 Cbr 的积累除了光胁迫产生的信号，还需要特定的光信号（Gabi，1999）。已知盐藻对蓝光的灵敏度非常高，且利用效率大，因此认为盐藻非常适合高蓝光环境中生存。一方面，蓝光可提高总类胡萝卜素的含量；另一方面当红色和蓝色混合时，可通过刺激干重和类胡萝卜素积累的增加，以此来增加培养物中总类胡萝卜素的浓度（Gorai，2014；Han，2019）。已知光的可利用性是光合作用的关键驱动因素之一。因此，研究改变可用光的光谱，使光合作用中未利用的光子转化为可利用的光子的效果，可达到提高盐藻最终生物量的目的（Burak，2019）。总之，将特定光谱应用于生产具有不同类胡萝卜素含量的微藻生物质，是优化人工光微藻培养系统的重要途径（Zhu，2021）。

二、超声波的影响

（一）促进盐藻生长

超声具有提高微藻脂质提取率和抑制微藻大量繁殖的潜力。使用超声波不会诱发盐藻细胞凋亡，相反，盐藻和衣藻在经超声处理后仍然有促进培养物的生长的能力。这表明超声波在微藻生物燃料工业和控制微藻大量繁殖方面有重要作用（Joyce，2014）。为了研究超声波对盐藻生长的刺激效应，以盐藻为实验材料，用超声波细胞均质仪作为超声装置对盐藻进行处理（分别设 64s 和 128s 两个时间强度处理，各时间强度均分 16 次、8 次、4 次、2 次和 1 次五种间隔），并以无超声波作用为对照。之后解除超声波作用，并将各处理在相同的培养条件下培养 7d。测定生长过程的吸光值、叶绿素 a 含量、最大光能转化效率、实际光能转化效率和光合电子传递效率等指标。发现在 64s 和 128s 两个总时间强度处理下，超声波短时间多次处理有利于盐藻的生长，其吸光值、叶绿素 a 含量、最大光能转化效率、实际光能转化效率以及光合电子传递效率等指标均比对照有所提高（肖群，2010）。超声波在 20、585、864、1146kHz 频率和不同声功率下对盐藻悬浮液也有一定影响。且藻类数量的减少与频率和声功率有关，其中不同频率的超声波对盐藻的破碎效率顺序为 $20<580\approx864\leq1146$ kHz。说明高频超声比常规低频超声对盐藻的破坏更有效，且盐藻适宜的破碎

频率与细胞的力学特性有关（Yamamoto，2015）。

（二）β- 胡萝卜素含量增加

为了研究声波对盐藻 β- 胡萝卜素含量的影响作用，分别在 100、200、500、1000Hz 的可听声频率下的响应进行实验研究。考察在硝酸盐缺乏的最佳培养基和次优培养基中，β- 胡萝卜素作为次级代谢产物的生长和浓度。此外，将对照组置于无任何声频暴露的声屏障中，在氮充足的培养基中培养。实验发现，200Hz 的声频对生物量浓度和细胞分裂的促进作用比对照高达 50%；当培养基中硝酸盐浓度降低 75% 时，200 Hz 频率仍促进生长。并且在 200Hz 的可听声频率与硝酸盐缺乏同时作用时，β- 胡萝卜素的量比对照增加至 37%。而在没有声音频率的情况下，β- 胡萝卜素含量仅增加了 18%(Keramati，2021)，这说明声波可促进盐藻 β- 胡萝卜素含量的增加，并与声波频率有一定关系。

第七节　CO_2、pH及其他因素的影响

一、CO_2的影响

（一）CO_2 对盐藻生长和光合作用的影响

碳源是促进藻类生长的一类重要营养物质，CO_2 是植物光合作用的原料，大多数微藻利用 CO_2 作为碳源进行光合营养，不同浓度的 CO_2 具有不同的响应机制。为了探究不同浓度的 CO_2 对盐藻生长和光合作用的影响，有研究利用 GMS 150 型高精度气体混合仪，对 CO_2 浓度进行精确调控，并通过测定盐藻的细胞密度、碳酸酐酶活性等生理指标，结合蛋白质组学分析方法比较了不同处理条件下细胞内主要代谢通路中蛋白质表达的差异。结果表明，在一定范围内，随着 CO_2 浓度的升高，盐藻的生理活性及光合活性提高了；但 CO_2 浓度过高对盐藻生长呈抑制作用。其中，3%（体积分数）的 CO_2 浓度最适于盐藻藻株 HG01 的生长。在 CO_2 浓度为 0.03%~3% 时，PS Ⅱ 的光合活性及相关蛋白表达量随着碳浓度的升高而上升，而 9% CO_2 浓度对其具有抑制作用。此外，胞外碳酸酐酶活性随着 CO_2 浓度的升高也出现下降。该研究表明盐藻可能通过调节光合作用中叶绿素等捕光色素的合成及相关蛋白的表达，以适应不同浓度的 CO_2。而过高浓度的 CO_2 可对细胞产生氧化损害，引起热激蛋白和超氧化物歧化酶、蛋白质二硫键氧化还原酶等蛋白质表达上调以应对氧化胁迫。说明盐藻

生长有其最适 CO_2 浓度（1.5g/L）（蔡学花，2018a；2018b）。另一研究也证明了 CO_2 浓度过高或过低都对盐藻生长不利，为了有效促进盐藻生长，必须调整 CO_2 达到 1.5g/L 的最适浓度。所以在培养和开发利用盐藻时，可利用 CO_2 营养条件进行生产控制（杨晓玲，2012）。

除了从 CO_2 浓度的角度进行盐藻生长条件的控制，为了探究 CO_2 分压（partial pressure of Carbon Dioxide，pCO_2）是否对盐藻生长和光合作用产生影响。有研究设置三种培养条件，即目前状态下的 CO_2 水平（390μatm，pH_{NBS} 8.10）、预测的 2100 年 CO_2 水平（1000μatm，pH_{NBS} 7.78）和预测的 2300 年 CO_2 水平（2000μatm，pH_{NBS} 7.49），对盐藻进行半连续培养。结果发现，随着 pCO_2 的升高，光合作用增强，盐藻生长所受的影响并不显著。此外，乙酰唑胺（AZ）、乙氧基唑胺（EZ）和 4，4′ - 二异硫氰基二苯乙烯 -2，2′ - 二磺酸盐（DIDS）抑制了盐藻的光合 O_2 演化。在较高的 pCO_2 条件下，AZ、EZ 和 DIDS 对光合 O_2 演化的抑制较低，但下调了碳富集。该研究发现提示我们，在预测的未来高 pCO_2/ 低 pH 条件下，盐藻的光合作用将会受到影响（胡顺鑫，2018）。

此外，通过利用钢铁加工过程中产生的含高浓度 CO_2 的废气种植微藻。结果发现，通过微泡传递过程介导的批式藻类生物量生长的两个田间实验表明，微藻生物量以 100% 的存活率稳定增长。对 2200L 生物反应器中 CO_2 吸收的气体分析发现，吸收速率为 0.1g/（L · h），平均为废气中可利用 CO_2 的 14%。这种吸收导致了叶绿素和总脂组分在生物反应器中的稳定生产，并加速微藻生物量的指数增长率，最高倍增时间为 1.8d。气体分析还显示出 CO_2 的吸收和 O_2 的产生呈负相关，随着 O_2 被微气泡明显剥离到平衡水平，导致微藻高生长速率和高密度生物量（William，2011）。有研究在 12L 管式光生物反应器中对盐藻进行连续培养，将大气中的空气作为唯一的 CO_2 来源，加上其他培养条件：6400lx 光照强度、27℃、pH 8.0、3.0mmol/L KNO_3 和 0.025mmol/L K_2HPO_3，观察到盐藻的生物质产量为 2.9g/L。在相同的操作条件下，向反应器供应 3% 的 CO_2 浓度，盐藻的最大生物量为 3.4g/L。盐藻在连续培养中的稀释率和最大生物量生产率分别为 0.6/d 和 1.5g/（L · d）（Gim，2012）。

（二）CO_2 对盐藻脂质含量和组成的影响

进行胞内脂类物质的积累是当藻细胞遭遇营养盐限制等外界环境胁迫时产生的一种保护措施。微藻在适宜环境条件下可利用碳源合成蛋白质，而当氮源等营养盐缺乏时，藻细胞就会减少甚至阻断非必需蛋白质和核酸的合成而增加脂类物质的合成。因此，微藻培养中补充碳源十分重要，不仅可提高生长速率，缩短生产周期，又可获得相对较高的脂类含量（余亚岑，2015）。而通过盐藻的生长同化 CO_2 可高效捕获及存储 CO_2,并积累油脂和淀粉等生物质能源材料（刘广发，2013）。CO_2 浓度对盐藻脂肪酸（FA）含量和组成以及光合特性的也有一定的影响。研究发现,1d时间内,将 CO_2 浓度从2%增加到10%。在干重基础上，FA 总含量也增加了 30%。在 10% CO_2 浓度下生长 7d 后，FA 的含量是 2% CO_2 浓度 FA 含量的 2.7 倍。且在 10% CO_2 浓度下，饱和 FA 的合成被从头激活，去饱和被抑制，相对含量增加。同时也证明了在 1d 的 CO_2 胁迫下，单半乳糖甘油二酯和双半乳糖甘油二酯的比值（MGDG/DGDG）增加了 4 倍，但其 FA 总和没有变化。短期 CO_2 胁迫下，ω-3/ω-6 脂肪酸比例增加，磷脂酰甘油中 ω-3/ω-6 脂肪酸含量急剧增加（Muradyan，2004）。

（三）CO_2 对盐藻光合特性的影响

盐藻细胞中氮源和 CO_2 浓度会对细胞中气体交换和碳分配产生影响。在 10mmol/L NH_4^+ 或 NO_3^-、空气 CO_2 或 5%（体积分数）CO_2 条件下培养盐藻，NH_4^+ 培养的细胞比 NO_3^- 培养的细胞体积大 17%，但细胞分裂率相似。每个细胞内可溶性无机碳的光合作用降低，但光饱和与 CO_2 饱和光合作用、暗呼吸和不依赖光的固定率增加。此外，细胞内核酮糖 -1，5- 二磷酸羧化酶 / 加氧酶（Rubisco）、磷酸烯醇式丙酮酸羧化酶和羧激酶（PEPCK）、碳酸酐酶（CA）和可溶性核酮糖 -1，5- 二磷酸羧化酶 / 加氧酶蛋白的活性增加了 2~5 倍，以及叶绿素和胡萝卜素也增加了 30%~70%，而淀粉和甘油含量下降。这些研究结果表明碳在 NH_4^+ 作用下生长，由碳水化合物变为蛋白质和色素。且在空气中培养的藻类比高浓度 CO_2 条件下培养的藻类小 44%，细胞分裂率降低了 55%~67%，因此说明了碳对盐藻生长的限制。氮源和 CO_2 浓度在很大程度上改变了盐藻细胞的光合和生长特性、不依赖光的碳代谢和碳分配模式（Giordano，1997）。

（四）补碳装置开发

在微藻的大规模培养领域，有团队发明了一种高效供给 CO_2 的补碳装置，即在开放池内大规模培养微藻时可高效供给 CO_2。该装置形状为阱式，在阱式容器里安装有与容器底有 10~50cm 间隙的垂直隔板，在容器底部安装有气体分布器。将阱式补碳装置嵌入开放池的池底，阱式补碳装置的上端沿与开放池的池底吻合。而隔板高出开放池中的培养液面，使得培养液在搅拌器的推动下由阱式补碳装置的一端流入并经阱式补碳装置的底部，再由阱式补碳装置的另一端流出，这样大幅延长了气液接触时间。另一方面，在阱式补碳装置的底部安装有气体分布器，CO_2 气体通过气体分布器后，变成很小的气泡，气液接触面积急剧增大，这样就提高了 CO_2 的吸收率（丛威，2007a；2012b）。

与之类似的另一种补碳装置是水平浸没罩式补碳装置。此装置直接在开放池底布设气体分布器，为了延长气液接触时间，在气体分布器上方设置浸没于培养液内的罩子。罩子沿培养液流动方向充分延长，使得气泡被与培养液在罩子内一同流动时有充分的接触时间，从而提高气体的吸收率。这样比气罩法吸收效率高，比槽式补碳操作方便，比阱式补碳装置降低了流体流动阻力并且节省能耗。水平浸没罩式补碳装置在开放池内培养微藻细胞时有效利用了 CO_2 进行补碳，大幅降低了生产成本。此发明通过 pH 反馈补加 CO_2，使培养体系的 pH 维持在设定值，并计量培养体系的 CO_2 补加量，利用 CO_2 补加量与营养盐消耗量之间的关系，控制营养盐的补加。按如下公式计算营养盐流加液的添加量（I），其中，α 为营养盐消耗量与 CO_2 补加量之间的换算系数，ΔCO_2 为培养体系的 CO_2 补加量。与传统方法相比，此发明方法能将培养体系的营养盐浓度控制在较小范围内波动，能提高培养过程中营养盐的利用率，节约成本（丛威，2012c）。

$$\text{营养盐流加液的添加量}（I）=\frac{\alpha\times\Delta CO_2\ (\text{mol/L})}{\text{添加液浓度}\ (\text{mol/L})}$$

二、pH的影响

（一）pH 对盐藻生长的影响

工业革命以来，人为 CO_2 的大量排放导致了全球变暖和海洋酸化等全球环境问题。目前，海洋表面的 pH 比工业化前降低了 0.1。而海洋酸化及其伴随的海水化学环境的变化将对海洋生物产生重大影响。其中，藻类吸收 CO_2 会导致 pH 增加。在营养盐充足条件下，封闭培养 18 个藻种（包括 6 种绿藻、4 种硅藻、1 种甲藻、1 种黄藻、6 种金藻）至它们生长达到稳定期，比较微藻生长和环境 pH 变化的相关性。发现不同微藻对环境 pH 的适应能力不同，生长达到稳定期时培养液的 pH 不同，对培养液 pH 的提升能力也不同。6 种绿藻都能使环境 pH 增长到 9.5 以上，4 种硅藻中新月菱形藻也都在使环境 pH 在 9 以上；而甲藻前沟藻使环境 pH 9.8、黄藻赤潮异弯藻使环境 pH 8.9；金藻中赫氏圆石藻使环境 pH 仅为 8.72，球等鞭金藻和微绿球藻能使环境 pH 分别达到 9.89 和 10。实验中，初始 pH 降低带来的可利用无机碳浓度的增加促进了微藻的生长。不同藻种适应的环境 pH 不同，增加的最大 pH 存在种间差异。而这种种间差异很可能会改变浮游植物的种间竞争关系，甚至会影响浮游植物类群的进化（汪思茹，2012）。

（二）pH 对盐藻生长影响的机制

盐藻中 Na^+/H^+ 逆向转运蛋白活性受极端 pH 和盐的调控。盐藻在适当的外部 pH 下，通过添加弱酸进行胞内酸化，可激发整个细胞内 Na^+/H^+ 交换活性，并随胞内 pH 和 Na^+ 的变化而变化。细胞内轻度酸化后，细胞内 Na^+ 含量先急剧上升后下降。其中 Na^+ 流入的阶段可以解释为质膜 Na^+/H^+ 逆向转运蛋白的激活，而 Na^+ 流出的阶段则是活性 Na^+ 挤压过程。且在细胞内酸化后，细胞内 ATP 含量急剧下降，而当细胞恢复其中性 pH 时，这一趋势逆转。因此认为，细胞内酸化诱导的内部 Na^+ 浓度变化是由于 Na^+ 通过 Na^+/H^+ 逆向转运蛋白摄取和活化的、三磷酸腺苷酶（ATPase）依赖的 Na^+ 挤压所致。由此进一步证实 Na^+/H^+ 逆向转运蛋白在盐藻内部 pH 调节中起主要作用（Katz，1991；1992）。

盐藻在低 pH 条件下，主要依靠质膜上的 Na^+/H^+ 逆向转运蛋白实现 Na^+ 的外排。而在 pH 较高的环境中，由于 Na^+/H^+ 逆向转运蛋白不能很好地发挥效能，所以盐藻质膜上很可能存在着不依赖于跨膜质子电化学势梯度的排钠机制。推测盐藻质膜上可能存在着由不依赖于跨膜质子电化学势梯度的 P 型 ATPase 所介导的排钠机制（魏亮，2006）。

（三）对盐藻光系统的影响

当在幼龄培养中，将细胞接种到新鲜培养基上，PS Ⅱ /PS Ⅰ的化学计量约为 2.2/1.0。而在成熟培养后，该比值逐渐降低至 1.2/1.0 左右。研究显示，PS Ⅱ /PS Ⅰ比值的降低是通过增加培养过程中的自遮光和 pH 来决定的。pH 从幼龄培养物的 7.7 变化到成熟培养物的 8.9，并导致了生长培养基中可溶性 CO_2 的显著消耗。因此认为，生长培养基中 CO_2/HCO_3^- 的比值与类囊体膜中 PS Ⅱ / PS Ⅰ的比值有一定的相关性（Naus，1991）。

三、不同藻类之间的影响

（一）不同藻类之间的化感作用

化感作用是生物在环境胁迫或种间竞争条件下产生的一种适应机制，在自然界中十分常见。浮游植物的化感作用具有较为复杂的生态学效应，对藻体自身及同一水域中其他生物均会产生一定程度的影响。在不同温度和光照条件下的共培养体系中米氏凯伦藻和盐藻之间存在种间竞争。短时间内，盐藻化感物质的作用呈现为“低浓度促进，高浓度抑制”的效果。而米氏凯伦藻对盐藻的抑制作用非常明显，同时盐藻对米氏凯伦藻也有一定的负面影响。尤其在高光照强度下，盐藻对米氏凯伦藻的抑制作用较强。米氏凯伦藻的化感物质受到温度和光照的显著影响，且其作用效果使得盐藻的生长曲线和相关特性发生变化。指数期的米氏凯伦藻分泌的化感物质的短期抑制效果更强，且存在一定的剂量效应关系。实验表明，盐藻的化感作用对不同环境因子会有不同的响应特征及机制（何冬，2015）。利用交叉培养结合高效液相色谱分析的方法，对盐藻与球等鞭金藻、叉鞭金藻、湛江等鞭金藻和小球藻之间的化感作用进行研究。结果表明，盐藻与其他四种藻株之间存在着显著的化感作用，其中，湛江等鞭金藻、青岛叉鞭金藻胞外滤液对盐藻的生长有明显的抑制作用，而盐藻胞外滤液明显地抑制小球藻的生长（潘远健，2015）。

海洋微藻混合种群连续培养的研究表明，在 CO_2 的限制下，蓝绿藻占主导地位。在硝酸盐和光照限制条件下，物种优势度取决于初始条件。当接种物主要由蓝绿藻和少量其他种类组成时，以蓝绿藻和羽状硅藻占主导地位。当等量接种所有种类的微藻时，绿色鞭毛藻和羽状硅藻占优势。当养分限制被克服后，在光限制发生之前，海水的生产力提高了 100 倍，而且通过减少光呼吸作用可以进一步提高产量。当所研究的培养基被海水不同程度进行稀释，稀释率分别为 0.1、0.2、0.4/d 结果发现对物种优势度没有影响，当稀释率为 0.2/d 时，产量达到最大值。而温度对物种的主导地位影响最大。20℃时，绿色鞭毛藻，羽状硅藻和蓝绿藻占主导地位。但 35℃时，只有蓝绿藻占主导地位，这是因为 CO_2 的溶解度随温度升高而降低碳被限制。盐度为 10% 时，以绿色鞭毛藻和羽状硅藻为主，盐度为 35g/L 时的产量为 50%。在 250g/L 的盐度下，只有绿色鞭毛藻和盐藻存活，其生产力仅有 1%（Regan，1984）。

为了在池塘中商业化养殖海洋微藻，所需的物种必须生长到高浓度。物种优势取决于资源限制、接种物的组成、温度和盐度。在大量蓝绿藻存在的情况下，绿色鞭毛藻无法占主导地位。然而，在硝酸盐和光照限制下，绿色鞭毛藻占优势。绿色鞭毛藻是养殖牡蛎、蛤蜊、螃蟹和对虾等商业物种的良好食物来源。羽状硅藻通常是水产养殖的不良食物来源，在硝酸盐和光照限制下是种群的主要成员。它们的优势程度随着硝酸盐限制的增加而增加。在 CO_2 限制、高温（35℃）

或氯化钠浓度为100g/L或更高的条件下，羽状硅藻不占优势，但蓝绿藻在CO_2限制和高温（35℃）下占优势，且蓝绿藻很容易收获，是药理活性物质的潜在来源。微藻细胞可以用化学方法适应环境条件。有研究分别培养微藻物种如盐藻，小杜氏盐藻和眼点拟微绿球藻，让这些细胞暴露于不同浓度的碳酸氢盐（碳源），铵（氮源）和硝酸盐（一种替代的氮源）。然后比较它们的光谱特征。在保持其他所有参数不变的情况下，单一物种培养和混合培养之间任何显著的光谱变化都归因于竞争效应。与单独培养相比，当物种共培养时细胞会有显著的化学变化，且这种变化不是随机的（Mcconico，2013）。

（二）对微藻生理生化的影响

通过测定实验室控制条件下的微藻生长速率、膜系统和酯酶活性等不同生理生化参数，研究三角褐指藻培养滤液提取物对东海原甲藻和盐藻这两种典型海洋微藻的化感作用。结果表明，该化感物质可以直接抑制东海原甲藻的膜系统，造成膜完整性和通透性的丧失，从而抑制其生长。并且其酯酶活性在短时间内显著升高后又被抑制，是东海原甲藻对该化感物质的最敏感指标。但是盐藻的藻密度对其较不敏感。因为盐藻的膜完整性保持良好，且酯酶活性仅在检测的最后一天被抑制。此外，东海原甲藻细胞的膜电位和叶绿素a含量在暴露于适量化感物质的第5天遭到破坏，而盐藻的相应指标在暴露于大量化感物质6d后出现抑制。因此说明，三角褐指藻的培养滤液对东海原甲藻具有抑制生长的作用，而对盐藻的生长影响较小（Xue，2018）。

参考文献

[1] Abu-Ghosh S，Fixler D，Dubinsky Z，et al. Continuous background light significantly increases flashing-light enhancement of photosynthesis and growth of microalgae[J]. Bioresource Technology，2015a，187：144-148.

[2] Abu-Ghosh S，Fixler D，Dubinsky Z，et al. Flashing light enhancement of photosynthesis and growth occurs when photochemistry and photoprotection are balanced in *Dunaliella salina*[J]. Eur J Phycol，2015b，50（4）：469-480.

[3] Akbarzadeh N，Shariati M. Aluminum remediation from medium by *Dunaliella*[J]. Ecol Eng，2014，67：76-79.

[4] Al-Hasan RH，Ghannoum MA，Sallal AK，et al. Correlative changes of growth，pigmentation and lipid composition of *Dunaliella salina* in response to halostress[J]. Microbiology，1987，133（9）：2607-2616.

［5］Anghel L，Duca G，Cepoi L，et al. The effects of operational parameters on the iron（Ⅲ）uptake by micro-algae *Dunaliella salina*［J］. Clean-Soil Air，Water，2018：1800157.

［6］Antonio M，Anastasios M. Morphological and molecular changes in the unicellular green alga *Dunaliella salina* grown under supplemental UV-B radiation：Cell characteristics and Photosystem Ⅱ damage and repair properties［J］. BBA-Bioenergetics，1997，1321（2）：183-193.

［7］Arun N，Vidyalaxmi，Singh DP. Chromium（Ⅵ）induced oxidative stress in halotolerant alga *Dunaliella salina* and *D. tertiolecta* isolated from sambhar salt lake of Rajasthan（India）［J］. Cell Mol Biol Online Paper，2014，60（5）：90-96.

［8］Borowitzka LJ，Brown AD. The salt relations of marine and halophilic species of the unicellular green alga，*Dunaliella*. the role of glycerol as a compatible solute［J］. Arch Microbiol，1974，96（1）：37-52.

［9］Bruce BD，Malkin R. Structural aspects of photosystem Ⅰ from *Dunaliella salina*［J］. Plant Physiol，1988，88（4）：1201-1206.

［10］Burak H，Dunbar A，Gilmour DJ. Enhancement of *Dunaliella salina* growth by using wavelength shifting dyes［J］. J Appl Phycol，2019，31（5）：2791-2796.

［11］Chen H，Jiang JG. Osmotic responses of *Dunaliella* to the changes of salinity［J］. Cell Physiol，2009，219（2）：251-258.

［12］Chi ZY，Elloy F，Xie YX，et al. Selection of microalgae and cyanobacteria strains for bicarbonate-based integrated carbon capture and algae production system［J］. Appl Biochem Biotechnol，2014，172（1）：447-457.

［13］Cho K，Kim KN，Lim NL，et al. Enhanced biomass and lipid production by supplement of myo-inositol with oceanic microalga *Dunaliella salina*［J］. Biomass Bioenergy，2015，72：1-7.

［14］Choi B，Kim D，Lee T. Optimum cultivation condition of *Dunaliella salina*：Effects of light emitting diode as a lighting source，temperature，light intensity and air flow rates［J］. J Korean Soc Environ Eng，2012，34（9）：630-636.

［15］Colusse GA，Mendes CRB，Duarte MER，et al. Effects of different culture media on physiological features and laboratory scale production cost of *Dunaliella salina*［J］. Biotechnol Rep（Amst），2020，27：e00508.

［16］Combe C，Hartmann P，Rabouille S，et al. Long-Term adaptive response to high-frequency light signals in the unicellular photosynthetic eukaryote *Dunaliella salina*［J］. Biotechnol Bioeng，2015，112（6）：1111-1121.

［17］Dondini L，Bonazzi S，Duca S，et al. Acclimation of chloroplast transglutaminase to high NaCl concentration in a polyamine-deficient variant strain of *Dunaliella salina* and in its wild type［J］. J Plant Physiol，2001，

158 (2): 185-197.
[18] Dr S DK, Ananth S, Perumal S, et al. Effect of different dosages of zinc on the growth and biomass in five marine microalgae [J] . Int. J Fish Aquacult, 2014, 6 (1): 1-8.
[19] Einali A, Shariati M, Sato F, et al. Cyclic electron transport around photosystem I and its relationship to non-photochemical quenching in the unicellular green alga *Dunaliella salina* under nitrogen deficiency [J] . J Plant Res, 2013, 126 (1): 179-186.
[20] Fisher M, Gokhman I, Pick U, Zamir A, et al. A salt-resistant plasma membrane carbonic anhydrase is induced by salt in *Dunaliella salina* [J] . J Biol Chem, 1996, 271 (30): 17718-17723.
[21] Fisher M, Pick U, Zamir A. A salt-induced 60-kilodalton plasma membrane protein plays a potential role in the extreme halotolerance of the alga *Dunaliell* [J] . Plant Physiol, 1994, 106 (4): 1359-1365.
[22] Folgar S, Torres E, Pérez-Rama M, et al. *Dunaliella salina* as marine microalga highly tolerant to but a poor remover of cadmium [J] . J Hazard Mater, 2009, 165 (1-3): 486-493.
[23] Gabi B, Pick U, Malkin S, et al. Differential responses to different light spectral ranges of violaxanthin de-epoxidation and accumulation of Cbr, an algal homologue of plant early light inducible proteins, in two strains of *Dunaliella* [J] . Plant Physiol Biochem, 1999, 37 (11): 857-879.
[24] Gallego E, Manjarrez L, Herrera L, et al. Efecto de un carbón subbituminoso sobre el crecimientoy concentración de pigmentos de *Dunaliella salina* (Teodoresco, 1905) cultivada en fotobiorreactor de múltiples cámaras oscilantes [J] . Intropica: Revista del Instituto de Investigaciones Tropicales, 2013, 8 (1): 112-114.
[25] Ghazaei F, Shariati M. Effects of titanium nanoparticles on the photosynthesis, respiration, and physiological parameters in *Dunaliella salina* and *Dunaliella tertiolecta* [J] . Protoplasma, 2020, 257 (1): 75-88.
[26] Ghetti F, Fuoco S, Checcuccii G. UVB Monochromatic action spectrum for the inhibition of photosynthetic oxygen production in the green alga *Dunaliella saha* [J] . Photochem Photobiol, 1998, 68 (3): 276-280.
[27] Gim GH, Lee YM, Kim DJ. Comparison of biomass productivity of two green microalgae through continuous cultivation [J] . KSBB J, 2012 , 27 (2): 97-102.
[28] Giordano M, Bowes G. Gas Exchange and C allocation in *Dunaliella salina* cells in response to the N source and CO_2 concentration used for growth [J] . Plant Physiol, 1997, 115 (3): 1049-1056.
[29] Giordano M, Pezzoni V, Hell R. Strategies for the allocation of resources

under sulfur limitation in the green alga *Dunaliella salina*［J］. Plant Physiol，2000，124：857-864.

［30］Gorai T，Katayama T，Obata M，et al. Low blue light enhances growth rate，light absorption，and photosynthetic characteristics of four marine phytoplankton species［J］. J Exp Mar Biol Ecol，2014，459：87-95.

［31］Gu WH，Li H，Zhao PP，et al. Quantitative proteomic analysis of thylakoid from two microalgae（*Haematococcus pluvialis* and *Dunaliella salina*）reveals two different high light-responsive strategies［J］. Sci Rep，2014，4（1）：6661.

［32］Guenther JE，Melis A. Dynamics of photosystem Ⅱ heterogeneity in *Dunaliella salina*（green algae）. Photosynth Res. 1990，23（2）：195-203.

［33］Günan Yücel H，Ertuğrul Karatay S，Aksu Z，et al. Lithium（Ⅰ）biofortified *Dunaliella salina* as a potential functional nutrition supplement［J］. Algal Res，2021，56：102257.

［34］Hadizadeh Z，Mehrgan MS，Shekarabi SPH. The potential use of stickwater from a kilka fishmeal plant in *Dunaliella salina* cultivation［J］. Environ Sci Pollut Res Int，2020，27（2）：2144-2154.

［35］Han SI，Kim S，Lee C，et al. Blue-Red LED wavelength shifting strategy for enhancing beta-carotene production from halotolerant microalga，*Dunaliella salina*［J］. J Microbiol（Seoul，Korea），2019，57（2）：101-106.

［36］Harter T，Bossier P，Verreth J，et al. Carbon and nitrogen mass balance during flue gas treatment with *Dunaliella salina* cultures［J］. J Appl Phycol，2013，25（2）：359-368.

［37］Hassanpour M，Tafreshi SAH，Salavati-Niasari M，et al. Toxicity evaluation and preparation of $CoWO_4$ nanoparticles towards microalga *Dunaliella salina*［J］. Environ Sci Pollut Res Int，2021，28（27）：36314-36325.

［38］Heidari R，Riahi H，Saadatmand S. Effects of salt and irradiance stress on photosynthetic pigments and protein in *Dunaliella salina* teodoresco［J］. J Sci，Islamic Repub Iran，2000，11（2）：73-77.

［39］Hu SX，Wang Y，Wang Y，et al. Effects of elevated pCO_2 on physiological performance of marine microalgae *Dunaliella salina*（Chlorophyta，Chlorophyceae）［J］. J Oceanolo Limnolo，2018，36（2）：317-328.

［40］Imamoglu E，Demirel Z，Dalay MC. Evaluation of culture conditions of locally isolated *Dunaliella salina* strain EgeMacc-024［J］. Biochem Eng J，2014，92（SⅠ）：22-27.

［41］Jin E S，Polle J，Melis A. Involvement of zeaxanthin and of the cbr protein in the repair of photosystem Ⅱ from photoinhibition in the green alga *Dunaliella salina*［J］. Biochimica Et Biophysica Acta，2001，1506（3）：244-259.

［42］Joyce EM，King PM，Mason TJ. The effect of ultrasound on the growth and viability of microalgae cells [J] . J Appl Phycol, 2014, 26 (4): 1741-1748.

[43] Keramati A, Pajoum Shariati F, Tavakoli O, et al. The effect of audible sound frequency on the growth and beta-carotene production of *Dunaliella salina* [J] . S Afr J Botany, 2021, 141: 373-382.

[44] Kim JH, Nemson JA, Melis A. Photosystem Ⅱ reaction center damage and repair in *Dunaliella salina* (green alga): Analysis under physiological and irradiance-stress conditions [J] . Plant Physiol, 1993, 103 (1): 183-189.

[45] Kim W, Park JM, Gim GH, et al. Optimization of culture conditions and comparison of biomass productivity of three green algae [J] . Bioprocess Biosyst Eng, 2012, 35 (1-2): 19-27.

[46] Kittisak Y, Bozena C, Shannon B, et al. Photosystem Ⅱ damage and repair cycle in the green alga *Dunaliella salina*: Involvement of a chloroplast-localized HSP70 [J] . Plant Cell Physiol, 2001, 42: 1389-1397.

[47] Kuo JL, Huang R, Kuo TT. Induction of a transferrin-like protein by iron deprivation in the marine alga *Dunaliella tertiolecta* [J] . Bull Mar Sci, 2000, 67 (2): 789-797.

[48] Lamers PP, Janssen M, Vos R, et al. Exploring and exploiting carotenoid accumulation in *Dunaliella salina* for cell-factory applications [J] . Trends Biotechnol, 2008, 26 (11): 631-638.

[49] Larguinho M, Correia D, Diniz MS, et al. Evidence of one-way flow bioaccumulation of gold nanoparticles across two trophic levels [J] . J Nanopart Res, 2014, 16 (8): 1-11.

[50] Li SX, Hong HSh, Zheng FY, et al. Influence of nitrate on metal sorption and bioaccumulation in marine phytoplankton, *Dunaliella salina* [J] . Environ Toxicol, 2007, 22 (6): 582-586.

[51] Li SX, Zheng FY, Hong HS, et al. Influence of marine phytoplankton, transition metals and sunlight on the species distribution of chromium in surface seawater [J] . Mar Environ Res, 2009, 67 (4-5): 199-206.

[52] Li SX, Zheng FY, Hong HS, et al. Photo-oxidation of Sb (Ⅲ) in the seawater by marine phytoplankton transition metals-light system [J] . Chemosphere, 2006, 65 (8): 1432-1439.

[53] Li YX, Gu WH, Huang AY, et al. Transcriptome analysis reveals regulation of gene expression during photoacclimation to high irradiance levels in *Dunaliella salina* (Chlorophyceae) [J] . Phycol Res, 2019, 67 (4): 291-302.

[54] Lippemeier S, Hintze R, Vanselow HK, et al. In-line recording of PAM fluorescence of phytoplankton cultures as a new tool for studying effects of fluctuating nutrient supply on photosynthesis [J] . Eur J Phycol, 2001, 36 (1): 89-100.

[55] Liu XD, Shen YG. Hypoosmotic shock induces a state Ⅰ transition of photosynthetic apparatus in *Dunaliella salina* [J]. Chin Sci Bull, 2004, 49 (7): 672-675.

[56] Liu XD, Shen YG. NaCl-induced phosphorylation of light harvesting chlorophyll a/b proteins in thylakoid membranes from the halotolerant green alga *Dunaliella salina* [J]. FEBS Lett, 2004, 569 (1-3): 337-340.

[57] Luo SW, Alimujiang A, Balamurugan S, et al. Physiological and molecular responses in halotolerant *Dunaliella salina* exposed to molybdenum disulfide nanoparticles [J]. J Hazard Mater, 2021, 404 (PB): 124014.

[58] Luo SW, Alimujiang A, Cui JH, et al. Molybdenum disulfide nanoparticles concurrently stimulated biomass and β-carotene accumulation in *Dunaliella salina* [J]. Bioresource Technology, 2021, 320 (PB): 124391.

[59] Maeda M, Thompson GA Jr. On the mechanism of rapid plasma membrane and chloroplast envelope expansion in *Dunaliella salina* exposed to hypoosmotic shock [J]. Cell Biol, 1986, 102 (1): 289-297.

[60] Maliuk VI, Shupta LV, Pavlova MK. In *vitro* multiplication of *Dunaliella salina* Teod. cells. [J]. Russian. Tsitol Genet, 1977, 11 (2): 103-108.

[61] Mansouri H, Nezhad FS. Changes in growth and biochemical parameters in *Dunaliella salina* (*Dunaliellaceae*) in response to auxin and gibberellin under colchicine-induced polyploidy [J]. J Phycol, 2021, 57 (4): 1284-1294.

[62] Mariaj G, Lyudmila G. Effects of salinity and light on growth of *Dunaliella* isolates [J]. J Appl Environ Microbiol, 2014, 2 (5): 208-211.

[63] Mario G. Interactions between C and N metabolism in *Dunaliella salina* cells cultured at elevated CO_2 and high N concentrations [J]. J Plant Physiol, 2001, 158 (5): 577-581.

[64] Mcconico MB, Vogt F. Assessing impacts of nutrient competition on the chemical composition of individual microalgae species [J]. Anal Lett, 2013, 46 (17): 2752-2766.

[65] Melis A, Neidhardt J, Benemann JR. *Dunaliella salina* (*Chlorophyta*) with small chlorophyll antenna sizes exhibit higher photosynthetic productivities and photon use efficiencies than normally pigmented cells [J]. J Appl Phycol, 1998, 10 (6): 515-525.

[66] Méndez JAO, Mendoza H, Santiago DE, et al. Reuse of SWRO brine for the production of carotenoids from *Dunaliella salina* and removal of macronutrients [J]. Desalin Water Treat, 2012, 49 (1-3): 115-122.

[67] Millán de Kuhn R, Streb C, Breiter R, et al. Screening for unicellular algae as possible bioassay organisms for monitoring marine water samples [J]. Water Res, 2006, 40 (14): 2695-2703.

[68] Mishra A, Mandoli A, Jha B. Physiological characterization and stress-

induced metabolic responses of *Dunaliella salina* isolated from salt pan [J] . J Ind Microbiol Biotechnol，2008，35（10）：1093-1101.

[69] Mjd R，Ramazanov ZM，García-Reina G. Dark induction of nitrate reductase in the halophilic alga *Dunaliella salina* [J] . Planta，1994，192（1）：40-45.

[70] Mohammad H，Seyed AHT，Omid A，et al. Toxic effects of Fe2Wo6 nanoparticles towards microalga *Dunaliella salina*：Sonochemical synthesis nanoparticles and investigate its impact on the growth [J] . Chemosphere，2020，258：127348.

[71] Muradyan EA，Klyachko-Gurvich GL，Tsoglin LN，et al. Changes in lipid metabolism during adaptation of the *Dunaliella salina* photosynthetic apparatus to high CO_2 concentration [J] . Russ J Plant Physiol，2004，51（1）：53-62.

[72] Neidhardt J，Benemann J，Zhang L，et al. Photosystem-Ⅱ repair and chloroplast recovery from irradiance stress：Relationship between chronic photoinhibition，light-harvesting chlorophyll antenna size and photosynthetic productivity in *Dunaliella salina*（green algae）[J] . Photosynth Res，1998，56（2）：175-184.

[73] Paz Y，Katz A，Pick U. A multicopper ferroxidase involved in iron binding to transferrins in *Dunaliella salina* plasma membranes [J] . J Biol Chem，2007，282（12）：8658-8666.

[74] Paz Y，Shimoni E，Weiss M，Pick U，et al. Effects of iron deficiency on iron binding and internalization into acidic vacuoles in *Dunaliella salina* [J] . Plant Physiol，2007，144（3）：1407-1415.

[75] Pfeifhofer AO，Belton JC. Ultrastructural changes in chloroplasts resulting from fluctuations in NaCl concentration：Freeze-fracture of thylakoid membranes in *Dunaliella salina*. [J] J Cell Sci. 1975，18（2）：287-299.

[76] Pick U，Gounaris K，Barber J. Dynamics of photosystem Ⅱ and its light harvesting system in response to light changes in the halotolerant alga *Dunaliella salina*. [J] Plant Physiol. 1987，85（1）：194-198.

[77] Qin RY，Li YF，Zhang LT，et al. The effect of salinity shock on the growth and rapid light curve of *Dunaliella salina* [J] . Aquac Res，2021，52（6）：2569-2579.

[78] Raja R，Hema Iswarya S，Balasubramanyam D，et al. PCR-identification of *Dunaliella salina*（Volvocales，Chlorophyta）and its growth characteristics [J] . Microbiol Res，2007，162（2）：168-176.

[79] Ramachandran S，Anbazhagan M，Parthiban S，et al. Bicarbonate supplementation enhances growth and biochemical composition of *Dunaliella salina* V-101 by reducing oxidative stress induced during macronutrient deficit conditions [J] . Sci Rep，2018. 8（1）：6972.

[80] Regan DL，Ivancic N. Mixed populations of marine microalgae in continuous

culture: Factors affecting species dominance and biomass productivity [J] . Biotechnol Bioeng, 1984, 26 (11): 1265-1271.

[81] Reunova YA, Aizdaicher NA, Khristoforova NK, et al. Effects of selenium on growth and ultrastructure of the marine unicellular alga *Dunaliella salina* (Chlorophyta) [J] . Russ J Mar Biol, 2007, 33 (2): 125-132.

[82] Sadka A, Himmelhoch S, Zamir A. A 150 kilodalton cell surface protein is induced by salt in the halotolerant green alga *Dunaliella salina* [J] . Plant Physiol, 1991, 95 (3): 822-831.

[83] Schwarz M, Sal-Man N, Zamir A, et al. A transferrin-like protein that does not bind iron is induced by iron deficiency in the alga *Dunaliella salina* [J] . Biochimica et Biophysica Acta, 2003, 1649 (2): 190-200.

[84] Schwarz M, Zamir A, Pick U. Iron-binding properties of TTf, a salt-induced transferrin from the alga *Dunaliella salina* [J] . Journal of Plant Nutrition, 2003, 26 (10-11): 2081-2091.

[85] Sergey D, Priyanka S, Tanujjal B, et al. Toxicity of different zinc oxide nanomaterials at 3 trophic levels: Implications for development of low-toxicity antifouling agents [J] . Environ Toxicol Chem, 2020, 39 (7): 1343-1354.

[86] Serpa Ibáñez RF, Calderón Rodríguez A. Salt stress in three *Dunaliella salina* Teod. strains in Peru [J] . Ecología Aplicada, 2005, 4 (1-2): 127-133.

[87] Smith BM, Morrissey PJ, Guenther JE, et al. Response of the photosynthetic apparatus in *Dunaliella salina* (green algae) to irradiance stress [J] . Plant Physiol, 1990, 93 (4): 1433-1440.

[88] Stella Rebhun, Ami Ben-Amotz. Antagonistic effect of manganese to cadmium toxicity in the alga *Dunaliella salina* [J]. Mar Ecol: Prog Ser, 1988, 42 (1): 97-104.

[89] Sui YX, Harvey Patricia J. Effect of light intensity and wavelength on biomass growth and protein and amino acid composition of *Dunaliella salina* [J] . Foods, 2021, 10 (5): 1018-1018.

[90] Sui YX, Muys M, Vermeir P, et al. Light regime and growth phase affect the microalgal production of protein quantity and quality with *Dunaliella salina* [J]. Bioresource Technology, 2019, 275: 145-152.

[91] Sui YX, Vlaeminck SE. Effects of salinity, pH and growth phase on the protein productivity by *Dunaliella salina* [J] . J Chem Technol Biot, 2019, 94 (4): 1032-1040.

[92] Tanaka A, Melis A. Irradiance-dependent changes in the size and composition of the chlorophyll a-b light-harvesting complex in the green alga *Dunaliella salina* [J] . Plant Physiol, 1997, 38 (1): 17-24.

[93] Tavallaie S, Emtyazjoo M, Rostami K, et al. Comparative studies of β-carotene and protein production from *Dunaliella salina* isolated from Lake

Hoze-soltan，Iran［J］. J Aquat Food Prod Technol，2015，24（1）：79-90.
［94］Tian J，Yu J. Changes in ultrastructure and responses of antioxidant systems of algae（*Dunaliella salina*）during acclimation to enhanced ultraviolet-B radiation［J］. Photochem Photobiol B，2009，97（3）：152-160.
［95］Tran D，Doan N，Louime C，et al. Growth，antioxidant capacity and total carotene of *Dunaliella salina* DCCBC15 in a low cost enriched natural seawater medium［J］. World J Microbiol Biotechnol，2014，30（1）：317-322.
［96］Tsolova MI. Effect of far and near ultraviolet radiation on the DNA content in the unicellular flagellate alga *Dunaliella salina*［J］. Russian Tsitologiia，1975，17（11）：1317-1322.
［97］Varsano T，Kaftan D，Pick U. Effects of iron deficiency on thylakoid membrane structure and composition in the alga *Dunaliella salina*［J］. J Plant Nutr，2003，26（10-11）：2197-2210.
［98］Vasilikiotis C，Melis A. Photosystem Ⅱ reaction center damage and repair cycle：Chloroplast acclimation strategy to irradiance stress［J］. Proc Natl Acad Sci USA，1994，91（15）：7222-7226.
［99］Visviki I，Rachlin JW. Acute and chronic exposure of *Dunaliella salina* and *Chlamydomonas bullosa* to copper and cadmium：Effects on growth［J］. Arch Environ Contam Toxicol，1994，26（2）：149-153.
［100］Wang Y，Zhang C，Zheng Y，et al. Phytochelatin synthesis in *Dunaliella salina* induced by arsenite and arsenate under various phosphate regimes［J］. Ecotoxicol Environ Saf，2017，136：150-160.
［101］Weiss M，Bental M，Pick U. Hydrolysis of polyphosphates and permeability changes in response to osmotic shocks in cells of the halotolerant alga *Dunaliella*［J］. Plant Physiol，1991，97（3）：1241-1248.
［102］William BZ，Mohammad ZD，Hemaka Bandulasena HC，et al. Design of an airlift loop bioreactor and pilot scales studies with fluidic oscillator induced microbubbles for growth of a microalgae *Dunaliella salina*［J］. Appl Energy，2011，88（10）：3357-3369.
［103］Wu Z，Dejtisakdi W，Kermanee P，et al. Outdoor cultivation of *Dunaliella salina* KU 11 using brine and saline lake water with raceway ponds in northeastern Thailand［J］. Biotechnol Appl Biochem，2017，64（6）：938-943.
［104］Yamamoto K，King PM，Wu XG，et al. Effect of ultrasonic frequency and power on the disruption of algal cells［J］. Ultrason Sonochem，2015，24：165-171.
［105］Yang Z，Zhang Q，Xu Z. Successful culture of *Dunaliella salina* on a solid medium［J］. Technical Tips Online，2000，5（1）：23-25.
［106］Yen UC，Huang TC，Yen TC. Observation of the circadian photosynthetic rhythm in cyanobacteria with a dissolved-oxygen meter［J］. Plant Science，

2004, 166 (4): 949-952.
[107] Yilancioglu K, Cokol M, Pastirmaci I, et al. Oxidative stress is a mediator for increased lipid accumulation in a newly isolated *Dunaliella salina* strain [J]. PLoS One, 2014, 9 (3): e91957.
[108] Zamani H, Moradshahi A, Jahromi HD, et al. Influence of PbS nanoparticle polymer coating on their aggregation behavior and toxicity to the green algae *Dunaliella salina* [J]. Aquat Toxicol, 2014, 154: 176-183.
[109] Zhang XX, Tang XX, Zhou B, et al. Effect of enhanced UV-B radiation on photosynthetic characteristics of marine microalgae *Dunaliella salina* (Chlorophyta, Chlorophyceae) [J]. J Exp Mar Biol Ecol, 2015, 469: 27-35.
[110] Zhu CB, Zhu H, Cheng LY, et al. Bicarbonate-based carbon capture and algal production system on ocean with floating inflatable-membrane photobioreactor [J]. J Appl Phycol, 2018, 30 (2): 875-885.
[111] Zhu QL, Guo SN, Wen F, et al. Transcriptional and physiological responses of *Dunaliella salina* to cadmium reveals time-dependent turnover of ribosome, photosystem, and ROS-scavenging pathways [J]. Aqua Toxicol, 2019, 207: 153-162.
[112] Zhu YL, Zhong XQ, Wang YJ, et al. Growth performance and antioxidative response of *Chlorella pyrenoidesa*, *Dunaliella salina*, and *Anabaena cylindrica* to four kinds of ionic liquids [J]. Appl Biochem Biotechnol, 2021, 193 (6): 1-22.
[113] 安彩华. 有机碳源及无机碳源对杜氏盐藻生产的影响 [J]. 中国卫生产业, 2011, 33: 15-16.
[114] 蔡学花, 顾文辉, 李元翔, 等. 基于蛋白组学分析杜氏盐藻对不同浓度CO_2的响应 [J]. 海洋科学, 2018, 42 (9): 98-106.
[115] 蔡学花. 杜氏盐藻 (*Dunaliella salina*) 对不同浓度CO_2与光质的代谢响应 [D]. 青岛: 中国科学院大学 (中国科学院海洋研究所), 2018.
[116] 蔡卓平, 李燕璇, 段舜山, 等. 4株经济海洋微藻细胞生长的实验室研究 [J]. 广东药学院学报, 2013, 29 (5): 501-504.
[117] 曾蛟龙. 杜氏藻生长条件优化、对铜胁迫的生理反应及其培养液预处理微晶纤维素的研究 [D]. 厦门: 厦门大学, 2012.
[118] 柴玉荣, 陈华艳, 王天云, 等. 杜氏盐藻*RbcS*基因cDNA片段的克隆和序列分析 [J]. 郑州大学学报 (医学版), 2005, 40 (2): 248-250.
[119] 柴玉荣, 刘国红, 崔柳青, 等. 杜氏盐藻高盐诱导蛋白的分离和鉴定 [J]. 郑州大学学报 (医学版), 2011, 46 (1): 16-18.
[120] 陈书秀, 梁英, 王虎, 等. 盐度对盐生杜氏藻叶绿素荧光参数的影响 [J]. 科技创新导报, 2010, 23: 4-5.
[121] 陈天寿. 微生物培养基的制造和应用 [M]. 北京: 中国农业出版社,

1995.
［122］陈昱，刘广发，贾立山，等. 基于生物质能源的杜氏藻海水室外周年养殖［J］. 可再生能源，2011，29（1）：57-61.
［123］程建峰，胡芬红，沈允钢. $NaHSO_3$对盐生杜氏藻生长和光合色素含量的影响［J］. 热带海洋学报，2010，29（3）：65-70.
［124］丛威，鲍亦璐，张东梅，等. 一种基于pH反馈控制补加营养盐培养微藻的方法及装置：中国，CN201210017246.0［P］. 2012-07-11.
［125］丛威，刘明，吴霞，等. 用于开放池培养微藻的水平浸没罩式补碳装置及其补碳方法：中国，CN201210138845.8［P］. 2012-09-12.
［126］丛威，苏贞峰，康瑞娟，等. 用于大规模培养微藻的补碳装置及其使用方法和用途：中国，CN200510126465.2［P］. 2007-06-20.
［127］丛威，孙中亮，刘明，等. 用于开放池培养微藻的阱式补碳装置及其补碳方法：中国，CN201210138598.1［P］. 2012-08-22.
［128］党爱翠. 南海生态系统中碘的生物地球化学行为研究［D］. 北京：中国科学院大学，2012.
［129］杜树豪，孟范平，张倩，等. 氧化石墨烯对2种海洋微藻的毒性效应研究［J］. 中国海洋大学学报（自然科学版），2020，50（12）：115-125.
［130］高政权，孟春晓，罗韬，等. 乙烯利对盐藻生物量与物质积累的影响［J］. 黑龙江畜牧兽医（上半月），2010，12：1-3.
［131］龚一富，李军，袁鑫，等. 一种盐生杜氏藻β-胡萝卜素微胶囊及其制备方法：中国，CN201210558081.8［P］. 2013-4-3.
［132］郭狄. 一种杜氏盐藻培养基及培养方法：中国，CN201510349245.X［P］. 2015-10-21.
［133］郭宏实，凌娜，刘小瑞，等. 杜氏盐藻（*Dunaliella salina*）对重金属铜胁迫的生理响应［J］. 哈尔滨商业大学学报（自然科学版），2019，35（1）：1-5.
［134］韩博平，韩志国，付翔. 藻类光合作用机制与模型［M］. 北京：科学出版社，2003.
［135］韩玉谦，徐莎莎. 超临界CO_2萃取盐藻中β-胡萝卜素的初步研究-第五届全国超临界流体技术学术及应用研讨会论文集［C］. 北京：中国化工学会，2005：161-164.
［136］贺华，王学魁，孙之南，等. 绿色杜氏藻氮磷转化实验研究-2007中国盐业国际研讨会［C］. 天津：盐业与化工，2007：1-3，9.
［137］洪利亚，徐仰仓. 两种碘盐对杜氏盐藻生长和生物富碘作用的影响［C］// 中国藻类学会第八次会员代表大会暨第十六次学术讨论会论文摘要集. 上海：中国海洋湖沼学会，2011：85.
［138］洪利亚，于涛，詹秋艳，等. 碘盐对杜氏盐藻生长和品质的影响［J］. 安徽农业科学，2012，7：3994-3996.
［139］洪利亚. 杜氏盐藻富碘培养及生物学作用［D］. 天津：天津科技大学，

2012.

[140] 黄伟伟，蔡卓平，肖群，等. 杜氏盐藻和亚心形扁藻在不同接种密度和氮浓度下的细胞群体生长（英文）[J]. 生态科学，2010，29（4）：318-323.

[141] 季祥，王喜恩，张凯凯，等. 一种抑制杜氏盐藻养殖过程中杂藻污染的方法：中国，CN201710345445.7[P]. 2017-07-21.

[142] 江忠溪. 杜氏藻（*Dunaliella salina*）对营养盐水平异动的适应策略——细胞生化组成及微量金属吸附、吸收能力影响[J]. 海洋环境科学，2008，27（3）：261-264.

[143] 李春娣，马福俊，龙爱民，等. Cd胁迫对受驯杜氏盐藻生长影响的研究[J]. 海洋环境科学，2007，26（6）：557-560.

[144] 李春虎，孟范平，冯丽娟，等. 一种利用燃煤电厂烟气养殖微藻的方法：中国，CN201010566335.1[P]. 2011-05-18.

[145] 李加林，张小平，吴素珍，等. 营养盐浓度对航天搭载盐藻生长及胞外多糖含量的影响[J]. 武汉植物学研究，2006，24（2）：149-153.

[146] 李加林. 盐藻敌害生物防治及代谢产物研究[D]. 芜湖：安徽师范大学，2006.

[147] 李晓晖，资春芳，黄凯，等. 钢渣对盐藻与原甲藻混合培养的生长影响[C]//第九届冶金工程科学论坛论文集. 北京：北京科技大学，2010：288-290.

[148] 梁英，刘春强，田传远，等. 不同营养盐浓度对6种海洋微藻群落演替的影响[J]. 水产科学，2013，11：627-635.

[149] 梁英，孙明辉，刘春强，等. 氮源对三角褐指藻、盐藻和米氏凯伦藻生长和种间竞争的影响[J]. 海洋环境科学，2015，34（1）：29-35.

[150] 梁英，孙明辉，刘春强，等. 营养盐输入方式对3种微藻生长及种间竞争的影响[J]. 中国海洋大学学报（自然科学版），2014，44（12）：21-27.

[151] 凌娜，仲星，李红秀，等. 杜氏盐藻对不同价态铁的吸收机制研究[J]. 中国海洋药物，2015，34（3）：29-34.

[152] 刘澈，刘文君. 黑暗培养环境下紫外线对压载水中海藻的灭活效果[J]. 中国给水排水，2014，30（15）：77-80.

[153] 刘春强. 营养盐对6种海洋微藻群落演替的影响[D]. 青岛：中国海洋大学，2012.

[154] 刘广发，陈昱，贾立山，等. 盐藻的养殖方法及其在生物质能源中的应用：中国，CN201010198712.0[P]. 2013-01-30.

[155] 刘红涛，臧卫东，鲁照明，等. 杜氏盐藻*psaB*基因cDNA的克隆与序列分析[J]. 生物工程学报，2005，21（4）：642-645.

[156] 刘贤德，沈允钢. 低渗胁迫导致杜氏盐藻光合机构向状态Ⅰ转换[J]. 科学通报，2004，49（3）：234-237.

[157] 刘贤德. 杜氏盐藻中捕光天线色素蛋白磷酸化水平的调节[D]. 上海：中

国科学院上海生命科学研究院，2005.
[158] 龙爱民，陈绍勇，刘胜，等. 珠江河口及近海水域中Cu的形态分布及其对藻类的生物毒性[J]. 海洋环境科学，2003，22（3）：48-51.
[159] 龙爱民，赵迪，冷科明，等. 夏季沿岸上升流对珠江河口水域中铜的形态分布与生物毒性的影响[J]. 环境科学研究，2003，16（4）：32-35，43.
[160] 卢雪景，刘红涛，柴玉荣，等. 外源一氧化氮缓解盐胁迫下杜氏盐藻氧化损伤的初步研究[J]. 河南农业科学，2009，5：47-52.
[161] 吕和鑫，贾士儒，崔相敢，等. 铁、钙离子补料对杜氏盐藻生长的影响[J]. 中国酿造，2014，33（11）：51-54.
[162] 马冬冬，李永富. 褐藻寡糖用于海水小球藻和盐生杜氏藻异养培养及其促生长作用机制[J]. 中国海洋大学学报，2020，50（5）：40-45.
[163] 马梵辛，曹毅，陈晨，等. 盐生杜氏藻中一个早期光诱导蛋白（Cbr）的序列分析及功能预测[J]. 四川大学学报（自然科学版），2004，41（3）：683-685.
[164] 孟春晓，高政权，王依涛，等. 2，4-D对盐藻生物量与物质积累的影响[J]. 黑龙江畜牧兽医（上半月），2010，9：1-3.
[165] 潘远健，金刚，代建国，等. 杜氏盐藻与4种海洋微藻间的化感作用[J]. 深圳职业技术学院学报，2015，14（3）：47-53.
[166] 彭家军，崔立兵，马昆. 不同盐度及两种氮源对盐生杜氏藻的影响[J]. 盐科学与化工，2020，49（3）：20-23.
[167] 沈洛夫. 典型致变污染物对杜氏盐藻的毒性试验及其DNA多态性分析[D]. 广州：华南理工大学，2003.
[168] 宋永佳，褚福龙，于倩倩，等. $NaHSO_3$对紫球藻生长和物质积累的影响[J]. 资源开发与市场，2013，29（5）：467-468，456.
[169] 孙杰，庄惠如，高如承，等. 不同激光辐照对盐生杜氏藻生长及β-胡萝卜素累积的影响研究[J]. 激光生物学报，2007，16（1）：68-73.
[170] 孙俊楠，张建安，杨明德，等. 葡萄糖对杜氏盐藻生长特性影响的研究[J]. 可再生能源，2006，4（126）：38-41.
[171] 孙正，王璐，李映霞. 六价铬胁迫对盐藻生理响应机制的研究[J]. 南阳师范学院学报，2018，17（6）：10-15.
[172] 刘明河，王培磊. 碳源对盐生杜氏藻（*Dunaliella salina*）生长及其β-胡萝卜素积累的影响[J]. 食品研究与开发，2006，27（7）：10-13.
[173] 汪本凡，唐欣昀，赵良侠，等. 四种维生素对杜氏盐藻生长的影响[J]. 水生生物学报，2008，32（3）：400-402.
[174] 汪思茹. 环境pH变化对微藻生长的响应及其与碳氮吸收化学计量关系[D]. 北京：中国科学院大学，2012.
[175] 王大志，王海黎，李少菁，等. 微量元素锗对四种微藻光合色素的影响[J]. 生态学报，2000，20（3）：482-484.

[176] 王海军，唐淑萍，马志远. 一种降低养殖过程中铅污染的盐生杜氏藻养殖方法：中国，CN201911109188.2[P]. 2020-1-14.
[177] 王计平，安茜，段露露，等. 杜氏盐藻番茄红素ε-环化酶基因*DsLYCE*表达载体构建及其在烟草中瞬时表达分析[J]. 山西农业大学学报（自然科学版），2020，40（2）：54-59.
[178] 王俊，马玉心，崔大练，等. 不同浓度氮、磷对杜氏盐藻生长的影响[J]. 浙江海洋学院学报（自然科学版），2012，31（2）：142-146.
[179] 王培磊，丰培金. 盐藻培养基、半连续培养方式及藻液中原生动物杀灭方法：中国，CN201210479686.8[P]. 2013b-2-20.
[180] 王培磊，刘明河，张学成，等. Fe对两株盐生杜氏藻（*Dunaliella salina*）生长和β-胡萝卜素积累的影响[J]. 食品研究与开发，2007，28（5）：39-43.
[181] 王培磊，刘明河，张学成. 盐生杜氏藻对不同氮源吸收规律的比较研究[J]. 海洋水产研究，2007，6：56-60.
[182] 王培磊，袁子懿. 盐度对盐生杜氏藻生长及其色素积累的影响[J]. 水产科学，2009，28（2）：71-74.
[183] 王培磊. $NaNO_3$对两种杜氏藻生长及色素积累的影响[J]. 食品研究与开发，2012，33（8）：65-69.
[184] 王培磊. 盐生杜氏藻培养基配方及四级培养技术：中国，CN201210301016.7[P]. 2013a-01-02.
[185] 王帅，梁英，冯力霞，等. 重金属胁迫对杜氏盐藻生长及叶绿素荧光特性的影响[J]. 海洋科学，2010，34（10）：38-48.
[186] 王帅，梁英. 盐胁迫对盐生杜氏藻生长及叶绿素荧光特性的影响[J]. 中国海洋大学学报（自然科学版），2015，45（3）：33-38.
[187] 王帅，梁英. Cd^{2+}浓度、温度及交互作用对3株微藻生长及叶绿素荧光特性的影响[J]. 海洋湖沼通报，2012，2：44-58.
[188] 王中浩，范智勇，王亭亭，等. 盐生杜氏藻硝酸盐转运蛋白基因的表达模式[J]. 应用与环境生物学报，2013，19（2）：231-235.
[189] 魏娟，赵良侠，唐欣昀，等. 鱼汤提取物对杜氏盐藻植板率的影响[J]. 安徽农学通报，2007，13（11）：48-49.
[190] 吴春，段舜山. 盐生杜氏藻对盐度改变的生理响应[J]. 生态科学，2006，25（2）：135-138.
[191] 吴鹏，林家富，刘义，等. 盐生杜氏藻对硝酸盐的转运特性[J]. 应用与环境生物学报，2010，16（4）：489-492.
[192] 肖群，段舜山. 超声波对杜氏盐藻生长的刺激效应研究[J]. 生态环境学报，2010，19（4）：771-775.
[193] 许萌萌，郑亚君，尹春阳，等. 盐生杜氏藻（*Dunaliella salina*）大量培养条件的优化研究[J]. 山西大学学报（自然科学版），2011，（S2）：120-122，126.

[194] 杨晓玲，郭金耀. CO_2对盐藻生长及物质积累的影响[J]. 江苏农业科学，2012，40（5）：211-212.
[195] 姚晓彤. 铜胁迫下海藻糖对盐生杜氏藻生长和色素积累的影响[J]. 资源开发与市场，2013，29（8）：790-791，813.
[196] 于贵瑞，王秋凤. 植物光合、蒸腾与水分利用的生理生态学[M]. 北京：科学出版社，2010.
[197] 于涛，王晓燕，洪利亚，等. 碘酸钾对杜氏盐藻抗氧化能力的影响[J]. 天津科技大学学报，2013，28（3）：6-9.
[198] 余亚岑，钱领，刘广发，等. 碳源对巴氏杜氏藻生长及其脂类含量的影响[J]. 厦门大学学报（自然科学版），2015，54（6）：812-818.
[199] 俞泓伶，陈彬彬，谢志浩. UV-B辐射对2种海洋微藻生长和生理生化特征的影响[J]. 宁波大学学报（理工版），2011，24（3）：15-19.
[200] 张德荣，张玉慧，杨喜红. 一种利用螺旋藻养殖液养殖杜氏盐藻的方法：中国，CN201310653022.3[P]. 2014-3-12.
[201] 张福，刘同慧. 卤水Na^+/Mg^{2+}，Cl^-/SO_4^{2-}比值对极端嗜盐绿色杜氏藻生长的影响[J]. 盐业与化工，2010，39（5）：31-34.
[202] 张敏，彭长德，侯玉娟，等. 静态荧光光谱法研究稀土对杜氏盐藻生长的影响[J]. 徐州师范大学学报（自然科学版），2010，28（1）：59-62.
[203] 张鑫鑫. 杜氏盐藻（*Dunaliella salina*）对UV-B辐射增强的响应及基于活性氧和钙离子信号通路变化的作用机制探讨[D]. 青岛：中国海洋大学，2014.
[204] 张学成，孟振，时艳侠，等. 光照、温度和营养盐对三株盐生杜氏藻生长和色素积累的影响[J]. 中国海洋大学学报（自然科学版），2006，36：754-762.
[205] 张学颖. 盐藻和小球藻富集铬（Ⅲ）的优化培养条件研究[D]. 广州：暨南大学，2004.
[206] 张扬，刘亚梦，高苑融，等. 农村生活污水培养杜氏盐藻的初步研究[J]. 黑龙江农业科学，2011，6：39-41.
[207] 赵良侠，唐欣昀. 6种不同激素对杜氏盐藻生长的影响 [J]. 安徽农业科，2007，35（16）：4764-4766，4839.
[208] 郑亚君. 含油微藻生物学特性与富油培养条件的研究[D]. 太原：山西大学，2012.
[209] 郑亚君. 温度对杜氏藻生长和脂肪酸组成的影响[J]. 山西大学学报（自然科学版），2011，（S2 ）：123-126.
[210] 周丽. Ca^{2+}在杜氏盐藻（*Dunaliella salina*）渗透胁迫反应过程中的作用研究[D]. 青岛：中国海洋大学，2006.
[211] 周丽花，施翔，程建峰. 七种常用培养基对盐藻生长和色素含量的影响[J]. 水产科学，2015，34（12）：750-756.
[212] 周占清. 纳米TiO_2和ZnO对杜氏盐藻氧化损伤机理的研究[J]. 生物物理

学报，2013，2：925-936.

［213］朱帅旗，龚一富，刘浩，等. 葡萄糖诱导绿色杜氏藻转录组及相关通路差异分析［J］. 中国生物化学与分子生物学报，2015，31（8）：857-865.

［214］朱友芳，王大志. 锗对两种微藻的毒性及其在细胞中的累积［J］. 海洋科学，2001，25（10）：5-7.

第三章　盐藻的培养及育种

盐藻作为微藻中生物质能源生产物种中的佼佼者，具有种类丰富、生长繁殖快、固碳能力强、抗逆境能力强等优势，其生产的脂质经过简单加工，可替代传统化石燃料，还有富有营养的胡萝卜素。提高盐藻将光能转化为生物质能源的能力，实际上就是提高其生物量产能。提高盐藻的生物量需要从盐藻的培养及育种、收集分离过程以及盐藻藻株的保存入手。本章通过探寻适宜的盐藻培养方式及育种条件，优化盐藻从培育到保存的过程。

第一节　提高盐藻生物量的途径

一、优化培养条件

盐藻富含类胡萝卜素、脂质及蛋白质等众多天然活性成分，具有开发生物柴油、营养保健食品、保健品及药品等广泛的商业应用价值，而提高盐藻的生物量为盐藻大规模开发和应用的前提。下面将针对提高盐藻生物量的具体策略进行阐述。影响盐藻生长的众多因素在第二章已有详细的描述，根据具体的培养情况针对性地对培养条件进行优化，可有效提高盐藻的生物量，在此不再赘述。

二、优化培养方式

盐藻的培养方式可分为开放式培养和封闭式培养，而根据操作步骤的不同又可分为分批培养、连续培养、半连续培养以及两阶段培养。不同的培养方式对盐藻生物量积累以及细胞内代谢组分的合成有较大的影响，选择合适的培养方式是实现盐藻生物能源规模化和产业化的一个重要前提。

（一）开放式培养

开放式培养是指将盐藻在开放式水体中进行养殖的培养方法，该方法可利用阳光作为能源，大气中的 CO_2 作为碳源，能耗较低，而且开放式培养系统的建造和运行成本远低于封闭式培养，养殖水体面积大，具有较大的生产能力。

因此，开放式培养是大规模培养光自养盐藻的首选系统，大多数商业机构利用开放系统培养盐藻。但该系统也有各种局限性，如水体净化不好，开放式培养易受到其他微藻或细菌的污染；水位保持在 15cm（或 150L/m^2）以下才能保证获得足够的太阳能；不易控制水温、蒸发和光照；大气中的 CO_2 含量低，不足以提供盐藻充足碳源等，因此，盐藻产量较低。研究显示，在间歇操作的开放系统中，盐藻的年均生物量比封闭管式反应器低 10 倍，类胡萝卜素含量为封闭管式反应器的一半（Shabana，2020）。但综合分析如占地面积、资本投资、能源成本、劳动力、水、营养物质、当地气候条件和生产力等因素，大多数大规模生产的设施仍在开放系统中运行。

（二）封闭式培养

封闭式培养是指将盐藻置于密闭的空间内，采用光生物反应器进行培养。在培养过程中可调控关键的养殖参数，如光照强度、光质、营养、温度以及盐度等，能更有效防止污染，细胞培养密度更高，便于目标产物的定向优化和诱导，利于盐藻生物量的大量积累。正是由于这些开放式培养无法企及的优点，虽然封闭式培养系统的构建及运行成本要比开放系统高得多，但随着封闭式光生物反应器制造成本逐年下降和新工艺的不断发展，封闭式培养被认为是未来盐藻产业化发展的方向（邱琦，2020）。

1. 添加补碳装置

制约封闭式光生物反应器在微藻的规模化培养中应用的因素除了投资成本高，最关键的因素是随着反应器规模的扩大，反应器内部碳源的减少及微藻光合作用产生的溶解氧难以快速有效地解吸，导致微藻碳源不足和高氧伤害。因此，微藻培养过程中，需要及时将光合作用产生的过量的溶解氧解吸掉，同时补充 CO_2。目前有专利报道了一种微藻培养系统的阱式补碳装置，该装置入口通过管道与一个光反应器单元的培养液的出口相连，或与多个串联或并联连接的光反应器单元的培养液的总出口相连，在培养液输送装置如泵或叶轮的推动下，培养液由单个光反应器单元，或者多个串联或并联连接的光反应器单元进入阱式补碳装置中，而富含 CO_2 的空气或者其他气源由气体分布器进入阱式补碳装置中，培养液经气液传递后，经阱式补碳装置的出口流出，再经上述方式进行循环，直至达到预定的藻细胞密度，或者预定的培养时间。该方法大幅延长了气液接触时间。另一方面 CO_2 或者含有 CO_2 的混合气体通过气体分布器后变成很小的气泡，气液接触面积急剧增大。这样就大幅提高了 CO_2 的吸收率（从威，2012）。

此外，有学者报道了一种基于微泡动力学发展的补碳装置，该装置能够在相对较低的加液流速下，达到与传统补碳装置相同水平的溶解 CO_2 浓度，与未使用补碳装置相比，微藻的生物量增加了 6~8 倍，同传统的补碳装置相比，微藻的生长速率增加了 40%，展现出经济高效的优点（Kezhen，2013）。

2. 优化光生物反应器

光生物反应器是指为需要光作为能量来源的光自养微藻提供光的生物反应器，其可以模拟任何地区的典型气候条件，是微藻培养初期需要确定的重要因素之一。从简单的手工制作生物反应器到高科技光生物反应器，这些不同大小、形状和材料的生物反应器均可用于微藻培养。目前国内外可供微藻培养的光生物反应器主要有两类，一类为专利型光生物反应器，一类为手工制作的光生物反应器。Fibonacci-type 光生物反应器（Díaz，2021）、螺旋管状光生物反应器系统 BIOCOIL（Borowitzka，1999）、漫射光可扩展表面积水支撑式光生物反应器（布赖恩，2015）、平板气举式光生物反应器（Oleksienko，2020）等为专利型光生物反应器，这些反应器均有其独特之处。例如，Fibonacci-type 光生物反应器有以下优点：①每个管卷（沥青）之间的分离允许通过在温带地区周围空气的平流和对流，对液体介质进行充分冷却；②受照表面可由其高度和角度控制，从而稀释光子流；③其垂直螺旋结构（恒定螺距、可变半径和向上流动）有良好的气体交换，从而能尽可能的固定 CO_2 以及去除 O_2。手工制作的生物反应器主要由透明玻璃器皿甚至是不同容积的锥形瓶、瓶或罐改装，或聚碳酸酯等聚合材料制成，由研究人员自行组装或当地公司制造和销售（Hong，2013）。手工制作的生物反应器有一个用于注入空气以提供 CO_2 和混合动力的入口、一个用于取样的出口和一个用于排气的小孔，并由盖子、棉花塞、铝箔或薄膜覆盖，以减少蒸发和污染（Elmira，2020；Kolli，2020）。

（三）选择合适的培养步骤

半连续培养是在一次性培养的基础上，当藻细胞达到一定浓度后，收获一定量的藻液，补充等量培养液继续培养。在两阶段批处理过程中，首先，在最佳条件下在含有硝酸盐的完整培养基上生长，以达到高细胞浓度，然后用无硝酸盐培养基稀释。利用光可用性、硝酸盐饥饿和低细胞密度的协同作用，诱导色素积累的条件。连续培养是指以一定的流速连续向培养系统内添加新鲜培养液，同时以相同的速度流出培养液，使反应器内的细胞生长环境处于恒定状态。在批处理状态下操作的培养物中，藻在开放培养罐中以初始细胞浓度为 4×10^5cell/mL 或在密闭反应器中为 1.5×10^6cell/mL 的完整培养基上生长。采用两阶段技术的培养比密闭反应器和敞口罐中的分批和半连续培养更有效率，证实了两阶段培养是杜氏藻生产类胡萝卜素的最佳方法（Prieto A，2011）。

三、应用流加培养技术

流加培养技术也称为分批补料培养，是指在生物培养过程中向培养基中线性或非线性加入一种或多种营养物质，直至最终取得产物的生物培养技术。根据流加方式的不同，流加培养分为恒速流加和变速流加两种方式。恒速流加是以均匀的流加速度逐渐向培养液内加入营养物质；而变速流加则是根据培养生物的生长特点进行非线性流加的一种培养方式。氮、磷是盐藻生长过程中消耗最快、最易缺乏的营养元素，若一次性加入过多氮、磷，既提高了经济成本，同时也对盐藻的生长造成抑制和毒害效应。

流加培养技术可根据盐藻的生长状态适时调整培养液中氮、磷的浓度，既能减轻较高初始氮、磷浓度引起的抑制和毒害作用，使藻体生长的延迟期大幅缩短，又能有效解决批次培养中营养盐限制问题，保证营养盐的持续供给，使盐藻长时间处于对数生长期，提高了增殖效率，从而为盐藻生长或某些代谢产物的合成创造更合适的环境，消除底物和产物的抑制和毒害作用，促进细胞生长和代谢,从而取得较高的生物量。根据相关报道表明,在流加因子 K=0.194 时，恒速流加培养的生物量增加约为 2 倍，而变速流加培养生物量比一次性培养生物量增加约 5 倍（王克明，1999）。

虽然流加培养技术在微藻培养的应用中已经成熟，但在盐藻培养中应用的相关报道很少。因此，当对盐藻的目标产物有特殊要求时，可以尝试选择流加培养技术来进行精准地培养。

四、构建异养型盐藻

盐藻属于光自养型微藻，其大规模培养首选开放式培养，但由于上述开放式培养的局限，盐藻的生长受到制约，生长速率难以提高，使其在大规模培养及经济领域中的应用受到限制。通过构建异养型盐藻能够在一定程度上解决这些问题。如有研究表明能通过将负责转运葡萄糖的葡萄糖转运基因（Glut1）转入盐藻细胞，盐藻细胞可利用葡萄糖进行异养生长（陈涛，2009）。

五、利用废水培养盐藻

我国山东省潍坊市北部滨海开发区地下蕴藏着 10%~20% 盐度的富含溴元素

卤水资源，由于溴单质是非常重要的医药中间体，潍坊市滨海开发区大量提溴工厂从卤水中提取溴，而提溴后的卤水酸度很强，为防止提溴卤水对生态系统造成严重危害，目前提溴卤水只能进入盐场晒盐，导致了提溴卤水的价值没有得到充分利用，在一定程度上造成资源浪费。有研究者利用提溴卤水来培养盐藻，不仅使盐藻采收期密度达 $1 \times 10^6 \sim 1.5 \times 10^6$cell/mL，生物量比传统跑道池的提高 2 倍以上，也使卤水资源得到最大限度的利用。具体步骤包括：①在提溴卤水中加入消毒剂，静置待消毒剂成分充分挥发；②加入 NaOH 溶液，对提溴卤水中的重金属元素进行处理；③在处理后的提溴卤水中加入盐藻生长所需的营养元素；④接种藻体，然后泵入倾斜跑道池中培养；⑤对养殖液进行固液分离，将盐藻细胞浓缩液直接进行喷雾干燥制成盐藻粉（张勇，2018）。

六、不同藻类的混合培养

有报道显示，扁藻和盐藻在相同接种比例下混合培养时，混合培养体系中的最大藻液光密度值（0.784）高于单独培养扁藻（0.765）或单独培养盐藻（0.702）的最大藻液光密度值，推测不同藻类混合培养可在一定程度上提高盐藻的生物量（蔡卓平，2008）。但多种藻类一同培养时，若要保证各种藻类的产量，培养的温度、盐度和 CO_2 浓度会受到极大的限制。且当环境变化为某种藻类适宜条件时，该藻株生长占据优势，而其余藻类不一定处于适宜的条件，甚至不适应此条件。因此当混合培养时，条件的控制比较困难，寻找适宜条件相同或相似的藻类进行混合培养十分关键。总而言之，混合培养能够为提高盐藻生物量提供新思路，但是控制环境条件和寻找适宜条件同盐藻相似的藻类是现在迫切需要解决的问题。

第二节　盐藻的收集及加工

一、盐藻的收集方法

目前实际生产中收集微藻的方法主要有两种：一是物理方法，包括离心法、趋光法、气浮法、过滤法和放电法等；二是化学方法，包括碱性絮凝法，一般采用石灰水、明矾或聚铝等絮凝剂进行絮凝。

（一）絮凝剂促凝法

絮凝剂促凝法是最常用的收集藻体的方法，传统絮凝剂有三氯化铁（$FeCl_3$）、硫酸铜（$CuSO_4$）、硫酸镁（$MgSO_4$）和明矾［$KAl(SO_4)_2 \cdot 12H_2O$］等。

1. 三氯化铁絮凝剂

三氯化铁（$FeCl_3$）应用于微藻的收集是一种成本低廉、沉淀效果明显并且对环境安全的方法，而且采收微藻后的水体仍可继续多次用于培养微藻，因而最大限度地使培养水体得到有效的再循环利用。有研究者以中等浓度的 $FeCl_3$、中等长度的絮凝沉淀时间、沉淀期间不光照的方案采收微藻，微藻细胞的沉淀率可达到 43%~99%，平均 67%，该方法不需要额外的仪器设备，简单易行，成本低，且操作条件温和，不耗能，对环境无害（林汝榕，2015）。有研究者比较了在选用聚丙烯酰胺做助凝剂时几种传统絮凝剂的絮凝效果。结果发现，$MgSO_4$ 和 $KAl(SO_4)_2 \cdot 12H_2O$ 浓度在 0.1g/L 时达到最大絮凝效果，效率分别为 47% 和 38%；$CuSO_4$ 浓度在 0.25~0.5g/L 达到最大絮凝效果，效率为 60%；$FeCl_3$ 浓度在 0.1~0.25g/L 达到最大絮凝效果，效率约为 92%，且 $FeCl_3$ 在 0.12g/L 时已接近最大絮凝值，絮凝效率约为 90%。说明 $FeCl_3$ 可以在较低的浓度条件下得到最大的絮凝效果，盐藻液与氯化铁浓度的最适比约为 7.92×10^9 cell/g。若在含有 $FeCl_3$ 絮凝剂的盐藻液再加入 2mg/L 聚丙烯酰胺,则已聚合的氢氧化铁 - 盐藻粒团会很快与聚丙烯酰胺分子靠拢，形成更大的絮凝絮状物，从而使细小松散的氢氧化铁 - 盐藻粒团絮凝体变得庞大而紧密；同时，加入微量聚丙烯酰胺助凝剂，还可使 2h 还未达到最大絮凝效果的氢氧化铁 - 盐藻复合体在 30min 至 1h 间达到最大絮凝效果，大幅提高氢氧化铁 - 盐藻粒团的沉降速率（于涛，2011）。

也有研究者比较了 $FeCl_3$、NaOH、$Ca(OH)_2$ 和电解铝等几种金属盐对盐藻的絮凝作用，发现 NaOH 的絮凝作用明显抑制了再生培养基上的藻生长和藻的光合作用活性，加入 $FeCl_3$ 更有希望絮凝盐藻（PirwitzK，2015）。

2. 壳聚糖 - 路易斯酸絮凝剂

有研究者利用化学品（壳聚糖 - 路易斯酸）絮凝和离心法组合收集藻体，不仅盐藻的收集效果好，而且利用该絮凝剂中的路易斯酸进一步提取微藻中的油脂的效果也不错。将壳聚糖 - 路易斯酸絮凝剂加入到含油微藻培养液中，使微藻培养液中壳聚糖浓度为 2~30mg/L，路易斯酸浓度为 3~9mg/L；以 200~500r/min 的转速快速搅拌 1~5min，再以 20~70r/min 的转速慢速搅拌 20~40min，之后将微藻培养液静置沉淀 15~60min；弃去上清液，将微藻絮体在转速 3000~5000r/min 的条件下进一步脱水得微藻藻泥。用该方法絮凝絮体密实且沉降性能好，脱水率可达 98% 以上；若以絮体中所含有的路易斯酸作为微藻加压催化液化制油的催化剂，微藻产油率可达干重的30%~50%（李春虎，2009）。

3. 单宁磁改性絮凝剂

单宁磁改性絮凝剂（梁文艳，2019）分为两种，季铵盐化单宁磁改性絮凝剂（梁文艳，2015b）和胺甲基化单宁磁改性絮凝剂（梁文艳，2015a）。这两种单宁磁改性絮凝剂均通过改性后的单宁与Fe_3O_4纳米级磁粒子按比例进行组装而成。季铵盐化单宁磁改性絮凝剂为季铵盐化单宁粉末、磁粒子、水以0.1mg ： 5mg ： 1mL或10mg ： 200mg ： 1mL的比例混合制得，胺甲基化单宁磁改性絮凝剂为胺甲基化单宁粉末、磁粒子和水以0.2mg ： 10mg ： 1mL的或10mg ： 500mg ： 1mL的比例混合制得。两种絮凝剂中效果均强于传统絮凝剂，其中季铵盐化单宁磁改性絮凝剂对分离设备要求较低，无须离心、稀释及调pH等预处理且细胞密度极高，pH适用范围宽，分离时间短，但其性能却可达到传统絮凝剂的10~20倍，造价仅为传统絮凝剂的1/5，且磁粒子可回收反复使用；而胺甲基化单宁磁改性絮凝剂性能相对季铵盐化单宁磁改性絮凝剂略低，其絮凝效果也达到传统絮凝剂5~10倍，造价却仅为传统絮凝剂的1/10。

（二）碱性絮凝法

碱性絮凝法是通过向培养基内加入NaOH调节培养基pH，使盐藻絮凝的自絮凝方法。其具体步骤为：确定盐藻藻液的pH，并计算将一定体积盐藻藻液的pH调至12所需的NaOH量；确定完全絮凝所需时间进行絮凝，采收絮凝的盐藻并计算采收率。与现有技术的离心法相比，碱性絮凝法不仅显著提高盐藻的采收效率，使藻粉产量大幅提高，而且降低对盐藻细胞的损伤和电耗能（季祥，2019）。虽然碱性絮凝法有众多优点，但有文献显示NaOH的絮凝作用会明显抑制再生培养基上的藻生长和藻的光合作用活性（PirwitzK，2015）。因此，在选择碱性絮凝法时须全面考虑。

此外，由于盐藻在高pH下会自动絮凝，而螺旋藻的培养废液呈碱性，也可用螺旋藻培养废液絮凝盐藻进行采收。首先测定螺旋藻采收后上清液的pH；然后将上清液加入盐藻中进行絮凝，测定采收率（贾立山，2019）。

（三）放电絮凝法

1. 铝空气电池絮凝

有研究发现以盐藻藻液为电解液，铝空气电池放电产生的带正电的副产物氢氧化铝［$Al(OH)_3$］水合物可作为有效的絮凝剂。由于藻细胞带负电，可与带正电的$Al(OH)_3$水合物结合，使盐藻细胞形成更大的絮状体，实现絮凝采收。而且在该过程中，盐藻与 $Al(OH)_3$ 水合物的结合可以有效减少积累的 $Al(OH)_3$ 水合物对铝空气电池性能的影响（Liu，2017）。此外，采用铝空气电池放电絮凝采收的盐藻絮凝物制备的 γ-Al_2O_3 具有良好的介孔结构，呈现薄膜银耳状形貌，为开发高效的介孔氧化铝提供有力支持（刘青，2018）。因此，铝空气电池絮凝可以广泛用于船舶、机械设备的动力电源装置和微藻的养殖采收领域。装置示意图见图 3-1。

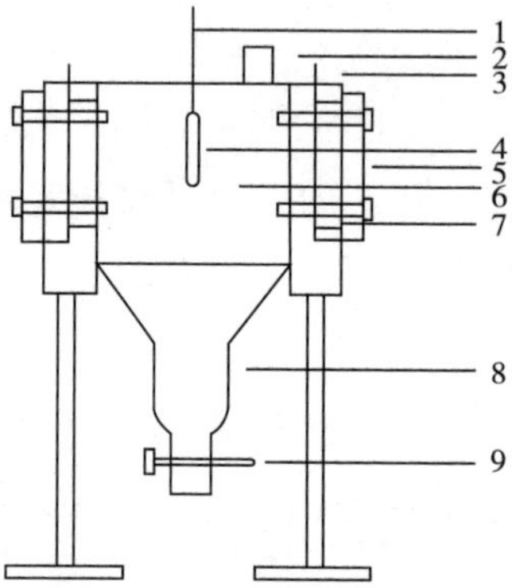

1—阳极导线；2—微藻进料口；3—阴极导线；4—阳极；5—阴极固定挡板；6—上部立方筒；7—阴极；8—中部锥形筒；9—出料口阀门。

图 3-1　铝空气燃料电池絮凝微藻装置

注：具体连接方法为：将上部立方筒与中部锥形筒密封连接成一个上粗下细的整体，在上部立方筒顶部设微藻进料口，下部设出料口阀门；将阴极通过阴极固定挡板与螺母固定于上部立方筒两侧并连接阴极导线，将阳极置于上部立方筒中部并与阳极导线连接。

2. 砂强化电絮凝法

由于盐藻培养基的导电性不良，在用放电絮凝法絮凝盐藻时，电能消耗较大。有研究显示，电解氢氧化物可将砂粒和盐藻的小絮体桥接成大而密实絮体，加快沉降速率。因此，在放电絮凝过程中，加入砂可加快藻类絮体的絮凝沉降过程，提高盐藻的采收率。当藻体沉降到底部形成藻体 - 砂聚集体时，出现了清晰的上清液，利于培养基重复利用，从而降低成本（Xiong，2015）。

（四）过滤法

微孔膜表面密布许多细小的微孔，当在一定的压力下微藻培养液流过膜表面时，水和小分子物质可通过微孔膜成为透过液，而微藻细胞则因直径大于膜表面微孔径被截留在膜的进液侧，通过微孔膜的过滤从而实现微藻的分离收集。相较于传统采收方法，该方法显著提高了藻细胞的采收效率，在不影响藻粉产量与质量的前提下增加了单位时间的处理量，使藻细胞的采收过程更易控制，降低了盐藻养殖企业的生产成本；由于对藻体的损伤小，采收过程中藻细胞的破碎率也明显降低；同时，该方法在过滤过程中不添加絮凝剂，也更加的环保（季祥，2018）。有文献报道在高渗透通量和高浓度、降低能量消耗的情况下预浓缩盐藻，与仅采用离心法相比，微藻的收获成本降低了 52%，而能源消耗降低 45%（Monte，2018）。也有报道将膜过滤后得到的浓缩藻液进行离心后，用超临界 CO_2 萃取干燥，可以获得富含类胡萝卜素和食用甘油的产品（陈镇，2008）。

（五）离心法

离心法是利用离心机产生的离心力采收藻体，在工业化大规模生产中，通常需要专门的大型离心机设备。目前离心法主要用于采收盐藻、小球藻及螺旋藻等。虽然使用离心法收集盐藻占比较高，但是由于采用离心法处理微藻培养液，需要昂贵的离心机，价格通常在几十万元至上百万元，设备投入成本高、能耗大。采用膜过滤法存在膜污染严重、清洗困难及成本高等缺点，其应用效果仍不尽人意。因此，不少文献提出对离心法进行改造，如使用三足离心机时利用 311 碟片分离机将回收液进行再次分离，可以有效地提高离心分离效率。三足离心机是盐藻采收二次藻糊时进行离心分离的主要设备，为喷雾干燥提供藻糊，但分离效果不好导致部分藻糊随清液流失。由于夏季温度较高，藻细胞黏性高，因而藻细胞在相同的离心条件下表现不同的絮凝效果，这使得三足离心机的分离效果略差。而利用 311 碟片分离机将回收液进行再次分离不仅实现了用一次藻糊机对二次藻糊分离液进行批次回收，而且最大限度地控制了流失。回收后的 β- 胡萝卜素含量与生产对比，各个环节下的损失相同，并未降低收集效率（唐淑萍，2020）。

（六）趋光法

藻类具有对光刺激的趋向性，其感光器官接收光后可引起运动器官进行趋光运动。利用藻类这一特性可使用趋光法富集盐藻（图 3-2）。待盐藻生长至可采收阶段，将微藻培养装置或采收装置的所有透光面用遮光层遮盖后，在任意一个透光面的遮光层上开一个或多个光孔，并在该光孔处放置光源。经过一段时间后，等微藻基本聚集在光源周围时，除去清液，即可得到高浓度的藻体。该方法在常温、常压下进行，简单，快速，环保，成本低，且盐藻浓缩比例大（吴洪，2011）。

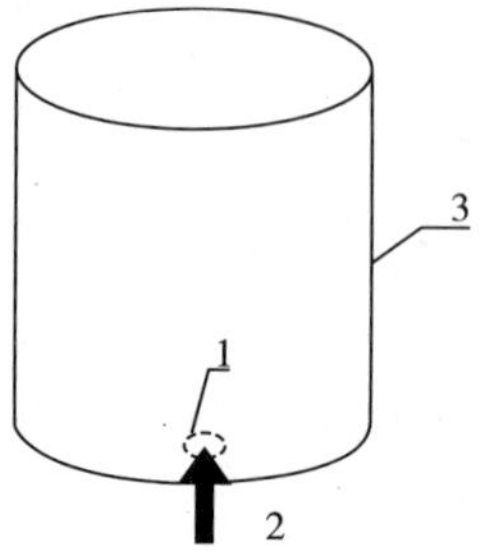

1—光孔；2—光源；3—遮光的柱状培养器。

图 3-2 趋光法收集盐藻装置

（七）气浮法

气浮法原理是设法使微藻培养液中产生大量的微气泡，以形成水、气及微藻藻体的三相混合体，在界面张力、气泡上升浮力和静水压力差等多种力的共同作用下，促进微细气泡粘附在被采收的微藻上后，因黏合体密度小于水而上浮到水面，从而使微藻培养液中的微藻被分离。目前有一种多级循环流浮选塔被报道，其原理是将微藻水悬浮液通入气泡塔或改造的气泡塔，产生泡沫和被吸附的水藻细胞，使水藻从水悬浮液中得以分离。气泡塔为多级循环流浮选塔，具有 3 个循环流区域，每个区域由安装在塔中央的引流管限定，并将每个循环流区域分为上流管和下流管。气体细泡与盐水在上流管中并流上流，在下流管中并流下流。在下流管中盐水在循环流中向下循环，上流管内气体滞留量比下流管内气体滞留量高，盐水在循环流中循环。向上通过上流管，向下通过下流管。相邻两个循环流区域的液体交流基本可以避免。形成富集水藻的泡沫，水藻与盐水实现了分离。该方法可以用于从盐藻中提取混合类胡萝卜素（J·S·卡内尔，2000）。

二、盐藻的脱腥方法

盐藻中因含有大量活性物质而具有极大的商业价值，但盐藻的腥味在很大程度上限制了产品的深度开发及应用。盐藻在采收前腥味很轻，略带香味，但市售盐藻产品有腥味。这与藻粉的加工方式有关，也可能与加工过程中物质代谢有关。而气味是人和动物通过鼻腔嗅黏膜上的嗅觉细胞感受的一种或多种化学分子（尤其是挥发性化学分子）的刺激。挥发性气味是影响水产品品质的重要方面。因此，如何使采收的盐藻细胞脱除腥味是目前需要解决的问题。目前针对盐藻的脱腥研究较少。王黎颖等报道将茉莉花茶粉和盐藻粉以 50mg ：1g 的比例在 40℃水浴中搅拌 30min，可以使盐藻粉中总腥味物质降低 37.5%，其中，盐藻含量最高的三种腥味物质 2- 莰醇（樟脑味）、异佛尔酮（土腥味）及 3，5，5- 三甲基 -3- 环己烯 -1- 酮（鱼腥味）总含量降低了 65.3%（王黎颖，2018）。

此外，还有研究者报道了一种特制的混合脱腥粉也可使盐藻的腥味物质减少约 37.6%。该脱腥粉的具体制作过程即：①将绿茶与无核葡萄干按 5 ：1（质量比）的比例混合，粉碎并过筛，取过筛后的粉剂与 *β*- 环糊精按 10 ：1（质量比）的比例混合，再将混合物按料液比 0.1~0.5kg/L 的比例溶于 25%~50% 乙醇溶液进行固 - 液萃取；②萃取获得的提取液经过滤后再蒸发浓缩至原液体积的 20%~30%，得到浓缩液；③浓缩液经过喷雾干燥处理后即可得到脱腥粉（徐仰仓，2018）。

三、盐藻的裂解

盐藻的大规模培养过程中，易出现其他微生物而造成污染。这些污染的微生物中，一些细菌能够导致盐藻细胞裂解死亡，从而降低产量。因此，对细菌裂解盐藻的机制进行研究能够为建立出经济高效又可以促进盐藻快速生长的微生物污染防治措施提供理论基础。有研究报道了一种 *Ponticoccussp CBA*02 细菌通过间接溶藻机制对盐藻溶解，该菌具有热稳定、适宜较高 pH 的特性。其溶藻活性与菌液添加浓度和菌液发酵时间呈正相关，与藻细胞初始浓度呈负相关；且受光照强度、温度及 pH 等多种因素影响（杨冰洁，2020）。

第三节　盐藻株的分离、筛选及藻种保存

盐藻的生长范围极其广泛，在世界各个地区均有野生型盐藻的报道。不同的藻株功能和生物特性都存在着差异，如从 NaCl 浓度为 140g/L 和 300g/L 的湖海中分离得到的两种盐藻藻株 DUNS-2 和 DUNS-3，二者的核糖体 DNA 序列虽然相似，但 DUNS-2 的甘油和胡萝卜素含量分别比 DUNS-3 高 0.3 倍和 10 倍（Narváez，2011）。即使同样的盐藻藻株通过逐代的自然选择，不同代细胞之间的生长状况及细胞大小也存在明显差异。有研究将从泰国 Nakorn Ratchasrima 省的高盐土壤中分离的盐藻 KU11 藻株连续继代培养 100 个种群，结果显示随培养代数增加，盐藻细胞的密度增加，对数期延长，且差异性随培养代数增加（Dejtisakdi，2017）。因此，可从自然界直接分离并筛选出具有不同特点的野生盐藻藻株直接应用，或经过一定的人工手段对藻株进行处理得到目标藻株。

在阿拉亚地区的太阳能蒸发盐池中也分离出一株盐藻野生藻株，发现低硝

酸盐浓度对盐藻生长有负面影响，但增加了类胡萝卜素的积累。由此可见，盐藻在自然状态下的分离十分常见，且功能特性具有较大差异（Marín，1998）。

一、盐藻的分选技术

1. 流式细胞技术

流式细胞技术是一种单细胞定量分析和分选技术，该技术用于分离和鉴定具有潜在商业价值的藻株，不仅快速而且准确。例如，利用流式细胞技术可以从混合种群中分离高产 β- 胡萝卜素的盐藻藻株，并且还可改善植物催化合成胡萝卜素的工艺，在工业化生产过程中，使用筛选过的高产藻株使 β- 胡萝卜素产量提高了一倍，使盐藻更具有商业价值（Arthur，1988）。

2. 微吸管分离法

微吸管分离法是微藻提纯的传统方法，该方法需要在无菌操作环境中进行，在显微镜下使用极细的微吸管，将目标藻样提取并转移，之后采用同样的方法反复操作，直到镜检水滴中只有目标单种为止。该方法易找到特定的种类，设备要求低，但操作难度大，需要多次重复操作，且仅适于分离个体较大藻类（王培磊，2015）。

3. 枪提纯法

由于盐藻体积较小，传统的提取方法不能满足盐藻提取的需要，枪提纯法通过用移液枪吸取 100μL 稀释为 1cell/100μL 浓度的藻液，然后将之接种于装有已经配好的培养基的试管中，放在光照培养箱中培养 45~60d，用显微镜检查试管中的藻液，如试管藻液中只含有一种盐藻细胞，则说明分离成功。该方法操作方便、设备简单、成功率高（王培磊，2015）。

二、人工干预筛选藻株

（一）培养条件诱导

不同的诱变条件，对于盐藻的变异有着不同的影响。高效的诱变条件的选择可能也会成为未来的研究方向，为盐藻新藻株的制备提供更多的可能。

1. 紫外线诱变

紫外线诱变是通过紫外线照射，影响样本藻株的脱氧核糖核酸（DNA）复制与核糖核酸（RNA）转录过程，从而引起藻株产生多种变异，是产生目标效应的一种方法。通过紫外线诱变可获得具有 β- 胡萝卜素含量高、生长速率快、蛋白质和胞外多糖含量高、叶绿素积累量高等优点的优质藻株，为一种行之有效的育种方法（孟振，2006；钟政，2008）。有研究者以富含 β- 胡萝卜素的

橙 - 红色盐藻藻落为初筛标志，成功筛出了 β- 胡萝卜素含量高的天然藻株；然后对筛出的藻株进行紫外线诱变，再经高盐、强光、低氮等条件诱导，使得盐藻细胞内大量积累 β- 胡萝卜素并检测其含量，以高 β- 胡萝卜素含量作为复筛标准，最终筛选出突变株。该突变株 β- 胡萝卜素的含量可高达藻细胞干重的 9.48%，显著高于原藻株，且突变株细胞体积增大，养殖和收集方便，符合工业化大规模生产需求（孟振，2006）。有研究者通过单一轮次的紫外线照射对盐藻藻株进行诱变，也取得了不错的效果。对盐藻藻株诱变后培养一周，筛选得到的 4 个突变株系，其中有 2 株藻种的 β- 胡萝卜素含量分别为 9.81mg/L 和 10.21mg/L，与原始株（7.86mg/L）相比分别提高了 24.8% 和 29.9%（王小万，2010）。

从单轮紫外诱变显示的优良筛选效果推测，多轮诱变有可能筛选出具有更高 β- 胡萝卜素产量的盐藻。杨润柏等通过低能离子束对盐藻进行多轮诱变证实了这一猜想。由低能离子束对盐藻进行多轮诱变得到的高产 β- 胡萝卜素的突变株 CH2，其 β- 胡萝卜素含量为 2.258pg/cell，总含量可达 15.075mg/L，比原藻株提高了 42%，且与原始株 β- 胡萝卜素的积累仅在进入稳定期之前与细胞生长呈正相关不同，突变株在进入稳定期后细胞仍在生长，β- 胡萝卜素也不断积累，并且，该突变藻株具有遗传稳定性（杨润柏，2008）。

此外，通过紫外线诱变还可获得高产玉米黄素的盐藻突变株。有研究通过紫外线和亚硝基胍（NTG）共同诱变盐藻细胞得到高产玉米黄素突变株 Zea 1。通过不同光照，优化了高产玉米黄素盐藻的生长和其玉米黄素积累的条件。结果表明，在同等光照条件下，该突变株细胞数和玉米黄素的积累量均略高于野生型藻株；其中在 5000lx 强光照条件下，Zea 1 细胞生长和玉米黄素积累提升明显，藻细胞数分别为 500lx 低光照和 3000lx 正常光照条件下的 7.08 倍和 1.29 倍；玉米黄素含量分别是 500lx 低光照和 3000lx 正常光照条件下的 4.56 倍和 1.40 倍；并且通过进一步正交实验还获得了突变藻株 Zea 1 生长所需的最适碳浓度（15mmol/L）、氮浓度（2.0mmol/L）、磷浓度（0.1mmol/L）和积累玉米黄素所需的最适碳浓度（15mmol/L）、氮浓度（2.0mmol/L）、磷浓度（0.2mmol/L）（武昌俊，2012）。

2. 烟道气浓度胁迫

烟道气环境是微藻生长的一大胁迫条件，为了提高微藻对于烟道气的耐受性能，有研究将盐藻放置于国标允许排放的最高烟道气浓度下，逐步提高烟道气浓度，使盐藻通过适应性进化激活并增强其对烟道气的耐受性能，从而实现可耐受高浓度烟道气的微藻藻种选育。未诱变的微藻最佳生长烟道气浓度是含有 2% CO_2 及无 NO_x 和 SO_2 存在的情况下，而经过适应进化后的微藻藻株可耐受的烟道气浓度为 CO_2 10% + NO_x 200 × 10^6mg/kg + SO_2 100 × 10^6mg/kg，且盐藻的生物量积累和糖含量均较高（赵权宇，2020）。该研究为利用盐藻抵御烟道气环境胁迫提供了理论依据。

3. 硝酸盐筛选

硝酸盐还原酶（NR）被认为是高等植物、真菌和绿藻氮代谢限速步骤的关键酶（Campbell，2001）。有研究通过亚硝基胍筛选出了三种 NR 缺陷型突变体 J-1、J-2 和 J-3。新型 NR 缺陷型突变体可利用亚硝酸盐和尿素生长，但不能利用硝酸盐作为氮源。通过对该突变体的 NR cDNA 序列分析表明，得到的 J-1、J-2 和 J-3 三种突变体共有 11 个点突变。进一步的功能互补实验结果表明，J-1 转化子 T-1 的 NR 活性仅为野生型盐藻的 48.1%，证实了突变体中 NR 的缺陷。因此，在今后的转基因盐藻体系中，硝酸盐可能作为筛选剂用于分离 NR 缺陷突变体，相比使用抗生素或除草剂等筛选剂，硝酸盐筛选得到的新型 NR 缺陷型突变体效果更明显（Gao，2015）。

4. 腐胺诱导

盐藻变异株多具有生长能力低，多胺、转谷氨酰胺酶、叶绿素和蛋白质含量缺乏以及腐胺 / 亚精胺不平衡等特性。若对于此类盐藻变异株供应 100 μ g/L 腐胺或 1mmol/L 鸟氨酸即可诱导其生长恢复，同时还可改善内源性腐胺和亚精胺水平以及增加叶绿素 a 和叶绿素 b 的水平使它们的比例均接近生长中的野生型盐藻的典型值；还可增加叶绿体中蛋白质含量。经腐胺处理的藻类，与未经处理的对照组相比，转谷氨酰胺酶结合活性在阳光下增加了 9 倍，在黑暗中增加了不到 3 倍，效果十分显著（Dondini，2000）。总而言之，腐胺可作为一种有效的营养诱导物质恢复变异株的生长。

5. 乙酰辅酶 A 羧化酶抑制剂筛选

盐藻的油脂积累量高，可作为生物柴油潜在的天然原料，利用盐藻生产生物柴油最重要的就是筛选出产油能力高的盐藻。通过乙酰辅酶 A 羧化酶抑制剂驯化和传代，可选育出高产脂盐藻。选择适宜的乙酰辅酶 A 羧化酶抑制剂浓度对藻种进行多次驯化和传代，经过两次驯化后，对藻种的生物量和产油能力进行测定并评估藻种的遗传稳定性，结果发现训化后的藻株产油量比未驯化的藻株提高了 192.76%，实现了产油能力高的盐藻的选育（凌雪萍，2019）。

6. 亚硝基胍诱变

亚硝基胍（NTG）是一种公认的效果显著的化学超诱变剂，其主要是通过 GC-AT 碱基转换，还有小范围切除、移码突变及 GC 对的缺失等造成基因突变进行诱变，应用范围十分广泛。然而亚硝基胍诱变对盐藻藻株的存活率有较大影响，研究发现在对盐藻进行 NTG 诱变处理后，0 s~25 min NTG 处理时间范围内，藻株的存活率显著下降。若在诱变时加入小鱼汤，则相同的处理时间，盐藻的存活率明显提升,表明小鱼汤对 NTG 诱变的盐藻藻株有保护作用（武昌俊，2010）。

7. 微重力刺激

在微重力刺激下，盐藻藻细胞发生了甘油含量增加、H^+ 分泌速率加快、膜磷脂与膜蛋白比率下降、质膜（PM）H^+ ATPase 活性升高等一系列生理生化特性的改变。这些变化表明，微重力环境对藻类来说是一个耗能胁迫环境，并且微重力刺激对藻细胞代谢影响可能是通过次级水分胁迫而产生的（胡章立，1998）。

（二）分子生物学手段

1. 原生质体融合

原生质体融合又称为植物体细胞杂交，是指将不同植物的已脱去细胞壁的细胞通过人工方法诱导融合，然后进行离体培养，使其再生杂种植株的技术。通过该方法可使杂交“融合子”具有之前不具备的生物特性，从而达到改良和筛选的目的。将大肠杆菌质粒和盐藻细胞进行原生质体融合，可有效地改变盐藻的生物性状，赋予其原本并不具备的优异的生物学特性。如在聚乙二醇（PEG）的作用下，将通过链霉蛋白酶制得的盐藻原生质体与含氯霉素乙酰转移酶（CAT）基因质粒进行融合，得到的“融合子”与盐藻十分相似，具有显著的氯霉素抗性（刘广发，1993）。

2. 转基因方法

通过转基因的方法将外源目的基因转入盐藻细胞，可以实现盐藻的自养和异养能力的提升，从而满足生物柴油以及代谢产物和基因工程产品的规模化生产要求。如将单个外源基因如小球藻的 H^+/hexose cotransporter 1（HUP 1）基因、人红细胞的葡萄糖转运蛋白（glucosetransporter 1，Glut 1）基因以及酿酒酵母的 Hxt 1、Hxt 2 和 Hxt 4 基因等转入藻类，在一定程度上可实现莱茵衣藻、小球藻、硅藻等藻类的异养培养。转入此类目的基因后，藻类的营养模式发生了转变，使得藻类可以利用外源的糖类进行异养生长，并且其生长速率和细胞密度均显著提高。

众所周知，Glut 1 作为细胞膜表面的一种通道转运蛋白，是葡萄糖转运的主要载体。有研究表明，将从人胎盘组织中克隆的人 Glut 1 基因转入盐藻后，利用草丁膦（phosphinothricin，PPT）通过液体和固体筛选，在 PPT 浓度为 6μg/mL 时对照野生藻全部死亡，而转化藻株生长良好，成功筛选出了 3 株组成型异养藻株和 2 株诱导型异养藻株。通过实时荧光定量 PCR 和 Southern blot 技术检测都显示外源基因成功整合到盐藻异养转化藻株的基因组中，且具有高的基因拷贝数水平。但在不同的葡萄糖浓度下，盐藻生长状况有明显差异，实验表明 5mmol/L 的葡萄糖浓度是盐藻生长的最佳浓度，而在光照和葡萄糖（5mmol/L）的共同作用下，盐藻藻株的生长速度可以得到明显的提升。值得注意的是，在黑暗条件和葡萄糖的共同作用下，组成型异养株的生长速率明显高于自养株和诱导型异养株，后两者的生长几乎停滞，这最可能的原因是转入的 Glut 1 基因由于拷贝数随机插入到盐藻染色体 DNA 上的位点不确定，干扰了盐藻细胞基因组的自稳系统而导致生长速度降低或停滞，或出现转基因沉默效应（吕文兵，2010）。藻类由于外源基因的导入而改变了营养模式,初步建立了异养转化藻株。这为大规模的发酵培养奠定了基础，为提高盐藻的生长速度提供理论支持，建立盐藻生物反应器或将实现，但以上诸多方面尚不成熟，仍处于理论阶段，有待进一步的深入研究。

还有研究者通过转基因的方法改变盐藻的光合作用和油脂产量，也获得成功。通过克隆或者改造光合自养生物的碳固定及光合作用相关基因，而后将它们转入盐藻叶绿体基因组或者核基因组中表达，得到高光合作用效率的稳定转基因盐藻藻株，使其利用 CO_2 的能力和转化速度得到提升，从而促进转基因盐藻的自养生长，加快和提高盐藻细胞生物量的积累，实现了人们对于目标产物的规模化生产要求（潘卫东，2015）。而通过优化盐藻细胞三酰甘油（TAG）合成途径,将二酰甘油酰基转移酶（DGAT1a）和甘油 -3- 磷酸酰基转移酶（GPAT）两个重要的三酰甘油（TAG）合成限速酶外源基因导入盐藻藻株 YC-011，在外源基因有效表达后，转入 cDNA 克隆编码 DGAT1a（VgDGAT1a）和 cDNA 克隆编码 GPAT（CrGPAT）基因的盐藻中油脂含量分别达 36.9% 和 34.8%，远高于野生型盐藻油脂含量（15.3%），表明 VgDGAT1a 和 CrGPAT 基因的超表达提高了盐藻细胞脂质的合成和积累，对培育富油盐藻优异工程株系具有重要意义（宋程飞，2018）。

三、盐藻株的保存

盐藻藻株的保存是规模化生产必不可少的条件，保存后藻种的恢复成活率直接关系到后续的实验和生产，因此，探究保存的影响因素非常重要。目前盐藻的保种研究表明盐藻适宜于液体、平板和斜面保种（汪本凡，2004）。但不同的保种方法所需的最适条件及影响保种后恢复的条件不尽相同，如对包埋脱水法超低温保存盐藻进行研究发现，藻细胞生长期、胶球含水量、平均脱水速率以及恢复方法均可影响盐藻藻株的存活率。该方法保种最适条件如下：盐藻细胞生长处于指数期；最佳平均脱水速率为 0.9%（含水量）/h；最佳胶球含水量为 60.32%；在冻存管中暗放置 24h（李婷婷，2003）。

第四节　盐藻其他天然成分

盐藻体内含有大量的 β- 胡萝卜素、蛋白质、甘油、氨基酸、脂肪、碳水化合物、维生素等多种营养成分。其中 β- 胡萝卜素、多糖等营养成分具有生物活性，可应用于保健性功能食品；盐藻中的脂质含量较高，且因为一些独特的特性使盐藻成为制备清洁能源 - 生物柴油的潜在天然原料。因此，盐藻在医药、食品、养殖业、化工以及轻工等领域得到越来越广泛的应用和重视，是迄今所发现利用价值极大的藻类资源之一（表 3-1）。

表 3-1　盐藻的其他天然成分

种类	含量	功能	应用
类胡萝卜素	低	抗氧化、抗肿瘤、预防心血管疾病、免疫调节等	天然食用色素、功能性食品等
多糖	低	抗病毒、抗炎、抗肿瘤、抗菌、免疫调节、降血糖等	功能性食品、添加剂、生物农药和生物肥料等
蛋白质	高，功能肽低	抗氧化、抑菌等	功能性食品、生物饲料、药品添加剂等
不饱和脂肪酸	较高	抗炎、免疫调节作用、预防糖尿病及肾脏疾病等	乳粉的功能添加剂、功能性食品等

续表

种类	含量	功能	应用
维生素 E	低	抗氧化、预防动脉硬化和心脑血管疾病等	食品抗氧化剂、饲料添加剂、化妆品等
叶酸	低	抗衰老、抗肿瘤等	营养保健品等

一、盐藻色素

（一）玉米黄质

玉米黄质是一种重要的天然含氧类胡萝卜素，亦称玉米黄素。分子式为 $C_{40}H_{56}O_2$，相对分子质量为 568.85，属于异戊二烯类，与叶黄素属同分异构体。广泛存在于黄色、橙色、紫色、绿色等谷物、水果、蔬菜以及藻类等微生物中，在植物与动物的生长发育过程中起重要的作用。玉米黄质进入人体后可作为强抗氧化剂，通过淬灭单线态氧、清除自由基等实现抗氧化保护。有研究表明，玉米黄质在预防老年黄斑变性、抗肿瘤和改善糖尿病并发症中具有重要作用（冯贺，2019）。在一项以恒河猴为研究对象的实验中，视网膜的中心凹对蓝光刺激有明显反应，但在补充叶黄素（玉米黄质与叶黄质）后，视网膜对蓝光刺激反应减弱，由于人类从食物中摄取的玉米黄质与叶黄质 80%~90% 会选择性集中在视觉系统（眼睛和大脑），因此说明玉米黄质对黄斑具有保护作用（Vishwanathan，2016）。也有研究显示玉米黄质可能通过减少葡萄膜黑色素瘤（成人最常见的恶性眼内肿瘤）血管生成，使得葡萄膜黑色素瘤体积显著减小，具有明显的抗肿瘤作用（Xu，2015）。总之，玉米黄质的视力保健功能、抗肿瘤、改善糖尿病并发症的作用逐渐引起了人们的重视，为疾病预防和临床治疗带来更多的可能。

（二）番茄红素

番茄红素也是植物中存在的一种类胡萝卜素，具有很强的抗氧化功能，常被用作天然色素添加剂。番茄红素可从盐藻中快速提取。将盐藻加入培养液中，置于光照培养箱中培养，待 OD_{600} 达到 0.7 时，加入阻断剂三乙胺（2~8）× 10^8mg/kg，继续培养 24~72h，然后提取色素，即可得到番茄红素。相对于从番茄表皮提取番茄红素传统的提取方法，从盐藻中提取番茄红素更加简单、方便快捷，且提取周期短，而藻类易于大规模养殖的特性，更加符合工业化大规模生产的标准（姜建国，2014）。

（三）其他色素

随着天然色素的市场需求的增加，微藻已被科学界公认为天然着色剂和营养品来源，螺旋藻、小球藻、盐藻和雨生红球藻是主要的色素来源，根据文献计量分析，藻蓝蛋白、叶绿素、*β*- 胡萝卜素和虾青素是 2009—2019 年获得最高研究投资的色素（Silva，2020）。尽管目前的色素提取和分离技术仍不成熟，需要面对和克服一些挑战，但由于微藻色素具有可再生和可持续的性质以及对人体有利的保健属性，天然色素应该很快就会超越合成色素成为市场的主流。

二、蛋白质

（一）蛋白质含量

盐藻中含有丰富的蛋白质，对其含量的测定及相关研究可为未来开发利用盐藻蛋白质奠定基础。有研究对盐藻主要营养成分进行定量分析发现，其蛋白质含量达 36%~40%，占细胞干重的 50%~60%；甘油含量占干重 36% 左右；胡萝卜素的含量也极为丰富，可达其干重的 8%~10%；脂肪酸、叶绿素和四烯酸等的营养成分也非常丰富（李淑清，2000；柯为，2008）。通过对来自多门类的不同微藻的蛋白质含量和氨基酸组成相比较，其中，钝顶螺旋藻的蛋白质含量最高，达 0.499（质量比）；盐藻和微拟球藻（*Nannochloropsis* sp.）的蛋白质含量次之，分别为 0.210（质量比）和 0.227（质量比）（王大志，1999）。

（二）蛋白质种类

盐藻中不仅具有大量的蛋白质，而且其种类十分丰富。应用联合双向电泳（BN/SDS-PAGE）和液相色谱偶联串联质谱法，对盐藻细胞膜蛋白质组进行研究分析，共鉴定出 55 种蛋白质，其中约 60% 为膜组成蛋白或膜相关蛋白（Katz，2007）。除了膜蛋白，盐藻胞浆中也富含大量蛋白质，对盐藻胞浆提取物进行双向电泳分析（IEF/SDS-PAGE），共鉴定出 8 类不同功能的 45 种受到正调控的蛋白，其中占比最多的是参与碳同化和能量代谢的酶（Liska，2004）。此外，盐藻的细胞质内脂滴（CLD）和富含 *β*- 胡萝卜素的质体小球中也富含蛋白质，通过分析这些脂滴的脂质种类、色素和蛋白质组成，并利用污染滤器和富集滤器对核心蛋白进行鉴定，构建盐藻蛋白质组数据库，从 124 个蛋白质中鉴定出 42 个核心蛋白，主要为脂滴相关蛋白和参与脂质和固醇代谢的酶（Davidi，2015）。

（三）盐藻蛋白功能

盐藻蛋白质具备多种潜在功能，但只有将其蛋白质功能阐明，才可将其功能蛋白产品化。目前，关于盐藻相关蛋白质功能的研究较少，还亟待开发与研究。有研究显示盐藻蛋白具有一定的抑菌和抗增殖活性。通过采用快速蛋白液相色谱法（FPLC）分离获得盐藻藻体蛋白,将提取的盐藻蛋白用肠道蛋白酶（如胰蛋白酶、糜蛋白酶等）进行蛋白质水解，将水解产物与大肠杆菌、金黄色葡萄球菌、幽门螺杆菌和结肠癌细胞株 SW480 共同培养，结果显示 63u 蛋白质及其衍生肽降低了细菌的生长，并且小于 3u 的盐藻蛋白肽段显著降低了 SW480 细胞的活力，表明盐藻中的多肽组分可能具备潜在的抗菌和抗增殖活性的能力（Darvish，2018）。盐藻蛋白质含量十分丰富，种类也十分多样。在未来，蛋白质领域的研究应用与开发可能成为工作的一大目标。

三、多糖类

（一）多糖种类

盐藻多糖是一种分子质量不均一的多糖，由岩藻糖、甘露糖、葡萄糖和半乳糖等 4 种单糖组成。近年来，由于微生物胞外多糖具有独特的生物学性能，如免疫调节、抗病毒、抗肿瘤等（王春波，1997），其在产品开发及生产方面都具有独特优势，从而得到了大力研究和开发，已成为工业微生物研究的热点之一。有研究表明在优化的离子交换色谱柱和凝胶过滤色谱条件下，从盐藻中可分离出 PD1、PD2、PD3、PD4a 和 PD4b 共 5 个多糖级分，其重均相对分子质量（M_w）分别为 1548000、33000、67000、424000、10000（戴军，2006a）。而关于不同多糖的单糖成分测定，可在适当的条件水解后，利用高效阴离子交换色谱法测定（戴军，2006b）。

（二）多糖含量

多糖是盐藻中十分重要的生物活性物质，盐藻中总糖的含量相对其他微藻（5%~23%）更多。而在适宜的生长条件下，盐藻细胞才能够更大程度地促进多糖的积累。盐藻细胞耐受高盐，但其多糖的积累却对于高盐度十分不耐受。在 NaCl 浓度 0~50g/L 范围内，搭载和非搭载盐藻胞外多糖的含量都随 NaCl 浓度增加而降低，当 NaCl 浓度为 0g/L 时，搭载和非搭载盐藻胞外多糖的含量最高。光暗周期对搭载和非搭载盐藻生长、胞外多糖及 β- 胡萝卜素积累也有显著的影响，当光照时间的延长，盐藻的生长，胞外多糖和 β- 胡萝卜素积累均增加（李加林，2006）。

（三）多糖作用

多糖类物质作为盐藻产生的生物活性物质，其相关研究众多。目前已发现的盐藻多糖的功能包括抑菌、抗炎、抗肿瘤以及抗病毒等作用。相关实验表明，盐藻多糖可显著增加感染金黄色葡萄球菌小鼠 24 h 内的存活数；可显著抑制由巴豆油导致的小鼠耳廓炎性肿胀程度（尹鸿萍，2006）；可显著抑制宫颈癌细胞 Hela 的生长，并促进 Hela 细胞的凋亡（钟闰，2020）；显著降低接种副流感病毒的小鼠的死亡率，延长小鼠的生存时间，减轻肺病变程度（朱红红，2007）。还有研究发现，盐藻多糖或许还具有抗过敏作用，藻类中存在一种与抗过敏药物色甘酸钠（DSCG）相似的物质，通过评价与分析不同藻类对透明质酸酶激活的抑制作用发现，钝顶螺旋藻、紫色螺旋藻和盐藻的 IC_{50} 为 0.14mg/mL，与 DSCG 基本相同，表明钝顶螺旋藻、紫色螺旋藻和盐藻中的有效成分可能是一种抗过敏物质。通过检测其分子大小，表明这些微藻的抗过敏物质可能是多糖（Fujitani，2001）。更多潜在的多糖生物活性及其功能，还须进一步探究，这为人类寻求天然保健食品奠定了基础。

四、有机物

（一）二甲基硫丙酸

二甲基硫丙酸（DMSP）是藻类中的有效成分，可由海洋中的藻类大量产生。对于微藻自身而言，DMSP 可作为藻类低温下的保护剂，起到防寒作用（Kieber，1996）。对于海洋中其他生物而言，DMSP 则是海水中的含碳物质和含硫化合物（Rafel，2001），容易为微生物所利用，对海洋生物链和生物新陈代谢有重要作用（Ronald，2000）。因此，寻找出适宜的盐度、温度和光照强度对盐藻产生 DMSP 至关重要。采用正交方法设计实验条件，对扁藻、盐藻和牟氏角刺藻进行实验。结果表明，3 种藻类细胞 DMSP 含量相差很大，且种间差别的影响明显高于环境差别影响，其中扁藻 DMSP 含量最高，其次为盐藻，牟氏角刺藻含量最低。温度、光照强度和盐度中，以盐度对藻细胞 DMSP 含量的变化影响最为显著，随着盐度的增加，扁藻、盐藻和牟氏角刺藻细胞内 DMSP 含量均呈上升趋势，相比之下，温度和光照强度的影响效果较弱（李炜，1999）。

（二）固醇类物质

藻类固醇类物质具有良好的抗氧化性，可用作食品添加剂、抗氧化剂及营养添加剂等，具有良好的工业开发潜力。目前，盐藻已被鉴定出具有 12 种固醇，其组分主要由植物固醇（C_{28} 和 C_{29} 固醇）组成，包含最丰富的植物固醇为 22*E*，24*R*- 麦角固醇 -5，7，22- 三烯 -3*β*- 醇（麦角固醇）和 22*E*，24*R*- 乙基胆固醇 -5,7,22- 三烯 -3*β*- 醇（7- 脱氢叶吩固醇）。固醇类物质在盐藻中含量较少，仅占干重的 1% 左右，适宜在较低的盐浓度下生长，且会随着盐浓度的增加而导致产量显著下降（Francavilla，2010）。

（三）邻苯二甲酸酯

邻苯二甲酸酯类（PAEs）作为增塑剂广泛应用于高分子材料、医疗器械和食品包装中，以提高柔韧性、透明度、耐久性和使用寿命。塑料制品在使用或制备过程中，其含有的环境污染物 PAEs 易浸出释放于环境当中，而 PAEs 类物质已被证实具有一定毒性，可干扰人内分泌系统，造成 DNA 损伤并削弱精子活力。PAEs 对于盐藻的生长发育也有很大影响，并且易于在水生生物中富集，在微藻中富集更为明显。海洋中微藻作为海洋中的初级生产力，其对于更高营养级也会造成重大影响，从而污染整个海洋生态系统，若将盐藻作为保健功能食品让人服用则会产生更多不良影响。因此，PAEs 对于获得盐藻中有效生物成分十分不利。检测盐藻中邻苯二甲酸酯的水平也至关重要。最近有研究表明，可将盐藻以正离子电子碰撞模式直接注入气相色谱质谱联用仪（GC-MS）来测定盐藻中的 PAEs，并取得了十分显著的效果，为将来获得高产菌株，避免此物质带来的不利影响提供了新的思路（Wang，2014；唐燎，2018）。

（四）挥发性成分

藻类挥发性成分是一种成分复杂、功能未知的次生代谢物质，对藻类生长发育、应激反应、信息传递、化学感应、抗盐及自身防御等方面具有重要作用，因此鉴定其种类和成分势在必行。采用顶空进样法（HS）和同时蒸馏萃取法（SDE）相互结合对盐藻的挥发性成分进行萃取，然后经气相色谱质谱联用仪（GC-MS）分离和检测，并进行全面分析，检测出 39 种藻类挥发性成分，包括烷烃类 8 种、烯烃类 2 种、芳香烃类 3 种、醇类 5 种、酮类 9 种、醛类 6 种、酯类 4 种、酚类 1 种和呋喃类 1 种。挥发性物质中含量相对较高的是 8- 十七烯、3- 甲基 -1- 乙酸丁酯、二氢猕猴桃内酯等，挥发性成分定性和定量的检测为藻类更加全面的开发利用提供了新的可能，为能源及化工业的开发利用提供了理论依据（王丽娟，2018）。

五、脂肪酸

（一）ω-3 多不饱和脂肪酸

盐藻中的 ω-3 多不饱和脂肪酸（ω-3 PUFA），主要成分为二十碳五烯酸（EPA，20 ∶ 5）和二十二碳六烯酸（DHA，22 ∶ 6），其中 DHA 含量尤为丰富，具有健脑明目、预防心血管疾病、抑制癌症和抗炎、抑制过敏反应等良好的生物学效应，对人类健康十分有益。研究显示，盐藻的 ω-3 PUFA 有抗炎和抑制 NF-κB 转位的作用。且其浓缩物可下调脂多糖（lipopolysaccharide，LPS）诱导的外周血单核细胞（PBMC）的 TNF-α 和 IL-6 水平，对环氧合酶（COX-2）和基质金属蛋白酶（MMP-2 和 MMP-9）产生了显著的阻断作用（Chitranjali，2014）。然而，现阶段 ω-3 PUFA 和 DHA 主要的商业来源是海洋鱼油，具有胆固醇含量高、产量不稳定、有污染风险等缺点，因此从藻类中获得这些有效物质成为人们寻找安全、可靠原料的发展趋势。在预处理后的盐藻、松藻、马尾藻、角毛藻等藻细胞中，采用超临界 CO_2 萃取法提取脂肪酸。然后利用离子交换处理和二次蒸馏脱水分别进行一级纯化和二级纯化，纯化后用活性炭进行脱色、脱臭处理，最后经过滤器进行精滤，即可获得 DHA 脂肪酸（郭红星，2018）。还有一项有趣的研究发现，海洋尖尾藻具有独立合成脂肪酸的能力，可将低质量的物质升级为营养物质，从而高效的供应 DHA 达到下一营养级。而盐藻又是海洋尖尾藻的主要食物来源为，这也为 ω-3 PUFA 和 DHA 等有效生物成分通过盐藻获得提供了可能（魏雨婷，2020）。

（二）C16 和 C18 脂肪酸

盐藻富含 C16 和 C18 脂肪酸，更符合作为制备生物柴油的藻种要求。通过有机溶剂浸提法，可确定盐藻的脂肪酸含量，以及脂肪酸的主要成分。获得提取液后，采用气相色谱 - 质谱联用技术（GC-MS）进行定性分析，内标法（内标物为正十九酸甲酯）进行定量分析，测得盐藻的总脂肪酸含量为 18.76%，主要脂肪酸成分分别是 C16 ：0、C16 ：1、C18 ：0 和 C16 ：1、C18 ：0、C18 ：2 脂肪酸。综合盐藻生长、富油培养条件和脂肪酸含量的研究，表明盐藻具备成为制备生物柴油的潜力（郑亚君，2012）。

六、维生素 E、叶酸

除上述的具有功效的营养成分外，天然维生素 E 和叶酸也是盐藻中含量丰富的抗衰老活性物质，是开发功能食品的优质原材料（伍先绍，2008）。维生素 E 具有强大的抗自由基作用，已被证实具有改善微循环、防止动脉硬化、预防心、脑血管疾病的功效，是人体内最有效的抗衰老物质之一。由于维生素 E 苯环上的羟基易失去电子或 H^+ 等而被氧化，机体内产生的大量自由基可与维生素 E 发生反应，从而阻止了自由基对细胞膜、线粒体膜及内质网膜的氧化。同时，维生素 E 还可防止自由基氧化低密度胆固醇（LDL），可有效预防动脉粥样硬化发生。

随着机体衰老，人体很容易产生更多的“衰老毒素”——同型半胱氨酸。人体血液中的同型半胱氨酸水平增高会导致血管阻塞、心脏病、中风的发生，并毒害大脑，使人记忆力减弱、智力衰退。叶酸在三种B族维生素中清除同型半胱氨酸的能力最强，是最有效的清除“衰老毒素”的营养素，其通过激活代谢降解同型半胱氨酸的酶，将同型半胱氨酸从体内清除，起到健脑作用，预防早老性疾病的发生，并且有助于阻止癌变基因的激活，有效预防癌症发生（王景，2003）。

参考文献

[1] Aghaalipour E，Akbulut A，Güllü G. Carbon dioxide capture with microalgae species in continuous gas-supplied closed cultivation systems[J]. Biochem Eng J，2020，163：107741.

[2] Augustin MA，Hemar Y. Nano-and micro-structured assemblies for encapsulation of food ingredients[J]. Chem Soc Rev，2009，38（4）：902-912.

[3] Borowitzka MA. Commercial production of microalgae：Ponds，tanks，tubes and fermenters[J]. J Biotechnol，1999，70（1）：313-321.

[4] Campbell WH. Structure and function of eukaryotic NAD（P）H：Nitrate reductase[J]. Cell Mol Life Sci. 2001，58（2）：194-204.

[5] Chitranjali T，Chandran PA，Kurup GM. Omega-3 fatty acid concentrate from *Dunaliella salina* possesses anti-inflammatory properties including blockade of NF-κB nuclear translocation[J]. Immunopharm Immunot，2014，37（1）：81-89.

[6] Choi HI，Lee JS，Choi JW，et al. Performance and potential appraisal of various microalgae as direct combustion fuel[J]. Bioresource Technology，2019，273：341-349.

[7] Darvish M，Jalili H，Ranaei-Siadat SO，et al. Potential cytotoxic effects of peptide fractions from *Dunaliella salina* protein hydrolyzed by gastric proteases[J]. J Aquat Food Prod T，2018，27（2）：165-175.

[8] Davidi L，Levin Y，Ben-Dor S，et al. Proteome analysis of cytoplasmatic and plastidic beta-carotene lipid droplets in *Dunaliella bardawil*[J]. Plant Physiol，2015，167（1）：60-79.

[9] Dejtisakdi W，Wu Z，Pantong P，et al. Proceedings of the 25th European biomass conference and exhibition[C]. ETA-Florence Renewable Energies，2017：1.

[10] Dhakal SP，He JB. Microencapsulation of vitamins in food applications to prevent losses in processing and storage：A review[J]. Food Res Int，2020，

137: 109326.
[11] Díaz JP, Inostroza C, Acién FG. Scale-up of a fibonacci-type photobioreactor for the production of *Dunaliella salina* [J] . Appl Biochem Biotechnol. 2021, 193 (1): 188-204.
[12] Dondini L, Bonazzi S, Fracassini D. Recovery of growth capacity and of chloroplast transglutaminase activity induced by polyamines in a polyamine-deficient variant strain of *Dunaliella salina* [J] . J Plant Physiol, 2000, 157 (5): 473-480.
[13] Francavilla M, Trotta P, Luque R. Phytosterols from *Dunaliella tertiolecta* and *Dunaliella salina*: A potentially novel industrial application [J] . Bioresource Technology, 2010, 101 (11): 4144-4150.
[14] Fujitani N, Sakaki S, Yamaguchi Y, et al. Inhibitory effects of microalgae on the activation of hyaluronidase [J] . J Biosci Bioeng, 2001, 13 (6): 345-348.
[15] Gao LJ, Jia YL, Li SK, et al. Characterization of novel nitrate reductase-deficient mutants for transgenic *Dunaliella salina* systems [J] . GMR Genet Mol Res, 2015, 14 (4): 13289-13299.
[16] Han YH, Jungsuck L, Jungki K, et al. High-density cultivation of microalgae using microencapsulation [J] . Korean J Fish Aqua Sci, 1999, 32 (2): 186-191.
[17] Katz A, Waridel P, Shevchenko A, et al. Salt-induced changes in the plasma membrane proteome of the halotolerant alga *Dunaliella salina* as revealed by blue native gel electrophoresis and nano-LC-MS/MS analysis [J] . Mol Cell Proteomics, 2007, 6 (9): 1459-1472.
[18] Kezhen Ying et al. Growth enhancement of *Dunaliella salina* by microbubble induced airlift loop bioreactor (ALB) -the relation between mass transfer and growth rate [J] . J Biomater Nanobiotechnol, 2013, 4 (2A): 1-9.
[19] Kieber DJ, Jiao J, Kiene RP, et al. Impact of dimethylsulfide photochemistry on methyl sulfurcycling in the equatorial Pacific ocean [J] . Geophys Res, 1996, 101 (C2): 3715-3722.
[20] Liska AJ, Shevchenko A, Pick U, et al. Enhanced photosynthesis andredox energy production contribute to salinity tolerance in *Dunaliella* as revealed by homology-based proteomics [J] . Plant Physiol, 2004, 136 (1): 2806-2817.
[21] Liu Q, Zhang M, Lv T, et al. Energy-producing electro-flocculation for harvest of *Dunaliella salina* [J] . Bioresource Technology, 2017, 241: 1022-1026.
[22] Marín N, Morales F, Lodeiros C, et al. Effect of nitrate concentration on growth and pigment synthesis of *Dunaliella salina* cultivated under low illumination and preadapted to different salinities [J] . J Appl Phycol, 1998, 10 (4): 405-411.
[23] Monte J, Sa M, Gnha CF, et al. Harvesting of *Dunaliella salina* by

membrane filtration at pilot scale [J] . Sep and Purif Technol, 2018, 190: 252-260.

[24] Narváez-Zapata JA, Rojas-Herrera R, López-Uc Y, et al. Different physiological responses influenced by salinity in genetically related *Dunaliella salina* isolates [J] . Biotechnol Lett, 2011, 33 (5): 1021-1026.

[25] Nasrollah T, Shashank S. Carotene and antioxidant capacity of *Dunaliella salina* strains [J] . World J Nutr Health Aging, 2014, 2 (2): 21-23.

[26] Oleksienko AA, Kot YG, Komaristaya VP. DNA-specific dapi staining of the pyrenoid matrix during its fission in *Dunaliella salina* (Dunal) Teodoresco (Chlorophyta) [J] . Curr Microbiol, 2020, 77 (11): 3450 -3459.

[27] Pirwitz K, Rihko-Struckmann L, Sundmacher K. Comparison of flocculation methods for harvesting *Dunaliella* [J] . Bioresource Technology, 2015, 196: 145-152.

[28] Prieto A, Pedro Cañavate J, García-González M. Assessment of carotenoid production by *Dunaliella salina* in different culture systems and operation regimes [J] . J Biotechnol, 2011, 151 (2): 180-185.

[29] Rafel Simó. Production of atmospheric sulfur by oceanic plankton: Biogeochemical, ecological and evolutionary links [J] . Trends Ecol Evol, 2001, 16 (6): 287-294.

[30] Ronald PK, Laura JL. Distribution and turnover of dissolved DMSP and its relationship with bacterial production and dimethylsulfide in the gulf of mexico [J] . Limnol Oceanogr, 2000, 45 (4): 849-861.

[31] Silva SC, Ferreira ICFR, Dias MM, et al. Microalgae-derived pigments: A 10-year bibliometric review and industry and market trend analysis [J] . Molecules, 2020, 25 (15): 3406.

[32] Supraja KV, Behera B, Balasubramanian P. Performance evaluation of hydroponic system for co-cultivation of microalgae and tomato plant [J] . J Clean Prod, 2020, 272 (1): 122823.

[33] Vishwanathan R, Schalch W, Johnson EJ. Macular pigment carotenoids in the retina and occipital cortex are related in humans. [J] Nutr Neurosci, 2016, 19 (3): 95-101.

[34] Wang L, Tian FL, Wang HY, et al. Determination of phthalic acid ester in *Dunaliella* by GC-MS [J] . Advanced Materials Research, 2014, 3248: 200-202.

[35] Xiong Q, Pang Q, Pan XW, et al. Facile sand enhanced electro-flocculation for cost-efficient harvesting of *Dunaliella salina* [J] . Bioresource Technology, 2015, 187: 326-330.

[36] Xu XL, Hu DN, Iacob C, et al. Effects of zeaxanthin on growth and invasion of human uveal melanoma in nude mouse model [J] . Ophthalmol, 2015,

2015：392305.
［37］J · S · 卡内尔，S · A · 盖尔彻尔. 显微藻悬浮液脱水的浮选分离方法和系统以及从藻中提取成分. 美国：CN1241149［P］. 2000-01-12.
［38］布赖恩 · 威尔森，盖伊 · 巴比特，克里斯多佛 · 特纳，等. 一种改进的漫射光可扩展表面积水支撑式光生物反应器：中国，CN200780051628.2［P］. 2010-01-27.
［39］蔡卓平，段舜山. 杜氏盐藻和亚心型扁藻混合培养生长的初步研究［J］. 水产科学，2008，27（7）：330-333.
［40］陈涛，刘红涛，吕鹏举，等. 杜氏盐藻异养表达载体的构建及异养转化株的鉴定［J］. 生物工程学报，2009，25（3）：392-398.
［41］陈镇，杨明德，党杰，等. 一种从杜氏盐藻中提取类胡萝卜素和食用甘油的方法：中国，CN200710120704.2［P］. 2008-01-23.
［42］丛威，孙中亮，刘明，等. 用于开放池培养微藻的阱式补碳装置及其补碳方法：中国，CN102643741A［P］. 2012-08-22.
［43］戴军，梁立娜，尹鸿萍，等. 高效阴离子交换色谱法分析杜氏盐藻多糖的单糖组成［J］. 食品与发酵工业，2006，32：131-135.
［44］戴军，尹鸿萍，陈尚卫，等. 杜氏盐藻多糖的高效体积排阻色谱的保留特性及其分析方法的研究［J］. 色谱，2006，24：560-565.
［45］冯贺，苗馨心，郑大浩，等. 玉米黄质的保健机制与生物合成研究进展［J］. 延边大学农学学报，2019，41（4）：90-98.
［46］郭红星，周尽学. 一种从藻类中提取并富含DHA脂肪酸的方法：中国，CN201711382004.0［P］. 2018-05-08.
［47］胡章立，刘永定. 盐生杜氏藻细胞对回转器模拟微重力刺激的反应［J］. 科学通报，1998，43（16）：1750-1754.
［48］季祥，王喜恩，张凯凯，等. 一种杜氏盐藻的采收方法：中国，CN201611004061.0［P］. 2017-02-15.
［49］季祥，张凯凯，韩荣，等. 一种杜氏盐藻工业化生产采收方法：中国，CN201810324279.7［P］. 2018-09-28.
［50］贾立山，熊琼，陈弘俊，等. 一种利用螺旋藻培养废液采收盐藻的方法：中国，CN201510696530.9［P］. 2015-12-13.
［51］姜建国，李一萌. 一种利用阻断巴氏盐藻代谢通路生产番茄红素的方法：中国，CN201410267336.4［P］. 2014-10-08.
［52］柯为. 盐湖生物资源的研发［J］. 生物工程学报，2008，24（2）：261-261.
［53］李春虎，孟范平，冯丽娟. 一种含油微藻的收集方法：中国，CN201010559334.4［P］. 2011-05-11.
［54］李加林. 盐藻敌害生物防治及代谢产物研究［D］. 芜湖：安徽师范大学，2006.
［55］李淑清，索全伶，杨伟. 吉兰泰杜氏盐藻中营养成分的分析［J］. 内蒙古工业大学学报（自然科学版），2000，19（1）：22-24.

［56］李婷婷. 包埋脱水法冰冻保存三种饵料绿藻的研究［D］. 大连：辽宁师范大学，2003.

［57］李炜，焦念志. 环境因对三种常见微藻细胞中二甲基硫丙酸含量影响的初步研究［J］. 海洋与湖沼，1999，30（6）：635-639.

［58］梁文艳，王晓宇，赵远，等. 收集微藻细胞的原位自组装磁性复合材料及应用：中国，CN201710133144.8［P］. 2017-06-20.

［59］梁文艳，赵远，刘丽君，等. 用于分离微藻的自组装磁改性絮凝剂及其制备方法和应用：中国，CN201410741186.6［P］. 2015-04-01.

［60］梁文艳，赵远，刘丽君，等. 用于收集微藻的季铵盐化单宁磁改性絮凝剂的制备和应用：北京，CN201510384758.4［P］. 2015-09-30.

［61］林汝榕，邢炳鹏，蔡文旋，等. 通过三氯化铁絮凝作用采收微藻及培养水体的再循环利用：中国，CN201010271136.8［P］. 2012-03-21.

［62］凌雪萍，段然，卢英华，等. 一种提高盐生杜氏藻产油能力的驯化方法：中国，CN201811305001.1［P］. 2019-02-19.

［63］刘广发，楼士林. 杜氏藻与大肠杆菌跨界融合初探［J］. 海洋科学，1993（4）：35-40.

［64］刘青. 铝空气电池阳极缓蚀与盐藻絮凝采收耦合工艺研究［D］. 厦门：厦门大学，2018.

［65］吕文兵. 杜氏盐藻异养转化藻株的鉴定及初步功能分析［D］. 郑州：郑州大学，2010.

［66］孟振. 盐生杜氏藻培养条件优化、株系筛选和不同株系的rDNA ITS、rbcL序列差异分析［D］. 青岛：中国海洋大学，2006.

［67］潘卫东，薛乐勋，李杰. 一种提高光合作用效率转基因盐藻的制备方法：中国，CN201010132609.6［P］. 2010-08-18.

［68］邱琦，邱炜，李强，等. 几种盐藻养殖工艺技术对比及盐藻生产β-胡萝卜素的优势［J］. 辽宁化工，2020，49（1）：77-79.

［69］宋程飞. 杜氏盐藻遗传转化体系的优化及油脂合成相关基因的修饰［D］. 晋中：山西农业大学，2018.

［70］唐燎，涂海峰，伍淼，等. 2种邻苯二甲酸酯对杜氏盐藻的生长抑制机制研究［J］.中国海洋大学学报（自然科学版），2018，48（7）：40-46.

［71］唐淑萍，马志远，何娜. 利用311藻液分离机提高盐生杜氏藻采收率［J］. 盐科学与化工，2020，49（4）：20-22.

［72］汪本凡. 杜氏盐藻纯化及生物学特性研究［D］. 合肥：安徽农业大学，2004.

［73］王春波，蓝孝贞，苏冬梅，等. 盐藻β-胡萝卜素的免疫药理作用［J］. 中国海洋药物，1997（4）：5-8.

［74］王大志，高亚辉，朱友芳，等. 七种微藻蛋白质含量和氨基酸组成的比较［J］. 台湾海峡，1999，18（3）：297-302.

［75］王景，张积军，王新春. 盐藻中抗衰老活性物质的探讨［J］. 2003，30

（4）：59-60.
［76］王克明，杨静，庄树宏. 采用流加培养技术提高盐藻生物量的研究［J］. 海洋通报，1999，18（4）：64-69.
［77］王黎颖，杨国兰，田甜，等. 杜氏盐藻的脱腥技术研究［J］. 食品研究与开发，2018，39（19）：40-44.
［78］王丽娟，刘晓燕，杨宋琪，等. HS-GC-MS法和SDE-GC-MS法分析杜氏盐藻挥发性成分［J］. 食品研究与开发，2018，39（7）：136-142.
［79］王培磊. 盐生杜氏藻提纯和驯化方法：中国，CN201410563181.9［P］. 2015-01-14.
［80］王小万. 盐藻的紫外诱变及优势藻株的初步筛选［J］. 饮料工业，2010，13（9）：26-30.
［81］魏雨婷，王艳，王小冬. 海洋尖尾藻的营养升级功能研究［J］. 海洋环境科学，2020，39（3）：329-333.
［82］吴洪，袁普卫，蔡忠贞，等. 利用趋光性采收微藻藻体的方法和装置：中国，CN200910131278.1［P］. 2009-09-02.
［83］伍先绍，贺稚非，龚霄. 杜氏盐藻及其在功能食品中的应用［J］. 中国食品添加剂，2008，2：127-130.
［84］武昌俊，唐欣昀. 光照对杜氏盐藻突变藻株Zea 1生长和积累玉米黄素的影响［J］. 食品科学，2012，33（3）：199-202.
［85］武昌俊. 杜氏盐藻高产玉米黄素突变株的诱变筛选及生物学特性的研究［D］. 合肥：安徽农业大学，2010.
［86］徐仰仓，田甜，梁广钰，等. 一种针对杜氏盐藻的脱异味粉剂：中国，CN201810473792.2［P］. 2018-11-09.
［87］杨冰洁，向文洲，金雪洁，等. 一株溶藻菌CBA02的分离、鉴定及溶藻特性研究［J］. 生物技术通报，2020，36（11）：55-62.
［88］杨润柏. 离子注入盐生杜氏藻高产β-胡萝卜素突变株筛选及细胞固定化技术研究［D］. 合肥：安徽农业大学，2008.
［89］尹鸿萍，盛玉青. 盐藻多糖体内抑菌及抗炎作用的研究［J］. 中国生化药物杂志，2006，27（6）：361-363.
［90］于涛，徐仰仓. 杜氏盐藻絮凝收集方法的研究.中国藻类学会第八次会员代表大会暨第十六次学术讨论会论文摘要集［C］. 2011：83.
［91］张勇，李杰.一种利用提溴卤水在倾斜跑道池中养殖杜氏盐藻的方法：中国，CN201810005644.8［P］. 2018-05-29.
［92］赵权宇，程度佳，汪靓，等. 一种可耐受高浓度烟道气的微藻藻种选育方法：中国，CN201710100628.2［P］. 2017-05-17.
［93］郑亚君. 含油微藻生物学特性与富油培养条件的研究［D］. 太原：山西大学，2012.
［94］钟闰，吴思伟，何秀苗，等. 杜氏盐藻胞外多糖抗肿瘤活性及其机制研究［J］. 食品工业科技，2020，41（22）：126-133.

[95] 钟政，刘广发. 富含β-胡萝卜素杜氏藻的紫外线诱变筛选[J]. 厦门大学学报（自然科学版），2008，47（z2）：158-161.
[96] 朱红红，尹鸿萍. 盐藻多糖抗病毒实验研究[J]. 南京中医药大学学报（自然科学版），2007，23（5）：310-312.

第四章　盐藻胡萝卜素的研究

类胡萝卜素是一类重要的天然色素的总称，普遍存在于动物、高等植物、真菌以及藻类的黄色、橙红色或红色的色素之中，是含 40 个碳的类异戊烯聚合物，即四萜化合物。胡萝卜素为主要的维生素 A 源物质，主要有 α、β、γ 三种形式，其中 β- 胡萝卜素最为重要。β- 胡萝卜素是一种天然的色素，具有抗脂质过氧化、提高人体免疫力以及治疗某些慢性病的功能，同时也是人体必不可少的一种重要化合物，在保健、医药、化妆品、食品等领域具有广阔的应用前景。

盐藻在适宜的条件下可以合成和积累大量的 β- 胡萝卜素，是公认的生产 β- 胡萝卜素最好的天然资源，也是目前发现的微藻中实现工业化的为数不多的藻种之一。究其原因，与代谢途径中关键酶的催化机制和基因调控直接相关。因此，从分子生物学方面研究盐藻合成和积累 β- 胡萝卜素的机制具有重大的科学意义；从应用方面分离相关合成酶基因，探索类胡萝卜素的次生代谢过程，研究盐藻 β- 胡萝卜素高度积累的机制，进而阐明类胡萝卜素代谢的调控途径，为类胡萝卜素基因工程研究，解决类胡萝卜素的工业生产瓶颈问题，满足食品、日化、工业生产的需求奠定基础（唐玲，2009）。

第一节　盐藻胡萝卜素的含量、组成与测定方法

一、盐藻胡萝卜素的含量

盐藻是已知的最耐盐的真核藻类，可以在 NaCl 的饱和培养基（>300g/L）中生长。其 β- 胡萝卜素含量是所有生物中最高的，据报道，其含量高达干重的 14%。

二、盐藻胡萝卜素的组成

β- 胡萝卜素是一种类胡萝卜素，分子式为 $C_{40}H_{56}$，其分子为双环结构（图 4-1），由中央多聚烯链和两端的六元环末端基团组成，整个分子呈几何中心

对称。由于中央共轭多烯链的存在，整个分子具有高度的不饱和性，可形成多种几何异构体。*β*- 胡萝卜素在自然界中经常以全反式的形式存在，但 13- 和 9- 顺式异构体也较常见。采用 C30-HPLC-PDA-ELSD 系统，参照已公布的全反式异构体的吸光系数（$A^{1\%}$=2500），根据 *β*- 胡萝卜素顺式异构体电子吸收光谱峰面积与蒸发光散射检测器质量峰面积之比，估算出 9- 和 13- 顺式异构体的吸光系数分别为 2018 和 1990。根据其色谱峰面积，可以准确测量出盐藻软胶囊中 *β*- 胡萝卜素几何异构体的组成（惠伯棣，2008）。

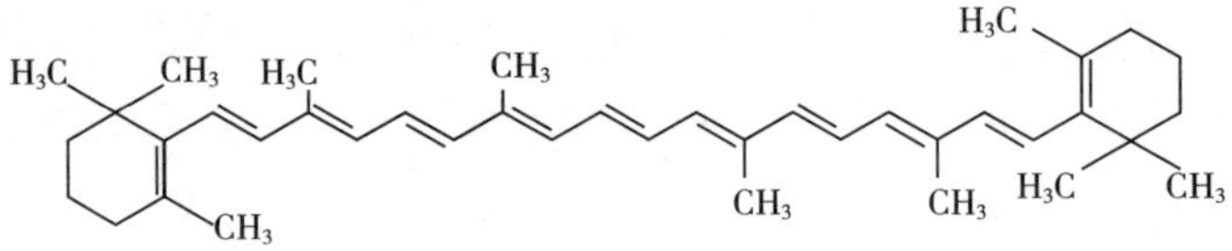

图 4-1　*β*- 胡萝卜素结构示意图

采用高效液相色谱（HPLC）法，在 450nm 波长下检测盐藻中分离的类胡萝卜素（290.77mg/g）。结果显示，盐藻中主要类胡萝卜素为 9- 或 9′ - 顺式 -*β*- 胡萝卜素，含量分别为 138.25mg/g 和 124.65mg/g。全反式叶黄素、全反式玉米黄质、13- 或 13′ - 顺式 -*β*- 胡萝卜素、全反式 -*α*- 胡萝卜素和 9- 或 9′ - 顺式 -*α*- 胡萝卜素的含量分别为 6.55、11.27、4.95、2.69、2.41mg/g。用 Trolox 等效抗氧化能力、还原能力和清除 2，2- 二苯基 -2- 苦基肼水合物（DPPH）自由基的方法，评价藻类类胡萝卜素提取物的抗氧化能力。结果显示，藻类类胡萝卜素提取物的抗氧化活性均显著高于 *α*- 胡萝卜素、*β*- 胡萝卜素、叶黄素和玉米黄质的所有转化形式（Hu，2008）。

通过利用高压液相色谱技术及红外图谱（IR）、核磁共振谱（NMR）、质谱（MS）、紫外光图谱（UV）等现代测试手段，对盐藻中的类胡萝卜素等色素及胡萝卜素异构体进行分析与鉴定。结果表明，吉兰泰盐藻中含有 11 种类胡萝卜素，其中 *β*- 胡萝卜素包含 7- 顺式、9- 顺式、15- 顺式、全反式等 4 种异构体（李淑清，2000）。

用高效液相色谱 - 紫外检测 - 大气压化学电离串联质谱法（HPLC-UV-APCI-MS）对三株具有不同分类地位的无毒藻类菌株盐藻、血红裸藻（*Euglena sanguinea*）和念珠菌株（*Nostoc strain*）的类胡萝卜素组成进行鉴定，并与标准品进行比较。采用开放柱层析法纯化类胡萝卜素，并用液相色谱 - 紫外检测 - 质谱联用法（LC-UV-MS）和核磁共振波谱法（NMR）对其进行了表征分析。

与文献数据相比，类胡萝卜素模式的组成有所不同。盐藻类胡萝卜素组分含有新黄质（6.2%）、紫黄质（11.5%）、*β*- 胡萝卜素（13.1%）、叶黄素（52.1%）。念珠菌株的主要类胡萝卜素是棘果烯酮（34.9%），裸藻的主要成分是双黄素（39%）、叶黄素（23.7%）、一种未鉴定类胡萝卜素（9.6%）和 *β*- 胡萝卜素（5.4%）。表明这些藻类在类胡萝卜素生产中的潜力，以及可能作为食品添加剂的用途（Deli，2014）。

三、盐藻胡萝卜素的测定方法

（一）液相色谱法

以甲醇 - 丙酮为流动相，建立盐藻 *β*- 胡萝卜素高效液相色谱仪 - 连接阵列检测器（HPLC-DAD）检测方法。结果显示，以 95% 的乙醇作为有机溶剂时，其提取效果最好。此外，对盐藻粉进行皂化可以提高胡萝卜素的获得率。皂化的最佳工艺参数是：皂化时间 2h、皂化温度 25℃、KOH 甲醇溶液质量浓度 0.1g/mL，最终盐藻 *β*- 胡萝卜素的得率为 0.428%（孙协军，2014）。同时，将液相色谱 - 紫外检测 - 质谱技术联用，建立起藻类样品中类胡萝卜素的快速定量和鉴定方法。可对目标色素进行定量和对未知化合物进行鉴定，提供同分异构体分离、紫外检测、准确的质量测量和碎片离子的研究。使用并行交替的低、高能碰撞光谱采集模式，提供精确的质量全扫描色谱和精确的质量高能色谱，展示如何在高能模式下通过识别关键诊断片段来确认类胡萝卜素物种。该方法成功应用于红色 LED 光照条件下的盐藻样品分析，鉴定了 19 种类胡萝卜素，并提供了 7 种目标化合物的定量分析。目标色素的检测范围限从 0.01ng/mL 的叶黄素到 0.24ng/mL 的叶绿素 a，运行间的精度范围为 3~24（*RSD*%），误差范围为 −17~11（Fu，2012）。

海藻中叶绿素测定有两种传统方法，一种是将 *β*- 胡萝卜素标准品用石油醚 - 异丙醇混合液稀释成系列浓度的标准品溶液，对所得的样品溶液进行液相色谱分析，从而得知样品中 *β*- 胡萝卜素含量。该方法结果准确，测试费用低，但耗时长，设备昂贵，操作烦琐。另一种则是分光光度计法，该方法缺点在于操作麻烦，技术性强，设备昂贵等。目前采用萃取法测定盐藻中 *β*- 胡萝卜素和叶绿素 a 含量，具有操作简便、耗时短、结果准确、费用低的优点，可一次完成多个样品的测定，有着更好的应用前景（王培磊，2015）。

（二）指纹图谱法

天然类胡萝卜素是活性代谢产物的一种来源，在人类和动物的食品营养和药品的不同领域中被利用。因盐藻的细微差异产生了类胡萝卜素巨大的生产差异，其准确鉴定至关重要。通过描述内含子大小可使每个胡萝卜素的生成物种快速和准确的鉴定，表明每个超级生产物种有一个独有的18S核糖体脱氧核糖核酸（rDNA）指纹图谱（Olmos-Soto，2012）。盐藻可产生超过10%干重的色素，并且该物种生长在盐饱和的泻湖中。绿色阶段的高可塑性和红色阶段几乎无法区分的差异使得物种和生态型的识别和区分非常困难且耗时。应用内含子大小测定方法来比较盐藻（CCAP 19/18）、巴氏杜氏藻（UTEX LB2538）和从盐藻中分离的β-胡萝卜素高产菌株之间的18S rDNA指纹。所有超生产菌株都达到了约10 pg/细胞的β-胡萝卜素水平。光学显微镜无法区分这些盐藻，但18S rDNA指纹识别法能够将盐藻和巴氏杜氏藻区分开（Olmos，2009）。

（三）荧光显微镜观察法

盐藻产生的类胡萝卜素主要储存在脂质小球中。为研究需要，如生产和提取动力学，在体内确定和/或定位类胡萝卜素小球是必要的。研究发现，富含类胡萝卜素的球状体发出清晰的绿色荧光，可用于荧光显微镜（如CLSM）获取细胞及其类胡萝卜素含量的图片（Kleinegris，2010）。

第二节　影响盐藻胡萝卜素产量的因素

盐藻是目前生产天然β-胡萝卜素最好的商品化微藻，其含量高达细胞干重的14%。此外，通过紫外线或化学诱变剂处理，也能获得用来生产八氢番茄红素、番茄红素、叶黄素和玉米黄素等其他类胡萝卜素的突变株。为使盐藻类胡萝卜素的商业开发顺利进行，分析了光照、温度、pH、营养、天敌等养殖条件对盐藻的生长和类胡萝卜素积累的影响；比较大型开放池、循环池、回旋池、级联池、大罐、异养发酵罐及封闭式光合反应器等养殖方式的利弊。同时，总结了培养液再循环、藻体采集、藻泥干燥及类胡萝卜素提取等藻体采收的有益经验（牟春琳，2010）。

一、盐度的影响

（一）不同盐度条件的影响

盐度可以影响盐藻细胞中β-胡萝卜素的含量。实验表明：盐藻的最适宜生长盐度大约为180~210g/L NaCl，其生长速度可达原对照组的3倍，而β-胡萝

卜素含量在 >270g/L NaCl 时达到最大值。实验结果还表明了较低的盐度对细胞蛋白质合成更加有利。盐藻在不同 NaCl 浓度（0.6~4.5mol/L）下处理 25d 后，在 1.5~3.0mol/L NaCl 条件下盐藻具有较好的抗氧化能力，生长潜力最大，类胡萝卜素浓度随着盐度的增加而增加，即使在 4.5mol/L NaCl 条件下也能存活。在超最佳盐度下，钠浓度显著增加，在 4.5mol/L NaCl 胁迫下可达到 5mmol/g（Farhat，2011；Hermawan，2018）。值得注意的是，盐藻对必需矿物质的吸收能力并没有因盐度的增加而减弱。

在不同盐度条件下，比较了盐藻（CONC-007）和巴氏杜氏藻（ATCC30861）总类胡萝卜素和 β- 胡萝卜素异构体数量和质量的积累。研究结果表明，在 116.88g NaCl 的处理下，两类盐藻单个细胞的类胡萝卜素含量均最高，随着盐度增加巴氏杜氏藻中的 β- 胡萝卜素比例增加（Gómez，2003）。研究发现 CONC-006 和 CONC-007 两藻株在 J/L 和 PES 不同的培养基中，盐度为 3×10^{-11} 时，β- 胡萝卜素含量最高。在第 10 天可达 2.312mg/L（Hermawan，2018）。根据生长和胡萝卜素生成数据，估算了生长速率、k（div/d）、单位时间内总类胡萝卜素内产率（/d）、单位时间内总类胡萝卜素最高水平、k（mg/L）和单位时间内总类胡萝卜素最高产量。得到 CONC-007 在 J/L 150g/L NaCl、PES 100~250g/L NaCl 和 CONC-006 在 J/L 50~200g/L NaCl 和 PES 50~100g/L NaCl 条件下，生长与胡萝卜素生成的整合效果最好（Cifuentes，1996）。在伊朗气候条件下培养了 3 株盐藻（I、G 和 A），在敞口池塘中比较 β- 胡萝卜素产量和特定生长速率：在第一阶段，细胞生长在含有 2mol/L NaCl 的营养充足的池塘培养基中以获得必要的生物量。在第二阶段，细胞在含 2.5mol/L NaCl 的营养缺乏的培养基上进行胁迫培养诱导 β- 胡萝卜素。发现藻株 I 在第一阶段的生长速率最高，而在第二阶段 3 个藻株的生长速率大致相同（Tafreshi，2006）。

另有研究表明，NaCl 的突然增加会降低盐藻的存活率和光合活性，NaCl 浓度从 80g/L 突然升高至 240g/L 时，盐藻可以通过积累 β- 胡萝卜素和甘油的量来适应生存环境。当盐度处于 240~320g/L NaCl 时会导致 PS Ⅱ受体侧损伤，可抑制光合电子传递（Qin，2021）。有研究对盐度突然增加对三个地理上不同的藻株的生长动力学和胡萝卜素生成进行了影响分析。结果表明，在 NaCl 胁迫下（特别是 100~20g/L 的 NaCl），叶黄素占总类胡萝卜素的比例降低，而玉米黄质增加。说明叶黄素的合成途径对盐或渗透胁迫更敏感，在更高的盐度下被抑制，从而导致β-胡萝卜素的形成（Michael，1990）。由此可见，盐藻细胞最大限度生长的条件与导致β-胡萝卜素在细胞中最大积累的条件是不同的。因此，盐藻大规模培养条件的建立需要优化生长条件，以便单位时间产生最大的β-胡萝卜素和培养量（王培磊，2009）。

（二）盐度＋温度的影响

取培养的盐藻溶液，置于不同温度和盐度中培养，光照强度10000lx（16h ∶ 8h=L ∶ D）。采用血球计数板进行细胞数目的测定，取两次样品的平均数。结果显示，不同盐浓度下β-胡萝卜素的积累各异，高盐浓度有利于盐藻β-胡萝卜素的积累。在小于300g/L的盐度范围内，盐度与胡萝卜素呈正相关。温度对藻类生长的影响遵循温氏法则，即温度每上升10℃，生物的反应大约增倍。在30℃时盐藻的最大生长速率是0.22/d（姜建国，1998）。

（三）盐度＋其他因素的影响

在1~3mol/L NaCl、pH 7.5~9.5条件下，盐藻生物量蛋白质在盐藻整个生长周期中呈现先增加后下降的趋势。在对数期达到最大值。而类胡萝卜素、叶绿素a和叶绿素b分别占藻体干重的0.5%、1.3%和0.5%。在2mol/L NaCl、pH=7.5时的蛋白质产量最高，可达43.5mg/（L · d），提高了16%~97%（Sui，2019）。盐藻细胞内含有抗氧化维生素，培养的盐藻在最佳光照强度200W下维生素含量分别为1.78%、0.7%和0.25%。在充足的氮和NaCl（100g/L）的培养条件下，提高NaCl浓度至300g/L和高光照强度（400W），维生素含量分别提高至6.43%、0.45%和0.95%。结果表明，高NaCl浓度、高光照强度和缺氮联合胁迫条件下，盐藻的抗氧化维生素积累量最大。β-胡萝卜素、维生素E和维生素C含量分别为13.14%、1.23%和2.5%（Baz，2002）。

二、光照及温度的影响

（一）光照的影响

1. 强光照的影响

为了提高盐藻的生产力，基于生长速率和细胞行为设计红蓝漂移波长系统。一个光生物反应器暴露在两个闪烁的红蓝LED面板上。在固定相开始时，应用波长漂移，红色LED被蓝色LED取代。最大β-胡萝卜素含量为10mg/g，比对照体系（红蓝光闪烁至生长结束）中的含量至少提高300%。说明强光条件下，显著提高了物种的生产力（Mirzaie，2021）。在最佳浓度下，结合高光照强度的MoS_2 NPs，可以同时提高微藻生物量和β-胡萝卜素产量（Luo，2021）。在恒定的光照条件下，当增加光照强度时，β- 胡萝卜素立即开始生产。诱导后的前 4h，细胞内 β- 胡萝卜素水平保持恒定。在这一初始阶段之后，β- 胡萝卜素产量继续增加，而细胞体积产量下降。光胁迫 2d 后，细胞内 β- 胡萝卜素浓度最高（Lamers，2010）。以巴氏杜氏藻和盐藻为实验对象，在不同 NaCl 胁迫和光照（紫外线和高光照强度）条件下进行培养。细胞生长的最适盐度是 2.0mol/L，高产 β- 胡萝卜素的最适盐度是 3.5mol/L。紫外线下诱导的藻株环境适应能力较强，β- 胡萝卜素含量较高。高光照强度［1080μmol/（L · m^2 · s）①］下诱导的杜氏藻 β- 胡萝卜素含量高；二步法培养的 β- 胡萝卜素含量比正常培养的提高 2 倍以上（康燕玉，2006）。

强光照条件可改变 β- 胡萝卜素产量。然而改变其他条件，如 pH、盐度和温度等可调整其色素的生产速率。在优化条件下［pH 7，盐度 37，温度 23℃，光周期 12h ：12h=L ：D，光照强度 200μmol/（L · m^2 · s）］，生长、生物量、叶绿素 a、叶绿素 b、总类胡萝卜素和 β- 胡萝卜素分别比正常条件提高 1.72、5.24、1.65、2.04、2.18、3.28 倍（Reshma，2021）。然而，有研究指出，在不同平均光照射条件下［1.5×10^{-8}（低）、2.7×10^{-8}（中）和 4.5×10^{-8}（高）μmol/cell］研究光照强度对盐藻中 β- 胡萝卜素发酵提取的影响。结果表明，光照射增加将提高盐藻细胞的 β- 胡萝卜素含量，而 β- 胡萝卜素含量的增加并不一定与 β- 胡萝卜素的体积生产量增加有关。三类光照射条件下的最终产量大致相同，但增加每个细胞的光输入会产生更高的体积提取率（Hejazi，2003）。

2. 空间诱变对盐藻胡萝卜素产量的影响

利用空间诱变盐藻 SZ-05 的生物学特性，与野生型盐藻相比，SZ-05 在细胞密度、β- 胡萝卜素、多糖、蛋白质和生物量积累等方面均有显著提高（蔡明星，2006）。正常培养条件下，SZ-05 最大生长密度为 1.006×10^7cell/mL。单细胞内 β- 胡萝卜素、胞内多糖、胞外多糖的积累量分别为 6.29pg、7.35pg 和 6.42pg。氯化钠胁迫条件下，单个细胞内 β- 胡萝卜素、胞内多糖的含量分别高达 8.36pg 和 25.35pg，生物量和蛋白质含量均有轻微下降的趋势。强光胁迫条件下，β- 胡萝卜素、胞内多糖的含量分别为 9.52pg/cell 和 16.32pg/cell，生物量和蛋白质含量明显下降（赵艳霞，2007）。

3. 光照 + 其他因素的影响

β- 胡萝卜素的大量积累从藻细胞进入对数生长后期开始，且光照强度是最

---

① 1μmol/（L·m^2·s）=500/9lx。

重要的影响因素之一。采收后的培养液去除藻细胞后回流，对盐藻的生长不利，但有利于β-胡萝卜素的积累，具有实际可行性。通过在高光胁迫研究的基础上，得出恒定光照条件下氮对盐藻生长特性、β-胡萝卜素和脂肪酸代谢的影响。氮素消耗后，由于细胞分裂速率的短暂增加、细胞膨胀和细胞密度的线性增加，在吸收光下的生物量大约增加了一倍。同时，β-胡萝卜素开始积累，细胞内最终浓度为14mg/（L · CV）[即2.7%的无灰干重（AFDW）]。β-胡萝卜素的产生占增加的细胞密度的6%，表明其他生化成分也在积累（Packo，2012）。有研究对两种杜氏藻（盐藻CCAP 19/18和巴氏杜氏藻）对光照的反应（Seunghye，2013），特别是对胡萝卜素生成的反应进行比较发现：两种菌株在低光照生长条件下生长动力学相似，但盐藻CCAP 19/18生长速度较快。随着光照强度的增加，CCAP 19/18细胞拉长，巴氏杜氏藻细胞变大。在高光照生长条件下，两种藻株的PS Ⅱ最大量子产率和电子转运率（ETR）均呈下降趋势，而CCAP 19/18对光胁迫的影响较小。两株藻株在低光照和高光照条件下，电子转运率分别相差1.8倍和5倍。β-胡萝卜素和玉米黄质产量均随光照强度的增加而增加。巴氏杜氏藻比CCAP 19/18对光照强度更敏感。不同的光质对类胡萝卜素代谢会产生不同的影响。通过红色发光LED光照，对盐藻生长速率和生物量影响的实验发现，主要类胡萝卜素的变化与叶绿素b含量的变化是平行的，而单独高水平的红光光子胁迫并不能上调类胡萝卜素的积累，这可能是由于严重的光损害。将红色LED（75%）与蓝色LED（25%）相结合，可以获得更高的总光子通量。蓝光替代红光使β-胡萝卜素和叶黄素积累增加，而长期重复胁迫（适应性实验室进化）使蓝、红光联合胁迫下盐藻的类胡萝卜素积累增加（Fu，2013）。由此说明，盐藻作为胡萝卜素生成来源有着广阔的应用前景。

此外，一些研究表明盐藻脂肪酸组成和胡萝卜素含量随光照[80、128、640、1000、1500μmol/（L · m^2 · s）]变化而不同。在1500μmol/（L · m^2 · s）下，每个细胞的脂肪酸含量最高，多不饱和脂肪酸百分比最低。油酸（18 : 1）含量与每个细胞的胡萝卜素含量和辐照度保持显著正相关（Yamaoka，1999）。

（二）温度的影响

1. 单因素温度的影响

类胡萝卜素α-胡萝卜素（β胡萝卜素，ε-胡萝卜素）也可以由这种藻类在特定的生长条件下合成并随后积累。刺激胡萝卜素合成的主要因素是温度。当温度从34℃降至17℃时，α-胡萝卜素水平增加了7.5倍，而β-胡萝卜素水平没有变化。α- 胡萝卜素的积累不受辐照度的影响，尽管其异构体组成因光照水平而发生很大变化。当辐照度从 260μmol/（L·m^2·s）降低至 50μmol/（L·m^2·s）时，9- 顺式 α- 胡萝卜素的比例从总 α- 胡萝卜素的 15% 增加至 45%。暴露在较高的辐射下对这种类胡萝卜素的异构体组成几乎没有影响。生长温度的降低不会影响 α- 胡萝卜素的异构体组成。营养状态（氮和磷）对盐藻积累的 α- 胡萝卜素的含量或异构体组成都没有影响（Orset，1999）。相似的结果表明（Mendoza，1996），从最适生长温度（30℃）降至次适生长温度（18℃）时，盐藻细胞中 β- 胡萝卜素的合成和脂质含量增加，从而促进叶绿体周围脂质胡萝卜素小球的形成。低温培养的细胞中多不饱和脂肪酸含量较高。由此得出，诱导胡萝卜素生成和多不饱和脂肪酸的积累是植物适应不利环境条件的机制。通过研究盐藻和绿色杜氏藻的生理反应，盐藻的最佳生长温度是 22℃，而绿色杜氏藻是 26℃。盐藻中类胡萝卜素含量随温度升高而增加。对温度变化的光合作用表明两种植物都进行了生理调整（García，2006）。

除温度的改变，盐藻中的类胡萝卜素和玉米黄质结合蛋白（Cbr）丰度对 PS Ⅱ “激发压力”的变化作出反应，在 13℃、150μmol/（L · m^2 · s）或 30℃、500μmol/（L · m^2 · s）条件下生长的盐藻可以积累类似水平的类胡萝卜素和玉米黄质结合蛋白，而不是对高光本身作出反应（Kró，1997）。

2. 温度和其他影响因素联合的影响

通过正交实验研究了光照、温度和营养盐对 3 株盐藻株系（BJ、OUC38 和 OUC8）生长和色素积累的影响。结果表明盐藻生长的最适光照和温度分别是 145.3μmol/（L · m^2 · s）和 23℃；适于 β- 胡萝卜素积累的光照和温度分别是 218.2μmol/（L · m^2 · s）和 23℃；适于生长的营养盐条件是 $NaNO_3$ 0.4mmol/L、尿素 0.6mmol/L 和 $NaHCO_3$ 18mmol/L。而当 $NaNO_3$、尿素和 $NaHCO_3$ 浓度分别为 0、0.2、18mmol/L 时，有利于 β- 胡萝卜素的积累。高光照、低温有利于盐藻细胞 β- 胡萝卜素的积累。在 218.2 μmol/（L · m^2 · s）光照强度和 15℃ 条件下，藻细胞 β- 胡萝卜素积累平均值可分别达 10.39、12.46pg/cell。3 个株系中 OUC38 积累 β- 胡萝卜素的能力高于另外 2 株，但差异不显著（张学成，2006）。

三、培养基及添加成分的影响

（一）培养基的影响

分别在自然培养基和人工培养基上进行对照实验，测定巴氏杜氏藻和盐藻两种藻类中甘油和β-胡萝卜素的含量。在天然培养基和合成培养基中，巴氏杜氏藻的胡萝卜素含量分别从80.15、75.55mg/L提高到109.45、103.84mg/L。在天然培养基和合成培养基中，盐藻的胡萝卜素浓度分别从4.27、2.78mg/L增加至6.3、4.47mg/L。在光照强度2.25×10^4lx、温度（34±1）℃条件下，人工合成培养基和天然培养基中生长的盐藻分别从59.33mg/L增加至80.67mg/L和88.67mg/L。天然培养基中生长的巴氏杜氏藻从114.33mg/L增加至131.33mg/L和146.33mg/L。对于氮，它在人工培养基中使用的浓度降低了标准培养基中报道的值的十分之一，而胡萝卜素的生产没有任何改变。这种改变对胡萝卜素的大规模生产具有重要意义，可降低生产成本（Ola，2012）。

在封闭光生物反应器中配制一种盐藻的培养基，该培养基含有0.3~0.5g的$NaNO_3$、0.01~0.025g的KH_2PO_4、1mL的Fe-EDTA母液、1mL的微量元素母液和1mL的维生素母液。然后筛选一批培养至指数生长期的盐藻株接种到上述培养基中，接种量5%~15%；最后进行培养，控制温度23~25℃、光照强度2000~3000lx、光照时间12h ：12h交替培养15~20d得到培养物。在此条件下培育出的盐藻β-胡萝卜素的含量提高到14.45%以上（李悦明，2015；罗光宏，2019）。每天收集1/7.5体积的海藻培养物，可以保持细胞生物量和β-胡萝卜素积累之间的平衡。该方法可减少投入成本，且产生细胞生物量和β-胡萝卜素的收益率提高（Hui，2008）。

（二）培养基老化的影响

有研究分析了培养密度和培养液“老化”对盐藻生长和β-胡萝卜素积累的影响。结果表明，盐藻的细胞增长率在接种后的第2天达到高峰，然后逐渐下降。而β-胡萝卜素的日积累量在接种后逐渐增加，在第7天达到高峰，然后下降。这一现象与在培养过程中细胞密度上升而使每个细胞所接收的光照强度下降以及培养液的“老化”有关（杨雪梅，1996）。

盐藻通常采用开放式跑道水泥池并使用f/2培养液配方培养，有生长慢、易污染、产量低、β-胡萝卜素含量低、品质差、效益低等缺点。为了克服传统培养方法缺点，可采用光照培养箱培养并在培养液中添加硝酸铵、尿素、磷酸二氢钾、碳酸氢钠、柠檬酸铁、维生素B_1、维生素B_{12}、植物生长刺激素等营养成分。在培养的后期补充营养盐并提高光照强度和温度，促进藻细胞持续生长并胁迫β-胡萝卜素积累（王培磊，2015）。分离微藻生物量后，将盐藻胡萝卜素形成作用培养基重复利用进行了评价。该废水的氯化钠浓度在174g

DM^{-3} 和 254g DM^{-3} 之间，平均有机物浓度为 1540mg DM^{-3} 无灰干重，其中 410g/L 为甘油。孵育 8d 后，单独添加 NH_4^+ 可去除 79% 的甘油，而不添加时仅去除 59%。离子的联合添加（[NaCl] = 214 g DM^{-3}，[Mg^{2+}] =114mg DM^{-3}，[K^+] = 131mg DM^{-3}，[NH_4^+] =113mg DM^{-3}，[PO_4^{3}] =40mg DM^{-3}）提高了废水中甘油的去除率。因此在培养 2d 后，培养物中没有明显的甘油残留。这种处理过的废水应该适合作为从盐藻中生产 β- 胡萝卜素的类胡萝卜素生成培养基进行再利用（Santos，2001）。

（三）培养基添加成分的影响

1. 外源成分的添加

将盐藻在接种了芽孢杆菌的培养基中进行培养，盐藻的生长速率、生物量及 β- 胡萝卜素积累量均得到显著提高。例如，生长速率可达 4.135×10^5/d，生物量可达 846.88mg/L，β- 胡萝卜素积累量可达 125.4mg/L。该培养基对盐藻和 β- 胡萝卜素产业的跨越式发展起到重要的推动作用，应用前景广阔（吕和鑫，2015）。在培养基中加入浓度为 0.06g/L 的硼砂时，类胡萝卜素的积累量高达 304.4mg/L。而硼砂添加量为 0g/L 时，盐藻类胡萝卜素的积累量只有 93.3mg/L，证明添加硼砂对盐藻积累类胡萝卜素有明显的促进作用（郑维发，2010）。

低浓度下青蒿提取物对盐藻的生长和 β- 胡萝卜素积累具有促进作用。青蒿秸醇提物浓度为 100mg/L 和 150mg/L 时均能促进盐藻细胞生长和 β- 胡萝卜素的积累。浓度为 221mg/L 时，不仅能促进盐藻生长，并增加盐藻胞内 β- 胡萝卜素的含量（杜彩华，2007）。还可调整细胞色素 C 的含量来培养盐藻。当细胞色素 C 为 2μmol/L 时，盐藻细胞密度达到最大值；当细胞色素 C 浓度为 1μmol/L 时盐藻积累 β- 胡萝卜素最多（王婷，2015）。

为了解 2，4-D 和植物激素——乙烯利对盐藻生物量和物质积累的影响，采用向对数生长期的盐藻中分别添加浓度为 0.01、0.05、0.1、0.5、1、5、10、25、50mg/L 植物激素 2，4-D 和乙烯利的方法对其进行诱导培养。周期性收集藻细胞，对各阶段藻细胞中细胞密度、β- 胡萝卜素、叶绿素、总可溶性蛋白质含量进行检测和比较。结果显示，在 1 个月的诱导期内，分别用 0.1mg/L 2，4-D 和 0.05mg/L 乙烯利处理，不但能显著加快藻细胞的分裂速度，而且比对照组的生物量分别提高了 22% 和 27.8%。β- 胡萝卜素的产量增加了 7.8%，但该处理的叶绿素含量、总可溶性蛋白质含量与其他处理组及对照组都没有明显的区别（孟春晓，2010；高政权，2010）。

乙酸对于两种杜氏藻（盐藻和巴氏杜氏藻）的生长、β- 胡萝卜素积累、叶绿素 a 合成、脂肪酸组成和蛋白质含量有明显影响。对于盐藻，乙酸可明显促进生长。细胞密度最大值为 120×10^4 cell/mL（pH ≤ 8.5），β- 胡萝卜素最大值为 10^2mg/g（pH ≤ 8.0），叶绿素 a 含量达到 10^4mg/g（pH ≤ 8.5），与对照组相比均有显著差异（王培磊，2005）。

2. 培养基成分的优化与改良

（1）细胞脱落酸的影响　研究耐盐绿藻、盐藻和巴氏杜氏藻在盐胁迫下细胞脱落酸（abscisic acid，ABA）的产生与β- 胡萝卜素积累的相互关系。向细胞提供 R-［2-^{14}C］甲戊内酯或［^{14}C］碳酸氢钠 20h，然后暴露于盐度增加（1.5~3.0mol/L NaCl）不同时间长度的环境中。检测脱落酸和菜豆酸中标签的掺入和［^{14}C］ABA 在细胞和培养液中的分布。［^{14}C］ABA 和［^{14}C］菜豆酸被鉴定为 R-［2-^{14}C］甲戊内酯和［^{14}C］碳酸氢钠代谢的产物。高盐胁迫促进了 ABA 的代谢。放线菌素 D、氯霉素和环己酰亚胺消除了应激诱导 ABA 的产生，表明在这个过程中有基因激活的作用。ABA 和β- 胡萝卜素产生的动力学分析表明，β- 胡萝卜素的产生有两个加速阶段。此外，ABA 水平迅速增加，与β- 胡萝卜素生产加速的早期相一致。因此，ABA 可能作为盐藻细胞中胡萝卜素生成的调节因子（Cowan，1991）。

（2）外源甲基茉莉酸甲酯的影响　外源甲基茉莉酸（MeJA）对盐藻细胞β- 胡萝卜素含量、叶绿素含量、POD 活性和 SOD 的影响研究结果表明，当外源 MeJA 浓度为 0~100μmol/L 时，随着 MeJA 浓度的升高，β- 胡萝卜素和叶绿素含量呈上升趋势。当 MeJA 浓度为 100μmol/L 时，盐藻β- 胡萝卜素和叶绿素含量最高。当 MeJA 处理浓度大于 100μmol/L 时，盐藻β- 胡萝卜素和叶绿素含量逐渐降低。生理生化结果分析表明，外源 MeJA 处理可提高盐藻 POD 和 SOD 活性，随着 MeJA 浓度的增加，SOD 活性呈逐渐上升的趋势。POD 活性呈先上升后下降的趋势，与β- 胡萝卜素含量、叶绿素含量的变化趋势基本一致。说明外源 MeJA 处理可诱导盐藻β- 胡萝卜素积累，这可能与叶绿素含量、POD 和 SOD 活性有关（章丽，2013）。用 10μmol/L MeJA 和 70~250μmol/L 植物激素水杨酸（SA）处理，发现盐藻的类胡萝卜素总量显著增加（Ahmed，2015）。用盐藻的β- 胡萝卜素产量来评估微藻的收获方法。可通过离心、电解絮凝、添加硫酸铝（明矾）、三氯化铁或通过 NaOH 提高 pH 作为第一步的收获方法。采收方式可对整个工艺系统相互连接单元产生影响。NaOH 絮凝收获的样品对分离培养基的可重复使用性和β-胡萝卜素提取效率产生负面影响。盐藻离心不絮凝的情况被认为是最经济有效的收获方法（Pirwitz，2015）。

（3）葡萄糖等添加物的影响　测定不同混合营养条件下培养的盐藻的脂肪酸组成、油脂和β-胡萝卜素产量。混合营养栽培对脂肪酸组成略有影响，确定C16 ：0与C18 ：0、C18 ：1、C18 ：2和C18 ：3为主要脂肪酸。在NaCl含量为50g/L时，干重生物量（DWB）中脂类达到24.3%的高点。脂类中亚麻酸在含有葡萄糖和等量酵母膏、豆粉的培养基中NaCl含量为150g/L时，达到9.15%的峰值。采用单因素实验对β-胡萝卜素产量有显著影响的底物进行鉴定。葡萄糖、肉蛋白胨、二氧化钛纳米颗粒（TiO_2 NPs）、pH 7.5和50g/L NaCl是影响β-胡萝卜素产量的关键工艺参数。随后，采用响应面法优化葡萄糖、肉蛋白胨和TiO_2 NPs的浓度。在22.92mol/L葡萄糖、5mol/L肉蛋白胨和0.002mol/L TiO_2 NPs组成的培养基中，β-胡萝卜素含量最高，达25.23mg/g DWB（Gonabadi，2021）。盐藻由于具有较高的类胡萝卜素产量，其细胞ROS水平与β-胡萝卜素含量呈显著正相关。对添加H_2O_2培养的细胞进行转录组学分析，发现参与β-胡萝卜素代谢的主要差异表达基因上调，而参与光合作用的基因下调。因而，ROS通过参与光合作用和β-胡萝卜素生物合成的微调基因诱导盐藻体内β-胡萝卜素的积累。PS Ⅱ最大量子效率（Fv/Fm）与胁迫条件下β-胡萝卜素含量呈负相关。在胁迫条件下，ROS的增加与抑制盐藻PS Ⅱ的Fv/Fm有关（Xi，2021）。有研究发现葡萄糖抑制了盐藻光合作用，代谢受阻，但未影响β-胡萝卜素生物合成相关通路及关键基因（朱帅旗，2015）。

（4）肌醇和海藻糖的影响　肌醇（MI）可提高盐藻的生物量生产，但潜在机制尚不清楚。研究表明，外源性MI的浓度逐渐降低，并在培养第4天达到恒定水平。MI提高了总有色类胡萝卜素的含量和PS Ⅱ的活性。多变量统计分析显示，加入外源性MI后，代谢谱发生了显著变化。根据不同样品中的相对水平，代谢物可分为四组。外源性MI增加了大多数检测到的糖、氨基酸以及总不饱和脂肪酸的水平。根据生理和代谢分析，提出了一个假设的生长促进模型，即MI通过增加关键代谢物的水平并可能增强光合作用来促进盐藻TG的生长（Lv，2020）。在铜胁迫下，海藻糖对盐藻生长和色素积累产生明显的影响。在50~250g/L的海藻糖浓度范围内，150g/L的浓度有利于盐藻的生长和分裂，最大细胞密度为4.50×10^5cell/mL，对照组仅为3.53×10^5cell/mL。海藻糖浓度为150g/L时，β-胡萝卜素含量最高，为78.3mg/g，对照组仅为56.70mg/g；海藻糖浓度为 100g/L 时，叶绿素 a 的含量最高，为 24.19mg/g。海藻糖可降低铜胁迫对盐藻生长的影响（姚晓彤，2013）。

四、营养盐及营养元素的影响

（一）营养盐的影响

1. $NaHCO_3$ 的影响

为评估藻类生物技术在泰国东北部取代传统农业的潜力，开发了一种开放式滚道培养系统来生产盐藻生物量和 β- 胡萝卜素。从当地盐渍土中分离得到盐藻株，采用改良的 Johnson 培养基（含 2~3.5mol/L NaCl）培养。藻类在第 4 天达到最大细胞密度。将 KNO_3 和 $NaHCO_3$ 分别增加，显著提高了生物量和 β- 胡萝卜素的产量。该菌株适合户外养殖，泰国东北部发展藻类产业可产生较高的经济效益（每年至少 64120 美元 /1600m^2）（Wu，2017）。$NaHCO_3$（0~200mmol/L）对盐藻和巴氏杜氏藻产 β- 胡萝卜素和油脂含量均有一定的影响。碳酸氢盐的最佳浓度为 100~150mmol/L，对盐藻 β- 胡萝卜素的产生有积极的促进作用。盐藻用 $NaHCO_3$ 进行培养，培养物中 β- 胡萝卜素含量相比较于正常培养增加了 2 倍。通过 GC-MS 分析发现，使用一定浓度的 $NaHCO_3$ 培养的盐藻中的饱和脂肪酸（十四烷酸、10，13- 二乙基、甲酯和 16- 甲基庚酸甲酯）相对于多不饱和脂肪酸的相对百分含量有所提高（Srinivasan，2015）。碳酸氢盐具有成本效益和操作简便等优点，被认为是微藻细胞微环境中较好的 CO_2 供应途径。以碳酸氢盐为碳源，优化培养条件，包括 $NaHCO_3$、Ca^{2+}、Mg^{2+} 和微量元素浓度。在优化条件下，β- 胡萝卜素产率为 32.0mg/L，最大生物量为 0.71g/L，β- 胡萝卜素含量为 4.76%，远远高于之前以 $NaHCO_3$ 为碳源的研究，为大量生产 β- 胡萝卜素提供了参考（Xi，2020）。

2. $NaNO_3$ 影响

研究 $NaNO_3$ 对盐藻和巴氏杜氏藻生长速度、色素积累的影响和 $NaNO_3$ 的吸收规律。结果表明：$NaNO_3$ 浓度为 1.5mmol/L 时，盐藻生长最快，最高密度 7.64×10^5cell/mL；对照组为 1.63×10^5cell/mL；低氮有利于盐藻 β- 胡萝卜素积累，β- 胡萝卜素最大值 10^5mg/g 出现在 0.5mmol/L $NaNO_3$ 样中，对照组为 45mg/g；较高的 $NaNO_3$ 有利于叶绿素 a 的合成；藻液 pH 开始 3~5d 急剧上升，后在波动中下降。对巴氏杜氏藻来说，$NaNO_3$ 浓度为 2.5mmol/L 时生长最快，细胞最高密度为 295×10^4cell/mL，对照组为 15×10^4cell/mL；在实验范围内，$NaNO_3$ 浓度越高，β- 胡萝卜素含量越高，β- 胡萝卜素最大值为 37.5mg/g，叶绿素最大值为 65mg/g；建立了两种杜氏藻对 $NaNO_3$ 利用的动力学方程（王培磊，2006；2012）。也有研究表明，12mmol/L 的 $NaHCO_3$ 对盐藻的生长最合适，β- 胡萝卜素含量随 $NaHCO_3$ 浓度的升高而增加，叶绿素 a 最大含量 135mg/g 也出现在 15mmol/L 组。建立了 $NaHCO_3$ 吸收的动力学方程；较高的 $NaHCO_3$ 有利于细胞蛋白质的合成（刘明河，2006）。

3. 不同氮源的影响

三种氮源（$NaNO_3$、NH_4Cl、NH_4NO_3）对盐藻生长、色素积累、以及 3 种氮源吸收的规律显示，NH_4NO_3 对促进盐藻细胞生长、β- 胡萝卜素积累、叶绿素 a 合成效果最好，细胞最高密度为 1.36×10^6cell/mL。β- 胡萝卜素含量最大值为 137mg/g。NO_3^- 和 NH_4^+ 共同存在时，优先利用 NH_4^+（王培磊，2007a）。而 3 种氮源（$NaNO_3$、尿素、NH_4NO_3/ 尿素复合肥）对盐藻（OUN07）生长、细胞生化组成的影响。实验结果显示 0.75mmol/L 尿素最适 OUN07 生长，最大细胞密度为 1.05×10^6cell/mL，对照组仅为 5.9×10^5cell/mL。0.125/0.125mmol/L NH_4NO_3/ 尿素复合肥使其 β- 胡萝卜素的含量最高 110.6mg/g，较低的氮盐有利于 β- 胡萝卜素的积累。1.0mmol/L 尿素培养则使叶绿素 a 含量最高 48.5mg/g，较高的氮盐有利于叶绿素 a 的合成。OUN07 脂肪酸主要由 16 ∶ 0、18 ∶ 1 和 18 ∶ 2ω-6 组成，其中 0.75mmol/L 尿素组脂肪酸含量最高。氮源对 OUN07 蛋白含量也有显著影响，NH_4NO_3/ 尿素组蛋白含量最高 33.61%（王培磊，2007b）。盐藻培养在含碘酸钾的培养液中 10d，分别测定体内黄酮、β- 胡萝卜素和维生素 E 含量的变化及提取物清除 O^{2-} 和—OH 自由基能力的变化。结果显示，4.0g/L 的碘酸钾使盐藻的黄酮含量增幅最大，为对照的 126.3%。0.4g/L 的碘酸钾使盐藻的 β- 胡萝卜素和维生素 E 含量增幅最大，分别为对照的 121.6% 和 126.7%。不同浓度的碘酸钾处理后，盐藻提取物清除 O^{2-} 和—OH 自由基的能力有不同程度的增加，其中增幅最大的碘酸钾浓度仍是 0.4g/L 和 4.0g/L。因此，碘酸钾处理可以增加盐藻中黄酮、β- 胡萝卜素和维生素 E 的含量，增加其提取物清除 O^{2-} 和—OH 自由基的能力（徐仰仓，2012）。

在盐藻生长至对数期后，高浓度的氮源、磷源对 β- 胡萝卜素的积累起抑制作用。盐藻 β- 胡萝卜素的积累不受铁源影响，培养基中 $NaNO_3$、KH_2PO_4 和 $FeC_6H_5O_7$ 的浓度对 β- 胡萝卜素积累起促进作用的最优组合为 0.6200、0.0256、0.0010g/L（王婷，2014）。为了解硝酸盐和磷酸盐对盐藻中 β- 胡萝卜素异构体积累的影响，以 Alox-T 氧化铝柱为色谱柱，采用高效液相色谱法对不同硝酸盐和磷酸盐浓度的盐渍土中提取的 *β*- 胡萝卜素异构体进行了分析，至少发现了六种不同比例的异构体。硝酸盐和 / 或磷酸盐的缺乏有利于顺式异构体的积累，但不利于反式异构体的积累。实验得出，1mmol/L KNO_3 和 0.1mmol/L $KHPO_4$ 有利于 *β*- 胡萝卜素总顺式积累（Herrmann，1996）。

4. 锰硼铜钼营养盐的影响

比较杜氏藻（*D. tertiolecta*）和盐藻对高浓度氯化铜（$CuCl_2$）的反应。结果显示两种藻类细胞数量均有所下降，盐藻受 $CuCl_2$ 增加的影响更大，说明盐藻对 $CuCl_2$ 的敏感性较高。两种藻类微细胞中类胡萝卜素均随着 $CuCl_2$ 浓度的增加而增加。在不同 $CuCl_2$ 浓度下，盐藻类胡萝卜素的含量均增加 5 倍多（Nikookar，2005）。在实验的 9 种锰硼浓度组合中，培养液中 4mg/L 的锰和 4mg/L 的硼浓度组合可使盐藻细胞密度、蛋白质积累量和 *β*- 胡萝卜素积累量均达到最高；锰硼浓度过高或过低则都是相对不利的（龚一富，2012）。

二硫化钼纳米颗粒（MoS_2 NPs）对海洋微藻具有“掺杂”效应，添加 50μg/L MoS_2 NPs 后，生长刺激为 193.55%，叶绿素含量增加 1.61 倍，细胞生长和生物量产生分别比对照提高了 1.47 倍和 1.33 倍。此外，MoS_2 NPs 显著提高了蛋白质和碳水化合物的含量，分别提高了 2.03 倍和 1.56 倍。通过激活抗氧化系统，消除 ROS 的不利影响，转录组学分析发现，MoS_2 NPs 暴露后，参与卟啉合成、糖酵解 / 糖异生、三羧酸循环和 DNA 复制的基因上调，支持了 MoS_2 NPs 改善细胞生长和光合作用的机制作用。对海洋藻类的“掺杂”效应表明，低浓度的 MoS_2 NPs 可能改变海洋中的残基生态成分（Luo，2021）。

5. 其他盐类

研究分析了 Mg^{2+}、NaCl 和柠檬酸对盐藻 *β*- 胡萝卜素积累的影响。结果表明，10.5mmol/L Mg^{2+}、5mol/L NaCl、3μmol/L 柠檬酸和 CO_2 有利于盐藻细胞生长和 *β*- 胡萝卜素积累。在上述条件下培养 144h 后，盐藻生物量增加了 7.18 倍；*β*- 胡萝卜素达到 9.61%（Jin H，1998）。

（二）营养元素的影响

1. 锰、锌、铁和氮元素的影响

盐藻体内 *β*- 胡萝卜素的积累受多种因素的影响，其中以微量元素最为重要。对盐藻生物量和 *β*- 胡萝卜素产量来说，磷、镁、氮、锌、铁等元素最佳添加量分别为 9.1mg/L、100mg/L、82mg/L、28.8μg/L、1.12mg/L 和 3.6mg/L、40mg/L、132mg/L、12μg/L、0.21mg/L（伊力哈木 · 乃扎木，2007）。此外，高光照与氮素消耗相结合的条件最大程度上增加了类胡萝卜素的产生，诱导了 Fe-SOD 并保留了特定的 Mn-SOD 的异型。从培养基中去除微量元素锰、锌、铁和氮，在第 5 天增强了类胡萝卜素的产生，而从生长培养基中去除氮和锰，在所有时间点都显著影响类胡萝卜素的产生，SOD 的不同响应影响了类胡萝卜素生物合成水平（Saha，2013）。氮素消耗后，由于细胞分裂速率的短暂增加、细胞膨胀和细胞密度的线性增加，在吸收光下的生物量大约增加了一倍。同时，β- 胡萝卜素开始积累至细胞内最终浓度为 14 mg/（L · CV）（即 2.7% 的 AFDW）。β- 胡萝卜素的产生占增加的细胞密度的 6%，表明其他生化成分也在积累。在氮缺乏过程中，细胞内总脂肪酸的浓度没有明显变化，这表明 β- 胡萝卜素和总脂肪酸积累没有关系，这与之前在高光处理细胞中发现的情况相似。然而，在强光和氮胁迫下，β- 胡萝卜素积累与总脂肪酸库的不饱和程度呈负相关，个体脂肪酸内与油酸的生物合成呈正相关（Packo，2012）。Fe^{2+} 和 Mn^{2+} 对 PS Ⅱ 氧化胁迫下 β- 胡萝卜素产量的影响表明，当 Fe^{2+} 为 0.3×10^{-6}mg/kg 时，β- 胡萝卜素产量最大（13.08μg/g）；当 Mn^{2+} 浓度为 0.8×10^{-6}mg/kg 时，β- 胡萝卜素浓度最高为 8.08μg/g（Raya，2013；2018）。

2. 有机碘及其他元素的影响

碘是合成甲状腺所必需的原料，对促进儿童的肌肉生长和智力发展至关重要。目前研究认为，海藻碘可以同时向人体提供无机碘和有机碘，具有比普通碘盐更稳定、更易于人体吸收的优势。为了进一步开发保健品、食品和添加剂等提供理论依据。以盐藻为研究材料，研究其富集碘的规律，首先向初始接种量相同的两组盐藻培养液中分别加入不同剂量的 KI 和 KIO_3，质量浓度为 0、500、1000、3000、5000mg/L。培养温度 25℃、光照强度 3500lx 的持续光照条件下，每天定时摇动 3 次，培养 21d。每隔 2d 测定盐藻中叶绿素、β- 胡萝卜素及可溶性蛋白质含量，跟踪观察其生长变化情况。然后选取能使盐藻生长较好的 KIO_3 含量和对照组进行扩增培养 30d，收集后用溴水氧化法测总碘含量。结果表明，在培养液中添加不同浓度的 KI，前 4d 低浓度（0~3000mg/L）对盐藻的生长有一定的促进作用，叶绿素 a 和 β- 胡萝卜素含量均高于对照组。而超过 5000mg/L 时，盐藻的生长状况要比对照差，且持续降低。培养的第 5 天开始，所有不同浓度 KI 的盐藻均出现不同程度藻体变白现象。表明盐藻对 KI 耐受性差，不利于盐藻正常生长。在培养液中添加不同浓度的 KIO_3 后，叶绿素 a 和 β- 胡萝卜素含量均高于对照组，其中 500mg/L 组的最高。在此浓度下培养到21d时，叶绿素a含量（8.94mg/L）约为对照组（5.72mg/L）的1.56倍，β-胡萝卜素含量（9.08mg/L）约为对照组（6.12mg/L）的1.48倍；测定可溶性蛋白质含量时发现16d前KIO_3处理组高于对照，且随着添加KIO_3量增加而增大，到21d时与对照组区别不大，但仍高于对照组。测定藻的干重时发现KIO_3处理组也明显高于对照组。表明KIO_3不但促进了盐藻的生长，还提高了叶绿素a、β-胡萝卜素及可溶性蛋白质的含量。检测藻体中碘含量的变化，发现500mg/L KIO_3处理后，藻细胞中的总碘含量为187.59μg/g，而对照组的为57.32μg/g。最终得出：盐藻对KI的耐受度较低。培养时间超过4d即可导致细胞死亡。KIO_3能促进盐藻的生长，提高了藻体内叶绿素a、β-胡萝卜素及可溶性蛋白质的含量，同时，在含KIO_3的培养液中盐藻也能大量富集碘（洪利亚，2011）。

此外，通过改变盐藻的养殖条件达到促进其生长、增加β-胡萝卜素和有机碘的积累量的效果，获得一种积累盐藻中有机碘的养殖方法。最终获得盐藻生物量、β-胡萝卜素积累量均为常规培养的1.5倍以上，藻体有机碘含量达到110.6mg/kg干重。缩短了盐藻养殖时间，养殖条件易于控制，生产成本低，产品附加值高。在整个养殖过程中添加的物质符合国家规定，产品安全可靠，可应用于食品和医药行业。

3. 碳源、氮源、磷源的影响

对于盐藻细胞生长来说，碳源的影响最大，然后是氮源及磷源，最适的碳、氮、磷浓度分别为15、2.0、0.2mmol/L。而盐藻细胞积累β-胡萝卜素最主要受氮源的影响，其次是受磷源及碳源的影响。最适的碳、氮、磷浓度分别为15、1.0、0.1mmol/L。在添加型、分次添加型、不完全更换型及完全更换型四种培养方式中，完全更换型培养方式有利于β-胡萝卜素的积累。另外，在盐藻生长后期10d，加入少量$NaHCO_3$浓溶液可促进盐藻生长和β-胡萝卜素的积累。且随着$NaHCO_3$补给量的增加，培养液内的盐藻浓度持续增加。当补给量达到10mmol/L时，单个藻细胞内的β-胡萝卜素含量最高，达对照的1.43倍。在盐藻光异养培养中添加不同浓度的Fe^{2+}和有机碳源对盐藻生长和β-胡萝卜素合成的影响。在67.5mmol/L的乙酸盐和450μmol/L的硫酸亚铁溶液中，细胞β-胡萝卜素含量显著增加。在67.5mmol/L的丙二酸盐和450μmol/L的硫酸亚铁溶液中，最大值为33pg/cell。为了比较，应用了著名的硝酸盐饥饿理论，得到了35pg/cell的β-胡萝卜素。通过诱导氧化应激，Fe^{2+}刺激β-胡萝卜素的合成，特别是在碳源存在的情况下。而且对于一定浓度的 Fe^{2+} 和有机碳源，与硝酸盐饥饿相比，细胞分裂中的损失减少（Mojaat，2007）。

五、辐射及超声波的影响

（一）紫外线辐射

通过研究紫外线（UV）对盐藻的生理生化和 β- 胡萝卜素积累的影响，发现适量的紫外线照射除了可以使细胞核酸发生变异，还可以通过增加细胞内自由基浓度来加速盐藻细胞的衰老，而这种衰老能够促使 β- 胡萝卜素含量增加。另外紫外线照射还可以使盐藻细胞蛋白质含量升高，SOD、POD 活性增强。与 30、40min 的中度紫外照射相比，10、20min 的短时间照射和 50、60min 的长时间照射所引起的变异负效应较大，对盐藻细胞破坏也较大。特别是长时间照射，可引起细胞膜系统的严重破坏。那么，根据紫外线对盐藻 β- 胡萝卜素积累的影响，可以通过紫外线诱变来筛选高产 β- 胡萝卜素品系，实验证明，这种方法是行之有效的（王慧谧，1997）。

用紫外线对盐藻进行辐照处理，在 60s 的紫外辐照范围内，随着照射时间的延长，盐藻藻株的存活率显著下降。加入小鱼汤后，可部分逆转 UV 对盐藻生长的影响。同时，紫外强光辐射可以增加盐藻 β- 胡萝卜素的积累，且 β- 胡萝卜素含量提高的幅度及持续的时间显著受紫外辐照剂量影响（吕芳芳，2008）。以两种杜氏藻即巴氏杜氏藻和盐藻为实验材料，在不同 NaCl 胁迫和光照（紫外线和高光照强度）下进行培养。细胞生长的最适盐度是 2.0mol/L，高产 β- 胡萝卜素的最适盐度是 3.5mol/L；紫外线下诱导的藻株环境适应能力较强，β- 胡萝卜素含量较高。高光照强度［1080μmol/（L · m^2 · s）］下诱导的盐藻 β- 胡萝卜素含量高；二步法培养的 β- 胡萝卜素含量比正常培养的提高 2 倍以上（康燕玉，2006）。小剂量的外施短波紫外线辐射，快速诱导盐藻中不饱和脂肪酸和类胡萝卜素的生物合成。在 50mJ/cm^2 的短波紫外线辐射下，盐藻 24h 总类胡萝卜素和 β- 胡萝卜素含量增加了一倍，并且盐藻的藻细胞在 15h 内沉淀（Alishahi，2015）。

高辐照度可能是盐藻大量积累 β- 胡萝卜素的最重要因素。在最佳面积密度下进行室外培养应能产生最大的生产力。除了光和营养胁迫，一个极其重要的方面是细胞在池塘中的停留时间。较长的停留时间导致更大的细胞发育，含有更多的 β- 胡萝卜素。生物量和 β- 胡萝卜素产量在密度为 35~45g/m^2 时比密度为 15~25g/m^2 时高约 70%（Johan，1995）。通过增加光照强度和光周期能够抑制盐藻的生长，可使每个细胞的叶绿素含量降低，β- 胡萝卜素含量增加。β- 胡萝卜素与叶绿素的比值从每克 0.4g 增加到 13g，藻类的视觉外观也从绿色变为深橙色。每个分裂周期的积分辐照度越高，每个细胞的叶绿素含量越低，每个细胞的 β- 胡萝卜素含量越高（Ben-Amotz，1983）。

（二）激光的影响

为研究不同激光对盐藻的生理刺激效果，用钇铝石榴石（YAG）、半导体激光管（LD）和 Ar^+ 三种不同激光辐照处理盐藻细胞，对其前后生长速率和色素含量进行测定比较。结果显示，YAG 激光辐照剂量超过 1min 时，对盐藻细胞的增殖和胡萝卜素的合成具有明显的抑制作用。LD 激光辐照剂量为 3~5min 时，具有促进细胞增殖的作用，尤其在处理为 5min 时，其生长速率比对照组提高了 190%，叶绿素和类胡萝卜素的含量分别提高了 27.2% 和 24.4%。Ar^+ 激光在辐照剂量为 5~30min 范围内，抑制细胞增殖，但能促进类胡萝卜素的积累，较对照组分别提高了 18.5% 和 130.9%（孙杰，2007）。

（三）重离子束辐照

为研究重离子束对盐藻的生物效应及光合响应机制，利用 0~320 Gy 剂量范围内的重离子束对盐藻进行辐照处理，并对重离子辐照后 10d 内的藻细胞生物量、叶绿素荧光参数及 β- 胡萝卜素的积累量等进行了系统的测定和分析。结果表明，利用 240Gy 和 320Gy 的重离子辐照 10d 后，β- 胡萝卜素产量分别提高了 1.3 倍和 1.1 倍。本该项研究首次探讨了重离子辐照的剂量和时间对盐藻的生物效应，同时也为绿藻光合系统对辐照损伤的响应机制提供了初步的理论和实验依据（席一梅，2020）。

（四）超声波影响

对盐藻在 100、200、500、1000Hz 的可听声频率下的响应进行实验研究，考察在硝酸盐缺乏的最佳培养基和次优培养基中，β- 胡萝卜素作为次级代谢产物的生长和浓度。对照组置于无任何声频暴露的声屏障中，在氮充足的培养基中培养。结果显示，200Hz 的声频对生物量浓度和细胞分裂的促进作用比对照高达 50%。当培养基中硝酸盐浓度降低 75% 时，200Hz 频率促进生长，并且 200Hz 的可听声频率与硝酸盐缺乏的同时作用显示 β- 胡萝卜素的量比对照增加到 37%。在没有声音频率的情况下，β- 胡萝卜素含量增加了 18%（Keramati，2021）。

六、其他因素

（一）培养方式的影响

通过对间歇式和半连续式两阶段方法，比较开放罐和封闭反应器培养方式对盐藻胡萝卜素生产的影响。结果表明，采用密闭管式光生物反应器获得最佳效果。类胡萝卜素的产量达到了最高值（328.8mg）。此外，封闭管式光生物反应器在盐藻藻生物量中提供了最高的类胡萝卜素含量（干重的 10%）和 β- 胡萝卜素丰度（总类胡萝卜素的 90%），以及最高的 9- 顺式与全反式 β- 胡萝卜素异构体比例（日出时为 1.5）（Prieto，2011）。通过分析不同 β- 胡萝卜素积累的预测模型，发现 Logistic 和 Gompertz 模型可作为一种函数来描述盐藻 β- 胡萝卜素积累与盐浓度、pH 和辐射度之间的关系（Çelekli，2011）。

（二）营养剥夺的影响

1. 硝酸盐缺乏

硝酸盐缺乏可对盐藻造成明显影响。从伊朗设拉子东南部马哈鲁盐湖中分离到一株盐藻新藻株 SUDCC M01-91/4。在硝酸盐缺乏的情况下，胡萝卜素的产生增加。分离藻株对硝酸盐缺乏的生理反应支持了该藻株的形态和分子鉴定。在不同浓度氮、磷、硫等营养条件对细胞积累 β- 胡萝卜素和叶绿素有不同的影响。盐藻细胞经过 10d 的生长，在营养缺乏条件下，其 β- 胡萝卜素和叶绿素的比率达到最大，积累 β- 胡萝卜素的最适条件是无氮、无磷和无硫，但是不利于盐藻的生长（李子兴，2005）。

氮饥饿和限制引起了微藻的重要生理变化，特别是微藻的脂质代谢（甘油三酯、膜脂、β- 胡萝卜素等）。在不同程度的氮限制下进行分批和恒化器实验，从饥饿到充氮条件研究盐藻。为了控制 β- 胡萝卜素的高浓度，并通过色谱法更准确地分离和定量 β- 胡萝卜素和甘油三酯，开发了一种新的方法。生物量的演化可以用基于氮配额动态的下垂模型来描述。甘油三酯和 β- 胡萝卜素都与氮配额呈强烈的负相关关系，突出了它们在氮消耗条件下的碳汇功能。此外，这两个有价值的分子在充氮条件或慢氮限制［氮碳比（大于 0.04）］下相互关联。在氮饥饿条件下，即在极低的氮碳比下，动力学首次揭示了非偶联部分（甘油三酯的积累高于 β- 胡萝卜素），可能是因为参与稳定脂滴的关键蛋白质的缺乏。本研究有助于微藻氮定量的精确控制，以优化脂质生产（Bonnefond，2017）。

2. 磷缺乏

磷缺乏可引起盐藻细胞中 β- 胡萝卜素和三酰甘油的积累。采用气相色谱 - 质谱联用法作为分析工具。在缺磷或全磷培养基中，共鉴定出 79 种代谢物，包括 18 种氨基酸、28 种其他氨基酸、16 种糖、12 种醇和 5 种氨基酸化合物。用层次聚类法将这些代谢物分为三组，每组有不同的变化趋势。大多数氨基酸和糖，包括非生物胁迫相关代谢物赖氨酸、脯氨酸、海藻糖、滑石糖和塔格糖。在磷缺乏时增加，而 *N*，*N*- 二甲基甘氨酸、L- 丝氨酸、D- 红戊糖和 D- 核糖保持不变。磷剥夺后代谢物谱发生显著变化，鉴定出 18 个可用于区分两种培养条件的生物标志物。应激相关的多胺（如尸体碱）、抗氧化剂（如 L- 抗坏血酸和 L- 蛋氨酸），以及渗透压脯氨酸、甘露醇和阿拉伯糖醇也增加了。此外，磷剥夺导致盐藻细胞中饱和脂肪酸和不饱和脂肪酸的增加。另有研究表明，缺少氮源和磷源后，培养 28d 内的盐藻生物量下降 48.49%，而胡萝卜素含量高于（缺氮组为 11.080mg/L，缺氮、磷组为 14.614mg/L）常规培养基组（6.615mg/L）。提示在培养初期采用营养丰富的培养基，而在后期采用营养耗竭策略，有助于提高胡萝卜素产量（Morowvat，2018）。

3. 营养剥夺方式的影响

在深入了解类胡萝卜素生物合成的潜在调控机制后，营养缺乏时细胞生长和光合速率均下降，伴随着脂质球的积累和叶绿素含量的降低。营养缺乏时细胞 SOD 和 CAT 活性发生变化，但反应不同。多次营养剥夺的细胞总类胡萝卜素含量高于单次营养剥夺和非应激细胞。经过—N—P、—N—S 和—N—P—S 处理的盐藻细胞，其胡萝卜素含量均高于单一营养剥夺处理的细胞。硫缺乏的细胞比氮磷缺乏的细胞积累更多的叶黄素。相反，由于 2-*C*- 甲基 -*d*- 红糖醇（MEP）和胡萝卜素合成途径基因在单次营养缺乏时上调，而在多次营养缺乏时下调，没有观察到营养缺乏对胡萝卜素合成途径基因转录的积累效应。因此，盐藻在转录水平和转录后水平都受到调控，并且在生理和分子水平上发生复杂的串扰，以响应不同营养素的剥夺（Capa-Robles，2009）。在营养饥饿条件下，培养 9d 后，细胞颜色由绿色变为黄色（或橙色），细胞生长达到稳定期。在营养胁迫下，盐藻细胞生长下降伴随着类胡萝卜素的生物合成和脂质含量的降低。该研究可用于提高微藻类胡萝卜素和脂质的产量，为今后的功能性食品和生物燃料提供参考（朱松玲，2018）。

（三）胡萝卜素代谢途径的影响

研究探索了盐藻类胡萝卜素和 β- 胡萝卜素生物合成的类异戊二烯途径的早

期步骤以及代谢抑制剂的作用。当盐藻在类胡萝卜素和非类胡萝卜素条件下生长时，梅维诺林不会抑制生长或类胡萝卜素、*β*- 胡萝卜素或叶绿素的积累。相比之下，磷霉素逐渐抑制细胞生长和类胡萝卜素、*β*- 胡萝卜素和叶绿素的生物合成。在这项工作中首次发现，在盐藻中，*β*- 胡萝卜素的生物合成不是通过经典的乙酸盐 / 甲羟戊酸途径进行，而是通过新的 3- 磷酸甘油醛 / 丙酮酸途径进行。这有利于合成 C（5）异丙烯基二磷酸生物合成的前体，包括二磷酸。因此，该途径促进了胡萝卜素的生成和 C（40）*β*- 胡萝卜素的生物合成（Capa-Robles，2009）。盐藻细胞在 200μg 生长霉素的光自养生长条件下生长时，盐藻胡萝卜素生成和 *β*- 胡萝卜素的合成在 2d 后被中断。这一结果是抑制异戊二烯合成和重组 1- 脱氧 -D- 木酮糖 -5- 磷酸还原异构酶（DXR）活性的间接结果。从而阻止了 1- 脱氧 -*d*- 木黄素 5- 磷酸（DXP）转化为 MEP，中断了盐藻中胡萝卜素生成的早期步骤。而蛋白质和 RNA 水平的作用不明显。梅维诺林处理的盐藻细胞表现出与对照细胞培养物非常相似的胡萝卜素生成和 *β*- 胡萝卜素水平，表明梅维诺林在异戊二烯的生物合成中没有发挥任何间接作用，在甲羟戊酸（MVA）通路的关键酶羟甲基戊二酸（HMG）- 辅酶还原酶水平上没有作用（Paniagua-Michel，2009）。

Mazzucchi 团队研究了盐藻茄红素的异构组成发现盐藻类似于番茄，主要产生 15- 顺式茄红素异构体（>98%）和微量的全反式茄红素（<2%）。高光胁迫、红光胁迫、使用茄红素脱氢酶抑制剂或有丝分裂干扰剂除草剂导致 15- 顺式茄红素的积累，而不是全反式茄红素的积累。9- 顺式茄红素在盐藻提取物中均未检出。研究结果表明，15- 顺式茄红素是盐藻中最丰富的异构体，它经过一系列异构化和脱氢反应生成全反式和 9- 顺式 *β*- 胡萝卜素，这是对盐藻胡萝卜素代谢途径的新见解（Mazzucchi，2020）。2-（4- 氯苯基）三乙胺在盐藻中分别引起八氢番茄红素和番茄红素前体的积累，显示八氢番茄红素采用 15- 顺式和全反式（如高等植物），番茄红素主要采用全反式，表明 *β*- 胡萝卜素的异构化发生在环化期间或之后（Orset，2000）。

（四）二氧化碳的影响

通过向盐藻的生长细胞注入 13 个 CO_2，用于生产 13 个 C 标记的 *β*- 胡萝卜素。采用不同的饲养方式进行了三次实验，实验中 *β*- 胡萝卜素含量分别为 40、56、76Atom% 13C，每次实验约回收 145mg *β*- 胡萝卜素。13C 在 *β*- 胡萝卜素中的掺入量为 1.4%~2.8%。所产生的标记 *β*- 胡萝卜素将为研究人类类胡萝卜素代谢提供多种示踪实验（Wilson，1997）。

第三节　盐藻胡萝卜素的提取及收获

盐藻含有非常丰富的β-胡萝卜素、甘油、蛋白质、维生素及微量元素等营养物质，随着盐藻产品的开发及应用，这些营养物质不仅可以用在食品、医药保健行业，在化学生物行业中也起着不可忽视的作用（王蕾，2014）。盐藻培养只是说明了微藻在商业开发的一个基本方面,其所有步骤（包括藻类生长、收获、提取和产品配方等）都需要得到优化。目前藻类生物技术的发展阶段，在所有这些步骤中仍有相当大的改进空间，也为今后开发其他藻类物种和产品，如类胡萝卜素、脂肪酸和多糖提供便捷（Borowitzka，1990）。

一、盐藻的裂解方法

（一）压力破碎法

压力破碎法是一种破裂水悬液中微藻细胞的方法。在这个方法中，使水悬液在足以破裂细胞的压力和再循环百分数下，循环通过泵环路中的压缩部进入液相。此法可使盐藻细胞破裂，从而促进为了回收混合类胡萝卜素对这种细胞的泡沫浮选和机械过滤作用（J. S. 卡内尔，2000）。

（二）低渗胀破法

低渗胀破法是一种盐藻β-胡萝卜素的提取方法。其特征是以水稀释盐藻液使溶液密度降低，静置沉降或离心沉降收集盐藻，使藻液浓缩。所得盐藻浓缩物再用水低渗胀破，排出细胞液。之后将所得的藻膜制剂悬浮于水，在低渗状态下，以植物油或有机溶剂进行萃取。所得萃取液可用低级醇沉淀或浓缩后结晶析出β-胡萝卜素，供保健品和食品添加剂用（袁生，1997）。

（三）低温冻融法

低温冻融法是一种用无机碱提取盐藻中β-胡萝卜素的方法，该方法首先将盐藻泥或加适量水的盐藻粉降温冷冻，在水浴解冻直至无冰晶为止。之后用无机碱性水溶液调节 pH，在 45~55℃，提取 3~5h 并将提取液离心后取上清液。然后用无机酸调节上清液 pH，使β-胡萝卜素沉淀。最后离心去除上清液，得到β-胡萝卜素，并冷冻干燥。该方法克服了有机溶剂提取法所获得的产品中有机溶剂残留的缺点，又改善了超临界萃取法投资大、经济成本高的缺点。不仅为提取β-胡萝卜素提供便利，也为后续提取多糖的过程省去须去除丙酮、石油醚等有机溶剂而带来的麻烦（刘安军，2013）。

二、盐藻胡萝卜素的提取方法

（一）有机溶剂萃取法

1. 乙酸乙酯萃取法

这是一种天然胡萝卜素的制备方法。将盐藻养殖7~10d后的藻液经气浮法与三氯化铁溶液和溶气水混合制得藻糊，藻糊直接进入萃取提纯工序制备晶体胡萝卜素及浓缩液浸膏产品，萃取剂采用食用有机溶剂乙酸乙酯。整个工艺废除了复杂的藻糊处理工艺，生产成本低，产品质量优越，晶体产品及浓缩液浸膏产品中α-胡萝卜素含量比采取冷冻法的产品高10%以上（徐贵义，1999）。同时，盐藻粉中的β-胡萝卜素也可联合超声提取方法。采用乙酸乙酯或90%~95%乙醇水溶液作为超声提取溶剂，在25℃时提取约0.5~0.7h时，β-胡萝卜素基本提取完全。盐藻中β-胡萝卜素的高含量从而获得较高的提取量（Kyriakopoulou，2015）。

2. 石油系溶剂萃取法

研究获得一种天然β-胡萝卜素油脂悬浮液的直接制取法。该方法是先用少许有机溶剂溶去生物材料中非β-胡萝卜素的杂色素与脂溶性杂质。然后再用石油系溶剂萃取生物材料中的β-胡萝卜素，所得萃取液直接和食用植物油相混合。加热蒸去石油系溶剂后，即得紫红到橙红色的1%~30%的β-胡萝卜素油脂溶液或悬浮液。该方法工艺简单，得率提高，产品质量好（徐贵义，1999）。

3. 植物油萃取法

植物油萃取法是一种以植物油为浸取剂从盐藻中浸取胡萝卜素的方法，其中藻质量与油体积之比为1：（1~2），浸取温度（80±2）℃，保持1~2h。一次浸取物经分离、超滤得含胡萝卜素0.5%~1%的油溶产品，一次浸取率为75%~80%。浸取后的藻渣再经二次浸取、分离，之后再经40~80℃热水制浆，澄清、分离、干燥得藻蛋白副产品，两次总浸取率>80%。该方法充分利用了原料盐藻和浸取剂，适用于工业上推广应用（滕景琪，1997）。

4. 超临界抗溶剂粉碎－反相洗脱色谱分离法

采用超临界抗溶剂（SAS）粉碎-反相洗脱色谱分离法，提取盐藻中9-顺式和反式β-胡萝卜素。通过柱净化后，除β-胡萝卜素外，其他化合物和叶绿素的浓度均有所下降。经过超临界反溶剂沉淀过程，沉淀粉末中的β-胡萝卜素含量进一步增加。超声提取、柱积和SAS沉淀中β-胡萝卜素的含量分别为

33.8%、85.9% 和 93.2%，表明 β- 胡萝卜素的含量逐渐增加。超声提取液中 9- 顺式（134.7mg/g）和反式 -β- 胡萝卜素（204.2mg/g）的总浓度从 338.9mg/g 提高到 859.7mg/g（9- 顺式为 338.9，反式为 520.8）。SAS 粉化收集的分数进一步产生亚微米级颗粒，总 β- 胡萝卜素含 932.1mg/g（9- 顺式 355.6，反式 576.5），回收率 86.3%，其中顺式 83.9%，反式 87.8%（Chen，2013）。

5. 其他有机溶剂萃取法

不同同源系列的纯溶剂中，含 log P>5 或分子质量超过 150g/（mol · L）的溶剂可认为和微藻具有生物相容性。那么如果在极性有机溶剂中加入生物相容性溶剂，则极性有机溶剂也可变得具有生物相容性。应用 Osborne 模型计算了各系列溶剂的膜临界溶剂浓度，结果表明脂肪族氯代烃是研究中毒性最大的一类溶剂。而 CH_2Cl_2（极性有毒溶剂）- 癸烷（生物相容性溶剂）混合物的胡萝卜素提取效率比纯癸烷高 6 倍（Mojaat，2008）。此外，在生物相容性十二烷中加入少量二氯甲烷，其萃取能力更强。这是因为二氯甲烷的加入增加了细胞的死亡，从而提高萃取率。

（二）超临界流体萃取法

超临界流体萃取法是一种利用超临界 CO_2 从盐藻中提取类胡萝卜素和液化生物燃油的方法。利用中空纤维膜及离心分离方法浓缩盐藻液得到含水藻糊，之后通过超临界 CO_2 萃取含水藻糊得到类胡萝卜素产品及藻渣液，超 / 近临界水液化藻渣液制生物燃油。该方法具有能耗低、工艺简单类胡萝卜素和生物燃油的得率高、生产成本低等优点，适合规模生产（吴玉龙，2013；陈镇，2008）。已知一些助溶剂的加入可增加 β- 胡萝卜素的溶解度，从而提高 β- 胡萝卜素的提取率。研究发现乙醇作为助溶剂可以增加 β- 胡萝卜素的溶解度。当质量分数为 5%、温度为 45℃、压力为 20MPa 时，类胡萝卜素提取率为 25g/kg 微藻，远高于纯 sc-CO_2（6g），从而实现对盐藻中 β- 胡萝卜素的选择性提取（Tirado，2019）。在 50~60℃、30~50MPa 的压力范围内，用乙醇修饰的 CO_2 作为辅助溶剂，采用超临界 CO_2 流体萃取 + 助溶剂萃取可获得最佳类胡萝卜素 / 叶绿素比值（Macías-Sánchez，2008）。同时对于 sc-CO_2 工艺，由于 sc-CO_2 和乙醇的绿色溶剂性质，该方法在工业规模提取方面具有很高的应用前景（Ludwig，2021）。

研究发现，超临界 CO_2 萃取盐藻类胡萝卜素的压力和温度对萃取效果有一定影响。结果表明，压力对萃取率的影响远大于温度。在 40MPa 和 55℃条件下，类胡萝卜素的提取率最高。在最佳条件下，超临界 CO_2 萃取类胡萝卜素的回收率为溶剂萃取回收率的一半（47%）（韩玉谦，2005）。

（三）亚临界流体萃取法

通过利用亚临界流体可从盐藻中提取 β- 胡萝卜素。将盐藻加工制作为盐藻颗粒并将盐藻颗粒填充至萃取釜中，向萃取釜中通入亚临界流体。然后在搅拌状态下，加热萃取，得到萃取液和萃取残渣。之后将萃取液从萃取釜中通入分离釜，减压分离，得到 β- 胡萝卜素浸膏。该方法利用低温连续逆流萃取和低温分离减少了天然 β- 胡萝卜素的氧化损失，提高了获得率。而且低温分离解决了溶剂残留的安全问题，同时降低了提取成本，易于工业化生产（张新建，2016）。

（四）亲水 / 疏水双相系统制备法

采用超声辅助亲水疏水双相系统制备微藻 β- 胡萝卜素，包括将具有一定含水率的微藻藻泥加入由亲水低共熔溶剂和疏水低共熔溶剂组成的亲水 / 疏水双相系统中。超声提取，静置分相，收集含微藻 β- 胡萝卜素的疏水低共熔溶剂相。将疏水低共熔溶剂相与有机溶剂混合，充分混匀后，静置分相，收集含有微藻 β- 胡萝卜素的有机溶剂相，减压浓缩，获得 β- 胡萝卜素。该方法具有成本低、效率高、分离和纯化同时进行、疏水低共熔溶剂可循环使用等优点（罗光宏，2021）。

三、盐藻胡萝卜素提取条件的优化

（一）提取方式

通过超声辅助提取和超临界流体提取分析类胡萝卜素和叶绿素的提取过程，并对结果进行比较。其中，以用于 N，N' - 二甲基甲酰胺和甲醇以及 CO_2 作为超声辅助提取和超临界流体提取的溶剂。结果表明，以甲醇作为溶剂时，超临界流体萃取过程与超声辅助萃取过程相当。且超临界萃取过程比传统技术对回收类胡萝卜素更有选择性，因为它导致类胡萝卜素 / 叶绿素的比率值更高（表 4-1）（Macías-Sánchez，2009）。

表 4-1　从天然产物中提取胡萝卜素的方法

提取方法	提取工艺条件	提取率 /%
有机溶剂萃取法	丙酮、无水乙醚等作萃取剂	60~80

续表

提取方法	提取工艺条件	提取率 /%
超声波法	利用超声波产生的振动、空化作用，将活性成分提取到溶剂中	90
超临界提取法	原料粉碎后经超临界 CO_2 提取	95

（二）搅拌速度

β- 胡萝卜素的提取率受搅拌速度的影响，与生长速率相反。搅拌速率越高，萃取率越高。为研究混合速率对盐藻 β- 胡萝卜素释放的影响，以及它是否会促进盐藻 β- 胡萝卜素的释放。在光照强度为 700μmol/（$L \cdot m^2 \cdot s$）条件下，对三对生物反应器同时接种。每对由一个空白的只含水相的生物反应器、一个含有水相和十二烷的生物反应器组成。比较不同搅拌速率下的细胞活力和生长情况，发现在 170r/min 与 150r/min 时，细胞活力和生长情况较好。

（三）溶剂比较

以甲醇：丙酮（20 ： 0，体积比）为流动相，建立盐藻 β- 胡萝卜素高效液相色谱 - 二级阵列检测器（HPLC-DAD）检测方法。采用外标法定量，对盐藻 β- 胡萝卜素的提取皂化工艺参数进行优化研究。结果表明，在所选择的 6 种溶剂中，95% 乙醇的提取效果最好。将实验选取的盐藻粉皂化，使得胡萝卜素的获得率从 0.35% 提高到 0.425%，提高了 21.43%。优化后盐藻 β- 胡萝卜素得率为 0.395%，皂化的最佳工艺参数下的最终获得率为 0.428%（李秀霞，2013）。之后用生物相容性提取方法，比较了不同溶剂和工艺参数，结果表明，5% 二氯甲烷油酸乙酯提取的 β- 胡萝卜素回收率为 65%，细胞损伤最小，且有 65% 以上的细胞存活（Marchal，2013）（图 4-2）。

在无氧、无光环境中，在受控温度和压力下利用常规溶剂的加压液体萃取（PFE）可在较短的时间内减少溶剂的使用。与传统的溶剂萃取相比，PFE 在保持化学成分完整性的同时，具有更高或相等的萃取效率。PFE 在提取天然产品和营养品方面具有很高的潜力，尤其是实验室和光敏感化学品（Denery，2003）。

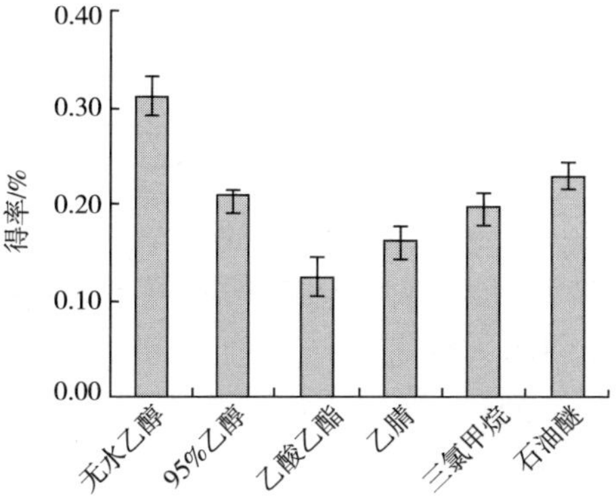

图 4-2　不同溶剂对盐藻 β- 胡萝卜素得率的影响

（四）提取参数优化

可将提取过程中所涉及的如温度、时间、液料比等因素综合考量优化。例如研究超声波强化提取盐藻中 β- 胡萝卜素的工艺：以 β- 胡萝卜素的得率为评价指标，在单因素实验基础上，通过四因素三水平正交实验设计确定了提取温度、提取时间、超声波强化时间和液料比 4 个因素共同影响下，从盐藻中提取 β- 胡萝卜素的最优工艺条件：液料比 6 ∶ 1（mL ∶ g），超声波强化时间 70s，提取温度 20℃，提取时间为 9min。在上述提取条件下，β- 胡萝卜素的得率可达到 4.418%（周鸣谦，2012）。

四、盐藻胡萝卜素产品稳定性分析

研究表明，通过将盐藻包埋、干燥，最后形成富含类胡萝卜素的新产物。干燥过程产生的 β- 胡萝卜素回收率在 79%~89%，并改变了 β- 胡萝卜素异构体的 9- 顺式 / 全反式比例。在光照和氧气条件下，总类胡萝卜素开始降解，最低降解发生在最低藻酸盐浓度下。在黑暗中储存并用氮气冲洗的产品，在两种较高藻酸盐浓度下产生的一级降解常数为 0.012~0.02/d。在储存过程中，9- 顺式异构体明显更不稳定，在所有条件下都表现出在光和氧气存在下储存时几乎完全降解，在黑暗中储存并用氮气冲洗时与全反式异构体达到平衡比例（Leach，1998）。

盐藻生物质粉末通过不同的干燥方式而获得。采用三因素两水平实验设计，研究了入口温度、出口温度和进料固体对 β- 胡萝卜素回收率的影响。在麦芽糊精和阿拉伯树胶的聚合物基质中微胶囊化的效果，以评估天然 β- 胡萝卜素的稳定性。结果表明，出口温度越低，类胡萝卜素回收率越高，β- 胡萝卜素回收率在 57%~91%。微胶囊化的生物质产生 100% 的回收率。在自然光和氧气存在的情况下，在 7d 内显示 90% 的降解。微胶囊剂的加入显著提高了储存稳定性。结果显示 β- 胡萝卜素在微胶囊粉末中的一级降解，动力学常数为 0.06/d 和 0.1/d。高效液相色谱分析显示干燥过程对异构体组成没有影响（Leach，1998）。

一系列合成和天然抗氧化剂在防止 β- 胡萝卜素降解方面的功效已经确定。在加工过程中，对照（无外源抗氧化剂）和含有丁基化羟基甲苯（BHT）和叔丁基氢醌（TBHQ）的样品的 β- 胡萝卜素损失和异构化最小。然而，基于生育酚的抗氧化剂的使用导致干燥过程中 52%~72% 的 β- 胡萝卜素降解。盐藻的所有干燥粉末在光和空气存在下储存期间被证明是不稳定的，β- 胡萝卜素根据一级动力学模型降解。对于向饲料中添加三丁基锡化合物的降解速度更慢的粉末，很明显 β- 胡萝卜素的降解受到光照和氧气的影响。结果表明，β- 胡萝卜素的 9- 顺式异构体的损失是一种主要的光降解机制（Orset，1999）。

第四节　盐藻胡萝卜素的分子生物学研究

一、盐藻胡萝卜素合成的基因调控

（一）番茄红素 β- 环化酶

番茄红素 β- 环化酶（lycopene β-cyclase，LCYB）是催化番茄红素合成 β- 胡萝卜素的关键酶。为阐明 LCYB 在盐藻中合成 β- 胡萝卜素的作用和调控过程，采用逆转录聚合酶链式反应（RT-PCR）结合半巢式聚合酶链式反应（PCR）方法，分离一段包含辅因子黄素腺嘌呤二核苷酸（FAD）结合位点的保守序列。再利用 3′ RACE、5′ RACE 技术结合降落 PCR，获得 Lyc-β cDNA 的两个末端。从而得到完整的 cDNA。已知其全长 2475bp，开放阅读框（ORF）长 1824bp，编码 607 个氨基酸。经分析，盐藻 LCYB 在系统进化上介于蓝藻和植物之间，但更靠近高等植物（晏露，2008，2010；Ramos，2008）。而以盐藻株 YC-011 为实验材料，编码番茄红素 -β- 环化酶的基因 cDNA 全长 1910bp，ORF 长 1769bp，编码 584 个氨基酸。实时定量 PCR（qRT-PCR）分析表明，在高盐（3mol/L）胁迫下，LCYB 基因表达量显著上升，胁迫 4h 时表达量达峰值，为正常对照（1.5mol/L）条件下的 2 倍。高盐（3mol/L）胁迫下，LCYB 基因上调表达模式与藻细胞类 β- 胡萝卜素积累增加相一致，提示 LCYB 在盐藻类 β- 胡萝卜素合成积累中起重要作用（安茜，2018）。

（二）茄红素脱氢酶

采用 RT-PCR 和 cDNA 末端快速扩增 PCR（RACE-PCR）方法从盐藻中克隆一株茄红素脱氢酶（Pds）cDNA，其开放阅读框为 1752bp。系统发育分析显示，与细菌和真菌相比，盐藻 Pds 更接近于高等植物和蓝藻。表明克隆的盐藻 Pds cDNA 是一种 Pds 型基因。在胡萝卜素生成过程中，生成粉红色着色剂与色素番茄红素一样。八氢番茄红素在两种胡萝卜素去饱和酶，ζ- 胡萝卜素去饱和酶和八氢番茄红素去饱和酶的共同催化下去饱和生成 ζ- 胡萝卜素（Zhu，2005）。

（三）八氢番茄红素合成酶

八氢番茄红素合成酶（PSY）为盐藻 β- 胡萝卜素代谢途径中的一个关键酶。通过染色体步移技术，采用抑制性 PCR，从盐藻基因组 DNA 中克隆到完整的 PSY 基因，并对其序列进行了分析。该 PSY 基因序列全长 3315bp，由 5 个外显子和 4 个内含子组成。其编码区的氨基酸序列与巴氏杜氏藻相应序列的一致性最高为 74%，不一致区主要集中在 5′ 端。同源性分析表明盐藻与巴氏杜氏藻的亲缘关系最近（姜建国，2005）。在 RBCS2 和 HSP70a 启动子的控制下，莱茵衣藻中的 PSY 基因被 RBCS2 转运肽定向表达到叶绿体上。DsPSY 过表达导致相应的 PSY 转录水平和紫黄素、叶黄素和 β- 胡萝卜素等类胡萝卜素的含量稳定增加，达到对照未转化细胞的 125%~260%（Couso，2011）。

（四）八氢番茄红素去饱和酶

八氢番茄红素去饱和酶（PDS）参与类胡萝卜素合成过程中的去饱和作用，有着转换八氢番茄红素到六氢番茄红素再到 e- 胡萝卜素的催化作用。当暴露于高光条件或者盐胁迫条件时其 PSY 与 PDS 两种酶的信使 RNA 水平升高，提高其类胡萝卜素的积累（Coesel，2008）。

（五）盐藻 ε- 环化酶

ε- 环化酶（lycopene ε-cyclase，LCYE）可将番茄红素环化，并与番茄红素 β- 环化酶共同作用合成 α- 胡萝卜素，参与植物体内类胡萝卜素的合成途径。利用 RT-PCR 分离盐藻 LCYE 基因 ORF，并克隆到植物表达载体 pCAMBIA1303、构建 LCYE 组成型表达载体 pCAMBIA1303-DsLCYE。通过农杆菌介导渗入法在烟草叶组织中瞬时表达盐藻 LCYE，鉴定盐藻 LCYE 功能。烟叶生理生化分析显示，与野生型和空载体对照相比，盐藻 LCYE 瞬时表达的烟叶组织中类胡萝卜素积累显著提高，含量增加了 24%。转盐藻 LCYE 基因的烟草叶片中叶绿素 a 和叶绿素 b 含量也明显高于野生型空载对照烟草。这表明盐藻 LCYE 基因异源表达不仅能促进宿主细胞类胡萝卜素的合成与积累，而且还可以改善宿主细胞的光合作用（王计平，2020）。

（六）ζ– 胡萝卜素去饱和酶

在胡萝卜素生成过程中，生成粉红色着色剂与色素番茄红素一样。八氢番茄红素在两种胡萝卜素去饱和酶，ζ- 胡萝卜素去饱和酶（ζ-carotene desaturase，ZDS）和八氢番茄红素去饱和酶（PDS）的共同催化下去饱和。ζ- 胡萝卜素去饱和酶是胡萝卜素生成的关键酶，它切断了 ζ- 胡萝卜素下游中胡萝卜素的生成途径。采用 RACE-PCR 方法从盐藻中克隆一株 ζ- 胡萝卜素去饱和酶 cDNA，全长 cDNA 序列为 2178 个碱基对，包含一个 1731bp 的推定开放阅读框，其编码 576 个氨基酸推导的多肽，计算分子质量为 63.9u。与其他物种的 *Zds* 相比，盐藻的 *Zds* 与高等植物的 *Zds* 关系更为密切。目前盐藻中的 *Zds* 仍在探索当中，其在盐藻基因调控也同大多数酶一样受胁迫条件诱导（Ye，2010）。

（七）类胡萝卜素羟化酶

类胡萝卜素羟化酶是类胡萝卜素代谢途径中的关键酶，可催化多种类胡萝卜素的合成。类胡萝卜素羟化酶包括亚铁血红素依赖型 β- 胡萝卜素羟化酶（β-carotenoid hydroxylase，CHYB）和细胞色素 P450 家族类胡萝卜素羟化酶（CYP97）。为探究 CHYB 基因家族和 CYP97 基因家族在绿色杜氏藻（*Dunaliella viridis*）中的生物信息学特征，通过绿色杜氏藻转录组数据获得 *chyb1*、*chyb2* 和 *cyp97c* 基因 cDNA 序列。对其进行生物信息学分析，这 3 条基因编码的蛋白质均为亲水性蛋白。其中 CHYB1 蛋白和 CHYB2 蛋白各有 4 个跨膜结构，CYP97C 蛋白无跨膜结构。此外，高盐、低温及甲基茉莉酸（methyl jasmonate，MeJA）、乙酰水杨酸（acetylsalicylic acid，ASA）、花生四烯酸（arachidonic acid，AA）、硫酸铈铵（ammonium cerous sulfate，ACS）等植物生长调节物质处理，均不能同时诱导这两个家族基因，表明不同家族基因对胁迫应答具有不同的偏好性（尹航，2019）。

（八）胁迫诱导

β- 胡萝卜素是一种有效的抗氧化剂，它的积累是对应激源的氧化反应。通过克隆 7 条 β- 胡萝卜素生物合成途径的全长 cDNA 序列，包括香叶酰焦磷酸合成酶（GGPS）、八氢番茄红素合成酶（PSY）、八氢番茄红素去饱和酶（PDS）、

ζ- 胡萝卜素异构酶（ZISO）、ζ- 胡萝卜素去饱和酶（ZDS）、番茄红素异构酶（CRTISO）、番茄红素 β- 环化酶（LCYB）。多序列比对显示了一些不同的保守结构域，如富含天冬氨酸的结构域（ARD）、二核苷酸结合结构域（DBD）和胡萝卜素结合结构域（CBD）。这些基因的表达水平和 β- 胡萝卜素的含量在 24h 周期内被测量，显示出明显的每日动态。所有基因在上午均显著上调，但 β- 胡萝卜素在中午积累最高，表明基因转录和生物响应存在滞后效应。β- 胡萝卜素在缺氮、镉（Cd）和强光条件下积累增加，在高盐度条件下积累减少。β- 胡萝卜素合成基因没有在高盐胁迫下被上调，而大多数基因在暴露初期被其他胁迫激活，高盐胁迫下生长抑制和氧化损伤。总之，β- 胡萝卜素生物合成基因在胁迫初始阶段的转录激活是微藻中 β- 胡萝卜素积累增加的决定因素，这有助于微藻在恶劣环境下的生存（Zhu，2020）。

胁迫条件下会导致 ROS 的增多，过量的 ROS 会不可逆的损害蛋白质和脂质 DNA 分子等。微藻在长期进化过程中产生了对抗胁迫条件下氧化应激的策略，在这个过程中可能会产生一种强氧化应激条件，恰好增强了类胡萝卜素的生物合成。在限制氮和微量元素条件下给予强光照射，此时产生的类胡萝卜素以叶黄素为主，以 β- 胡萝卜素和 α- 胡萝卜素次之。在胡萝卜素生成条件下，抗超氧化物歧化酶 -1（SOD-1）的表达水平保持一致，而 H_2O_2 敏感亚型 SOD-2 和 SOD-3 表达显著下调，提示类胡萝卜素水平的升高可能是由于特定多肽的差异表达和抗 H_2O_2 的 SOD-1 引起（Kumar，2018）。

（九）其他

除了上述的这些酶类，还有一些新发现的，仍待探索的基因调控方法或途径，如 4- 羟基 -3- 甲基丁基 -2- 烯基二磷酸还原酶（HDR）、小核糖核酸（miRNA）。HDR 被认为在类异戊二烯生物合成中发挥关键作用。从盐藻中分离 1959bp 的 HDR（DsHDR）cDNA，分析显示该基因起源于蓝藻，编码 474 个氨基酸残基。盐藻 HDR 在营养枯竭、高盐和 / 或强光条件下稳态转录水平更高，表明盐藻 HDR 可能与参与类胡萝卜素生物合成的基因响应（Ramos，2009）。而小核糖核酸是一类内源性长约 21~24nt 的非编码 RNA，在真核生物的基因转录后调控中起着重要作用。研究发现，盐藻中有 miRNA 的存在，且 miRNA 靶基因在细胞代谢进程、分子功能的结合和催化活性方面较多，该分子与 β- 胡萝卜素合成之间的关系仍在探索阶段，也可以成为调控手段的作用点（娄素琳，2018）。

二、盐藻胡萝卜素的应用

盐藻在逆境中有较强的 β- 胡萝卜素合成能力，其含量可达干重的 14%，是一种生产 β- 胡萝卜素的天然资源。β- 胡萝卜素是维生素 A 的前体，具有抗氧化、抗肿瘤、增强免疫、防治心血管疾病、抗辐射和光敏损伤等功能，同时可以作为无毒无害的食品添加剂及色素，在促进动物生长及繁殖方面也发挥着重要作用（王婷，2015）。本部分详细内容参见第七章。

参考文献

［1］Ahmed F，Fanning K，Netzel M，et al. Induced carotenoid accumulation in *Dunaliella salina* and Tetraselmis suecica by plant hormones and UV-C radiation［J］. Appl Microbiol Biotechnol，2015，99（22）：9407-9416.

［2］Alishahi M，Karamifar M，Mesbah M. Effects of astaxanthin and *Dunaliella salina* on skin carotenoids，growth performance and immune response of *Astronotus ocellatus*［J］. Aquacult Int，2015，23（5）：1239-1248.

［3］Baz FKE，Aboul-Enein AM，El-Baroty GS，et al. Accumulation of antioxidant vitamins in *Dunaliella salina*［J］. J Biol Sci，2002，2（4）：220-223.

［4］Ben-Amotz A，Avron M. On the factors which determine massive beta-carotene accumulation in the halotolerant alga *Dunaliella bardawil*［J］. Plant Physiol，1983，72（3）：593-597.

［5］Bonnefond H，Moelants N，Talec A，et al. Coupling and uncoupling of triglyceride and beta-carotene production by *Dunaliella salina* under nitrogen limitation and starvation［J］. Biotechnol Biofuels，2017，10：25.

［6］Borowitzka Lesley J，Borowitzka Michael A. Commercial production of β-carotene by *Dunaliella Salina* in open ponds［J］. Mar Sci，1990，47（1）：244-252.

［7］Capa-Robles W，Paniagua-Michel J，Soto JO. The biosynthesis and accumulation of beta-carotene in *Dunaliella salina* proceed via the glyceraldehyde 3-phosphate/pyruvate pathway［J］. Nat Prod Res，2009，23（11）：1021-1028.

［8］Çelekli A，Bozkurt H，Dönmez G. Predictive modeling of β-carotene accumulation by *Dunaliella salina* as a function of pH，NaCI，and irradiance［J］. Russian J Plant Physiol，2014，61（2）：215-223.

［9］Chen JR，Wu JJ，Lin JCT，et al. Low density supercritical fluids precipitation of 9-cis and all trans-β-carotenes enriched particulates from *Dunaliella salina*［J］. J Chromatogr A，2013，1299：1-9.

[10] Cifuentes AS, Gonzalez MA, Parra OO, et al. The effect of salinity on the growth and carotenogenesis in two Chilean strains of *Dunaliella salina Teodoresco*[J]. Biol Res, 1996, 29(2): 227-236.

[11] Coesel SN, Baumgartner AC, Teles LM, et al. Nutrient limitation is the main regulatory factor for carotenoid accumulation and for Psy and Pds steady state transcript levels in *Dunaliella salina* (Chlorophyta) exposed to high light and salt stress[J]. Mar Biotechnol (NY), 2008, 10(5): 602-611.

[12] Couso I, Vila M, Rodriguez H, et al. Overexpression of an exogenous phytoene synthase gene in the unicellular alga *Chlamydomonas reinhardtii* leads to an increase in the content of carotenoids[J]. Biotechnol Prog, 2011, 27(1): 54-60.

[13] Cowan AK, Rose PD. Abscisic acid metabolism in salt-stressed cells of *Dunaliella salina*: Possible interrelationship with beta-carotene accumulation[J]. Plant Physiol, 1991, 97(2): 798-803.

[14] Deli J, Gonda S, Nagy LZ, et al. Carotenoid composition of three bloom-forming algae species[J]. Food Res Int, 2014, 65: 215-223.

[15] Denery JR, Dragull K, Tang CS, et al. Pressurized fluid extraction of carotenoids from *Haematococcus pluvialis* and *Dunaliella salina* and kavalactones from *Piper methysticum*[J]. Analytica Chimica Acta, 2003, 501(2): 175-181.

[16] Farhat N, Rabhi M, Falleh H, et al. Optimization of salt concentrations for a higher carotenoid production in *Dunaliella salina* (chlorophyceae)(1)[J]. J Phoycol, 2011, 47(5): 1072-1077.

[17] Fu W, Guðmundsson Ó, Paglia G, et al. Enhancement of carotenoid biosynthesis in the green microalga *Dunaliella salina* with light-emitting diodes and adaptive laboratory evolution[J]. Appl Microbiol Biotechnol, 2013, 97(6): 2395-2403.

[18] Fu WQ, Manuela M, Sigurður B, et al. UPLC-UV-MS E analysis for quantification and identification of major carotenoid and chlorophyll species in algae[J]. Anal Bioanal Chem, 2012, 404(10): 3145-3154.

[19] García F, Freile-Pelegrín Y, Robledo D. Physiological characterization of *Dunaliella* sp. (Chlorophyta, Volvocales) from Yucatan, Mexico[J]. Bioresource Technology, 2006, 98(7): 1359-1365.

[20] Gareth Leach, Gisela Oliveira, Rui Morais. Production of a carotenoid - rich product by alginate entrapment and fluid - bed drying of *Dunaliella salina*[J]. J Sci Food Agric, 1998, 76(2): 298-302.

[21] Gómez PI, Alejandra B, Silvia CA, et al. Effect of salinity on the quantity and quality of carotenoids accumulated by *Dunaliella salina* (strain CONC-007) and *Dunaliella bardawil* (strain ATCC 30861) Chlorophyta[J]. Biol

res，2003，36（2）：185-192.

[22] Gonabadi E，Samadlouie HR，Shafafi Zenoozian M. Optimization of culture conditions for enhanced *Dunaliella salina* productions in mixotrophic culture [J]. Prep Biochem Biotechnol，2021，52（2）：1-9.

[23] Hejazi MA，Wijiffels RH. Effect of light intensity on beta-carotene production and extraction by *Dunaliella salina* in two-phase bioreactors [J]. Biomol Eng，2003，20（4-6）：171-175.

[24] Hermawan J，Masithah ED，Tiahjaningsih W，et al. Increasing *β*-carotene content of phytoplankton *Dunaliella salina* using different salinity media [J]. IOP Conference Series：Earth and Environmental Science，2018，137（1）：012034（5pp）.

[25] Herrmann H，Häder DP，Köfferlein M，et al. Effects of UV radiation on photosynthesis of phytoplankton exposed to solar simulator light [J]. J Photoch Photobio B，1996，34（1）：21-28.

[26] Hu CC，Lin JT，Lu FJ，et al. Determination of carotenoids in *Dunaliella salina* cultivated in Taiwan and antioxidant capacity of the algal carotenoid extract [J]. Food Chem，2008，109（2）：439-446.

[27] Hui ZY，Jiang GJ，Qian C. Influence of daily collection and culture medium recycling on the growth and beta-carotene yield of *Dunaliella salina* [J]. J Agric Food Chem，2008，56（11）：4027-4031.

[28] J·S·卡内尔，S·A·盖尔彻尔，伊斯曼化学公司. 破裂微藻细胞的方法，中国：CN97180873.2 [P]. 2000-01-12.

[29] Jin H，Guo C，He J，Wang Q，et al. Effects of Mg^{2+}，NaCl，citric acid，and other factors on synthesis and accumulation of *β*-carotene in *Dunaliella salina* [J]. Chinese J Oceanol Limnol，1998，16（4）：364-368.

[30] Johan U. Grobbelaar. Influence of areal density on *β*-carotene production by *Dunaliella salina* [J]. J Appl Phycol，1995，7（1）：69-73.

[31] Keramati A，Pajoum Shariati F，Tavakoli O，et al. The effect of audible sound frequency on the growth and beta-carotene production of *Dunaliella salina* [J]. S Afr J Botany，2021，141：373-382.

[32] Kleinegris DM，van Es MA，Janssen M，et al. Carotenoid fluorescence in *Dunaliella salina* [J]. J Appl Phycol，2010，22（5）：645-649.

[33] Kristine W，Sigurður B，Weiqi F. Biotechnological production of value-added carotenoids from microalgae：Emerging technology and prospects [J]. Bioengineered，2014，5（3）：204-208.

[34] Kró M，Maxwell DP，Huner NPA，et al. Exposure of *Dunaliella salina* to low temperature mimics the high light-induced accumulation of carotenoids and the carotenoid binding protein（Cbr）[J]. Plant Physiol，1997，38（2）：213–216.

[35] Kumar SS, Naresh K, Patrick M. The Carotenogenic *Dunaliella salina* CCAP 19/20 produces enhanced levels of carotenoid under specific nutrients limitation [J] . BioMed Res Int, 2018: 7532897.

[36] Kyriakopoulou K, Papadaki S, Krokida M. Life cycle analysis of *β*-carotene extraction techniques [J] . J Food Eng, 2015, 167: 51-58.

[37] Lamers PP, van de Laak CC, Kaasenbrood PS, et al. Carotenoid and fatty acid metabolism in light-stressed *Dunaliella salina* [J] . Biotechnol Bioeng, 2010, 106 (4): 638-648.

[38] Leach G, Oliveira G, Morais R. Spray-drying of *Dunaliella salina* to produce a *β* -carotene rich powder [J] . J Sci Food Agric, 1998, 20 (2): 82-85.

[39] Ludwig K, Rihko-Struckmann L, Brinitzer G, et al. *β*-Carotene extraction from *Dunaliella salina* by supercritical CO_2 [J] . J Appl Phycol, 2021, 33 (3): 1-11.

[40] Luo SW, Alimujiang A, Balamurugan S, et al. Physiological and molecular responses in halotolerant *Dunaliella salina* exposed to molybdenum disulfide nanoparticles [J] . J Hazard Mater, 2021a, 404 (Pt B): 124014.

[41] Luo SW, Alimujiang A, Cui J, et al. Molybdenum disulfide nanoparticles concurrently stimulated biomass and *β*-carotene accumulation in *Dunaliella salina* [J] . Bioresource Technology, 2021b, 320 (Pt B): 124391.

[42] Lv H, Wang QE, Qi B, et al. Physiological and metabolic responses of a novel *Dunaliella salina* strain to myo-inositol1 [J] . J Phycol. 2020, 56 (3): 687-698.

[43] Macías-Sánchez MD, Mantell C, Rodríguez M, et al. Comparison of supercritical fluid and ultrasound-assisted extraction of carotenoids and chlorophyll a from *Dunaliella salina* [J] . Talanta, 2009, 77: 948-952.

[44] Macías-Sánchez MD, Serrano CM, Rodríguez MR, et al. Extraction of carotenoids and chlorophyll from microalgae with supercritical carbon dioxide and ethanol as cosolvent [J] . J Sep Sci, 2008, 31 (8): 1352-1362.

[45] Marchal L, Mojaat-Guemir M, Foucault A, et al. Centrifugal partition extraction of *β*-carotene from *Dunaliella salina* for efficient and biocompatible recovery of metabolites [J] . Bioresource Technology, 2013, 134: 396-400.

[46] Mazzucchi L, Xu Y, Harvey P. Stereoisomers of colourless carotenoids from the marine microalga *Dunaliella salina* [J] . Molecules, 2020, 25 (8): 1880.

[47] Mendoza H, Rio MJD, Reina GG, et al. Low-temperature-induced *β*-carotene and fatty acid synthesis, and ultrastructural reorganization of the chloroplast in *Dunaliella salina* (Chlorophyta) [J] . European J Phycol, 1996, 31 (4): 329-331.

[48] Michael A. Borowitzka, Lesley J. Borowitzka, David Kessly. Effects of salinity

increase on carotenoid accumulation in the green alga *Dunaliella salina* [J] . Phycology, 1990, 2: 111-119.

[49] Mirzaie MAM, Lak ZJ, Meybodi FH. A new shifting strategy in flashing light based on the cell growth curve to enhance *β*-carotene biosynthesis in *Dunaliella salina* [J] . Curr Microbiol, 2021, 78: 2733-2740.

[50] Mojaat M, Foucault A, Pruvost J, et al. Optimal selection of organic solvents for biocompatible extraction of beta-carotene from *Dunaliella salina* [J] . J Biotechnol, 2008, 133 (4): 433-441.

[51] Mojaat M, Pruvost J, Foucault A, et al. Effect of organic carbon sources and Fe^{2+} ions on growth and *β*-carotene accumulation by *Dunaliella salina* [J] . Biochem Eng J, 2007, 39 (1): 177-184.

[52] Morowvat MH, Ghasemi Y. Studying the effects of different phosphorous concentrations on biomass and p-carotene production in nitrogen starved *Dunaliella salina* [J] . Res J Pharm Technol, 2018, 11 (2): 494-498.

[53] Nikookar K, Moradshahi A, Hosseini L. Physiological responses of *Dunaliella salina* and *Dunaliella tertiolecta* to copper toxicity [J] . Biomol Eng, 2005, 22 (4): 141-146.

[54] Ola T, Wafaa Abo EK, Fayza H, et al. Production of *β*-carotene and glycerol from *Dunaliella bardawil* and *D. salina* isolated from the Egyptian wet-lands Qarun and Bardawil [J] . Scientific Research Center Conference Proceedings, 2012 (4): 170-174.

[55] Orset S, Leach GC, Morais R, et al. Spray-drying of the microalga *Dunaliella salina*: Effects on beta-carotene content and isomer composition [J]. J Agric Food Chem, 1999, 47 (11): 4782-4790.

[56] Orset S, Young AJ. Low-temperature-induced synthesis of *α*-carotene in the microalga *dunaliella salina* (Chlorophyta) [J] . J Phycol, 1999, 35 (3): 520-527.

[57] Orset SC, Young AJ. Exposure to low irradiances favors the synthesis of 9-cis beta, beta-carotene in *Dunaliella salina* (Teod.) [J] . Plant Physiol, 2000, 122 (2): 609-618.

[58] Packo PL, Marcel J, Ric CHDV, et al. Carotenoid and fatty acid metabolism in nitrogen-starved *Dunaliella salina*, a unicellular green microalga [J] . J Biotechnol, 2012, 162 (1): 21-27.

[59] Paniagua-Michel J, Capa-Robles W, Olmos-Soto J, et al. The carotenogenesis pathway via the isoprenoid-beta-carotene interference approach in a new strain of *Dunaliella salina* isolated from Baja California Mexico [J] . Mar Drugs, 2009, 7 (1): 45-56.

[60] Pirwitz K, Flassig RJ, Rihko-Struckmann LK, et al. Energy and operating cost assessment of competing harvesting methods for *D. salina* in a beta-

carotene production process [J] . Algal Res, 2015, 12: 161-169.

[61] Prieto A, Pedro CJ, García-González M. Assessment of carotenoid production by *Dunaliella salina* in different culture systems and operation regimes [J] . J biotechnol, 2011, 151 (2): 180-185.

[62] Qin RY, Li YF, Zhang LT, et al. The effect of salinity shock on the growth and rapid light curve of *Dunaliella salina* [J] . Aquac Res, 2021, 52 (6): 2569-2579.

[63] Ramos A, Coesel S, Marques A, et al. Isolation and characterization of a stress-inducible *Dunaliella salina* Lcy-*β* gene encoding a functional lycopene *β*-cyclase [J] . Appl Microbiol Biotechnol, 2008, 79 (5): 819-828.

[64] Ramos AA, Marques AR, Rodrigues M, et al. Molecular and functional characterization of a cDNA encoding 4-hydroxy-3-methylbut-2-enyl diphosphate reductase from *Dunaliella salina* [J] . J Plant Physiol, 2009, 166 (9): 968-977.

[65] Raya I, Mayasari E, Natsir H. Effect of Fe^{2+} and Mn^{2+} addition on growth and *β*-carotene production of *Dunaliella salina* [J] . J Physi: Conference Series, 2018, 979 (1): 012012 (9pp) .

[66] Reshma R, Chitra Devi K, Dinesh Kumar S, et al. Enhancement of pigments production in the green microalga *Dunaliella salina* (PSBDU05) under optimized culture condition [J] . Bioresource Technology Rep, 2021, 14 (prepublish): 100672.

[67] Saha S K, Moane S, Murray P. Effect of macro- and micro-nutrient limitation on superoxide dismutase activities and carotenoid levels in microalga *Dunaliella salina* CCAP 19/18 [J] . Bioresource Technology, 2013, 147: 23-28.

[68] Santos A, Vieira A, Helena L, et al. Optimisation of the biological treatment of hypersaline wastewater from *Dunaliella salina* carotenogenesis [J] . J Chem Tech & Biotech , 2001, 76 (11): 227-236.

[69] Seunghye P, Yew L, Eonseon J. Comparison of the responses of two *Dunaliella* strains, *Dunaliella salina* CCAP 19/18 and *Dunaliella bardawil* to light intensity with special emphasis on carotenogenesis [J] . Algae, 2013, 28 (2): 203-211.

[70] Srinivasan R, Kumar V A, Kumar D, et al. Effect of dissolved inorganic carbon on beta-carotene and fatty acid production in *Dunaliella* sp. [J] . Appl Biochem Biotechnol, 2015, 175 (6): 2895-2906.

[71] Sui YX, Vlaeminck SE. Effects of salinity, pH and growth phase on the protein productivity by *Dunaliella salina* [J] . J Chem Technol Biot, 2019, 94 (4): 1032-1040.

[72] Tafreshi AH, Shariati M. Pilot culture of three strains of *Dunaliella salina* for *β*-carotene production in open ponds in the central region of *Iran* [J] . World J

Microbiol Biotechnol，2006，22（9）：1003-1006.
［73］Tirado DF，Calvo L. The Hansen theory to choose the best cosolvent for supercritical CO_2 extraction of beta-carotene from *Dunaliella salina*［J］. J Supercrit Fluid，2019，145：211-218.
［74］Tran D，Haven J，Qiu WG，et al. An update on carotenoid biosynthesis in algae：phylogenetic evidence for the existence of two classes of phytoene synthase［J］. Planta，2009，229：723-729.
［75］Wilson PDG，Hilton MG，Waspe CR，et al. Production of 13 C-labelled *β*-carotene from *Dunaliella salina*［J］. Biotechnol Lett，1997，19（5）：401-405.
［76］Wu Z，Dejtisakdi W，Kermanee P，et al. Outdoor cultivation of *Dunaliella salina* KU 11 using brine and saline lake water with raceway ponds in northeastern Thailand［J］. Biotechnol Appl Biochem，2017，64（6）：938-943.
［77］Xi YM，Kong FT，Chi ZY. ROS Induce *β*-carotene biosynthesis caused by changes of photosynthesis efficiency and energy metabolism in *Dunaliella salina* under stress conditions［J］. Front Bioeng Biotechnol，2021，8：613768.
［78］Xi YM，Wang JH，Xue S，et al. *β*-carotene production from *Dunaliella salina* cultivated with bicarbonate as carbon source［J］. J Microbiol Biotechnol，2020，30（6）：868-877.
［79］Yamaoka Y，Takimura O，Fuse H，et al. Effect of glutathione on arsenic accumulation by *Dunaliella salina*［J］. Ecotoxicol Environ Saf，1999，13（2）：150-160.
［80］Ye ZW，Jiang JG. Analysis of an essential carotenogenic enzyme：*ζ*-carotene desaturase from unicellular alga *Dunaliella salina*［J］. J Agric Food Chem，2010，58（21）：11477-11482.
［81］Zhu QL，Zheng JL，Liu J. Transcription activation of *β*-carotene biosynthetic genes at the initial stage of stresses as an indicator of the increased *β*-carotene accumulation in isolated *Dunaliella salina* strain GY-H13［J］. Aquat Toxicol，2020，222：105472.
［82］Zhu YH，Jiang JG，Yan Y，et al. Isolation and characterization of phytoene desaturase cDNA involved in the beta-carotene biosynthetic pathway in *Dunaliella salina*［J］. J Agricul Food Chem，2005，53（14）：5593-5597.
［83］安茜，周雅莉，宋亚楠，等. 杜氏盐藻LYCB基因克隆及在盐胁迫下的表达分析［J］. 山西农业大学学报（自然科学版），2018，38（10）：18-24.
［84］蔡明星，姜建国，任悦. 日采收量与培养液回流对盐藻生长的影响［J］. 食品科技，2006，31：22-24.
［85］陈倩. 杜氏盐藻番茄红素*β*-环化酶全长cDNA的克隆和序列分析［D］. 广州：华南理工大学，2007.

[86] 陈镇，杨明德，党杰，等. 一种从杜氏盐藻中提取类胡萝卜素和食用甘油的方法：中国，CN200710120704.2[P]. 2008-01-23.
[87] 杜彩华. 细菌对盐藻SZ-05生长影响及盐藻敌害生物防治[D]. 保定：河北大学，2007.
[88] 高政权，孟春晓，罗韬，等. 乙烯利对盐藻生物量与物质积累的影响[J]. 黑龙江畜牧兽医（上半月），2010，12：1-3.
[89] 龚一富，李军，袁鑫，等. 一种盐生杜氏藻β-胡萝卜素微胶囊及其制备方法：中国，CN103005458A[P]. 2012-12-20.
[90] 韩玉谦，徐莎莎. 超临界CO_2萃取盐藻中β-胡萝卜素的初步研究[C]//第五届全国超临界流体技术学术及应用研讨会论文集. 北京：中国化工学会，2005：161-164.
[91] 洪利亚，徐仰仓. 两种碘盐对杜氏盐藻生长和生物富碘作用的影响[C]//中国藻类学会第八次会员代表大会暨第十六次学术讨论会论文摘要集. 2011：85.
[92] 惠伯棣，张艳，叶珊. 盐生杜氏藻软胶囊中β，β-胡萝卜素几何异构体组成的测定[J]. 食品科学，2008，29（6）：284-287.
[93] 姜建国，陈浩宏，吴芳纯，等. 基于杜氏藻代谢途径的番茄红素高产工程菌及其构建方法与应用：中国，CN201910665392.6[P]. 2019-11-29.
[94] 姜建国，姚汝华. 盐生杜氏藻生长及β-胡萝卜素累积的动力学过程[J]. 水生生物学报，1998，22（4）：393-395.
[95] 姜建国，叶志伟. 基于杜氏盐藻代谢途径的β-胡萝卜素工程菌及构建方法：中国，ZL201110008946.9[P]. 2012-10-31.
[96] 姜建国，朱跃辉. 编码杜氏盐藻八氢番茄红素脱氢酶的基因：中国，CN200510033238.5[P]. 2005-09-21.
[97] 姜建国，陈浩宏，谢红，等. 基于杜氏藻代谢途径的β-胡萝卜素高产工程菌及其构建方法与应用：中国，CN201910665228.5[P]. 2019-11-26.
[98] 姜建国，姚汝华. 盐生杜氏藻生长及β-胡萝卜素累积的动力学过程[J]. 水生生物学报，1998，22（4）：393-395.
[99] 康燕玉，谢文玲，高亚辉，等. 不同浓度NaCl和光照强度对杜氏藻体内β-胡萝卜素含量的影响[J]. 植物生理学通讯，2006，42：315-318.
[100] 李淑清，索全伶，杨伟. 吉兰泰杜氏盐藻中类胡萝卜素的分析和鉴定[J]. 天然产物研究与开发，2000，12（6）：56-60.
[101] 李秀霞，励建荣，李娇，等. 杜氏盐藻β-胡萝卜素提取皂化工艺参数优化研究[C]//中国食品科学技术学会第十届年会暨第七届中美食品业高层论坛，南京，2013：2.
[102] 李悦明，邹宁，徐建春，等. 一种杜氏盐藻的优化培育方法：中国，CN201510675754.1[P]. 2015-12-30.
[103] 李子兴，孙煜，刘志学，等. 外源*ble*基因在杜氏盐藻中的瞬时表达[J]. 实验生物学报，2005，38（5）：411-416.

［104］刘安军，郑捷，辛乃宏，等. 用无机碱提取盐藻中的β-胡萝卜素的方法：中国，CN201110030657. 9［P］. 2013-09-25.
［105］刘明河，王培磊. 碳源对盐生杜氏藻（*Dunaliella salina*）生长及其β-胡萝卜素积累的影响［J］. 食品研究与开发，2006，27（7）：10-13.
［106］娄素琳，朱秀兰，曾志勇，等. 盐藻microRNAs高通量测序和生物信息学分析［J］. 深圳大学学报（理工版），2018，35（4）：331-333.
［107］罗光宏，杨宋琪，王丽娟，等. 一种杜氏盐藻的优化培育方法：中国，CN110283727A［P］. 2019-09-27.
［108］罗光宏，张喜峰，王丽娟，等. 超声辅助亲水疏水双相系统制备微藻β-胡萝卜素的方法：中国，CN110156655B［P］. 2021-01-12.
［109］吕芳芳. 影响杜氏盐藻β-胡萝卜素合成的因素［D］. 合肥：安徽农业大学，2008.
［110］吕和鑫，崔相敢，贾士儒，等. 一种杜氏盐藻海水高密度培养基及培养方法：中国，CN201410679681.9［P］. 2015-03-04.
［111］孟春晓，高政权，王依涛，等. 2，4-D对盐藻生物量与物质积累的影响［J］. 黑龙江畜牧兽医（上半月），2010，9：1-3.
［112］牟春琳，郝晓华，刘鑫，等. 类胡萝卜素细胞工厂——杜氏藻养殖研究进展［J］. 海洋科学进展，2010，28（4）：554-562.
［113］孙杰，庄惠如，高如承，等. 不同激光辐照对盐生杜氏藻生长及β-胡萝卜素累积的影响研究［J］. 激光生物学报，2007，16（1）：68-73.
［114］孙协军，李秀霞，励建荣，等. 杜氏盐藻β-胡萝卜素提取皂化工艺参数优化［J］. 中国食品学报，2014，14（11）：90-95.
［115］唐玲，武彦文，欧阳杰. β-胡萝卜素生产方法研究进展［J］.食品研究与开发，2009，30（1）：169-171.
［116］滕景琪，孟吉春，夏树海. 从盐藻中浸取胡萝卜素的方法：中国，ZL91105076. 0［P］. 1997-12-31.
［117］王慧谧. 紫外线对杜氏盐藻生理状态及β-胡萝卜素累积的影响［D］. 青岛：中国海洋大学，1997.
［118］王计平，安茜，段露露，等. 杜氏盐藻番茄红素ε-环化酶基因DsLYCE表达载体构建及其在烟草中瞬时表达分析［J］. 山西农业大学学报（自然科学版），2020，40（2）：54-59.
［119］王蕾. 杜氏藻中β-胡萝卜素及甾醇的研究［D］. 呼和浩特：内蒙古大学，2014.
［120］王培磊，刘明河，张学成，等. 不同氮源对盐生杜氏藻生长和细胞生化组成的影响［J］. 海洋湖沼通报，2007a，1：44-51.
［121］王培磊，刘明河，张学成，等. 盐生杜氏藻对不同氮源吸收规律的比较研究［J］. 海洋水产研究，2007b，28（6）：56-60.
［122］王培磊，袁子懿. 盐度对盐生杜氏藻生长及其色素积累的影响［J］. 水产科学，2009，28（2）：71-74.

[123] 王培磊，张学成，孟振，等. 乙酸对两种杜氏藻生长和细胞生化组成的影响[J] . 海洋科学，2005，29（6）：22-27.
[124] 王培磊，张学成，孟振. 两种杜氏藻对硝酸盐利用模型的比较研究[J] . 海洋湖沼通报，2006（4）：113-120.
[125] 王培磊. $NaNO_3$对两种杜氏藻生长及色素积累的影响[J] . 食品研究与开发，2012，33（8）：65-69.
[126] 王培磊. 一种盐生杜氏藻快速培养方法：中国，CN201410680313，6 [P] . 2015a-04-01.
[127] 王培磊. 一种盐生杜氏藻中微量元素含量测定方法：中国，CN201410648082.0[P] . 2015b-03-11.
[128] 王婷，冯佳，谢树莲. 培养条件对杜氏藻β-胡萝卜素含量的影响[J] . 食品工业科技，2014，35（24）：177-181.
[129] 王婷. 山西运城盐湖杜氏藻培养条件的优化[D] . 太原：山西大学，2015.
[130] 吴玉龙，杨明德，林飞，等. 从杜氏盐藻中提取类胡萝卜素和液化制生物燃油的方法：中国，CN200910238784.0[P] . 2013-12-04.
[131] 席一梅，殷亮，迟占有，等. 重离子辐照对盐生杜氏藻的诱变效应及光合响应机制[J] . 辐射研究与辐射工艺学报，2020，38（5）：34-41.
[132] 徐贵义，吴锡海，孙树琪，等. 天然胡萝卜素的制备方法：中国，CN95115709.4[P] . 1999-12-29.
[133] 徐仰仓，洪利亚. 杜氏盐藻累积有机碘的养殖方法：CN201110314357. 3 [P] . 2012a-02-15.
[134] 徐仰仓，钟韵山，王晓燕，等. 碘酸钾对盐藻药效成分及功效的影响[C] //首届全国方剂组成原理高峰论坛论文集，2012b：1-7.
[135] 晏露，姜建国，刘冠楠，等. 盐藻番茄红素β-环化酶全长cDNA的克隆及结构分析[J] . 现代食品科技，2010，26（3）：218-221.
[136] 杨雪梅. 培养密度和培养液“老化”对盐藻生长和β——胡萝卜素累积的影响[J] . 海洋科学，1996，6：39-44.
[137] 姚晓彤. 铜胁迫下海藻糖对盐生杜氏藻生长和色素积累的影响[J] . 资源开发与市场，2013，29（8）：790-791，813.
[138] 伊力哈木 · 乃扎木，阿不都拉 · 阿巴斯. 营养元素对盐藻养殖及β-胡萝卜素产率的影响[J] . 食品科学，2007，28（9）：430-432.
[139] 尹航，龚一富，俞凯，等. 绿色杜氏藻类胡萝卜素羟化酶基因家族分子特征及胁迫表达分析[J] . 农业生物技术学报，2019，27（2）：269-279.
[140] 袁生，秦怀兰，虞光华，等. 盐藻的收集与β-胡萝卜素的提取方法：中国，ZL92107782. 3[P] . 1997-04-30.
[141] 张新建，张慧，赵延福，等. 一种利用亚临界流体从盐生杜氏藻中提取β-胡萝卜素的方法：中国，CN105646313A[P] . 2016-06-08.
[142] 张学成，孟振，时艳侠，等. 光照、温度和营养盐对三株盐生杜氏藻生

长和色素积累的影响［J］. 中国海洋大学学报（自然科学版），2006，36：754-762.
［143］章丽，龚一富，刘晓丹，等. 外源MeJA胁迫对盐生杜氏藻生理生化特性的影响［J］. 生物学杂志，2013，30（3）：38-42，47.
［144］赵艳霞. 经空间诱变的盐生杜氏藻SZ-05生物学特性研究［D］. 保定：河北大学，2007.
［145］郑维发，杜彩华，陈才法，等. 盐藻的培养方法：中国，CN200610113359.5［P］. 2010-05-12.
［146］周鸣谦，刘云鹤，陈超声波强化提取杜氏盐藻中β-胡萝卜素工艺的研究［J］. 食品研究与开发，2012，33（12）：54-57.
［147］朱帅旗，龚一富，刘浩，等. 葡萄糖诱导绿色杜氏藻转录组及相关通路差异分析［J］. 中国生物化学与分子生物学报，2015，31（8）：857-865.
［148］朱松玲，王怡洁. 盐度变化对杜氏盐藻的游离氨基酸和脂肪酸含量的影响［J］. 海洋科学，2005，29（3）：8-11.

第五章　盐藻脂质的研究

由于盐藻富含油脂，且富含 ω-3 等多不饱和脂肪酸，同时具有生长迅速、分布广泛、不占耕地、耐受恶劣环境等独特的优点，因此，了解盐藻脂质的研究现状，对于开发再生清洁能源及新型营养保健食品 / 药品等具有重要意义。

第一节　盐藻脂质含量与组成

盐藻的脂质成分多样，除了开发生物燃料，还可利用其所含的大量多不饱和脂肪酸生产功能性产品，作为替代食物。因此，盐藻中的脂质有很高的商业价值（Abomohra，2020）。

一、盐藻脂质含量

（一）盐藻藻油的含量

微藻细胞的藻油含量较高，有的藻株藻油含量甚至高达细胞干重的 50% 以上（王培磊，2006；梁秀芝，2007），其主要成分包括棕榈酸、油酸、亚油酸、亚麻酸等。但不同种类的微藻藻油含量差别较大，其中盐藻、小球藻和螺旋藻的藻油含量分别为 17.69%、11.64% 和 6.36%；其油酸值分别为 12.64mg KOH/g、9.80mg KOH/g 和 17.65mg KOH/g；生物油的热值（HHV）分别为 36.07MJ/kg、35.00MJ/kg 和 37.01MJ/kg（孙协军，2012）。

（二）盐藻脂肪酸类含量

不同门类微藻的脂肪酸组成差异较大，盐藻中不饱和脂肪酸的含量占 65%，饱和脂肪酸含量占 35%（Fakhry，2013）。其中，单不饱和脂肪酸的含量在扩大培养的前两天会略有下降，之后逐步增加；多不饱和脂肪酸含量在对数生长期逐步增加积累，进入稳定生长期后则逐渐下降，稳定生长期的含量明显低于对数生长期；饱和脂肪酸含量在对数生长期降低，在稳定生长期时的含量最低，之后开始明显提高（廖启斌，1999）。而专供生产 β- 胡萝卜素的盐藻和巴氏杜氏藻中的极性脂和糖脂含量及其组分也有差异，盐藻中糖脂和极性脂的含量分别为 28% 和 42%，而巴氏杜氏藻中分别为 40% 和 24%（Vanitha，2007）。

二、盐藻脂质的组成及检测

（一）盐藻脂质的组成

不同门类的微藻，甚至同一门类的微藻在不同的培养条件下其细胞中脂质的含量和组分也有差异，且不同的研究者在检测时分类标准不同，因此，已有的报道对脂类的描述不尽相同。有研究将盐藻和巴氏杜氏藻中的脂类分为极性脂质和中性脂质，极性脂质主要由磷脂酰甘油、磷脂酸、磷脂乙醇胺、磷脂酰胆碱和磷脂酰甘油组成，中性脂质则主要由单甘油酯、双甘油酯和二甘油酯-三甲基丝氨酸组成（Vanitha，2007）。在盐藻的脂质组成中，细胞有机物质超过 50%，其中超过 30% 的脂类成分由碳氢化合物组成，其余的脂类包括大量的色素碳氢化合物，以及至少六种固醇衍生物、六种磷脂、两种糖脂、一种硫脂和许多其他尚未完全鉴定的成分（Tornabene，1980）。盐藻中脂肪酸的主要组分为棕榈酸、油酸、亚油酸和亚麻酸等（孙协军，2012；王铭，2006），其中亚麻酸含量较高，占总脂肪酸的 60.9%；藻油中的 C/H 值均较高，可达 7.35。

也有研究对不同盐度下盐藻脂质的含量进行了分析。Peeler 等检测了 1.7mol/L NaCl 条件下培养的盐藻细胞脂质成分，游离固醇（主要包括麦角固醇和 7- 脱氢多孔固醇）占质膜总脂质的 55%，磷脂酰乙醇胺占 20.6%，二酰基甘油三甲基高丝氨酸占 7.9%，磷脂酰胆碱占 6.0%，另外还有肌醇磷脂等组成部分。而当盐胁迫程度增加至 3.4mol/L NaCl 时，二酰基甘油三甲基高丝氨酸的浓度和质膜脂肪酸饱和度增加，固体醇的相对浓度变化不大。当盐胁迫程度降低（0.85mol/L NaCl）时，各种成分变化不大（Peeler，1989）。Al-Hasan 等同样研究了培养基盐度变化时盐藻细胞中脂质的情况，但其检测的结果有所不同，研究显示细胞中主要脂质类别为单半乳糖二酰基甘油、双半乳糖二酰基甘油、硫基喹啉二酰基甘油和磷脂酰甘油。当培养基的盐度增加时，细胞总脂质含量降低，但细胞中的亚麻酸在总脂类和半乳糖脂类中的比例（18：3）和棕榈油酸在磷脂酰甘油中的比例（16：1）会出现大幅度增加（Al-Hasan，1987）。

（二）脂质检测方法

检测盐藻中脂类的含量、组成及代谢过程通常是盐藻脂类研究的主要内容。盐藻细胞的脂质测定方法有很多，部分检测方法也是脂质提取的重要方法。目前常用的检测方法主要有索氏提取法、有机溶剂提取法、尼罗红荧光染色法、傅里叶变换红外光谱法等。

1. 索氏提取法

索氏提取法作为一种传统油脂提取方法，测定微藻总脂含量较准确。但是所需试剂和样品量大，样品干重须达到 500mg 左右，且提取时间长，提取后具体检测方法参见本章第四节（陈昱，2007）。

2. 有机溶剂提取法

有机溶剂提取法因其操作简单、成本较低，是微藻细胞脂质测定最普遍的方法。其中氯仿甲醇法以氯仿、甲醇、水三种成分的组成溶剂，把包括结合态脂类在内的全部脂类物质提取出来。该方法数据可靠，最为常用。但有机溶剂提取法有操作耗时、所需样品量大、用于提取的溶剂有毒易污染环境等缺点。

3. 尼罗红荧光染色法

尼罗红是一种亲脂性的噁嗪类荧光染料，当与脂类物质三酰甘油、蜡脂等结合后，在 543nm 激发波长下，可显示强烈的发射波长为 598nm 的橘红色荧光。因此，活体细胞经尼罗红染色后，发出的荧光强度与细胞内中性脂含量相关。通过荧光分光光度计或者酶标仪测定其荧光值，可得出脂质的相对含量。此法不需要提取油脂，直接对活体细胞进行染色即可，操作简单，灵敏度高，所需样品少，但易受环境等因子影响，重复性较差（郝翠翠，2017）。有研究利用流式细胞技术和尼罗红染色技术结合的方法，快速测定盐藻相对脂肪酸含量和不饱和指数。这种技术分析种内变异没有明显的失真现象，且饱和脂肪酸 / 单不饱和脂肪酸 / 多不饱和脂肪酸比值则可由相对极性和中性脂质组成进行间接估算（Héctor，2012）。

4. 其他方法

除了上述方法，傅里叶变换红外光谱法、苏丹黑染色法、铜试剂法及超临界 CO_2 流体提取法等也可用于测定微藻细胞的脂质含量（班剑桥，2013）。盐藻的脂质代谢过程可以通过［^{14}C］棕榈酸、［^{14}C］油酸或［^{14}C］月桂酸对盐藻细胞进行脉冲标记，通过高效液相色谱技术追踪许多单分子物种的放射性运动进行观察（Cho，1987）。

三、筛选高脂藻株

微藻中的脂质含量虽然相对其他植物较高，但目前仍无法满足将其作为生物柴油或其他脂类商品来源的需求。通过优化藻类的培养环境提高藻类的脂产率是行之有效的方法。但若能从根本上改变藻株的特性提高脂产率，再结合培养条件的优化，效果将更为显著。目前，高脂藻株的筛选方法主要为从原生藻株中筛选和诱变原始株得到高脂藻株两类。部分高脂藻株见表 5-1。

表 5-1　部分高脂藻株一览表

高脂藻株	株号	总脂（占干重）/%	参考文献
线形菱形藻	NY023	22.59	班剑桥，2013
盐藻	NY017	22.67	
镰形纤维藻	NY002	26.27	
谷皮菱形藻	NY025	27.49	
牟氏角毛藻	NY029	30.09	
小球藻	A16	14.0	梁译之，2013a；2013b
盐藻	A001	25.5	
巴氏杜氏藻	HL-1	21.1	陈昱，2008
巴氏杜氏藻	HL-2	20.5	

（一）谷皮菱形藻 NY025、盐藻 NY017 和线形菱形藻 NY023

采用微挑法、平板分离法等将从山西省汾河流域、运城盐湖等采集的水样中的微藻分离纯化，得到 17 株绿藻、9 株硅藻、2 株隐藻，1 株裸藻。将 29 个藻株同从淡水藻种库购得的 2 株绿藻和 1 株硅藻扩大培养，进行高脂藻株的筛选。32 株微藻的生长量采用干重法进行测定。微藻的总脂含量与中性脂含量采用氯仿甲醇法和尼罗红荧光染色法进行测定。对藻株的总脂产率进行综合评价，筛选出 3 株有生产生物柴油潜力的藻株，分别为山西省 NY017 盐藻、NY023 线形菱形藻和 NY025 谷皮菱形藻。三种藻类每天油脂产率分别为 3.25、3.03、2.11mg/L；油脂含量分别为 22.67%、22.59%、27.49%。其中谷皮菱形藻用两种脂质测定方法均显示具有较高的脂质含量。因此，以谷皮菱形藻为研究对象，通过优化其培养条件进一步提高其油脂产率。最终确定该藻株生长及中性脂积累的最适温度均为 20℃，生长的最适光照强度为 4000lx，中性脂的积累最适光照强度为 5000lx。所需的最适营养条件氮和磷浓度相同，分别为 80mg/L 和 120mg/L，而硅含量为 100mg/L 时生长最好，硅含量为 50mg/L 时中性脂积累量最高（班剑桥，2013）。

（二）小球藻 A16 和盐藻 A001

采用单细胞分离和血球计数法，从海水小球藻和盐藻中筛选出小球藻 M4 藻株和盐藻 M02 作为诱变原始株。利用 30W 紫外灯在垂直距离 15cm 处照射 20min 进行紫外线诱变，并在添加低浓度石油的培养液中进行培养，分别获得耐石油污染的紫外诱变优势株小球藻 A16 和盐藻 A001。在石油浓度为 1.5~10.0μg/mL 的培养液中，2 个藻株均能有效降解带共轭双键的烃类化合物，降解率分别为 25.3%~35.5% 和 17.9%~24.0%，芳烃降解率分别为 22.1%~30.2% 和 18.7%~26.2%。其中在石油浓度为 3.5μg/mL 时，两种微藻对带共轭双键的烃类化合物和芳烃的降解效率最大，小球藻 A16 的降解能力略好于盐藻 A001；且在该浓度下，两种微藻的胞内油脂含量均最高，分别占细胞干重的 14.0% 和 25.5%，分别是对照组的 1.5 倍和 1.2 倍（梁译之，2013a；2013b）。

（三）巴氏杜氏藻 HL-1 和 HL-2

采用紫外线照射法对巴氏杜氏藻 H-42 进行诱变，最终得到高脂突变株 HL-1（简称 HL-1）和高脂突变株 HL-2（简称 HL-2）。检测其脂含量发现 HL-1 和 HL-2 脂含量分别可达细胞干重的 21.1% 和 20.5%，比对照分别提高了 31.9% 和 28.1%。通过室外养殖实验发现，在养殖过程中，培养液的 pH、盐度以及微生物含量的变化均不影响盐藻的正常生长，细胞的生物量和脂含量均有较高的产出。通过热裂解反应可将 HL-1 和 HL-2 转化为生物油和可燃气等可再生生物能源，最终所获的生物质能源的总产率较高，分别可达 76.9% 和 73.3%（陈昱，2008）。

第二节　影响盐藻脂质产量的因素

提高盐藻的脂质含量是盐藻脂质工业化、商业化应用的关键。然而，影响盐藻脂质产量的因素有很多，通过探究不同营养条件对盐藻脂质含量的影响，以进一步使众多影响因素产生协同效应，可有效的提高盐藻产脂率。

一、培养基成分

（一）盐度

盐藻对盐度有较高的耐受力，盐度变化会使细胞做出一系列反应进行应对，如油脂含量的变化。研究显示，在 5%~25% 的盐度范围内，通过逐步盐度适应策略，盐藻 KSA-HS022 氧化应激降低，显示出较高的脂质生产率，其脂肪酸甲酯产量最高；当盐度逐级升高至15%可增强其开发为生物柴油的特性；这为在异常盐度水平下提高生物柴油生产提供了新途径（Abomohra，2020）。

（二）缺氮

虽然不同的藻株所需的最适条件各不相同，但在氮缺乏的条件下，中性脂的含量增加是一个共性特点。利用傅里叶变换红外光谱（FTIR），在2926cm^{-1}红外光谱信号下测定盐藻细胞的脂质含量。结果表明，在培养温度为26℃的条件下，氮耗竭样品的脂质含量比氮充足的样品多78%，说明氮胁迫可促进脂质形成。然而，氮耗竭会导致细胞生长速率变慢，总细胞量减少，所以总脂含量反而降低（Liu，2013；Gao，2013）。通过检测盐藻藻株YC-011的ω-6脂肪酸去饱和酶2（FAD2）的表达情况也证明了这一点。FAD2为一种膜结合型酶蛋白，多数定位于内质网。在多不饱和脂肪酸合成的过程中，FAD2作为第一个关键性酶可催化油酸形成亚油酸。在氮胁迫条件下，盐藻中FAD2的表达上调。在氮胁迫第8天时，FAD2的表达量比对照组增加2.8倍，也说明氮胁迫可促进不饱和脂肪酸的形成（宋亚楠，2018）。针对硬角藻和盐藻（Gao，2013）及产自智利北部阿塔卡玛盐湖的盐藻SA32007（Arias-Forero，2013）的研究也有类似的结果，这些藻株在缺氮条件下脂类含量均增加。所不同的是，盐藻SA32007甘油三酯的刺激和积累存在限氮阈值（N/P=14/1），当低于该限氮阈值时，甘油三酯则不会积累，且甘油三酯含量与总脂质含量和最大细胞数不成正比（Arias-Forero，2013）。

相对于其他研究，对巴氏杜氏藻突变株HL-1的研究较为深入。不仅研究了氮浓度变化对盐藻脂质含量的影响，还对比研究了对不同种类氮源对盐藻脂质含量的影响。研究发现，尿素和硝态氮均是很好的氮源，而高浓度铵氮则对细胞有致死作用。在缺氮条件下胞内则可积累大量脂滴，脂类含量高达52.3%。通过观察$NaNO_3$、尿素、$NaHCO_3$、葡萄糖等四因素对HL-1生长和脂类产量的影响。结果显示，细胞生长密度和脂类含量达到最高时所需的培养条件不同。在$NaNO_3$、葡萄糖、尿素和$NaHCO_3$的浓度分别为6、1、4、15mmol/L时细胞密度最高，而在浓度分别为6、1、5、5mmol/L时脂类产率最高。在众因素中，$NaHCO_3$和$NaNO_3$浓度的影响最大。脂含量在微藻生长过程并非持续增长，而是先减少，进入稳定期后开始增加（钱领，2012）。

（三）缺磷

盐藻细胞的生长和脂质含量受氮、磷浓度的影响显著，在推荐氮、磷浓度

（0.88mmol/L $NaNO_3$，0.036mmol/L $NaH_2PO_4 \cdot H_2O$）、推荐氮浓度的一半（0.44mmol/L $NaNO_3$）和推荐氮磷浓度均为一半（0.44mmol/L $NaNO_3$，0.018mmol/L $NaH_2PO_4 \cdot H_2O$）的条件下，盐藻的生长干重随氮磷浓度的降低而降低，最高分别为 0.911、0.755、0.615g/L。含油量呈相反的趋势，分别为（5.88 ± 0.85）%、（7.81 ± 1.10）%、（10.50 ± 1.30）%。在无磷、无氮无磷和对照条件下，盐藻含油量最高分别为 24.86%、22.85% 和 5.88%。该结果与氮缺乏对细胞脂质的影响一致。上述结果显示，在无磷条件下培养时，盐藻细胞中油脂含量最高（Almutairi，2020）。

（四）培养基中营养成分

通过单因素实验分析 NaCl、pH、柠檬酸铁、培养方式、葡萄糖、锌离子、氮等因素对盐藻油脂和生长的影响情况。结果表明，最适合油脂积累的单因素条件：80g/L NaCl、pH 7.5、10g/L 葡萄糖、柠檬酸铁、100mg/L 锌离子、半连续缺氮、多次添加培养液方式培养（盐藻接种于 100mL 培养基中，之后每 7d 添加 50mL 新鲜培养基，最终达到 200 mL）。最适合盐藻生长的条件和积累类胡萝卜素的培养条件除了 pH（pH 7 积累类胡萝卜素最多，pH 8 盐藻生物量最大）有差别外，其他均相同。具体为：80mol/L NaCl、15mol/L 葡萄糖、柠檬酸铁、100mg/L 锌离子、半连续缺磷、多次添加培养液方式培养。综合考虑盐藻积累油脂和类胡萝卜素的含量，通过多策略联合协同作用筛选出培养盐藻的最佳方案。具体方法：在初始培养液中添加 100mg/L 锌离子，采用多次添加培养液的方式培养，培养 20d 后采用半连续氮缺失继续培养盐藻 2d，然后进行收集。通过该方法，盐藻的生物量比对照组提高了 31.2%，油脂比对照组提高了 76.5%（姚杰，2015）。也有研究显示最适合巴氏杜氏藻 H-42 的高脂突变株 HL-1 和 HL-2 生长的培养条件：5mmol/L 氮含量、28℃温度、15000lx 光照、1.5mol/L 盐度；最适合盐藻脂类积累的培养条件：1mmol/L 氮含量、33℃温度、25000lx 光照强度、0.5mol/L 盐度（陈昱，2008）。和上述结果不同，有研究显示，盐藻在完全剥夺氮和完全剥夺营养时可获得最高的脂质含量［（54.15 ± 2.71）%］（Gao，2013）。由此可见，不同藻株、甚至是同一藻株脂含量高的最佳培养条件均可能具有很大差异。

二、光照

光照对盐藻脂质含量影响的研究相对较少。有研究者对蓝色光和红色光对盐藻脂质含量进行研究发现，相较于白光，单色蓝光可使细胞中脂质和蛋白质的含量分别提高了 35% 和 17%，但对盐藻的生长没有显著的促进作用。当将单色红光和蓝光组合混合照射时，对盐藻生长和细胞的脂质含量均有很大的促进作用，其中在单色红光与蓝光比为 4 ：3 时效果最佳，可使盐藻脂质生产能力提高 35.33%(郁彬琦,2021)。Bredda 等也研究单色光对盐藻脂质含量的影响，所不同的是该团队应用的是蓝光和绿光。结果发现，当 65% 蓝光和 35% 绿光组合进行混合照射时，可使盐藻的脂质含量高达 50.89%，主要包含的脂肪酸为油酸（36.52%）和棕榈酸（18.31%）。虽然相对于白光，单色光或单色光组合可有效提高油脂含量，但是相对于常规培养，增加了培养成本，对于大规模生产有一定限制（Bredda，2020）。

三、低温

在环境胁迫条件下，盐藻细胞的细胞器易于快速完整地分离，故特别适合用于研究植物细胞膜间的脂质动力学。以盐藻藻株 UTEX 1644 为受试藻株，研究细胞膜脂质组成的代谢调节。结果显示，对数期的盐藻细胞从 30℃培养条件下冷却到 12℃时，盐藻细胞停止分裂，约 100h 后细胞开始以较慢的速度逐渐恢复至对数期；而且，与 30℃条件下培养的微藻细胞相比，细胞的磷脂、糖脂和蛋白质含量均升高约 20%，叶绿体膜的数量增加了 20%，细胞体积和微粒体膜材料的含量均增大 2.8 倍；叶绿体和微粒体磷脂脂肪酸不饱和现象增加，但磷脂类的相对比例没有变化；叶绿体双乳糖基双甘酯相对于单乳糖基双甘酯的比例显著增加，而在任一糖脂类内脂肪酸分布及磷脂变化均不大（Lynch，1982）。将细胞微粒体膜分离，转移到 12℃下 12h，对主要脂类的脂肪酸进行分析。结果显示，转移到低温下的最初 12h 内，磷脂酰胆碱（PC）的脂肪酸组成未发生变化，而磷脂酰甘油（PG）和磷脂酰胆碱胺（PE）却发生显著变化，但这些变化并未增强亚油酸去饱和现象。12h 后，所有磷脂中亚麻酸的比例增加。对磷脂分子种类进行分析发现，仅 PE 和 PG 的几种分子在低温后产生最直接的变化，其中 PE 的变化包括 C30 种类的减少和 C34、C36 种类的增加。同时，低温胁迫的初始变化涉及某些分子种类的离散变化，且在低温胁迫下分子种类发生进一步改变，似乎通过增加酰基链去饱和化作为在低温胁迫下修饰膜性能的一种手段（Lynch，1984a）。将细胞移入 12℃低温后分析叶绿体磷脂酰链组成和磷脂分子种类组成的变化发现，在移入低温的 36h 内，磷脂酰链的组成无明显改变；在 36~60h，PG 的酰基链组成明显改变，而 PC 的酰基链组成在 60h 后才发生变化，与 C18 酰基链配对的一条饱和链（16 ：0）种类减少，两条不饱和

C18 酰基链的种类增加（Lynch，1984b）。将盐藻微粒体和叶绿体的脂质差异标记后，在非放射性培养基中培养 16h，脂质从其他细胞器缓慢转移到叶绿体。而将培养温度降至 12℃，叶绿体中甘油酯的合成抑制较微粒体更强。因此，推测叶绿体利用微粒体脂质的能力可能是其系统适应低温的必要条件（Norman，1985）。

四、色温

色温是一种温度衡量方式，可表示光线中所包含颜色成分，其所包含的电磁辐射和光谱是藻类产生脂类和碳水化合物的决定性因素。有研究显示，6500K、10000K 和 20000K 三个色温对微藻生物质的影响不同。在 20000K 固定相中，盐藻中碳水化合物含量最高（25%），产量可达 38mg/L；在 10000K 的固定相中，脂质含量最高（80%），可达最大值 523mg/L；但在 6500K 的培养条件下，生产的脂质品质更好（Pavón-Suriano，2018）。其中脂质含量和脂质品质最佳的色温条件并不相同，探索使盐藻产出产量高且品质好的油脂的最佳色温条件是下一步研究的方向之一。

五、细胞浮力密度

细胞浮力密度的高低与盐藻油脂及淀粉含量也有关系。有研究发现，采用连续浮力梯度离心法（CBDGC）进行重复，经过 60 次的超亲分离实验可以将野生型和甲基磺酸乙酯诱变的盐藻细胞浮力密度显著降低或升高的细胞群隔离开。分别测定他们脂质和淀粉的含量发现，野生型和诱变型的浮力密度低的盐藻细胞脂质含量较高，均可增加 2 倍左右；而浮力密度高的细胞，脂质变化不显著，淀粉的含量则增加近 2 倍，推测细胞浮力密度能影响盐藻细胞脂质含量（Hathwaik，2015）。

六、微重力

微重力可作为培养盐藻的一个胁迫因素，影响细胞的代谢特性，从而最终影响盐藻中脂质的含量。通过倾斜实验模拟地面微重力，在该条件下培养的盐藻细胞其甘油含量、H^+ 的分泌速率、磷脂酰肌醇蛋白聚糖酶活性均增加，而质膜磷脂与磷脂酰肌醇蛋白聚糖比例的降低，推测微重力对盐藻细胞的影响引起了水分胁迫的二次激活（Hu，1998）。

七、链霉菌提取物

研究发现，在培养基中加入 1mg/mL 环状链霉菌（*Streptomyces anulatus*）的提取物，盐藻的细胞密度和脂肪酸的含量均有增加，其中细胞密度增加到未加提取物时的 2.1 倍（Cho，2012）。

八、利用餐厨垃圾

盐藻可以利用纯有机碳源进行混合营养培养，但纯有机碳源增加了养殖成本，制约了微藻规模化养殖的发展。因此，可利用酶解法将黄腐酸加入低价值食物垃圾中进行盐藻混合营养培养。首先从选定的食物垃圾中通过酶解得到富含葡萄糖的水解物作为微藻培养的有机碳来源，然后通过黄腐酸的作用最大限度提高盐藻的生物量［（3.1 ± 0.2）g/L］、脂含量［（0.75 ± 0.03）g/L］和类胡萝卜素含量［（0.52 ± 0.03）g/L］。而且，经该方法得到的盐藻油脂符合生物柴油质量标准。因此，该方法可作为一种可持续、高效的以藻类为基础的食物垃圾生物炼制战略，用于联合生产生物能源和生物活性化合物，解决全球食物垃圾和以藻类为基础的资源利用问题（Wang，2021）。

第三节　盐藻脂膜代谢动力学

盐藻由于没有细胞壁，因此在 NaCl 的渗透胁迫下，其第一反应是吸水膨胀或失水收缩，经过约 2h 的代谢调整期后，能基本恢复到原始的体积。在这个过程中，通过甘油循环代谢调节胞内甘油浓度使细胞内外达到渗透平衡，以适应和耐受盐度变化。在不同盐度条件下长期培养盐藻，其单细胞甘油的积累量随盐度的增加或降低而增加或降低，细胞甘油含量也可快速增加或降低，以适应低渗或高渗休克（Chen，2009；Chen，2011a）。同时，采用核磁共振波谱（NMR）技术测定盐藻细胞膜的甘油扩散通透性发现，在 17℃条件下，相对两个对照即猪红细胞膜和鸡蛋卵磷脂囊泡，盐藻细胞膜的渗透性异常低。当温度在 50℃以上时，膜渗透性发生变化，导致甘油迅速渗出，并伴随细胞死亡（Brown，1982）。这些均说明在 NaCl 胁迫下，盐藻细胞的适应力和甘油密切相关。

一、甘油代谢途径

盐藻的甘油代谢通路与酵母基本相似（图 5-1）。在盐胁迫下，盐藻细胞内的淀粉被水解成葡萄糖，葡萄糖经糖酵解途径转化成五碳结构的果糖 -1，6- 二磷酸。果糖 -1，6- 二磷酸在果糖 -1，6- 二磷酸醛缩酶（FBPA）作用下，转变成三碳结构的磷酸二羟丙酮。磷酸二羟丙酮在甘油 -3- 磷酸脱氢酶（GPDH）作用下脱氢生成甘油 -3- 磷酸，再在甘油 -3- 磷酸 - 磷酸酶（GPP）作用下脱磷酸生成甘油。随着盐胁迫的解除，二羟丙酮还原酶（DHAR）和二羟丙酮激酶

（DHAK）或甘油激酶（GLYK）和 GPDH 将甘油转化成磷酸二羟丙酮。然后在 FBPA 等酶作用下反向进入糖酵解途径生成细胞所需的葡萄糖，为盐藻细胞再次进入快速生长发育提供糖源（赵丽娜，2011）。在上述代谢过程中，甘油和淀粉在不同的条件下可以相互转化。

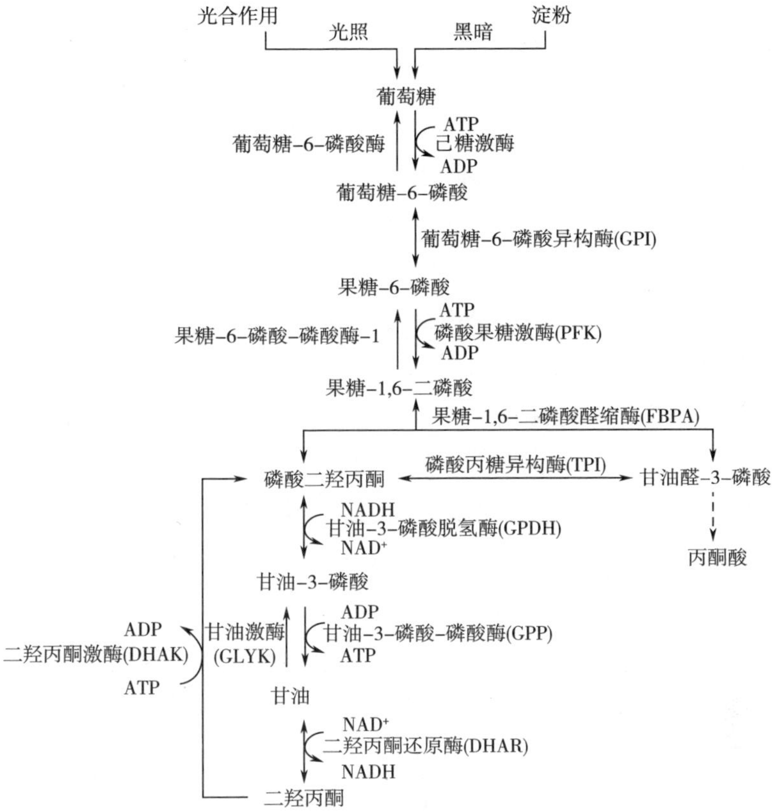

图 5-1　甘油代谢途径

有研究证实，氰化钾（呼吸链细胞色素电子传递链抑制剂）和水杨基羟肟酸（呼吸链细胞交替氧化酶抑制剂）对盐藻渗透调节过程中的呼吸、甘油和淀粉含量的变化有不同程度的抑制。低渗时通过呼吸链和交替氧化酶途径提供能量将甘油转化为淀粉，高渗时由光合电子链（光照条件）或呼吸链（黑暗条件）提供能量使葡萄糖（光照条件）或淀粉（黑暗条件）降解为甘油。该研究也进一步证实了代谢过程甘油和淀粉之间的相互转化关系（李红萍，1994）。因此，若促进淀粉合成代谢或抑制淀粉分解代谢，会导致盐藻淀粉含量增加；而当抑制淀粉合成代谢或促进淀粉分解代谢时，会导致盐藻脂质含量增加（刘军立，2018）。

二、影响甘油代谢的相关因素

（一）甘油代谢途径的酶

甘油 -3- 磷酸脱氢酶、3- 磷酸甘油磷酸酶、二羟基丙酮还原酶和二羟基丙酮激酶是甘油代谢途径的关键酶。在盐度胁迫下，这些酶活性都受到不同程度的影响。连续盐胁迫下，NaCl 对上述 4 种酶的活性都有不同程度的刺激作用。在高渗或低渗冲击处理时，只有甘油醛 -3- 磷酸脱氢酶（G3PDH）活性受到显著刺激，是盐藻甘油代谢循环对渗透胁迫的应急响应。随着盐度的进一步变化，其他 3 种酶也开始响应渗透胁迫。这 4 种酶共同激活循环代谢途径，以维持细胞对甘油的需求和对渗透胁迫环境的适应（Chen，2012）。当然，在甘油代谢途径中除了这 4 种关键酶，也有其他的酶参与甘油的代谢。

1. 甘油 -3- 磷酸脱氢酶

甘油 -3- 磷酸脱氢酶（GPDH）是甘油循环中的第一个酶，在其催化下将磷酸二羟基丙酮（DHAP）转化为甘油 -3- 磷酸（G-3-P）。一般认为，G3PDH 驱动的甘油 -DHAP 循环途径是调节渗透冲击下甘油水平的限速酶，在甘油循环过程中起重要的调节作用（Cai，2013；He，2020）。G3PDH 全长 2100 bp，编码 699 个氨基酸，分子质量为 76.6u（Cai，2013）。G3PDH 有 5 个同工酶，G3PDH-1，2，3，4，5，其中 G3PDH-2 主要在中高盐度下发挥作用，而其他 4 种同工酶在低盐度下发挥作用（Chen，2009）。G3PDH 有 3- 磷酸甘油脱氢酶（GPD）和 3- 磷酸甘油磷酸酶（G3PP）两个功能域。GPD 功能域酶活性的最适温度为 37℃，最适 pH 为 10.0；G3PP 功能域酶活性的最适温度 50℃，最适 pH 为 7.0。两个功能域催化过程中没有协同效应。代谢产物甘油可竞争性抑制该酶 GPD 功能域，而对于 G3PP 功能域是反竞争性抑制。同时，不同盐浓度对 GPD 的活性也有影响，低浓度的 NaCl（0.05mol/L）对其活力略有保护作用，高浓度 NaCl（0.15mol/L、0.5mol/L）对其有一定的抑制作用，且能加快酶的失活，而且盐浓度越高该效应越明显。该酶在含 0.5mol/L NaCl 条件下保存 2d 活力全部丧失（徐辉，2006；孙晓菲，2007）。G3PDH 基因的表达水平与 NaCl 浓度呈显著负相关，但低渗或高渗震动处理 2h 后，G3PDH 基因的表达水平与 NaCl 浓度无显著性关系（蔡马，2013）。

2. 3- 磷酸甘油磷酸酶和二羟丙酮还原酶

3- 磷酸甘油磷酸酶（G3PP）可催化甘油 -3- 磷酸为甘油，而二羟丙酮还原酶（DHAR）则可催化二羟丙酮转化为甘油，同时还可逆向催化甘油转化为二羟丙酮。当 G3PP 的活性或 DHAR 正向催化的活性增加时，细胞中甘油的生成量则会增加，反之降低。在高渗胁迫条件下，G3PP 和 DHAR 催化甘油生成的活性明显提高，使盐藻细胞中甘油含量迅速增加；而低渗胁迫条件下，G3PP 的活性丧失，同时 DHAR 催化甘油转化为二羟丙酮（逆反应）的活性增加，二者共同导致细胞内甘油含量迅速降低（周丽，2006a）。两种酶在高渗和低渗胁迫下的催化作用均可受外源性 Ca^{2+} 的影响。在高渗胁迫下，外源性 Ca^{2+} 可提高这两种酶活性，促进甘油生成，从而增加盐藻细胞内甘油含量；同时，还可减缓高渗胁迫引起的盐藻生长初期的延滞。低渗胁迫下，外源性 Ca^{2+} 提高 DHAR 催化甘油转化为二羟丙酮（逆反应）的活性，使胞内的甘油含量降低，同时对低渗胁迫下盐藻生长初期的延滞也有减缓作用。上述作用也通过外源乙二醇双（2-氨基乙基醚）四乙酸（EGTA）和 La^{3+} 处理下获得的结果而得到了进一步的验证。因此，可认为 Ca^{2+} 的内流影响渗透胁迫下盐藻细胞甘油代谢酶的活性，从而调控胞内甘油含量变化，参与盐藻渗透胁迫调节过程。但外源 Ca^{2+} 也导致盐藻细胞的早衰退，说明 Ca^{2+} 对盐藻细胞具有双重作用（周丽，2006b）。

3. 二羟丙酮激酶

二羟丙酮激酶（DHAK）是盐藻的甘油代谢通路的关键酶之一。其以 Mg^{2+}-ATP 为底物，可特异性催化二羟基丙酮转化为二羟磷酸丙酮，在甘油的渗透调节机制也发挥着重要作用。由于该酶不稳定，因此需要特殊的保存才能保持酶的活性。甘油和蔗糖有较好的抗酶失活的作用，–20℃条件下，把纯化的 DHAK 储存在 2mol/L 甘油 /5mmol/L 三（羟甲基）甲基氨酸（Tricine）（pH 7.5）/0.3mol/L NaCl 中，酶的活性可完好保持两个月（Lerner，1980）。

4. 乳酸脱氢酶

乳酸脱氢酶（LDH）也是糖酵解过程中的关键性酶之一，可参与渗透胁迫下甘油的代谢过程。该酶热稳定性低，在缺乏辅酶 NADH①的情况下不稳定。其与 NADH 的亲和力受酸碱度影响很大，在 pH 6~8 的生理区间内，随 pH 升高而下降，当 pH 高于 8 时，NADH 几乎不与 LDH 结合。高渗休克引起盐藻细

① NADH：烟酰胺腺嘌呤二核苷酸还原态的还原型辅酶Ⅰ。

胞质 pH 增加，导致 LDH 与 NADH 的亲和力下降。糖酵解途径的末端反应被终止，从而使 NADH 在甘油合成循环中发挥最大作用，促进细胞内甘油的积累；而随着甘油的积累和细胞内酸碱度的中和，LDH 的作用逐渐稳定，为恢复完整的糖酵解循环创造了条件。LDH 在高渗环境中的变化与在高渗透胁迫条件下甘油快速合成的一致性，证实 LDH 参与盐藻渗透胁迫响应（Saburova，2000）。

5. 磷酸果糖激酶

高渗胁迫下，淀粉通过糖酵解途径迅速降解并产生甘油来平衡外界渗透压的变化，保持细胞活性（张弛，2013）。高渗休克诱导盐藻磷酸果糖激酶（PFK）被激活，引起果糖 -6- 磷酸的减少和果糖 -1，6 - 二磷酸的增加。而在渗透缺陷突变体中，高渗休克后，出现相反的变化，即葡萄糖 -6- 磷酸或磷酸葡萄糖酸盐增加，而葡萄糖 -6- 磷酸脱氢酶和磷酸葡萄糖酸脱氢酶的活性显著降低。说明磷酸果糖激酶参与高渗休克过程，结合戊糖 - 磷酸化途径在甘油氧化还原中发挥作用，提示 PFK 是调节甘油生成的重要检查点酶（Chitlaru，1991；张弛，2013）。

6. 磷脂酶 C

磷脂酶 C（PLC）是肌醇磷脂代谢过程中的一个重要的酶，其可将磷脂酰肌醇 4，5- 二磷酸（PIP_2）降解为三磷酸肌醇（IP_3）。低渗震动可诱导盐藻 PLC 短暂活化，使 PIP_2 降解生成 IP_3，从而导致细胞肌醇磷脂磷脂酰肌醇 4- 磷酸（PIP）和 PIP_2 含量的快速下降，而 IP_3 的含量瞬时升高；而且在低渗震动刺激下，细胞 PIP 和 PIP_2 含量的快速下降和 IP_3 水平的瞬时增加均发生于低渗震动 2~3min 之内，早于甘油的大量快速转化时间。该过程可通过 PLC 的抑制剂新霉素的效应得以证实，新霉素可抑制低渗过程中 PIP 和 PIP_2 含量的下降及 IP_3 含量的升高，也同时抑制了甘油的快速转化。虽然新霉素也是蛋白质合成的抑制剂，但由于低渗震动中信息物质的变化很迅速，新霉素可能主要是作为 PLC 的抑制剂而发挥作用。因此，质膜 PLC 的活化很可能将渗透震动信号与甘油转化的生理过程相偶联。而 G 蛋白活化剂黄蜂毒素同样可刺激 IP_3 含量的升高，说明在低渗震动过程中 G 蛋白可能也被激活，G 蛋白和 / 或 PLC 参与到了低渗震动的调节过程中。由此推测 PLC 促使甘油快速转化可能的过程为：低渗震动信号—G 蛋白—PLC—IP_3—甘油转化的刺激—反应偶联过程。低渗震动开始时，盐藻细胞表面积和体积的增加，可能改变了质膜的理化特性和膜相或钠或钾等的通透性。活化 G 蛋白和 / 或 PLC，引起第二信使 IP_3 和 1，2- 二酰甘油（DAG）水平的短暂升高，使胞质 Ca^{2+} 水平增加。激活 Ca^{2+}-CaM 系统或 Ca^{2+} 依赖的蛋白激酶或蛋白激酶 C（PKC），进而可能使甘油和淀粉相互转化过程中的关键酶因磷酸化修饰而活化，促使甘油转化为淀粉，降低细胞内渗透势，从而适应低渗环境（陈思学，1996）。

（二）离子

1. Ca^{2+}

当细胞外盐度突然降低或升高时，细胞内 Ca^{2+} 浓度迅速升高，但若用钙通道阻滞剂 $LaCl_3$、维拉帕米或钌红进行预处理，则可抑制 Ca^{2+} 浓度升高。同时，经钙通道阻滞剂预处理后，低渗或高渗胁迫对盐藻中甘油含量和甘油 -3- 磷酸脱氢酶活性的影响也有不同程度地被抑制。说明盐度变化引起的盐藻渗透反应过程中，Ca^{2+} 通过钙通道内流是渗透信号转导所必需的（Chen，2011b）。

2. Na^+

Na^+ 在渗透调节中的作用存在很多争议。采用 ^{23}Na-NMR 结合 Na^+ 移位试剂三聚磷酸镝络合物测量活细胞和组织中的 Na^+ 含量和通量，不需要将盐藻细胞从外部介质中分离出来，也不会破坏细胞的结构，避免了细胞外介质中 Na^+ 的影响，最大限度的减小了实验误差。经该方法测量发现，盐藻细胞内 Na^+ 最高浓度在 90mmol/L 左右，远低于细胞外环境中的 Na^+ 浓度，且胞内的 Na^+ 浓度不随细胞外盐度的变化而变化（Bental，1988）。该结果和 Brown 等的研究结果相一致，盐藻细胞内 Na^+ 浓度为（88 ± 28）mmol/L，且当培养基中 NaCl 的浓度在 0.1~4.0mol/L 范围变化时，细胞内 Na^+ 浓度和细胞体积不变（Brown，1982）。因此，可能不同于 Na^+ 在多数动植物细胞渗透平衡调节中的作用，Na^+ 以其他作用机制参与到盐藻的渗透胁迫响应过程。同时还发现，随着培养基中盐度的增加，细胞内钠的弛豫速率增加，与甘油存在时胞内的渗透性平行，表明 Na^+ 和甘油在细胞体积内是共同分布的（Bental，1988），该结果也证实了上述推测。

3. K^+

虽然没有直接证据显示 K^+ 和盐藻的渗透胁迫响应过程有关，但因为 K^+、Na^+、Ca^{2+} 之间会发生相互影响，因此 K^+ 和盐藻的渗透胁迫响应也有一定关系。盐藻细胞对 K^+ 和 Ca^{2+} 的摄取分别是由 K^+ 载体和 Ca^{2+} 载体介导，细胞膜上的 H^+-ATP 酶提供了驱动力进行的。两种载体有明显的不同，K^+ 载体对 Na^+、Li^+ 和胆碱（+）具有高度选择性，但对 Rb^+、K^+、Cs^+ 和 NH_4^+ 没有选择性；而 Ca^{2+}

载体对 Mg^{2+} 具有高度选择性，能够被 La^{3+} 和 Cd^{2+} 特异性的阻断（Pick，1986a）。采用阳离子交换柱分离法可测定盐藻细胞内阳离子含量，在 1~4mol/L NaCl、5mmol/L K^+ 和 0.3mmol/L Ca^{2+} 条件下，盐藻细胞内 Na^+、K^+、Ca^{2+} 的平均浓度分别为 20~100mmol/L、150~250mmol/L 和 1~3mmol/L。盐藻细胞具有有效的 Na^+ 清除和 K^+ 积累机制，与 Na^+ 浓度相似，细胞内的 K^+ 浓度也受到严格调控。当细胞外的 K^+ 在 0.5~10mmol/L 的范围内变动时，细胞内 K^+ 浓度可保持相对恒定。检测发现在 1~4mol/L NaCl 条件下，盐藻细胞内的钾盐和钠盐各占细胞总渗透压的 20% 和 5%。若培养基中严重缺乏 K^+，则会导致细胞内 K^+ 的流失和 Na^+ 的增加，可能导致细胞出现其他一系列变化，从而引发细胞功能的异常（Pick，1986b）。

（三）氢化作用

氢化是通过将细胞与均相加氢催化剂钯二（亚氮酸单磺酸钠）$Pd(QS)_2$ 的氢化物形式在 1 个 H_2 条件下培养 2min 或更短时间来完成的。由于 $Pd(QS)_2$ 渗透入活细胞的速度慢于从盐藻膜脂质体中提取的脂质体的速度，所以其在体内的反应性有限。因此，通过该方法进行氢化，只能减少位于质膜和细胞表面附近的其他膜中的脂肪酸。虽然盐藻完全不受氧化的、不活泼的催化剂的影响，但是细胞在氢化后依然停止生长约 12h，且在此期间，氢化酰基链被该酶催化还原为原始的不饱和形式。当脂质组成接近其氢化前值时，细胞的生长逐渐恢复，推测这可能是由于膜功能恢复的原因（Vigh，1988）。

三、盐胁迫相关的其他因素

在盐胁迫下，虽然甘油对盐藻渗透平衡的维持起着重要作用，但细胞膜内、外离子的交换、细胞膜蛋白的变化、无机碳摄取等其他多种因素也参与了该过程。响应渗透胁迫过程中细胞产生的一系列变化，可使盐藻细胞在胁迫下能够稳定的存活。Katz 等在盐胁迫下对盐藻质膜蛋白质组进行研究发现，膜蛋白发生整合或浓度变化的有 30 多种。涉及离子转运蛋白、脂质代谢过程中的通路蛋白、热休克蛋白、膜表面外壳蛋白等较广范围，甚至一些功能未知的膜蛋白也发生了变化；这些蛋白的变化可能和渗透胁迫下膜结构的稳定及渗透调节信号通路之间均有着密切关系（Katz，2007）。在盐藻相应盐胁迫的过程中，参与的因素很多，这些基因通过表达量的变化以响应盐胁迫，而且各个因素之间可能存在联系。下面将已报道的与渗透响应有关的蛋白质、酶及代谢过程的变化进行分别阐述。

（一）质膜变化

将盐藻培养基的 NaCl 浓度从 1.71mol/L 提高到 3.42mol/L，引起高渗性休克，盐藻细胞的体积和胞内的细胞器体积迅速减小近 1/3。在细胞体积减少时，质膜进行折叠，其质膜总表面积保持不变，但细胞核、叶绿体和线粒体的质膜通过与内质网的膜融合而缩小了表面积，而低渗休克后质膜表面积显著增加。在上述过程中，内质网是高渗透胁迫下多余膜的储存库，也是低渗胁迫细胞器的膜供体（Einspahr，1988b）。

（二）酶的变化

1. 质膜腺嘌呤核苷三磷酸（ATP）酶

盐藻在极端压力条件下，也能从渗透冲击中恢复。但质膜 ATP 酶的特异性抑制剂已烯雌酚（DES）或钒酸盐可以完全抑制盐藻从渗透冲击中恢复。细胞既不能合成甘油，也不能恢复到原来的体积。由于质膜 ATP 酶是已知的唯一能被已烯雌酚和钒酸盐同时抑制的酶，说明质膜 ATP 酶的活性对于盐藻从高渗休克中恢复是必不可少的（Oren-Shamir，1989）。在对盐藻在高渗休克后的超极化研究也证实了这一点。盐藻在高渗休克后，质膜迅速超极化，盐藻的这种超极化在电击大约 30min 后恢复到静息电位。钒酸盐（ATP 酶的特异性抑制剂）可降低盐藻的静息质膜电位，推测静息电位主要由盐藻的质膜 ATP 酶产生。钒酸盐同样可抑制高渗休克后的超极化，说明高渗休克后的瞬时超极化是 ATP 酶的瞬时激活导致的。因此，质膜 ATP 酶的激活可能是盐藻渗透调节的触发因素（Oren-Shamir，1990）。

多种因素可影响质膜 ATP 酶的活性，起促进作用的因素有 $MgCl_2$、$CaCl_2$、KCl 和高渗震动。其中，$MgCl_2$ 和 $CaCl_2$ 浓度与 ATP 酶的活性呈正相关，但较高浓度时则产生轻微的抑制作用。KCl 在 100mmol/L 以下时，对 ATP 酶活性的促进作用与浓度呈正相关，100mmol/L 时达最大；浓度高于 100mmol/L 时则产生显著的抑制效应。对 ATP 酶的活性有抑制作用的物质除了上述的钒酸钠和已烯雌酚，还有二环已基碳二亚胺（DCC）和乙基马来酰亚胺（NEM）。而 NaN_3、$NaNO_3$、$NaMoO_4$ 和 KCN 对质膜 ATP 酶的活性影响不大（杜延茹，1999）。针对盐藻中 H^+-ATP 酶的研究也证明 ATP 酶在渗透胁迫下发挥作用。从盐藻中获得 P-type ATP 酶的互补 cDNA（*DSA8*），同源性分析证实其为 H^+-ATP 酶与双目艮杜氏藻（*Dunaliella bioculata* Butcher）H^+-ATP 酶同源性大于 90%。当培养液中 NaCl 的浓度增加，*DSA8* 基因的表达明显降低。而此过程中 Ca^{2+}-

ATP 酶并未下降，说明 NaCl 浓度增加的高渗胁迫导致 H^+-ATP 酶表达降低；然而，当用甘油引起的渗透压升高时，*DSA8* 基因的表达也出现下降。因此认为，盐藻质膜 H^+-ATP 酶基因表达的变化是受渗透压的调节影响而产生的，并非是 NaCl 浓度的调节（Masato，1996）。

2. 蛋白激酶 PK74 和 PK40

盐藻经高渗透休克后，有两种蛋白激酶被快速瞬时激活，一种是在渗透休克后几秒内被激活的，为 40u 激酶（PK40）；另一种在休克后几分钟被激活，为 74u 激酶（PK74）。经亚细胞分离显示，PK40 是一种可溶性酶，而 PK74 是定位于富含质膜的微粒体的一种膜相关蛋白。PK40 和 PK74 均无须钙离子辅助即可使组蛋白在苏氨酸残基处磷酸化。在盐藻细胞被热休克和细胞质酸化时，PK40 被激活，而 PK74 并未被激活。推测 PK74 可能是一个新型的 MEK1 激酶，可通过渗透诱导质膜结构变化而激活的（Edith，1997）。

3. 促有丝分裂活化蛋白激酶

促有丝分裂活化蛋白激酶（MAPK、DsMPK）是广泛存在于真核生物中的丝氨酸 / 苏氨酸（Ser/Thr）蛋白激酶，影响细胞的增殖和分化、介导激素反应、胞外环境胁迫信号感应和胞内胁迫调节（岳文静，2015）。MAPK 级联通路在盐藻生长及盐胁迫响应中表达量发生变化，通过调节其他物质而间接发挥作用。在温度、盐度、紫外线和氧化反应等众多胁迫下，盐藻细胞 DsMPK 的表达均受到抑制；且除低盐胁迫外，各种非生物胁迫也导致了 DsMPK 在磷酸化修饰水平也受到抑制。进一步研究发现，DsMPK 的磷酸化水平与生长速率有一致性，说明该酶为调控生长相关的 MAPK（雷高鹏，2011）。同时，Zhao 等的研究发现盐藻的 MAPK 基因（DtMAPK）调节 3- 磷酸甘油脱氢酶（GPDH）基因的表达及甘油的合成，证明该酶确实在渗透调节中发挥着重要作用（Zhao，2015）。Tang 等发现盐藻的 DsMEK1（MAPK 激酶的一种）的可变剪接 DsMEK1-X1 和 DsMEK1-X2 均位于细胞质中，通过两种不同的途径响应盐胁迫；在盐胁迫下，DsMEK1-X1 表达增加导致脯氨酸含量升高，丙二醛（MDA）含量降低，同时 DsMEK1-X1 还能够调节氧化应激，减少了氧化损伤。而 DsMEK1-X2 则通过调控盐胁迫下 DsGPDH 的表达和甘油过表达来适应盐胁迫（Tang，2020）。也有研究分析盐藻 MAPK 的互作蛋白，共筛选出 165 种特有的差异蛋白。其参与了新陈代谢、遗传信息的传递以及信号转导等生物学调控过程，且有 4 种和 MAPK 发生相互作用的可能性较高（岳金荣，2020）。但遗憾的是，至今未找到 MAPK 通路与盐藻耐盐机制关联的直接证据。

4. 碳酸酐酶

碳酸酐酶（CA）是一种非常重要的酶，对 CO_2 的供应起着关键作用，其含量的高低直接影响盐藻细胞的光合作用过程，从而影响细胞的正常生存。研究发现，在盐胁迫下，该酶的含量也发生变化。将在 3% 盐度下培养超过两年的盐藻移入 0.5%~2% 盐度环境中，细胞 CA 活性及其基因表达明显降低（Liu，2012）。盐藻 CA 有 N 端和 C 端两个串联结构域，N 端结构域不具有催化活性，仅 C 端结构域具有活性，而且 C 端结构域的活性随着盐浓度的增加而增加。这同盐藻 CA 在广泛的盐浓度内的活性变化趋势一致。但 C 端结构域的二级结构和三级结构并不随着盐浓度的增加而发生明显变化，仅活性中心结构逐渐松弛，从而增加了 C 端结构域活性中心的活力，提高了盐藻 CA 的活性（杨爽，2011）。进一步研究发现，当盐度降低为 0.5%、1% 甚至 2% 时，细胞内 ROS 含量显著增加。结合 H_2O_2 处理的数据，盐度可能是影响 CA 酶活性和基因表达水平的因素之一。而且随着活性氧产量的增加和 CA 活性的降低，PS Ⅰ 的有效量子效率和光合产氧速率受到显著抑制。因此推测，低渗透胁迫可诱导盐藻产生 ROS，从而抑制 CA 酶活性和表达水平，用于适应盐度变化时细胞内的功能改变（Liu，2012）。

5. 抗氧化酶

盐藻细胞中过氧化氢（H_2O_2）含量随盐度的增加而增加，在 5.0mol/L NaCl 浓度时达最大值。而抗氧化酶——SOD 活性在 1.0mol/L 和 2.0mol/L 盐浓度下显著升高，此后出现显著下降。与 SOD 不同，过氧化氢酶活性随盐度的升高而降低；然而，与 0.5mol/L 盐浓度相比，2.0~5.0mol/L 盐浓度下过氧化氢酶活性没有显著降低。而在 4.0mol/L 和 5.0mol/L 盐度（相比于 1.0mol/L 盐度）观察到显著下降。抗坏血酸过氧化物酶活性在 2.0mol/L 盐胁迫下同时降低，此后在不同盐浓度（0.5~5.0mol/L NaCl）下生长的细胞无显著变化。推测抗氧化酶和 H_2O_2 清除系统具有保护盐胁迫的短期适应机制，可以保护藻类免受盐诱导的氧化损伤（Mishra，2011b）。

（三）蛋白质的变化

1. Na^+/H^+ 反向转运蛋白

盐藻 Na^+/H^+ 反向转运蛋白在维持胞内 Na^+ 稳定的过程中发挥着重要的作用。该转运蛋白 Na^+ 结合位点的结构与大多数 Na^+/H^+ 逆向转运体的特异性顺序相反，有分子质量 50u 和 / 或 30u 的两个多肽亚基。通过抗阿米酰胺抗体的免疫检测、加入 Na^+ 竞争抑制剂 2′ - 甲氧基 -5′ - 硝基苯甲酰胺（NMBA）或光标记，均可在纯化的质膜囊泡中将这两个多肽标记出来，且标记后的多肽与苯偶酰之间有竞争关系。由于苯偶酰为阿米酰胺胍基上的疏水性取代的类似物，是盐藻质膜吸收 Na^+ 的最有效抑制剂，抑制作用强于 5- 氨基取代基抑制剂。因此证明该 50u 和 / 或 30u 的多肽是盐藻质膜逆向转运体的亚基（Katz，1994）。

2. p150 蛋白

盐藻质膜上 p150 蛋白是目前光合生物体中首次发现的类似转铁蛋白的蛋白质，其分子质量为 150u，可参与铁摄取。与具有两个内部重复序列的动物转铁蛋白不同，p150 蛋白包含三个内部重复序列和一个带酸性氨基酸簇的 COOH 末端。在完整的细胞中，p150 被链蛋白酶降解，表明该蛋白质暴露在细胞外。在盐藻外部盐度增加时，质膜 p150 蛋白的水平也增加。因此，在盐藻对渗透胁迫的响应过程中，该蛋白质可能通过提高高盐度下铁的可利用性，从而维持细胞功能正常（Fisher，1997）。

3. 热休克蛋白 90

热休克蛋白 90（HSP90）是一个在原核生物和真核生物中高度保守的分子伴侣，对各种生长条件下的细胞活力至关重要。HSP90 被认为是真核细胞信号网络和蛋白稳态的枢纽，可与多种蛋白质相互作用，参与信号转导、细胞迁移、热休克反应和渗透胁迫反应等生理过程。盐藻的 HSP90（dsHSP90）属于胞质 HSP90a 家族，是一种具有 ATP 酶活性的耐盐性胞内蛋白（Wang，2012）。有研究显示，dsHSP90 的活性、折叠和 dsHSP90 ATP 酶的活性对盐度的依赖性较弱，且高盐度对 dsHSP90 的 Gibbs 自由能变化影响不大。因此认为，dsHSP90 蛋白的耐盐性可能在对抗高渗或低渗休克期间短暂的胞内盐波动中发挥作用（Chen，2015）。与已被研究的 HSP90As 二级结构的比例相似，dsHSP90 作为二聚体存在，其中包含 21 个外显子和 20 个内含子，比其他植物的 HSP90 基因复杂得多。通过克隆的基因组 DNA 序列分析表明，dsHSP90 的启动子区包含推测的顺式应激响应元件和转录因子的结合位点，可响应热休克和盐胁迫。进一步的实验研究证实，热休克和盐休克均可使 dsHSP90 在盐藻细胞中快速上调，可能是盐藻细胞应对环境胁迫的早期响应系统的一个组成部分（Wang，2012）。

4. p60 蛋白

p60 蛋白是位于盐藻质膜上一个分子质量为 60u 的蛋白质。改变盐藻生长环境中 NaCl 或甘油浓度时，该蛋白的表达量会发生不同程度的改变。随着培养液中盐度的增加，p60 蛋白的含量显著增加，而当 NaCl 被等渗甘油取代时，p60 的蛋白含量仅略有增加。从低盐到高盐或从高甘油到等渗透培养基转移后，盐藻细胞暂时停止生长，其生长恢复过程与 p60 的增加过程几乎一致。盐对 p60 的诱导作用、高浓度盐条件下 p60 积累与恢复生长的相关性以及质膜定位表明，p60 可能在高盐条件下发挥离子稳态作用，但也有可能是其他不同类型的功能（Fisher，1994），目前尚无其他相关证据。

（四）代谢因素变化

1. 磷酸肌醇代谢

磷脂酰肌醇（PI）、磷脂酰肌醇 4- 磷酸（PIP）和磷脂酰肌醇 4，5- 二磷酸（PIP_2）统称为肌醇磷脂，分别占盐藻磷脂摩尔数的 14.8%、1.2% 和 0.3%，在分离的质膜组分中，PIP 和 PIP_2 高度浓缩，含量比例增加至质膜磷脂摩尔数的 9.5%。但这些磷脂在质膜磷脂含量较少。在正常培养条件下，将 ^{32}Pi 引入生长培养基，5min 内盐藻中的肌醇磷脂和磷脂酸（PA）超过 75% 的脂结合标记，说明其代谢非常迅速。突然低渗休克后 2min 内，PIP_2 和 PIP 水平分别降至对照组的 65% 和 79%，PA 上升到控制值的 141%（Einspahr，1988a）；在高渗休克后 4min 内，PIP_2 的水平上升约 1.3 倍，PA 的质量下降约一半；10min 内，磷脂酰胆碱的流通增加 2.5 倍，溶血磷脂酰胆碱的质量增加了 2 倍，溶血磷脂质量增加 4 倍，游离脂肪酸含量上升到对照组的 124%。这些数据表明，多磷酸肌醇的快速代谢可能介导了细胞形态和生理变化，使其能够在剧烈的低渗压力下生存（Einspahr，1988a；1988b）。

2. ATP 和多聚磷酸盐

惰性聚合物琼脂糖可容纳高浓度的细胞，同时还可完全控制细胞外的环境，故用琼脂糖珠捕获盐藻，可使盐藻细胞在正常生长条件下保持增殖能力。利用核磁共振测量细胞中的磷酸盐和碳代谢产物的变化不会损伤细胞，并发现细胞稳定且代谢活跃，而且能响应环境变化。当盐藻细胞遭受黑暗渗透休克后，盐藻细胞 ATP 水平和多聚磷酸盐的含量降低。而低渗休克后，ATP 和聚磷酸盐含量增加，长聚磷酸盐被分解为更短、移动度更好的聚合物（Bental，1990a）。因此，盐藻细胞中的 ATP 和多聚磷酸盐可能也参与了盐藻高渗胁迫过程的调节。

3. Pi 水平

磷酸甘油是盐藻细胞中由光合作用或糖酵解产生的常见代谢物，其决定了碳流动是朝着可溶性细胞质代谢物（主要是甘油）还是叶绿体淀粉的合成方向前进。在盐藻中，Pi/ 磷酸三糖穿梭控制甘油 -P 在叶绿体和细胞质之间的分配，而 Pi 的浓度变化可调节蔗糖和淀粉之间的碳流动，在调节淀粉和甘油代谢中起主要作用（Bental，1990b）。Pi 的吸收与 Na^+ 的内流有关，由 Na^+/ 阴离子共体介导，并由 Na^+ 驱动，Pi 的吸收与 Na^+ 的化学计量流入比例为 1：1，若消耗生长介质中的磷酸盐或硫酸盐则可分别诱导钠摄取速率增加 20 倍或 2.5 倍（Weiss，2001）。

（五）其他

1. 蛋白酰化

盐藻中存在一系列酰化蛋白，这些酰化蛋白由于脂肪酸通过酰基链共价附着修饰蛋白质而成，且蛋白质的酰化模式可被培养基中 NaCl 的含量所改变。在 1.7mol/L NaCl 培养基中，培养的细胞中蛋白连接酰基 80% 为肉豆蔻酸（14：0）；在 3.0mol/L NaCl 培养基中，培养的细胞中肉豆蔻酸可占 93%，而剩余的蛋白质结合酰基链大部分为棕榈酸和硬脂酸。因此，在中等（1.7mol/L NaCl）盐中生长有利于 48u 多肽的酰化，而在高盐（3.0mol/L NaCl）中生长利于 17u 多肽的酰化，而且约 99% 酰基链不被碱裂解。这些不同的蛋白质酰基化速率可能和甘油的生成相关（Stephenson，1989）。

2. 色素蛋白复合体家族

捕光复合物Ⅱ（LHC Ⅱ）的组分为色素蛋白复合体家族（LHCB）。在类囊体膜中，LHC Ⅱ可进行光能的吸收和传递，维持类囊体膜的结构，调节激发能在 PS Ⅰ和 PS Ⅱ之间的分配产生光保护。同时也对各种环境变化适应发挥作用（文韬，2011）。盐能引起 LHC Ⅱ发生磷酸化，且不同于光转换依赖质体醌池氧化还原态的方式。这种磷酸化在电子阻断剂存在的情况下，盐引起的磷酸化仍不受影响（Wollman，1984）。在持续低盐条件下，*lhcb3* 基因蛋白表达量的总体趋势是降低的。其在 0.5h 时有所升高，之后一直下降，至 6h 时的表达量最低，然后又有所恢复。mRNA 的表达水平与蛋白表达水平变化总趋势基本一致。高盐引起了 *lhcb* 基因家族 mRNA 表达量和蛋白表达水平的升高，可能是盐藻适应不同浓度盐环境胁迫的不同反应（文韬，2011）。另外，盐藻 PS Ⅰ构象变化（Caspy，2020）、类囊体膜蛋白磷酸化（文韬，2011）等也可能是盐藻应对高盐度的一种机制。

四、渗透胁迫相关基因和蛋白筛选

利用系统生物学方法找出一些盐胁迫相关基因，包括自由基诱导细胞死亡1蛋白（RCD1）、丝裂原活化蛋白激酶13（MAP3K13）、长链酰基辅酶A合成酶（ACSL）、乙酰辅酶a羧化酶、生物素羧化酶亚基（AccC）和果糖-二磷酸醛缩酶（ALDO）等（Panahi，2021）。也可采用消减杂交法，从超饱和盐胁迫（5.5mol/L）下生长的盐藻中分离出差异表达基因，并进行克隆和分类。序列同源性分析表明，文库中26%的盐响应基因主要为代谢酶，包括果糖-1，6-二磷酸醛缩酶、葡萄糖-6-磷酸脱氢酶、碳酸酐酶、磷酸甘油酸激酶等；6%为假设/未知基因。其中6%~8%的文库基因在盐胁迫下过表达，涉及光合作用、防御、细胞救援（伴侣/蛋白酶抑制剂）和蛋白质分选。其他基因约占39%，其中转录因子基因占6%，管家基因占14%（推测为酶/信号转导基因），其余19%具有其他功能（Mishra，2011a）。

盐藻细胞能够在高盐培养基中增殖，但细胞内盐浓度维持在较低水平，胞外的盐藻蛋白可能具有高度的耐盐性（Chen，2015）。为了更好地了解其耐盐机制，构建一个包含55%新基因的高质量盐藻cDNA文库，对该文库进行筛选，得到37个耐盐基因。利用公共数据库对其中18个新分离基因进行了注释，包括一些传统的耐盐基因，如精氨酸合成酶、蛋白质二硫键异构酶、亲环素CYP1、F-box蛋白SKIP5等；另外19个基因是新的耐盐基因（Liu，2015）。

用膜不透性生物素衍生物标记完好的细胞识别质膜蛋白，用二维蓝色非变性聚丙烯酰胺凝胶电泳（blue native-PAGE）/十二烷基硫酸钠聚丙烯酰胺凝胶电泳（SDS-PAGE）分离蛋白，用纳米液相二级质谱（LC-MS/MS）进行鉴定。在鉴定的55个蛋白质中，约60%为膜或膜相关蛋白。鉴定的新的表面衣壳蛋白、脂质代谢酶、功能未知的膜蛋白新家族、离子转运蛋白、小GTP结合蛋白、热休克蛋白等。在高盐条件下，20个蛋白质点丰度增加，2个蛋白质点丰度下降，这些盐调节蛋白主要参与蛋白质和膜结构的稳定和信号转导通路。而天然蛋白复合物在凝胶上的迁移谱揭示了主要表面暴露蛋白的低聚化或共迁移，这可能是在高盐度下的细胞稳定机制（Katz，2007）。

第四节　盐藻脂质的提取与分离纯化

除了提高微藻生物量和脂质含量，降低培养成本，改进微藻脂质的提取方法，提高油脂的提取率也是实现用微藻中的脂质开发的关键。

一、盐藻油脂的提取方法

目前，用于微藻油脂提取的方法有热解法、有机溶剂萃取法、复合酶提取法、亚/超临界提取法、水热液化法等。

（一）热解法

热解技术是微藻热化学转化技术的一种常用方法，可将盐藻等生物质转化为热解炭、热解油等生物燃料。其反应条件温和、设备要求低、无污染物排放，是一种节能环保的绿色工艺方法。有研究采用热解法对微藻经油脂提取后产生的藻渣进行生物油制备，提高微藻的利用率。热解技术的步骤如下：①将微藻藻渣烘干至恒重；②粉碎，密封保存；③取粉碎后的藻渣，装入固定床反应器中，常压下通入载气（氮气、CO_2或惰性气体）并检测反应器气密性。检漏合格后，升温，热解，挥发组分随载气流出反应器。然后通过冷凝装置冷凝，分别得到生物油和不可冷凝气体。反应结束后，待反应器温度降至室温，收集热解固体产物。优点：操作简单，反应条件温和，节省能源，排放废弃物少，环保等（陈冠益，2015）。

（二）有机溶剂萃取法

有机溶剂萃取法是微藻提取油脂的重要手段之一。微藻提取油脂工艺中，常用的萃取剂有低级醇类（如甲醇、乙醇）、低级烷烃类（如正己烷、环己烷）和醚类（如乙醚）等。萃取过程中通常使用其中的一种或者多种的混合物。目前文献记载的常见的有机溶剂萃取法有以下三种，具体操作见表5-2。

表5-2　有机溶剂萃取法

方法	原料	有机溶剂	催化剂	气体压力	反应温度/℃	反应时间/min	分离与萃取
方法一	湿藻泥	有机溶剂①		惰性气体，0~1MPa	100~180	5~60	取混合油相，去除溶剂，即得毛油
方法二	湿藻泥	低级醇类：低级烷烃=1：10~3：1②	无	氮气，0.5~5.0MPa	80~150	20~180	混合液蒸发浓缩，即微藻油脂
方法三	湿态微藻	富含氢③	路易斯酸④	CO_2，2~4MPa	300~450	30~60	去除有机溶剂，添加微乳化助剂，即得生物燃油

注：①正己烷、环己烷、正庚烷、石油醚类或乙醚中的一种或者多种。
②低级醇类为甲醇或乙醇；低级烷烃为C5~C7烷烃。
③甲醇、乙醇、丙醇、丁醇、戊醇中的一种或多种。
④$FeCl_3$、$AlCl_3$、$KAl(SO_4)_2 \cdot 12H_2O$、BF_3中的一种或多种。

该方法直接利用含水量高的微藻或微藻泥为原料，来源广泛，且无须进行干燥脱水，避免了微藻干燥的耗能问题。同时，该提取方法产物中沉淀物和非脂肪杂质含量降低，比较环保。除此之外，若向微藻提取产物中加入微乳化助剂，可提高生物燃油的热值，使燃烧更加充分，具有广阔的生产应用前景（杨巧利，2013；陈晓琳，2012；李春虎，2013）。

（三）复合酶提取法

复合酶提取法是利用多种酶的催化功能提取微藻油脂的方法。通过超声波振荡使藻泥处于悬浮状态，加入蜗牛酶、纤维素酶、胰蛋白酶组成的复合酶和表面活性剂。在表面活性剂的作用下，微藻被降解破裂。在酶的作用下，脂蛋白、脂糖组分被破坏，从而释放出油脂。最后经氯仿和甲醇组成的萃取剂进行提取。通过该方法，微藻油脂提取率可达到 90% 以上。优点：在常温常压下操作，反应条件温和，环境安全系数高，能耗低，且处理成本低，适于大规模藻类油脂的工业化生产（车春玲，2019）。

（四）亚 / 超临界提取法

超临界流体是在控制条件下，流体被加热且压力达到临界点以上，最后得到的既不是液态也不是气态，但具有液体和气体两者的特性物质（童浩华，1989；张培铃，2012b）。超临界提取法（SCE）就是把物质溶解于超临界流体内，分离出所需的化合物或成分的方法。若提取时的温度低于临界温度（T_c）或者压力小于临界压力（P_c），则为亚临界提取法（张培铃，2012b）。常见亚 / 超临界流体的介质有水和有机溶剂。在亚临界状态下的水呈液态，极性降低，变为非极性，大幅提高了萃取效率（吕凤，2021）。但由于亚 / 超临界状态的实现对其对实验设备要求较高，投入较大，大规模使用比较困难。

1. 亚临界水为介质

亚临界水是指在压力为 0.1~22.1MPa，温度为 100~374℃条件下仍能保持液态的水。当温度升高至 250℃时，亚临界水的介电常数为 25，性质接近有机溶剂，具有较强的溶解力。但其与有机溶剂不同，不会产生有机溶剂残留而导致环境污染。因此，利用亚临界水提取物质进行环境污染监测或食品营养成分分析等比较安全环保（白雪，2021）。利用亚临界水从微藻中提取油脂的方法也有不错的效果，目前文献报道的方法有以下几种：

（1）以盐藻的藻粉和藻渣为原料，在高温高压反应釜中利用亚 / 超临界水直接液化微藻制备生物油。该方法最佳反应条件为在 360℃的高温，25g/L K_2CO_3

的催化剂，反应60min。通过该方法，微藻的液化率为89.37%，产油率为29.04%。但微藻生物油含有酸、酮、酚、酯类等组分，为酸性有机混合物，且含氧量较高，会降低其热值，影响生物油的稳定性（秦岭，2010）。

（2）以高含水的微藻细胞为原料，以亚临界水作为提取介质，以离子液体（Lewis 酸性或碱性离子液体、Bronsted 酸性或碱性离子液体）作为辅助剂，通入氮气后在 0.2~5.0MPa、100~150℃的条件下反应 20min 至 3 h。之后将沉淀与上清液分别用低级烷烃（正烷烃、异烷烃、环烷烃或其混合物）处理，处理后的烷烃相蒸发浓缩获得微藻油脂，并回收烷烃。该方法的总脂提取率可达到 85% 以上，且无须对藻细胞进行干燥脱水，能耗低，提取过程所用溶剂均为绿色环保溶剂，环境污染小，分离方法简单，过程易于放大，对微藻生物能源产业化具有重要意义（李鹏程，2016）。

2. 有机溶剂 - 水混合溶剂为介质

水虽然是一种理想的液体反应介质，无毒且不会污染环境，但水的比热容较大，且达到超临界状态所需要的温度和压力很高，分别为 374.15℃和 22.12MPa 或者更高。因而，以水作为介质所消耗的能量较高（张培铃，2012a）。有机溶剂的溶解能力比水强，并且在液化过程中可以提供并传递氢离子，得到更好、更多的生物油（黄付彬，2012；张培铃，2012a）。将有机溶剂 - 水混合溶剂结合作为介质，可以减少能量消耗，降低生产成本。

以乙醇 - 水混合溶剂为例，乙醇 - 水混合溶剂中乙醇体积分数［φ（乙醇）］对盐藻液化率和产油率的影响，如图 5-2 所示（张培铃，2012a）。当乙醇的体积分数为 40% 时，液化温度为 320℃。而以该混合溶剂进行提取时，盐藻的液化率（η）为 98.24%，产油率（μ）高达 64.68%。且微藻中的酸类、酰胺类物质可与乙醇发生反应，生成相应的脂肪酸酯，从而促使酯类物质不断增加，从而降低生物油的酸性。

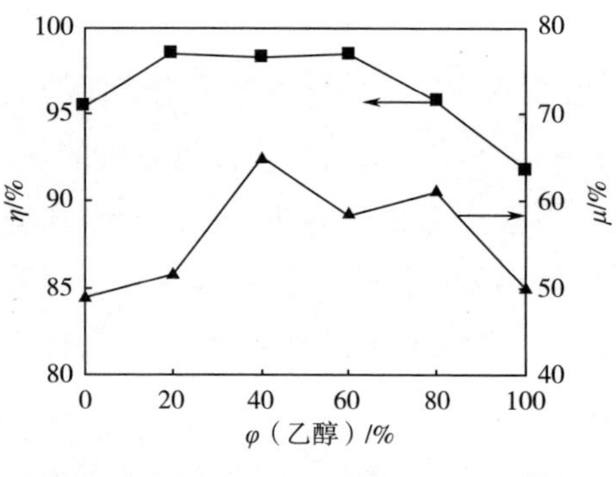

图 5-2　乙醇体积分数［φ（乙醇）］对盐藻液化率（η）和产油率（μ）的影响

除了加入可提供氢的有机溶剂，还可以直接加入供氢的原料进行亚 / 超临界提取。如在传统亚 / 超临界反应中加入高密度聚乙烯（HDPE），HDPE 加入量为 15%（质量分数），液化温度为

320℃时，能有效促进盐藻在高温高压反应釜中的转化，提高生物油产率和品质（张培铃，2012b）。

（五）水热液化法

水热液化是将高含水率的生物质直接转化为生物原油的一种技术。其通过在高温高压（200~350℃、5~25MPa）的热水中加入催化剂，将生物质经过水解、脱羧、脱氨基、再聚合等化合反应后，直接转化为生物原油，是一种环境友好型的热化学技术（申瑞霞，2020）。该方法也可用于微藻的油脂提取（方丽娜，2015）。但由于该方法提取的粗生物油多呈焦油状，含水量较高，黏性高，热值低，热稳定性较差。因此，提取产物需要进行氢化改质后，方可投入使用（段培高，2014）。目前报道的用于微藻油脂提取的水热液化法包括三步水热法和介孔催化剂法。

1. 三步水热法

三步水热法是水热液化的优化版，以微藻浆料为原料，以超临界水为反应介质，加入了氢化、脱氮、脱硫及脱氧等过程，最终转化为绿色柴油。实验步骤如表 5-3 所示。

表 5-3　绿色柴油的制备

方法	原料	反应容器	反应条件	打开方式	萃取方法	产物
粗生物油的制备	平均粒径为 80~120 目的微藻浆料（含水 80%），去离子水	高压反应釜	350 ℃的高温熔盐中反应 60min	待其冷却至室温后，减压，打开反应釜	二氯甲烷对反应所得混合物进行萃取，过滤、分液得到有机相，旋蒸除去有机溶剂	粗生物油
粗生物油的氢化预处理	粗生物油，去离子水	向釜内冲入 6MPa 的氢气并拧紧阀门	350 ℃的高温熔盐中反应 240min			预处理生物油
预处理生物油的催化氢化	预处理生物油，去离子水（水密度为 0.01~0.1g/cm^3，优选为 0.025g/cm^3）和一定比例的催化剂		400 ℃的高温熔盐中反应 240min			绿色柴油

优点：该方法生产的绿色柴油黏度低、烃含量高，具有较高的热值并且热

稳定性良好。加工过程不需要复杂工艺即可投入使用，与普通柴油性质相似，可满足内燃机引擎的需要（段培高，2014）。

2. 介孔催化剂法

介孔催化剂通过在 SBA-15 型介孔分子筛表面嫁接有机官能团制得。其中用于嫁接有机官能团的试剂为含氢硅烷，R1、R2、R3 为不同或相同的有机基团。该介孔催化剂具有耐水、耐热的特性，适用于水热液化法制备微藻生物油，通过介孔催化剂法进行提取可获得高品质生物原油。具体步骤如下：①将介孔催化剂、微藻和水加入到密闭反应釜中加热升温进行水热液化，介孔催化剂的加入量为微藻干重的 1%~10%，液化温度为 240~320℃，压力为 5~18MPa，反应时间为 10~45min；投料方式为间歇式或连续式；②反应结束后，液化产物经过滤、萃取、蒸馏后得到生物油产品（吴玉龙，2016）。优点：生物油中醛酮类物质的含量增加 70% 以上，特别是一种反应中间体（5- 羟甲基糠醛）的含量增加至 50% 以上。同时酸类物质减少，含氮量降低，且介孔催化剂能循环使用，耗能低，可工业化生产（吴玉龙，2016）。

（六）其他方法

（1）蒸馏萃取法（SDEP） 是一种新工艺。用萜烯溶剂（对伞花烃、*d*- 柠檬烯或 *α*- 蒎烯）直接浸泡湿微藻，电加热使大部分水被蒸馏，之后继续使用萜烯溶剂进行脂质提取。提取 30min 后，重新引入水，形成二元水 - 萜烯混合物，在 97.4℃进行共沸蒸馏除去萜烯溶剂，得到微藻油脂（Dejoye Tanzi，2013）。

（2）索氏抽提法（Soxhlet extractor method） 是通过索氏抽提器用正己烷测定干微藻粗脂肪含量的一种方法。该方法经常作为鉴定植物种子及果实品质优劣的指标之一（李东娜，2020）。

（3）Bligh-Dyer 法（B&D） 是一种经典的脂质提取方法，在 10mg 微藻中加入 1mL 1mmol/L 乙二胺四乙酸（EDTA）溶液（0.15mol/L 乙酸溶液配制）脱水干燥。然后转移到带有聚四氟乙烯内衬螺帽的玻璃管中，加入 3mL 甲醇 - 氯仿（2∶1，体积比）混合物，涡旋（VX-2500，VWR）。随后加入 1mL 氯仿和 0.8mL KCl（8.8g/L），4000r/min 离心 2min。将氯仿相转移到一个新的玻璃管中备用。将细胞用正己烷进行提取，离心后的上清液与之前的氯仿提取物混合，进行检测（Adam，2012）。该方法可作为提取率标准。使用这三种方法分别从眼点拟微绿球藻（*Nannochloropsis oculata*）和盐藻中提取油脂，结果见表 5-4（Dejoye Tanzi，2013）。

表 5-4　不同方法对盐藻与眼点拟微绿球藻的脂质产率的结果

方法		眼点拟微绿球藻脂产率 /%	盐藻脂产率 /%	优点	缺点
SDEP	*d*- 柠檬烯	18.73 ± 6.58	2.94 ± 0.02	直接从湿藻中提取，成本低，测定时间短，可重复测量，脂产率高	—
	α- 蒎烯	18.75 ± 3.01	3.29 ± 0.05		
	对伞花烃	21.45 ± 2.64	2.99 ± 0.01		
Soxhlet		8.31 ± 1.05	1.90 ± 0.03	快速、方便、设备操作简单，成本低，准确率高，重现性好	测定时间长、测定值偏小
B&D		23.78 ± 2.13	4.03 ± 0.01	可作为提取率标准	耗时长，成本高

二、提取过程的优化

（一）催化环节的改善

微藻提取过程中，必不可少的环节是催化剂。催化剂可以提高微藻的产油率，加速反应效率，提升生物油的品质。因此，提升催化环节的效率是微藻工业化的必要步骤。常用的催化剂有稀土氢 Y 型分子筛裂化（REHY）催化剂、SO_4^{2-}/TiO 催化剂、K_2CO_3 等。REHY 催化剂是固体酸催化剂，为流化催化裂化（fluid catalytic cracking，FCC）催化剂的一种。具有较高的活性和焦炭选择性，可用于生物油的制备（隋述会，2001；曾敏，2012）。为提高生物油产率，采用浸渍法制备 10% 的 Ni/REHY 催化剂，并对盐藻进行加氢液化，然后分别加入 REHY 催化剂和 Ni/REHY 催化剂。在 200℃、2.0MPa 的条件下反应 60min，提取油脂。与未改良的 REHY 催化剂相比，Ni/REHY 催化剂的生物油产率提高了 20% 左右。并促进了盐藻在氢气作用下的脱氧和脱硫过程，主要成分为酯类和甘油。同时，生物油的热值显著升高，可至 30.11MJ/kg，使生物油的品质显著提升（Yang，2011；杨超，2012）。

SO_4^{2-}/TiO 属于金属氧化物固体超强酸型催化剂，这种催化剂可以在温和条件下实现强酸催化作用，具有良好的催化活性，且对环境污染小（马雪旦，2006）。将 30g 藻类生物质研磨 20min 后，加入 300mL 正己烷萃取。经 6000r/min 离心 10min 后分离为两层。收集上层含油脂的溶剂，得到海藻油。将海藻油倒入甲醇与 2% SO_4^{2-}/TiO 催化剂的混合物（二者比例 10 ∶ 1 混合，搅拌 1h）中进行酯交换反应 2h，反应条件为 60℃、常压，转化率达到 98%（Yu，2014）。

（二）超声波

藻类细胞壁的破裂程度和生物油脂的提取率密切相关，但藻类细胞壁在常用的技术作用下破坏程度不够，导致油脂的提取率受到不同程度影响。超声波空化可起到很好的传质作用，可以通过改变液固比、超声温度和超声时间而影响细胞的裂解程度，从而增加油脂的提取效率（李秀霞，2011）。

（三）光辐射

光是微藻生长的必需因素，而光所释放的辐射会影响微藻所富含的脂质、胡萝卜素、蛋白质等物质。由于紫外线可被微藻 DNA 特异性吸收，可通过控制紫外线照射时间和紫外线强度可诱变出高产脂藻株。配合紫外线照射也可干扰藻类油脂的提取效率。但若紫外线强度达到一定程度，则会破坏微藻细胞（Thomas，2018）。

参考文献

[1] Abomohra AE，El-Naggar AH，Alaswad SO，et al. Enhancement of biodiesel yield from a halophilic green microalga isolated under extreme hypersaline conditions through stepwise salinity adaptation strategy [J]. Bioresource Technology，2020，310：123462.

[2] Adam F，Abert-Vian M，Peltier G，et al. "Solvent-free" ultrasound-assisted extraction of lipids from fresh microalgae cells：A green，clean and scalable process [J]. Bioresource Technology，2012，114：457-465.

[3] Al-Hasan RH，Ghannoum MA，Sallal AK，et al. Correlative changes of growth，pigmentation and lipid composition of *Dunaliella salina* in response to halostress [J]. Microbiology，1987，133（9）：2607-2616.

[4] Almutairi AW. Effects of nitrogen and phosphorus limitations on fatty acid methyl esters and fuel properties of *Dunaliella salina* [J]. Environ Sci Pollut Res Int，2020，27（26）：32296-32303.

[5] Arias-Forero D，Hayashida G，Aranda M，et al. Protocol for maximizing the triglycerides-enriched lipids production from *Dunaliella salina* SA32007 biomass，isolated from the Salar de Atacama（Northern Chile）[J]. ABB，2013，4（8）：830-839.

[6] Bental M，Degani H，Avron M. 23Na-NMR studies of the intracellular sodium ion concentration in the halotolerant alga *Dunaliella salina* [J]. Plant Physiol，1988，87（4）：813-817.

[7] Bental M, Pick U, Avron M, et al. Metabolic studies with NMR spectroscopy of the alga *Dunaliella salina* trapped within agarose beads[J]. Eur J Biochem, 1990a, 188(1): 111-116.

[8] Bental M, Pick U, Avron M, et al. The role of intracellular orthophosphate in triggering osmoregulation in the alga *Dunaliella salina*[J]. Eur J Biochem, 1990b, 188(1): 117-122.

[9] Bredda EH, Da Silva AF, Silva MB, et al. Mixture design as a potential tool in modeling the effect of light wavelength on *Dunaliella salina* cultivation: An alternative solution to increase microalgae lipid productivity for biodiesel production[J]. Prep Biochem Biotechnol, 2020, 50(4): 379-389.

[10] Brown FF, Sussman I, Avron M, et al. NMR studies of glycerol permeability in lipid vesicles, erythrocytes and the alga *Dunaliella*[J]. Biochim Biophys Acta, 1982, 690(2): 165-173.

[11] Cai M, He LH, Yu TY. Molecular clone and expression of a NAD^+-dependent glycerol-3-phosphate dehydrogenase isozyme gene from the halotolerant alga *Dunaliella salina*[J]. Plos one, 2013, 8(4): e62287.

[12] Caspy I, Malavath T, Klaiman D, et al. Structure and energy transfer pathways of the *Dunaliella salina* photosystem I supercomplex[J]. Biochim Biophys Acta Bioenerg, 2020, 1861(10): 148253.

[13] Chen H, Chen SL, Jiang JG. Effect of Ca^{2+} channel block on glycerol metabolism in *Dunaliella salina* under hypoosmotic and hyperosmotic stresses[J]. Plos One, 2011b, 6(12): e28613.

[14] Chen H, Jiang JG, Wu GH. Effects of salinity changes on the growth of *Dunaliella salina* and its isozyme activities of glycerol-3-phosphate dehydrogenase[J]. Agric Food Chem, 2009, 57(14): 6178-6182.

[15] Chen H, Lao YM, Jiang JG. Effects of salinities on the gene expression of a (NAD^+)-dependent glycerol-3-phosphate dehydrogenase in *Dunaliella salina*[J]. Sci Total Environ, 2011a, 409(7): 1291-1297.

[16] Chen H, Lu Y, Jiang JG. Comparative analysis on the key enzymes of the glycerol cycle metabolic pathway in *Dunaliella salina* under osmotic stresses[J]. Plos One, 2012, 7(6): e37578.

[17] Chen XJ, Wu MJ, Jiang Y, et al. *Dunaliella salina* Hsp90 is halotolerant[J]. Int J Biol Macromol, 2015, 75: 418-425.

[18] Chitlaru E, Pick U. Regulation of glycerol synthesis in response to osmotic changes in *Dunaliella*[J]. Plant Physiol, 1991, 96(1): 50-60.

[19] Cho JY. Growth activation of the biodiesel-producing microalga *Dunaliella salina* using an extract of the marine actinomycete streptomyces anulatus[J]. Turk J Fish Aquat Sc, 2012, 45(1): 25-29.

[20] Cho SH, Thompson GA Jr. On the metabolic relationships between monogalactosyldiacylglycerol and digalactosyldiacylglycerol molecular species in *Dunaliella salina*[J]. J Biol Chem, 1987, 262 (16): 7586-7593.

[21] Dejoye Tanzi C, Abert Vian M, Chemat F. New procedure for extraction of algal lipids from wet biomass: A green clean and scalable process [J]. Bioresource Technology, 2013, 134: 271-275.

[22] Edith C, Rony S, Uri P, et al. Activation of a 74 kDa plasma membrane protein kinase by hyperosmotic shocks in the halotolerant alga *Dunaliella salina* [J]. Plant Physiol, 1997, 151 (4): 429-436.

[23] Einspahr KJ, Maeda M, Thompson GA Jr. Concurrent changes in *Dunaliella salina* ultrastructure and membrane phospholipid metabolism after hyperosmotic shock[J]. Cell Biol, 1988b, 107 (2): 529-538.

[24] Einspahr KJ, Peeler TC, Thompson GA Jr. Rapid changes in polyphosphoinositide metabolism associated with the response of *Dunaliella salina* to hypoosmotic shock [J]. Biol Chem, 1988a, 263 (12): 5775-5779.

[25] Fakhry EM, Maghraby DME. Fatty acids composition and biodiesel characterization of *Dunaliella salina*[J]. J Water Resour Prot, 2013, 5 (9): 894-899.

[26] Fisher M, Gokhman I, Pick U, et al. A structurally novel transferrin-like protein accumulates in the plasma membrane of the unicellular green alga *Dunaliella salina* grown in high salinities[J]. J Biol Chem, 1997, 272 (3): 1565-1570.

[27] Fisher M, Pick U, Zamir A. A salt-induced 60-kilodalton plasma membrane protein plays a potential role in the extreme halotolerance of the alga *Dunaliella* [J]. Plant Physiol, 1994, 106 (4): 1359-1365.

[28] Gao Y, Yang M, Wang C. Nutrient deprivation enhances lipid content in marine microalgae[J]. Bioresource Technology, 2013, 147: 484-491.

[29] Hathwaik LT, Redelman D, Samburova V, et al. Transgressive, reiterative selection by continuous buoyant density gradient centrifugation of *Dunaliella salina* results in enhanced lipid and starch content[J]. Algal Res, 2015, 9: 194-203.

[30] He Q, Toh JD, Ero R, et al. The unusual di-domain structure of *Dunaliella salina* glycerol-3-phosphate dehydrogenase enables direct conversion of dihydroxyacetone phosphate to glycerol[J]. Plant J, 2020, 102 (1): 153-164.

[31] Héctor MG, Adelina JV, Karen FP, et al. Quick estimation of intraspecific variation of fatty acid composition in *Dunaliella salina* using flow cytometry and *Nile Red*[J]. J Appl Psychol, 2012, 24 (5): 1237-1243.

[32] Hu Z, Liu Y. Cell responses of *Dunaliella salina* FACHB 435 (Green Alga) to microgravitational stimulation by clinorotation [J]. Chinese Sci Bull, 1998, 43 (20): 1737-1742.

[33] Katz A, Kleyman TR, Pick U. Utilization of amiloride analogs for characterization and labeling of the plasma membrane Na^+/H^+ antiporter from *Dunaliella salina* [J]. Biochemistry, 1994, 33 (9): 2389-2393.

[34] Katz A, Waridel P, Shevchenko A, et al. Salt-induced changes in the plasma membrane proteome of the halotolerant alga *Dunaliella salina* as revealed by blue native gel electrophoresis and nano-LC-MS/MS analysis [J]. Mol Cell Proteomics, 2007, 6 (9): 1459-1472.

[35] Lerner HR, Sussman I, Avron M. Characterization and partial purification of dihydroxyacetone kinase in *Dunaliella salina* [J]. Biochim Biophys Acta, 1980, 615 (1): 1-9.

[36] Liu J, Mukherjee J, Hawkes JJ, et al. Optimization of lipid production for algal biodiesel in nitrogen stressed cells of *Dunaliella salina* using FTIR analysis [J]. J Chem Technol Biot, 2013, 88 (10): 1807-1814.

[37] Liu JL, Zhang DX, Hong L. Isolation, characterization and functional annotation of the salt tolerance genes through screening the high-quality cDNA library of the halophytic green alga *Dunaliella salina* (Chlorophyta) [J]. Ann Microbiol, 2015, 65 (3): 1293-1302.

[38] Liu WH, Ming Y, Li P, et al. Inhibitory effects of hypo-osmotic stress on extracellular carbonic anhydrase and photosynthetic efficiency of green alga *Dunaliella salina* possibly through reactive oxygen species formation [J]. Plant Physiol Bioch, 2012, 54: 43-48.

[39] Lynch DV, Thompson GA. Chloroplast phospholipid molecular species alterations during low temperature acclimation in *Dunaliella* [J]. Plant Physiol, 1984b, 74 (2): 198-203.

[40] Lynch DV, Thompson GA. Low temperature-induced alterations in the chloroplast and microsomal membranes of *Dunaliella salina* [J]. Plant Physiol, 1982, 69 (6): 1369-1375.

[41] Lynch DV, Thompson GA. Microsomal phospholipid molecular species alterations during low temperature acclimation in *Dunaliella* [J]. Plant Physiol, 1984a, 74 (2): 193-197.

[42] Masato W, Aki H, Ryou-hei F, Mariko S. Analysis of the expression of genes for P-type ATPase in the halotolerant alge [J]. J Phycol, 1996, 32 (5): 868-872.

[43] Mishra A, Jha B. Antioxidant response of the microalga *Dunaliella salina* under salt stress [J]. Bot Mar, 2011b, 54 (2): 195-199.

[44] Mishra A, Jha B. Cloning differentially expressed salt induced cDNAs from

Dunaliella salina under super saturated salt stress using subtractive hybridization [J] . Bot Mar，2011a，54（2）：189-193.
[45] Norman HA，Smith LA，Lynch DV，et al. Low-temperature-induced changes in intracellular fatty acid fluxes in *Dunaliella salina* [J] . Arch Biochem Biophys，1985，242（1）：157-167.
[46] Oren-Shamir M，Pick U，Avron M. Involvement of the plasma membrane ATPase in the osmoregulatory mechanism of the alga *Dunaliella salina* [J] . Plant Physiol，1989，89（4）：1258-1263.
[47] Oren-Shamir M，Pick U，Avron M. Plasma membrane potential of the alga *Dunaliella*，and its relation to osmoregulation [J] . Plant Physiol，1990，93（2）：403-408.
[48] Panahi B，Hejazi MA. Weighted gene co-expression network analysis of the salt-responsive transcriptomes reveals novel hub genes in green halophytic microalgae *Dunaliella salina* [J] . Sci Rep，2021，11（1）：1607.
[49] Pavón-Suriano SG，Ortega-Clemente LA，Curiel-Ramírez S，et al. Evaluation of colour temperatures in the cultivation of *Dunaliella salina* and *Nannochloropsis oculata* in the production of lipids and carbohydrates [J] . Environ Sci Pollut R，2018，25（22）：21332-21340.
[50] Peeler TC，Stephenson MB，Einspahr KJ，et al. Lipid characterization of an enriched plasma membrane fraction of *Dunaliella salina* grown in media of varying salinity [J] . Plant Physiol，1989，89（3）：970-976.
[51] Pick U，Ben-Amotz A，Karni L，et al. Partial characterization of K^+ and Ca^{2+} uptake systems in the halotolerant alga *Dunaliella salina* [J] . Plant Physiol，1986a，81（3）：875-881.
[52] Pick U，Karni L，Avron M. Determination of ion content and ion fluxes in the halotolerant alga *Dunaliella salina* [J] . Plant Physiol，1986b，81（1）：92-96.
[53] Saburova EA，Avseenko NY，Simonova NB，et al. Functional properties of lactate dehydrogenase from *Dunaliella salina* and its role in glycerol synthesis [J] . Russ J Plant Physl，2000，47（6）：761-771.
[54] Stephenson M，Ryals PE，Thompson GA. Fatty acid acylated proteins of the halotolerant alga *Dunaliella salina* [J] . Plant Physiol，1989，90（2）：549-552.
[55] Tang ZY，Cao XY，Zhang YP，et al. Two splice variants of the DsMEK1 mitogen-activated protein kinase kinase（MAPKK）are involved in salt stress regulation in *Dunaliella salina* in different ways [J] . Biotechnol Biofuels，2020，13：147.
[56] Thomas S，Jo-Ann MT，Vijay KR，et al. The effect of high-intensity ultraviolet light to elicit microalgal cell lysis and enhance lipid extraction [J] .

Metabolites，2018，8（4）：65.
［57］Tornabene TG，Holzer G，Peterson SL. Lipid profile of the halophilic alga，*Dunaliella salina*. Biochem Biophys Res Commun［J］，1980，96（3）：1349-1356.
［58］Vanitha A，Narayan MS，Murthy KNC，et al. Comparative study of lipid composition of two halotolerant alga，*Dunaliella bardawil* and *Dunaliella salina*［J］. Int J Food Sci Nutr，2007，58（5）：373-382.
［59］Vigh L，Horváth I，Thompson GA Jr. Recovery of *Dunaliella salina* cells following hydrogenation of lipids in specific membranes by a homogeneous palladium catalyst［J］. Biochim Biophys Acta，1988，937（1）：42-50.
［60］Wang SJ，Wu MJ，Chen XJ，et al. DsHsp90 is involved in the early response of *Dunaliella salina* to environmental stress［J］. Int J Mol Sci，2012，13（7）：7963-7979.
［61］Wang X，Zhang MM，Liu SF，et al. Synergistic bioconversion of lipids and carotenoids from food waste by *Dunaliella salina* with fulvic acid via a two-stage cultivation strategy［J］. Energy Convers Manage，2021，234：113908.
［62］Weiss M，Haimovich G，Pick U. Phosphate and sulfate uptake in the halotolerant alga *Dunaliella* are driven by Na^+-symport mechanism［J］. J Plant Physiol，2001，158（12）：1519-1525.
［63］Wollman FA，Delepelaire P. Correlation between changes in lightenergy distribution and changes in thylakoid membrane polypeptide phosphorylation in *Chlamydomonas reinhardtii*［J］. J Cell Biol，1984，98：1-7.
［64］Yang C，Jia LH，Chen CP，et al. Bio-oil from hydro-liquefaction of *Dunaliella salina* over Ni/REHY catalyst［J］. Bioresource Technology，2011，102（6）：4580-4584.
［65］Yu HT，Tian FL，Wang HY，et al. An application of *Dunaliella salina* algae：Biodiesel［J］. Adv Mat Res，2014，3249：281-283.
［66］Zhao R，Ng DHP，Fang L，et al. MAPK in *Dunaliella tertiolecta* regulates glycerol production in response to osmotic shock［J］. European J Phycol，2015，18（2）：243-248.
［67］白雪，赵梦娜，岳小湘，等. 亚临界水提取植物源生物活性物质的研究进展［J］. 食品工业科技，2021（6）：1-11.
［68］班剑桥. 山西省高脂微藻的分离筛选及培养条件优化［D］. 太原：山西大学，2013.
［69］蔡马，姜建国，余土元. NaCl浓度对杜氏盐藻中1种NAD^+依赖的3-磷酸甘油脱氢酶基因表达的影响［J］. 华中农业大学学报，2013，32（5）：77-83.
［70］曾敏，靳广洲，贾春旭. Mo/REHY催化剂的加氢脱氮性能研究［J］. 石油化工，2012，41（8）：890-893.

[71] 车春玲. 一种复合酶提取微藻油脂的方法：中国，CN201610018694.0[P]. 2016-04-20.
[72] 陈冠益，季祥，马文超，等. 一种微藻藻渣热解制备生物油的方法：中国，CN201510575329.5[P]. 2015-11-25.
[73] 陈思学，李琳，颜季琼，等. 杜氏盐藻肌醇磷脂信息传递系统在低渗震动中的可能作用[J]. 科学通报，1996，41（23）：2190-2194.
[74] 陈晓琳，陈闽，刘天中，等. 一种利用混合有机溶剂从湿藻泥中提取油脂的方法：中国，CN201110022547.8[P]. 2011-05-25.
[75] 陈昱，刘广发，周韬. 7种（13株）杜氏藻的总脂含量和脂肪酸组成[J]. 台湾海峡，2007，26（4）：516-521.
[76] 陈昱. 开发杜氏藻生物质能源的初步研究[D]. 厦门：厦门大学，2008.
[77] 杜延茹，贾媛. 盐生杜氏藻质膜ATPase及其对高渗震动的反应[J]. 武汉植物学研究，1999，17（1）：10-14.
[78] 段培高，李飞飞，张会菊，等. 一种三步水热法处理微藻制备绿色柴油的方法：中国，CN201410000655.9[P]. 2014-04-30.
[79] 方丽娜，陈宇，刘娅，等. 藻类水热液化产物生物油分离纯化及组分分析[J]. 化工学报，2015，66（9）：3640-3648.
[80] 郝翠翠，梁成伟，石蕾. 尼罗红和BODIPY荧光染料在微藻油脂含量测定中的应用[J]. 生物学杂志，2017，34（1）：70-74.
[81] 黄付彬，冯丽娟，杨文超，等. 藻类直接液化制取液体燃料研究进展[J]. 化工进展，2012，31（10）：2197-2201，2212.
[82] 雷高鹏，冯晓虎，徐辉，等. 非生物胁迫对盐生杜氏藻DsMPK转录、翻译和磷酸化的影响[J]. 应用于环境生物学报，2011，17（1）：29-33.
[83] 李春虎，冯丽娟，卞俊杰，等. 一种含油微藻加压催化炼油技术：中国，CN201010561453.3[P]. 2011-03-09.
[84] 李东娜，陆建农，黄润生，等. 索氏抽提法测定蓖麻含油率的条件优化[J]. 江苏农业科学，2020，48（7）：236-240.
[85] 李红萍，焦新之. 杜氏盐藻渗透调节过程中的甘油代谢途径[J]. 植物生理学报，1994，20（1）：91-99.
[86] 李鹏程，陈晓琳，邢荣娥，等. 一种从微藻湿藻泥中提取油脂的方法：中国，CN201310269528.4[P]. 2014-08-13.
[87] 李秀霞，孙协军，韩鲁佳. 超声波辅助提取杜氏盐藻油脂工艺研究[J]. 中国粮油学报，2011，26（10）：75-78.
[88] 梁秀芝，刘成君，彭峰，等. 六种盐藻的营养成分[J]. 食品科技，2007，32（1）：206-209.
[89] 梁译之，范禹辰，高杨，等. 小球藻和盐藻利用石油烃富集油脂的研究[J]. 渔业科学进展，2013b，34（4）：98-103.
[90] 梁译之. 小球藻和盐藻耐石油污染藻株的筛选及其利用石油烃富集油脂的研究[D]. 大连：辽宁师范大学，2013a.

[91] 廖启斌. 环境因子对几种海洋微藻多不饱和脂肪酸的效应研究[D]. 厦门：厦门大学，1999.

[92] 刘军立，红凌. 基于转录组数据分析杜氏盐藻能量代谢途径[J]. 武汉大学学报（理学版），2018，64（1）：85-94.

[93] 吕凤. 植物精油七大提取方法对比[N]. 中国医药报，2021-04-20（007）.

[94] 马雪旦，郭岱石，蒋淇忠，等. SO_4^{2-}/TiO_2及$S_2O_8^{2-}/TiO_2$催化剂的制备及表征[J]. 高校化学工程学报，2006，20（2）：239-244.

[95] 钱领. 杜氏藻生物质能源的开发利用：培养条件、开放式培养和采收的研究[D]. 厦门：厦门大学，2012.

[96] 秦岭，吴玉龙，邹树平，等. 杜氏盐藻在亚/超临界水中液化制生物油[J]. 太阳能学报，2010，31（9）：1079-1084.

[97] 申瑞霞，赵立欣，冯晶，等. 生物质水热液化产物特性与利用研究进展[J]. 农业工程学报，2020，36（2）：266-274.

[98] 宋亚楠，安茜，岳敏，等. 杜氏盐藻*DsFAD2*基因的鉴定及缺氮胁迫下表达分析[J]. 山西农业大学学报（自然科学版），2018，38（3）：23-29.

[99] 隋述会. 新型富硅REHY分子筛及其催化剂的研制[J]. 石化技术与应用，2001，19（6）：362-364.

[100] 孙晓菲. 盐藻NAD-3-磷酸甘油脱氢酶同工酶基因功能域的克隆及功能鉴定[D]. 成都：四川大学，2007.

[101] 孙协军，王珍，李秀霞. 三种微藻油脂肪酸组成和理化性质分析[J]. 食品科学，2012，33（16）：212-215.

[102] 童浩华. 超临界提取法[J]. 食品工业，1989，1：25-26.

[103] 王培磊，张学成，孟振. 胁迫因子对杜氏藻生长和色素积累的影响研究进展[J]. 海洋科学，2006，30：87-91，95.

[104] 文韬，尚慧毅，高志强，等. 盐胁迫下*Dslhcb3*和*cao*基因的表达及类囊体磷酸化状态转化[J]. 应用与环境生物学报，2011，17（6）：851-854.

[105] 吴玉龙，唐寅，陈宇，等. 一种具有水热稳定性的介孔催化剂、其制备方法及用其催化水热液化微藻制备生物油的方法：中国，CN201610111402.8[P]. 2016-07-20.

[106] 徐辉. 重组盐生杜氏藻双功能域3-磷酸甘油脱氢酶的表达纯化和部分酶学性质研究[D]. 成都：四川大学，2006.

[107] 杨超. 杜氏盐藻和微晶纤维素催化转化制取生物燃料和化学品的研究[D]. 厦门：厦门大学，2012.

[108] 杨巧利，张雨忠，刘敏胜，等. 一种提取湿藻油脂的方法：中国，CN201310351312.2[P]. 2013-12-4.

[109] 杨爽，蒋彦. 杜氏盐藻碳酸酐酶N/C结构域耐盐性的研究[J]. 四川大学学报（自然科学版），2011，48（4）：949-954.

[110] 姚杰. 基于油脂及其他高价值副产物导向的杜氏盐藻培养研究[D]. 武汉：华中科技大学，2015.

[111] 郁彬琦. 提升微藻脂质生产能力的培养方法研究[D]. 扬州：扬州大学，2021.
[112] 岳金荣，丛玉婷，邢震宇，等. 利用免疫共沉淀联合质谱技术筛选盐藻MAPK的互作蛋白[J]. 核农学报，2020，34（6）：1187-1195.
[113] 岳文静. 盐藻DsMAPK的原核表达、反义表达和亚细胞定位分析[D]. 大连：大连海洋大学，2015.
[114] 张弛，王双辉，卢菲婷，等. 盐藻糖酵解途径上下游关键酶基因在高渗胁迫下的表达分析及其叶绿体定位[C] //无锡：第十一届全国酶学学术讨论会暨邹承鲁诞辰90周年纪念会论文集，无锡，2013：82-82.
[115] 张培铃，陈宇，吴玉龙，等. 亚/超临界乙醇-水体系中杜氏盐藻直接液化制备生物油[J]. 石油学报（石油加工），2012a，28（5）：791-797.
[116] 张培铃. 亚/超临界条件下液化杜氏盐藻制备生物油的研究[D]. 石河子：石河子大学，2012b.
[117] 赵丽娜，陈喜文，陈德富. 甘油代谢对杜氏盐藻盐耐受性的调节[J]. 生物技术通讯，2011，22（3）：428-432.
[118] 周丽，孟祥红，刘成圣，等. 渗透胁迫对杜氏盐藻胞内甘油含量及相关酶活性影响[J]. 植物学通报，2006a，23：145-151.
[119] 周丽. Ca^{2+}在杜氏盐藻（*Dunaliella salina*）渗透胁迫反应过程中的作用研究[D]. 青岛：中国海洋大学，2006b.

第六章　盐藻的分子生物学研究

第一节　盐藻的分子生物学基础研究

一、盐藻类胡萝卜素合成途径相关基因的研究

类胡萝卜素是自然界存在的一类由异戊二烯为结构单元组成的化合物的一大类家族的统称。该类化合物广泛分布于部分细菌、真菌、植物等生物体内。类胡萝卜素主要分为胡萝卜素及其氧化物叶黄素两大类。很多类胡萝卜素跟人类的健康有重要的关系，特别是β-胡萝卜素以及番茄红素对眼睛的发育、预防癌症、提高免疫力等均有很重要的作用。在高等植物中，类胡萝卜素的合成途径分为两条：即甲羟戊酸（mevalonate，MVA）途径和2-*C*-甲基D-赤藻糖醇-4-磷酸（2-*C*-methyl-D-erythritol-4- phosphate，MEP）途径。类胡萝卜素生物合成的前体物质异戊烯二磷酸（IPP）主要来自于MEP途径，其在IPP异构酶作用下生成二甲基丙烯基二磷酸（DMAPP）。IPP和DMAPP合成香叶基苯二磷酸（geranylgeranyl diphosphate，GGPP）是由GGPP合成酶作用之后生成八氢番茄红素合成酶（PSY）基因，并经过中间一些产物的合成［如八氢番茄红素去饱和酶（PDS）、ζ-胡萝卜素去饱和酶（ZDS）、ζ-胡萝卜素异构酶（ZISO）］，然后在番茄红素β-环化酶（LCYB）和番茄红素ε-环化酶（LCYE）作用下生成δ-胡萝卜素和γ-胡萝卜素。二者又分别在LCYB的作用下，最终生成α-胡萝卜素和β-胡萝卜素（图6-1）。

（一）ζ-胡萝卜素去饱和酶基因

ζ-胡萝卜素去饱和酶（ZDS）是类胡萝卜素生物合成途径上游控制β-胡萝卜素生成的关键酶，其催化9，9′-双顺-ζ-胡萝卜素脱氢生成7，9，7′，9′-四顺式-番茄红素（刘璐，2007）。从盐藻的叶绿体中成功克隆了ZDS基因的完整阅读框序列。该基因全长2178bp，开放阅读框（ORF）由1731bp组成，编码576个氨

基酸的多肽，理论分子质量约为 63.9u。同源分析表明，该序列与莱茵衣藻的核苷酸和蛋白质序列同源性分别为 69% 和 66%。系统发育分析表明，相比于其他物种，盐藻的 ZDS 与藻类和高等植物的 ZDS 有更近亲的关系（Ye，2010）。

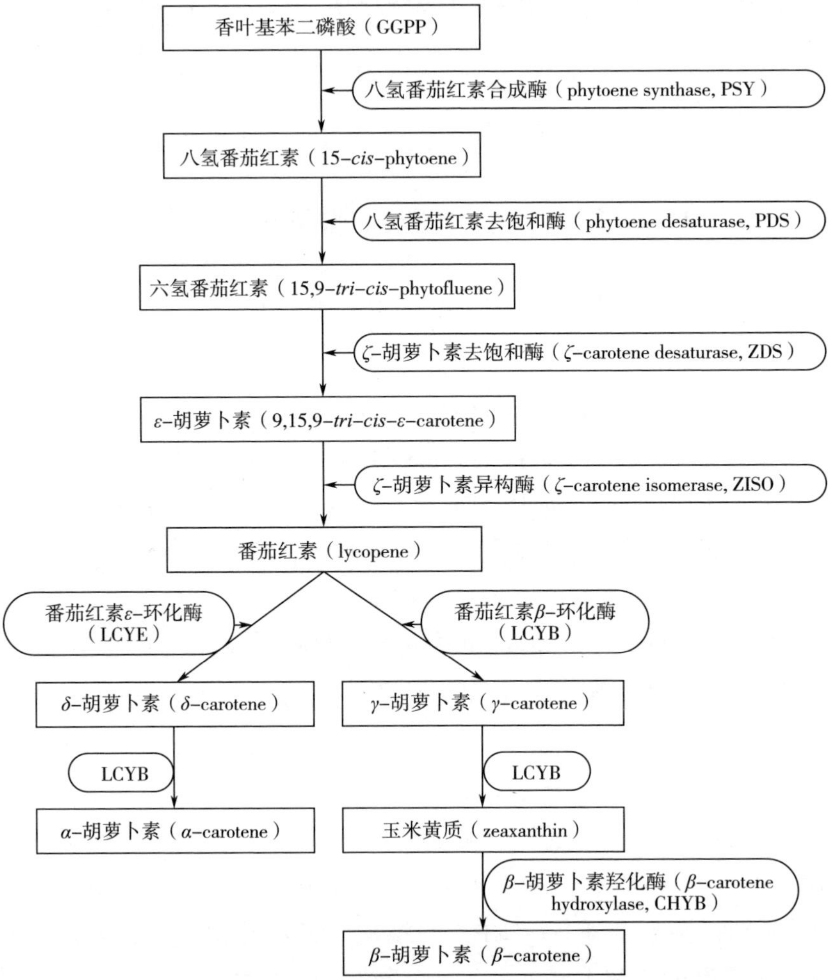

图 6–1　类胡萝卜素合成途径

（二）β- 胡萝卜素羟化酶基因

玉米黄质是自然界中常见的一种 β- 胡萝卜素衍生物，是通过一系列酶作用合成的。其中，β- 胡萝卜素羟化酶（CHYB）是玉米黄质合成过程中一个关键限速酶。通过 RACE 方法从盐藻叶绿体类囊膜上，成功扩增出 β- 胡萝卜素羟化酶基因。该基因全长 1433bp，包含一个 969bp 的开放阅读框，编码 322 个氨基酸。包含 4 个保守的组氨酸基序，与团藻及莱茵衣藻的同源性分别是 64% 和 58%。序列分析表明，盐藻 CHYB 蛋白具有四个跨膜结构及叶绿体导肽。系统发育分析表明，盐藻 CHYB 蛋白与其他绿藻的 CHYB 蛋白共处一个进化支，亲缘关系很近（章丽，2013）。

（三）盐藻 β- 胡萝卜素合成途径相关基因的研究

β- 胡萝卜素是类胡萝卜素之一，是一种橘黄色的脂溶性化合物，是自然界中普遍存在也是十分稳定的天然色素。由于在植物中大量地存在，使时令水果和蔬菜拥有了饱满的黄色和橘色。鉴于盐藻能生产出干重高达 10% 的 β- 胡萝卜素，所以近年来对盐藻的应用研究范围及功能研究不断扩展。

1. 八氢番茄红素基因

八氢番茄红素去饱和酶（PDS）是 β- 胡萝卜素生物合成途径中的关键酶。八氢番茄红素是 β- 胡萝卜素合成途径中的前体物质，是第一个无色的类胡萝卜素分子。其功能是催化八氢番茄红素发生连续的脱氢反应，形成可以成环的番茄红素或其中间体。通过一种改良的 5′ 端转换机制 RNA 转录（SMART）技术，采用 RT-PCR 和 RACE-PCR 方法从盐藻中克隆了一株 PDS cDNA，其开放阅读框为 1752bp。预测的蛋白序列与高等植物和蓝藻细菌的 PDS 同源性高达 65%。最高的氨基酸序列同源性（91%）与巴氏杜氏藻的 PDS 序列相同。系统发育分析显示，与细菌和真菌相比，盐藻 PDS 更接近于高等植物和蓝藻细菌（姜建国，2005；Zhu，2005）。

2. 番茄红素 β- 环化酶基因

番茄红素的环化酶是植物类胡萝卜素合成中的一个重要分支。番茄红素的环化酶有两类，一类是催化番茄红素生成带有 β 环的 β- 环化酶（lycopene β-cyclase，LCYB），另一类是催化番茄红素形成带有 ε 环的 ε- 环化酶（lycopene ε-cyclase，LCYE）。番茄红素分子的两个末端若都在 β 环化酶催化下形成 β 环，即为 β- 胡萝卜素。盐藻在各种胁迫条件下（如高盐、高温、高辐照度和 / 或限制营养）可积累大量 β- 胡萝卜素。研究发现其合成的相关基因分子基础和调控机制与番茄红素 β- 环化酶基因关系密切。

通过 RT-PCR 结合半巢式 PCR 方法获得盐藻 LCYB cDNA 的两个末端，完整的 cDNA 全长 2475bp，开放阅读框长 1824bp，编码 607 个氨基酸，其编码蛋白的分子质量为 67u。基因表达和生理分析显示，盐藻 LCYB 稳态转录本和类胡萝卜素水平在所有应激条件下（盐、光和营养消耗）均上调。通过盐藻

LCYB全长cDNA的克隆和序列分析，为体外重建β-胡萝卜素合成路径提供前提条件，为研究盐藻中该次生代谢途径的调控提供了更坚实的基础（Ramos，2008；陈倩，2007）。

3. 八氢番茄红素合成酶基因

类胡萝卜素在细菌、藻类和高等植物光合元件的结构和功能中起着关键作用。而类胡萝卜素生物合成的入门级反应是由八氢番茄红素合成酶（PSY）催化的，该合成酶在所有生物体的结构和功能上都有相关性。此外，与高等植物中的情况类似，PSY基因复制也发生在绿藻和盐藻中。由于某些高等植物中PSY基因家族的成员在发育或胁迫过程中受到差异调节，因此在某些藻类中发现两类PSY基因家族，表明这些藻类中的类胡萝卜素生物合成也受到发育和环境胁迫的差异调节（Tran，2009）。

二、影响盐藻类胡萝卜素产量的相关研究

目前，全球市场对天然合成类胡萝卜素（如β-胡萝卜素和叶黄素）的需求量很大。然而，微藻中类胡萝卜素的生产率历来较低。类胡萝卜素生物合成是复杂的，因为它与叶绿素的生物发生、光合元件和电子传递相协调。但通过合理设计适应性进化实验可作为优化类胡萝卜素生产的有效途径（Wichuk，2014）。

（一）类胡萝卜素立体异构体研究

类胡萝卜素包括各种天然存在的立体异构体，它们的物理化学特性各不相同。它们的生物合成从植物烯开始，植物烯在类胡萝卜素中是罕见的，因为它是无色的。植物烯由香叶基苯二磷酸合成，而香叶基苯二磷酸分别由植物烯合成酶和植物烯去饱和酶催化生成植物烯和植物氟。随后的步骤涉及去饱和化、异构化和环化反应。通过全反式番茄红素形成α-胡萝卜素和β-胡萝卜素立体异构体。而盐藻是最丰富的β-胡萝卜素来源，也可以积累植物烯和植物荧光素。与番茄相似，盐藻主要生产15-顺式植物烯异构体和微量的全反式植物烯。研究发现，15-顺式植物烯是盐藻中最丰富的异构体，其经过一系列的异构化和脱饱和反应，形成全反式β-胡萝卜素和9-顺式β-胡萝卜素（Mazzucchi，2014）。

（二）氮含量和光照强度对类胡萝卜素的影响

利用氮含量和光照强度辅助的两阶段培养法，增强盐藻的蛋白和类胡萝卜素的共生能力。盐藻以其胡萝卜素生成而闻名，同时也可以生产高质量的蛋白质。

然而，盐藻共同产生细胞内两种化合物的最佳条件尚不清楚。研究涉及两阶段的培养策略，以优化盐藻的高质量蛋白质和类胡萝卜素的联合生产。在第一阶段，测试了氮气浓度的梯度。在第二阶段，测试了氮气脉冲和高光照的影响。结果显示，在两阶段培养中，蛋白质的数量、质量［以必需氨基酸指数（EAAI）表示］和类胡萝卜素的含量都得到了优化。其中第一阶段的短期氮饥饿在第二阶段的高照度下进行。采用这种策略，蛋白质、必需氨基酸和类胡萝卜素的生产率分别达到 22、7、3mg/（L · d），EAAI 为 1.1。这种生物质的质量超过了 FAO/WHO 的人类营养标准，观察到的 β- 胡萝卜素水平显示了高抗氧化剂维生素 A 的活性（Sui，2019）。

（三）红蓝光下盐藻的类胡萝卜素生产

营养充足和严格温度控制下有利于盐藻的生长。利用 LED 的高强度蓝光、红光和白光，对盐藻的菌株生产类胡萝卜素进行了影响分析。结果显示，在高强度红光下，盐藻的生长与类胡萝卜素的积累和高吸氧率有关。当转移到蓝光时，类胡萝卜素的含量大量下降，同时有非常高的光氧化率。在高强度的蓝光下，盐藻生长保持在与红光或白光相同的速度，但没有类胡萝卜素的积累。转移到红光刺激下，盐藻类胡萝卜素含量小幅增加。电子在光合作用和类胡萝卜素生物合成之间的分配，将取决于红色光子通量强度和红光光感受器 - 植物色素对植物烯合成酶的上调。红光对类胡萝卜素生物合成和积累的控制降低了 ROS 的形成率，并增加了抗氧化池的大小（Xu，2019）。

三、盐藻基因调控序列的研究

（一）不同启动子的克隆与鉴定

1. 碳酸酐酶和双碳酸酐酶启动子

盐藻 2 种碳酸酐酶基因，即碳酸酐酶 1（CA1）和双碳酸酐酶 1（DCA1）的 5′ 上游区序列有可能是新的启动子区序列。利用基因组步行方法，从已知 cDNA 周围对未知启动子或其他调控区域中克隆得到。在对其功能进行分析之后发现，DCA1 基因启动子可驱使外源的抗除草剂基因（*bar*）在盐藻细胞中稳定表达。而且实时 RT-PCR 结果显示，在不同 NaCl 浓度的诱导下，DCA1 基因启动子可驱使外源的 *bar* 基因在盐藻细胞中瞬时表达（吕玉民，2003）。Northern 印迹分析也证实了 DCA1 基因启动子驱动 *bar* 基因在盐藻细胞中的表达效率受 NaCl 浓度梯度调控。此外，通过将不同长度的 DCA1 启动子片段与 GUS 报告基因进行融合获得不同载体，并采用荧光和化学染色法检测不同盐浓度下 GUS 的瞬间表达情况。结果发现，盐诱导外源 GUS 基因的表达受包含高度重复 GT 序列的启动子片段的调控，而不受删除高度重复 GT 序列的启动子片段的调控。因此，DCA1 基因启动子在转基因盐藻研究中可能成为一种活性高、安全性好的高渗诱导性启动子（柴玉荣，2004；罗清菊，2009；Lu，2011）。

盐藻碳酸酐酶基因启动子在不同盐条件下拥有诱导盐藻异源基因表达的潜力。首先，通过基因组步移和 PCR 技术从碳酸酐酶基因中克隆了一个长度为 1.4kb 的 5′ 侧翼区，并将该片段连接到 pMD18-T 载体上进行了鉴定。序列分析表明，该区域含有保守基序，包括 TATA-like box 和 CAAT box。并且在该区域也发现了具有潜在转录调控作用的 GT 重复序列。而后转化实验显示，1.4kb 的片段能够驱动融合物转化盐藻时可选择 *bar* 基因的表达。其次，Northern Blot 杂交表明，*bar* 基因转录本在 2mol/L NaCl 生长的细胞中最丰富，却在 0.5mol/L NaCl 中较少，证实了 *bar* 基因在高盐度下被诱导表达。而这些结果都暗示了盐藻碳酸酐酶基因启动子在不同盐条件下诱导异源基因表达的潜力（Chai，2006）。

另有研究表明，如果分别用合适的限制性内切酶消化载体 pGL3-Enhancer vector、pD-B、pMD-CA 和 pMD-rbcs，转化宿主菌大肠杆菌 JM109。并挑取阳性克隆，提取质粒 DNA，酶切鉴定。结果可以得到含盐藻自身 CA 基因启动子、DCA 基因启动子和来自衣藻的 1，5 二磷酸核酮糖羧化酶 / 加氧酶小亚基（rbcs）基因启动子。构建了以荧光素酶（Luc）基因为外源基因的 3 个盐藻表达载体。通过将盐藻细胞外 α 型碳酸酐酶在大肠杆菌中功能过表达，利用悬滴法结晶发现，盐藻中细胞外 α 型碳酸酐酶在零盐度到高盐浓度范围内的活性与其中嗜盐藻不同，其拥有优异的耐盐性（Premkumar，2003）。

2. 硝酸还原酶启动子

盐藻硝酸盐还原酶（NR）基因 5′ 上游序列可能是一种新的启动子。通过巢式 PCR 和 LA-PCR 方法得到 1200 bp 特异性片段，并进行了序列分析。结果显示，5′ 上游序列含有启动子的特征性序列。与此同时，GUS 瞬时表达染色结果显示，该 DNA 片段具有硝酸盐诱导和铵抑制的启动子活性，表明此 5′ 上游序列可能是一种具有“开关”活性的可控性启动子。而且 NR 转录本受硝酸盐诱导并受铵盐抑制，所以盐藻 NR 基因的启动子可用于控制转基因盐藻中异源基因的表达。此外，盐藻 NR 基因 5′ 上游序列还能够驱动外源基因 *bar* 在盐藻中的表达，可作为一种新型的启动子（李杰，2007；闫红霞，2008）。

3. 热休克蛋白启动子

热休克蛋白 70（HSP70）家族是目前已知的最保守的蛋白质家族之一。在绿色植物和藻类中，不同 HSP70 基因的编码产物分布在胞浆、叶绿体和线粒体内。它们参与新生蛋白质的正确折叠、转运及其降解，对细胞的生长、分化和各种环境的适应都起着重要作用。研究发现，光和热胁迫均可诱导生成大量的 HSP70 mRNA。因此，HSP70 基因启动子已经被用于构建转基因莱茵衣藻表达载体，并得到了成功的转化。在克隆得到盐藻胞浆定位的 HSP70 基因组 DNA 序列及其两侧调控序列中，5′ 侧调控序列中包含有 2 个热休克元件。而且盐藻 HSP70 mRNA 水平增高与光、温度诱导均有关系，因此，该基因启动子的克隆为诱导型转基因盐藻表达载体的构建奠定了基础（姜国忠，2004）。

4. 甘油醛 3- 磷酸脱氢酶启动子

甘油醛 3- 磷酸脱氢酶（glyceraldehyde-3-phosphate dehydrogenase，GAPDH）启动子可用于驱动转基因盐藻外源基因的表达。在克隆盐藻 GAPDH 基因的 5′ 上游调控区之后，分析发现此区域具有启动子保守序列如 TATA 盒等，且具有较强的启动子活性(贾岩龙,2008)。通过克隆鉴定 GAPDH 基因 5′ 上游区序列，成功构建由 GAPDH 基因启动子驱动的氯霉素乙酰转移酶（CAT）基因表达载体 pUC-cat。利用构建的表达载体电击转化盐藻，并在含有氯霉素的培养基中筛选转化藻株。随机挑选稳定转化的盐藻藻株进行 CAT 酶联免疫吸附测定分析，结果得到 3 株稳定转化的盐藻藻株（贾岩龙，2011）。PCR 鉴定和 CAT 酶联免疫吸附测定分析结果表明，CAT 基因已整合到了转化的盐藻基因组中，内源性盐藻 GAPDH 基因启动子能够驱动 CAT 基因在盐藻中表达。除此之外，通过克隆一种新的 GAPDH 启动子用于驱动人抗 bialaphos（*bar*）基因和 canstatin（Can-*N*）N 端片段的表达。结果表明 *bar* 基因被 GAPDH 启动子转录并整合到盐藻转化子基因组中。而且，PCR 鉴定、Southern 和 Western Blot 结果表明，转基因盐藻中表达了 Can-*N*，表明 GAPDH 基因启动子可用于驱动转基因盐藻外源基因的表达（张小毅，2012；Jia，2012；Quentin，2017）。

5. 1，5- 二磷酸核酮糖羧化酶 / 加氧酶启动子

盐藻 1，5- 二磷酸核酮糖羧化酶 / 加氧酶（rubisco，RbcS）的 5′ 端上游区，包含多个与转录调控有关的保守序列（如 TATA-box、CAAT-box），富含 GT 的重复序列。该区域能驱动外源基因 *bar* 在转基因盐藻中的表达，故认为是盐藻 RbcS 基因的启动子调控区。通过 RbcS 基因及其调控区的克隆以及序列分析，

得到 RbcS 基因的 5′ 端上游调控区，并将此片段与 cat-nos poly A 链接，构建表达载体 pSP-B。之后利用电击法将 pSP-B 导入盐藻细胞，能够得到对氯霉素具有抗性的转基因盐藻。说明此片段具有启动子活性，可作为一种内源性的启动子得以应用（柴玉荣，2008；2005a）。

6. 泛素启动子

泛素启动子可以用来构建盐藻的诱导型和组成型异养表达载体，并鉴定异养转化子。首先，通过 RT-PCR 从人胎盘组织中克隆了葡萄糖转运蛋白（Glut1）基因，并进行序列测定。然后，利用分子生物学方法构建一个包含泛素启动子、Glut1 和 bar-box 的载体 G5-Glut1-bar。并用电穿孔法将表达载体导入盐藻中。然后用草甘膦（PPT）筛选转化子，并提取转化子总 RNA。而后通过 RT-PCR 分析目的基因 Glut1 的整合情况。其中酶切结果表明，表达载体成功构建。且经 PPT 筛选数周后，转化子生长良好，野生型细胞完全死亡。RT-PCR 结果显示，转化子均具有约 250bp 的特异性条带，通过 Blast 分析的人 Glut1 序列同源性为 100%。因此，泛素启动子可以用来构建盐藻的诱导型和组成型异养表达载体，并可将 Glut1 基因整合到盐藻基因组中（Chen，2009）。

7. 烯醇酶基因启动子

烯醇酶（DsENO）基因启动子在盐藻胁迫转录应答过程中发挥着重要作用。为了解盐藻烯醇酶在渗透耐受中的具体功能，通过基因组步行方法和巢式 PCR 的方法，从盐藻中克隆烯醇酶基因 DsENO 5′ 上游约 2000bp 的调控序列，并对其进行序列分析。分析表明，其包含多个与转录调控有关的保守序列（如 CAAT-box、TATA-box）。在盐藻渗透耐受研究中，糖酵解途径参与甘油代谢是其胞内调节渗透的一个重要因素。其中，糖酵解途径关键基因之一的 DsENO 能够在转录水平受光照、干旱及其他胁迫的调节控制，在高渗胁迫下出现表达差异。因此，DsENO 可能对渗透等胁迫产生应答（段静波，2011）。

8. 莱茵衣藻叶绿体 ATP 合成酶 A 启动子

莱茵衣藻叶绿体 ATP 合成酶 A（atpA）启动子在盐藻叶绿体中有转录活性。以绿色荧光蛋白（enhanced green fluorescent protein，EGFP）为报告基因，将报告基因插入莱茵衣藻叶绿体 atpA 启动子与 rbcL 终止子之间，构建载体 pSP71-atpA-EGFP，并用基因枪法转入盐藻叶绿体中。之后通过荧光显微镜观察，EGFP 基因在 atpA 启动子控制下的表达，可以验证 atpA 启动子在盐藻叶绿体中的生物活性。并且荧光显微镜下也观察到 EGFP 在盐藻叶绿体中得到了表达。因此，莱茵衣藻叶绿体 atpA 启动子可以应用于盐藻的叶绿体转化（潘卫东，2004）。

9. 其他启动子

根据盐藻、衣藻、团藻等生物 NR 高度保守序列 EGWWFKP、WNVMGMM 设计一对简并引物，以含硝酸盐培养基培养的盐藻 cDNA 为模板（核苷酸长度为 381bp）进行 PCR 扩增。扩增产物克隆至 T 载体后转化大肠杆菌 JM109，经筛选后测序。将测序结果推导成氨基酸序列，与盐藻、团藻、衣藻和小球藻的 NR 同源性分别为 88.2%、78%、67% 和 59%。此外，另一从盐藻中所获得的 cDNA 片段，核苷酸长度为 431bp。同源性比较盐藻为 83%，衣藻为 68%，团藻为 66%，小球藻为 64%（谢华，2004a；2004b）。

为构建盐藻的转基因系统，盐藻的肌动蛋白基因被克隆其启动子以作为转基因系统的启动子。首先，对盐藻的 cDNA 文库和基因组文库进行了肌动蛋白基因的筛选，从阳性基因克隆中克隆出 5′上游片段。然后将同时得到的 cDNA 克隆的插入片段与此 5′上游片段进行测序。通过检索分析，确认所得到的 cDNA 和基因属于盐藻的肌动蛋白基因。而肌动蛋白基因作为一个组成型表达的基因，其启动子的活性很强，可能是转基因启动子的一个合适的候选者（谈峥，1999）。由此同时，将 CaMV35S、Ubil、Ubil-Ω、CaMV35S-Ubil 和 CaMV35S-Ubil-Ω 五种启动子进行了比较分析，在这 5 种启动子中，Ubil-Ω 启动子的驱动活性最强，其适合作为外源基因在盐藻细胞中高效表达的启动子（谈峥，1999）。

（二）MAR 序列研究

增强子是提高外源基因表达水平的另一种调控元件，因为其能够克服“位置效应”和“沉默效应”。在许多真核生物中，核基质附着区（matrix attachment region，MAR）序列已经作为提高外源基因表达水平的良好调控元件进行了应用，如在烟草、拟南芥和中国仓鼠卵巢细胞。从构建的盐藻 MAR 文库中鉴定出 MAR 序列。研究表明，在盐藻中应用 MAR 序列比没有 MAR 的情况下能够提高约 4.5 倍的基因表达（王亚峰，2006）。

1. MAR 序列的克隆

核基质附着区是一段与核基质结合的 DNA 序列，是染色体上被 DNA 酶限制性消化之后仍然附着在核基质上的序列。MAR 是富含 AT 碱基的非编码区 DNA 序列，它作为一种边界元件，对染色体组装、基因表达有重要的作用。为了进一步探索染色体 DNA 与核基质之间的相互作用，从单细胞盐藻中克隆出了 MAR 片段，并构建了盐藻的随机 MAR 文库。首先，裂解细胞，并经不连续梯度离心分离盐藻细胞核，之后去除组蛋白和消化除去结合松弛的 DNA 片段，最后沉淀提取盐藻核基质 DNA。而后用连接酶连接至载体上，并转化感受态细胞，挑选阳性克隆来构建 MAR 文库。部分测序分析表明，克隆的 DNA 片段具有明显的 MAR 特征。为进一步研究对基因表达的调控作用及其作用机制提供了基础（王天云，2005a；2005b；2005c）。

2. MAR 序列的功能

由于 MAR 序列的特殊组成和空间结构使其具有一些特殊的功能，如 MAR 序列的单链状态使附着在核骨架上的染色质丝环既易于超螺旋化又易于解开螺旋，且超螺旋化程度越高，解螺旋后越松弛。而这种松弛状态有利于转录调控因子的结合，使基因表达增强。根据与核基质结合的强弱可以将 MAR 序列分为强、中、弱三类。强 MAR 序列和核基质的亲和力较高，在整个细胞周期中都保持与核基质的结合状态。MAR 序列不仅在染色质折叠中起到重要作用，影响邻近内源基因的表达。将 MAR 序列构建到外源基因表达盒的两侧转化动植物时，在稳定表达的转基因植物中 MAR 序列在一定程度上提高了转基因的平均表达水平，同时也可降低转化子之间转基因表达水平的差异。

MAR 不编码任何蛋白质，为非编码 DNA。MAR 在真核生物基因组中以 5~120kb 的频率出现。强 MAR 序列和核基质的亲和力较高，在整个细胞周期中都保持与核基质的结合状态。其作用是通过将染色质锚定在核基质上而使染色质 MAR 形成拓扑学限制性的 DNA 环。每个 DNA 环既是一个转录单位，也是一个复制单位和染色体包装单位，位于这些基本单位的交界处，邻接于一些调控元件。由于其高 A+T 含量和 oligo（dA）序列，MAR 易于弯曲和单链化。正是通过自身的解链而在 DNA 环中引入负超螺旋。MAR 才能对转录的起始进行正调控。这些环的超螺旋化、解螺旋以及空间构型等可能在一定程度上受到处于环边界的 MAR 的调控。MAR 的锚定作用又使环与环之间的相互影响可能被减少，即一个环的超螺旋化、解螺旋或正负调控作用等不能传递到相邻的环中。

已知 MAR 与核支架特异结合，影响转基因的表达。在之前的研究中，从盐藻中分离到一个新的脱氧核糖核酸片段。在体外可以与核基质结合，具有典型的 MAR 特征。为了研究 MAR 对盐藻稳定转化细胞中转基因表达的影响，构建由盐藻核酮糖 1,5- 二磷酸羧化酶 / 加氧酶启动子驱动的氯霉素乙酰转移酶（CAT）报告基因 MAR 表达载体，并将其电转化盐藻细胞，以研究 MAR 对盐藻稳定转化细胞中转基因表达的影响。实验随机挑取了 20 个稳定转化的盐藻菌落，检测 CAT 基因的表达。结果表明，含有 MAR 的表达载体转化的盐藻的 CAT 平均比不含 MAR 的盐藻高 4.5 倍左右，而转化子个体间的转基因表达量差异降低了 3 倍。稳定转化株系中 CAT 与基因拷贝数没有明显的正比关系，说明 MAR 对转基因表达的影响可能不是通过增加转基因拷贝数来实现的(Wang,2007；王亚峰，2006)。

3. MAR 结合蛋白的研究

MAR 作为顺式作用元件，其作用和其结合蛋白有关。目前从盐藻中筛选出 MAR 结合蛋白（MAR-binding protein，MBP），该蛋白质基因全长 1623bp，核苷酸序列长 5641bp，包含 12 个内含子，长度范围为 132~562bp。该蛋白质定位于细胞核，原核表达及其功能研究证实该蛋白质能与 MAR 结合（Wang，2013）。

扩增 MBP 基因全长来构建酵母双杂交诱饵载体，将经过酶切测序以及序列同源性比对的重组质粒筛选出正确的转化酵母菌株 Y187。然后通过自激活及毒性验证检测的 Y187 菌株（转化有“诱饵”质粒）与 AH109 菌株（含有文库质粒）进行杂交融合，并在缺陷性平板筛选阳性克隆（另一种方法是先进行自激活及毒性验证检测）。经过筛选盐藻 cDNA 文库，初步筛选出 26 个克隆，经过多次 X-α-Gal 平板筛选，最终确定 7 个阳性克隆。研究运用酵母双杂交技术成功地从盐藻 cDNA 文库筛选 MBP 互作蛋白，筛选出了光合反应中心亚单位等 7 种可能与 MBP 相互作用的蛋白（李照熙，2012；2011）。

MBP 可在大肠杆菌和 / 或哺乳动物细胞中表达，能够特异结合富含 A/T 的核基质附着区 DNA，具有调控基因表达的功能，并可用于核基质附着区相关蛋白及其基因的筛选。由于盐藻具有遗传操作简单、成本低、可保证产品的活性和质量、便于食用、生物安全性高、环保等诸多优点，利用转基因盐藻生产药用蛋白具有很好的社会和经济效益。MBP 也可能参与盐藻增殖过程中 RNA 的加工。盐藻 MBP 的 mRNA 表达在静止期表达较少，在随后的对数生长期表达最高，生长停滞期又有所降低。而这可能与 MBP 在细胞周期中参与染色体包装和 RNA 的加工有关（薛乐勋，2012；王鹏举，2012）。

有研究从盐藻中发现了一种新的 MBP，即 DMBP-1。其 cDNA 长度为 2322bp，开放阅读框由 1626bp 组成，编码 542 个氨基酸（59u）。在大肠杆菌中表达的 DMBP-1 特异性结合 A/T 丰富的 MAR DNA。而在 pEGFP-MBP 转染的中国仓鼠卵巢细胞中，与绿色荧光蛋白融合的DMBP-1只出现在细胞核内，表明该蛋白位于细胞核内。该发现有助于更好地理解核基质-MARs相互作用。此外，以DMBP-1为诱饵筛选DMBP-1互作子的cDNA文库，发现这些互作子可能介导DMBP-1的调控功能。除了DMBP-1，还有另一种新的MBP，即DMBP-2，被鉴定为DMBP-1的结合伙伴。而谷胱甘肽S-转移酶实验进一步证实了DMBP-2和DMBP-1之间的相互作用。DMBP-1有望成为研究MBP分子调控机制的候选分子（Wang，2010；Yang，2013；冯英才，2008）。

（三）盐藻遗传背景的基因水平分析

1. 盐藻不同种类的同源性分析

将从伊朗盐湖分离的杜氏藻的18S rDNA基因进行内含子和核苷酸序列分析。序列组成显示在5′末端附近缺乏任何内含子，并且在3′末端附近有一个440bp的DNA片段。虽然18S rDNA的大小与盐藻相似，但内含子的位置和核苷酸结构明显不同。因此，该分离物的18S rDNA基因明显不同于盐藻和迄今为止报道的任何其他盐藻。此外，虽然内源转录间隔区（ITS）的区域序列分析表明，分离藻株的该区域与先前已知物种的相似度为78%~88%，但是根据系统发育分析显示，该分离株与其最接近的绿藻分类群以及所有其他分类群不同。因此，报告的序列被认为是新的18S rDNA排列，需要对该分离株进行补充形态生理学研究，以阐明该分离株是否为新物种/亚种（Hejazi，2010）。

通过运用随机引物对杜氏藻属中6个嗜盐种的基因组DNA进行随机扩增多态性DNA（RAPD）技术分析。筛选获得98个可重复的DNA片段，其中95条带具有多态性，多态性条带的频率为96.9%。根据系统进化树将杜氏藻属6个种分别归于亲缘关系相对较远的2个类群中，且6个种与它们各自的生态分布联系不紧密（李钢，2002）。

2. 不同藻类之间的同源性分析

（1）*psaB*和*psbD*基因的同源性分析　根据莱茵衣藻、莫式衣藻（*Chlamydomonas moewusii*）、小球藻以及中斑绿藻（*Mesostigma viride*）的*psaB*基因的氨基酸高度保守序列，设计一对简并引物。用TRIZOL试剂提取盐藻细胞的总RNA。通过RT-PCR，得到的一段长为1.8kb左右的cDNA片段。之后通过盐藻*psaB*基因cDNA克隆及系统进化分析表明，所克隆的1815bp序列为盐藻PSⅠ反应中心*psaB*基因的cDNA片段（鲁照明，2005）。依据已知的*psaB*核苷酸序列推导成氨基酸序列，与已知物种的*psaB*氨基酸序列比较，结果显示同源性分别为莱茵衣藻 92%，莫式衣藻 91%，小球藻 86%，中斑绿藻 85%，小立碗藓（*Physcomitrella patens* subsp. *Patens*）85%，绿肾藻 84%。根据 *psaB* 基因特征，通过对绿藻门 50 个物种 *psaB* 基因进化分析表明，盐藻更接近于红球藻。此外，通过对盐藻 PS Ⅱ反应中心蛋白 D2 基因的克隆及序列分析，所克隆的基因为盐藻 *psbD* 基因，编码盐藻 PS Ⅱ反应中心 D2 蛋白。编码的氨基酸序列同源性分别为：莱茵衣藻 92%，绿肾藻 88%，黑松（*Pinus thunbergii*）88%，无油樟（*Amborella trichopoda*）88%，小球藻 88%（刘红涛，2005；鲁照明，2007；刘红涛，2007）。

（2）烯醇酶及 *LycB* 基因的同源性分析　通过改进简并 PCR 法，扩增得到一条 630bp 的盐藻 cDNA 片段，与其他物种的烯醇酶基因具有很高的相似性。并在此基础上，进行 5′ 和 3′ RACE 获得了盐藻烯醇酶基因的全长 cDNA。同源性研究表明，推导的其氨基酸序列与其他绿藻和高等植物的序列具有显著的整体相似性。并且与莱茵衣藻的 *LycB* 具有最高的序列同源性，高达 64%。序列分析表明，该基因与莱茵衣藻烯醇酶基因的相同性达 83%，相似性达 89%（白林含，2004）。LycB 是催化线性番茄红素形成环状 β- 胡萝卜素的关键酶，是光合器官不可缺少的组成部分。研究推测盐藻与 LycB 的催化机制及其基因的分子调控密切相关。其推导出的氨基酸序列与其他绿藻和高等植物序列总体显著相似性，而酶中同义密码子的使用对以腺苷结尾的密码子有很强烈的偏差。三级结构预测表明,盐藻 LycB 的催化或结合位点结构优于雨生血球藻和莱茵衣藻。在系统发育树中，盐藻的 LycB 蛋白与雨生红球藻和莱茵衣藻的 LycB 蛋白完全不同（Zhu，2008）。

（3）β- 肌动蛋白及叶绿体 16S rRNA 基因序列的同源性分析　巴氏杜氏藻 β- 肌动蛋白氨基酸序列与盐藻、莱茵衣藻等的同源性较高。而为了获得巴氏杜氏藻 β- 肌动蛋白基因 cDNA 全长序列。以巴氏杜氏藻 cDNA 为模板，采用简并引物进行 PCR 扩增、5′ -Genome Walking 和 3′ -RACE 的方法，获得 β- 肌动蛋白基因 cDNA 全长序列。在对其氨基酸序列进行相似性分析之后发现，巴氏杜氏藻 β- 肌动蛋白氨基酸序列与盐藻、莱茵衣藻等的同源性较高。系统发育分析表明，巴氏杜氏藻 β- 肌动蛋白与盐藻的相似性最高（尚常花，2011）。根据衣藻、小球藻等绿藻叶绿体 16S rRNA 基因序列，克隆和鉴定盐藻叶绿体 16S rRNA 基因同源性。序列分析表明，所克隆的序列 1110bp 与莱茵衣藻、普通小球藻、绿肾藻和原始绿藻 4 种绿藻的序列同源性分别为 85.0%、79.9%、81.3% 和

81.6%（潘卫东，2004）。

（4）MAPK 及 *Lhca1* 基因的亲缘关系分析　以盐藻总 RNA 为模板，通过 RT-PCR 技术扩增,并采用 RACE 技术获得盐藻促分裂原活化蛋白激酶（MAPK）基因的全长序列。研究发现，其与 Genebank 中许多物种的 MAPK 基因相似度高达 55.6%~69.7%。且盐藻 MAPK 与衣藻 MAPK 亲缘关系最近（郭丽，2007）。利用简并引物从盐藻中克隆到一个 *Lhca* 基因。LHC Ⅰ是植物 PS Ⅰ中与色素分子结合的一系列膜蛋白，由 *Lhca* 基因家族编码，主要参与光能的捕获与传递。该 cDNA 命名为 DsLhca1。DsLhca1 的基因组序列由 5 个内含子组成。该基因的多肽序列与来自盐藻的 LHC Ⅱ蛋白的同源性较低（小于 30%）。但与其他藻类（团藻 Lhca AF110786）Lhca 蛋白同源性较高，两者同源性高达 67.1%。系统发育分析表明，DsLhca1 蛋白在高等植物和莱茵衣藻中不属于任何类型的 Lhca 蛋白（Liang，2008）。

（5）FLA8 基因的同源性分析　通过根据衣藻、小球藻等驱动蛋白 -2 亚基的氨基酸高度保守序列 GYNGTIF、NEDPKDA 设计一对简并引物，采用 RT-PCR 及 3′ RACE 和 5'RACE 的方法扩增盐藻 FLA8 基因的全长。盐藻 FLA8 基因 cDNA 全长序列经同源性分析，结果显示其与其他物种有较高的同源性：团藻（98%），衣藻（99%）和小球藻（92%）（李俊平，2011）。

3. 盐藻与其他植物之间的同源性分析

（1）PEPC 基因的同源性分析　根据莱茵衣藻、拟南芥、花生等真核生物磷酸烯醇式丙酮酸羧化酶（phosphoenolpyruvate carboxylase，PEPC）基因高度保守序列。通过 RT-PCR 的方法获得 PEPC 基因部分序列，然后采用 RACE 的方法分别克隆到 5′ 端和 3′ 端序列，拼接后得到全长 cDNA。之后通过序列分析得到，其氨基酸序列与已知物种 PEPC 序列的同源性依次为：莱茵衣藻 69%、小球藻 55%、单细胞绿藻（*Ostreococcus tauri*）50% 和绿色鞭毛藻 CCE9901（*Ostreococcus lucimarinus*）49%，表明所克隆的序列确为盐藻 PEPC cDNA 序列（张楠楠，2011）。

（2）HSP70a 氨基酸的同源性分析　根据衣藻、矮牵牛花、豌豆等真核生物 HSP70a 氨基酸高度保守序列设计两对简并引物，并以热休克盐藻 cDNA 为模板进行巢式 PCR 扩增，产物经 T-A 克隆转化至 JM109 大肠杆菌中。经筛选后测序，将测序结果推导成氨基酸序列进行同源性分析，获得了盐藻 HSP70a cDNA 片段。然后将推导的氨基酸序列与下列物种的 HSP70a 比较得到：衣藻为 96%，矮牵牛花为 94%，豌豆为 86%，番茄为 86%，人为 85%，果蝇和酵母分别为 84% 和 83%。因此，推导的氨基酸序列与衣藻、矮牵牛花、番茄、果蝇和酵母 HSP70 和 HSP70b 比较有高度同源性（姜国忠，2003a）。

（3）*Psy* 基因氨基酸的同源性分析　根据巴氏杜氏藻和红球藻的 *Psy* cDNA 保守序列以及 6 种植物——拟南芥、水稻、万寿菊、番茄、辣椒和胡萝卜的 *Psy* 基因氨基酸保守序列设计引物，以盐藻基因组为模板、扩增获得大小约为 2490bp 的片段。与其他植物的 *Psy* 序列进行比较发现，其外显子部分和巴氏杜氏藻及雨生红球藻相应外显子的氨基酸同源性高达 80% 以上。与其他植物如万寿菊、辣椒、番茄、拟南芥等的同源性也达到 70% 以上（姜国忠，2003b；Tran，2009）。

（4）*Ugd* 基因氨基酸的同源性分析　根据不同物种尿苷二磷酸（UDP）葡萄糖脱氢酶基因（*Ugd*）的同源序列进行相似性分析并设计了一对兼并引物，利用 RT-PCR 技术获得一条 200bp 左右的片段，测序分析显示其同芋头的 *Ugd* 基因的编码区有 71.7% 的相似性。然后再以此片段为模板设计引物，通过 RACE 技术获得盐藻 *Ugd* 基因的全长序列。经克隆测序作 blastx 分析，发现其同芋头、大豆、水稻、拟南芥的 *Ugd* 基因有 78%~81% 的同源性（李音，2004）。

（5）*RbcS* 基因的同源性分析　根据莱茵衣藻、团藻、玉米等真核生物的 RuBisCO 小亚基 RbcS 氨基酸的高度保守序列 ETRSYLPP 和 MNKLPMFG，设计一对简并引物，采用 RT-PCR 方法得到盐藻 *RbcS* cDNA。并将其经 T-A 克隆与 T-vector 相连，转化大肠杆菌后，对阳性克隆进行测序分析。将推导的氨基酸序列与团藻、南极冰藻、衣藻、伞藻、菠菜、玉米的 *RbcS* 相比较，同源性分别为 85%、84%、82%、76%、70%、69%。除此之外，通过克隆盐藻 PS Ⅱ 反应中心蛋白 D1（*psbA*）基因 cDNA 片段，并将其氨基酸序列与其他物种进行 Blast 比对，得到同源性分别为：衣藻 89%、椭圆小球藻 89%、莱茵衣藻 89%、普通小球藻 88% 和玉米 87%（柴玉荣，2005b；刘红涛，2008）。

4. 盐藻与其他物种的同源性分析

（1）CAB 基因的同源性分析　从苔藓（*Physcomitrella patens*）的基因组文库和盐藻的 cDNA 文库中分离到两个克隆。这些分离物包含 PS Ⅱ 光捕获复合物（LHC Ⅱ）中主要的光捕获叶绿素 a/b 结合蛋白（CAB）的编码基因。苔藓和藻类的 CAB 基因非翻译区整体同源性较低，但两者的 3′-非翻译区包含一些高等植物 CAB 基因保守的序列。且它们的亲水曲线非常相似，都具有三个疏水片段，可能是α-螺旋跨膜片段。但是，提取的藻类CAB转运肽序列与苔藓或高等植物的CAB转运肽序列不同，表明它们可能来自不同的起源（Long，1989）。

（2）*cbr*基因的同源性分析　对其他物种*cbr/elip*基因的同源序列进行相似性分析。利用RT-PCR技术获得250bp的片段，经克隆测序分析发现其同巴氏杜氏藻的*cbr*基因有67%的同源性。然后再以此片段为模板设计引物，通过RACE技术构建盐藻*cbr*基因的全长序列。进一步的研究显示，*cbr*与高等植物的早期光诱导蛋白同源，而且与叶绿素a/b结合蛋白结构相似（郑鸣，2003）。

（3）NAD^+-GPD基因的同源性分析　利用美国国家生物信息中心（NCBI）的Spideycll工具分析基因结构，进行mRNA和基因序列对比分析。使用NCBI的BlastP分析SerB结构域和3-磷酸甘油脱氢酶（NAD^+-GPD）基因蛋白质序列，最后构建系统进化树。对比盐藻中SerB和GPD双结构域、莱茵衣藻全基因组和NAD^+-GPD基因序列发现，NAD^+-GPD基因序列同样存在于莱茵衣藻中。对两物种的NAD^+-GPD的mRNA、基因结构、编码蛋白性质和结构进行对比发现，二者NAD^+-GPD高度相似（许正超，2009）。

（4）CDPK基因的同源性分析　为了进一步认识盐藻构建了cDNA文库并进行了测序，研究分析了2282个表达序列标签（ESTs）和来自dbEST的3990个ESTs。共鉴定出4148条单基因，其中56.1%与Uniprot数据库中条目序列相似，提示盐藻可能含有大量单基因。其次，通过RACE技术构建盐藻钙依赖蛋白激酶（CDPK）基因的全长序列，在GenBank中进行Blastp检索，发现该片段也与许多植物CDPK基因具有较高的相似性，范围达到50.2%~73.0%（Zhao，2011；段金秀，2006）。

四、不同胁迫条件下盐藻基因表达调控

（一）盐胁迫对盐藻基因表达的影响

盐藻作为一种耐盐性最强的真核生物，是全球高盐度盐湖的主要初级生产者。其可作为研究抗盐性生理及其分子机制的方便的模式生物，并具有重要的生态学意义。在长时间盐胁迫下，相关基因被诱导表达及信号通路被激活。渗透调节过程中，还涉及不同蛋白质的合成（孔凡晶，2007；耿德贵，2002）。

1. 3-磷酸甘油脱氢酶

甘油是盐藻用于调节细胞内外渗透压变化的关键调渗物质。而盐藻具有独

特双结构域的 3- 磷酸甘油脱氢酶（G3PDH）是盐藻甘油代谢途径中的关键酶，其可将磷酸二氢丙酮（DHAP）转化为甘油 -3- 磷酸酯。而盐藻可通过改变细胞内相容溶质甘油的浓度来平衡细胞内外的渗透压。当受到高渗性休克时，盐藻细胞迅速收缩，然后合成甘油，增加内部渗透压，恢复细胞的原始体积。在低渗休克下，发现迅速肿胀，随后体内甘油减少，体积恢复。一般认为，由 G3PDH 驱动的甘油 DHAP 循环途径是在渗透胁迫下调节甘油水平的限速酶。

通过对盐藻 cDNA 文库进行大规模表达序列标签（EST）测序，并结合 RACE 实验进行克隆 G3PDH 基因。以 NAD^+ 为辅酶，进行比较研究并在保守区发现 NAD^+ 和 G3PDH 蛋白中的结合位点，从理论上证明克隆的 cDNA 编码渗透调节型 G3PDH（李钢，2006）。Wolf-PSORT 定位表明，G3PDH 在目前的研究中研究可能以渗透调节形式定位于叶绿体中甘油生产。这样的双结构域的 G3PDHs 只存在于绿藻中，而不存在于高等藻类中植物或其他物种。因此，存在这些绿藻中独特的双结构域 G3PDH 可能是进化的结果，维持了绿藻在严重干旱环境中生存的独特渗透调节机制。除此之外，这种还可以将盐藻的 G3PDH 基因导入到一种高产甘油酵母工程菌中，从而可以高产低耗地生产优质甘油（张庆莲，2005；Cai，2013；王小行，2005）。

盐藻 3- 磷酸甘油脱氢酶（Ds. GPDH）基因具有两个独立的功能结构域，即丝氨酸磷酸化酶结构域（SGPP domain）和 3- 磷酸甘油脱氢酶结构域（GPD domain）。以克隆的 Ds. GPDH2 基因为基础，并以 T 质粒载体（pMD18-T-GPDH2）为模板，该模板包含 GPDH2 全基因序列。通过 PCR 扩增获得 SGPP 与 GPD 两个单结构和 GPDH 双结构片段，在此基础上构建原核表达载体（pET32a-SGPP、pET32a-GPDH 和 pET32a-GPD），并将其成功表达在大肠杆菌中，制备出 3 个高特异性的多克隆抗体（黄秦，2009）。同时，对盐藻线粒体甘油 -3 - 磷酸脱氢酶（DsFAD-GPDH）的 cDNA 克隆及分析，并经实时荧光定量 PCR 和酶学检测发现，DsFAD-GPDH 的表达可受到盐处理的增强（Yang，2007）。

2. 丝氨酸 / 苏氨酸蛋白激酶

通路蛋白的磷酸化是细胞应对外界刺激时的主要调节机制。而蛋白激酶是非常重要的信号分子，它通过对底物蛋白的磷酸化来介导细胞信号转导。而丝氨酸 / 苏氨酸蛋白激酶（serine-threonine protein kinase，STPK）是最为重要的一种蛋白激酶之一，可催化各种各样功能的蛋白质（如调节蛋白、核内蛋白、酶、受体、运输蛋白等）的磷酸化，从而调节细胞的各种生命活动过程。

通过 RT-PCR 和 RACE 技术克隆盐藻的丝氨酸 / 苏氨酸蛋白激酶基因，简称 DsSTPK。采用 RT-PCR 和 RACE 技术克隆盐藻 MAPK 基因（命名为 DsMAPK）cDNA 全长，其全长为 1861bp，包含一个 1407bp 的开放阅读框，编码 468 个氨基酸。之后将其表达并进行三维建模，明确了多个功能区域，且发现了多个潜在的磷酸化位点。其中 1 氨酸磷酸化位点位于蛋白激酶活性区内（293 位），该酪氨酸被胰岛素受体（INSR）（期望值为 91）磷酸化。由此推测，盐藻细胞内可能存在类受体酪氨酸蛋白激酶。其接受盐胁迫信号后，传递到细胞内激活丝氨酸 / 苏氨酸蛋白激酶进而调控基因的表达。除此之外，还发现了 MAPK 的磷酸化位点（361 位），并且发现 MAPK 可能会调节盐藻的渗透压反应。盐藻在高盐胁迫下，DsMAPK 基因表达显著上调，1h 后达到最大值，为正常对照组的 5 倍，差异极为显著。由此可见，DsMAPK 基因可能在盐藻对盐胁迫的反应中起重要作用，是一种参与盐藻耐盐反应的早期快速反应基因（薛飞，2012；陶晓迎，2014；张婷，2013）。

3. 磷酸果糖激酶

为了更好地了解盐藻耐盐性的分子基础，首先构建一个 cDNA 文库，并生成了表达序列标签（EST）数据库。从 2831 个克隆中获得了包含 1401 个独特转录本的 EST。通过实时定量逆转录 - 聚合酶链反应（qRT-PCR）验证了小部分基因在盐胁迫下 mRNA 表达的增加。EST 也揭示了与渗透胁迫适应相关的 RNA 干扰和信号通路的存在。这些未知的 EST 序列为鉴定与盐胁迫耐受机制和其他胁迫适应性状相关的新基因提供了丰富的资源（Alkayal，2010）。磷酸果糖激酶（phosphofructokinase，PFK）是糖酵解途径中的关键酶与限速酶，对糖酵解途径有重要意义。糖酵解代谢的中间产物磷酸二羟基丙酮也是甘油代谢的底物，所以甘油代谢与糖酵解紧密相关。盐藻磷酸果糖激酶（DsPFK）重组蛋白的构建，会对盐藻的耐渗机制的研究作出重要贡献，为今后从酶学特性等实验对耐渗机制作出进一步阐释奠定了基础（张弛，2014）。

此外，采用 PCR 检测和酶活性测定，确定了盐藻在糖酵解途径中上下游关键基因。利用高渗胁迫下提高盐藻磷酸果糖激酶的酶活性、转录水平和蛋白质水平，降低了盐藻烯醇化酶基因（*ENO*）转录水平。而细胞内磷酸烯醇或丙酮酸（PEP）浓度的减少，淀粉降解效率的增加，并限制碳进入三羧酸循环等作用，也与盐藻烯醇化酶基因（*ENO*）表达水平的降低相关，这对甘油的合成也十分有利。而当受到高盐胁迫时，盐藻可以通过淀粉降解从而合成许多的甘油应对外界渗透压的变化。淀粉磷酸化酶将淀粉转化为葡萄糖，随后葡萄糖经过一系列途径生成甘油，来达到适应高盐环境的目的（Xia，2014；刘世才，2014）。

4. 泛素氧化还原酶

研究发现，盐藻线粒体复合体Ⅰ的 19u 亚基受盐胁迫调控。线粒体呼吸链的泛素氧化还原酶（复合物Ⅰ，NADH），催化电子从 NADH 转移到泛素，并与质子跨膜易位耦合。而盐藻线粒体 NADH，泛素氧化还原酶 19u 亚基的 cDNA 序列，包含一个 682bp 的 ORF，编码分子质量为 19u 的蛋白质。该序列已提交至 GenBank 数据，推导出氨基酸序列与莱茵衣藻线粒体 NADH：泛醌氧化还原酶 18u 亚基的同源性为 74%。在盐处理中观察到低水平的 19u 亚单位 mRNA 表达，表明 19u 亚基受这些胁迫的调节。除此之外，在藻类中由于选择性剪接，盐藻复合物Ⅰ的 19u 亚单位被选择性剪接以产生四种 mRNA 变体。在盐胁迫下不同 19u 亚基 mRNAs 的差异表达为环境变化中的选择性剪接提供了线索（Liu，2008；cao，2010）。

5. 1，5- 二磷酸核酮糖羧化 / 加氧酶小亚基的基因

1，5- 二磷酸核酮糖羧化 / 加氧酶（Rubisco）是叶绿体内含量最高的一种蛋白质，位于叶绿体基质内，能催化光合作用中固定 CO_2 的反应。其小亚基 *RbcS* 基因对全酶 Rubisco 的结构和功能起调控作用，且常以基因家族的形式定位于一条或多条染色体上。高盐条件下，在多数植物以及蓝藻中，盐胁迫是抑制光合作用的。但是盐藻却能增强光合作用。研究发现，当盐藻从低盐环境转移到高盐环境时，它能通过增强光合作用，增加 CO_2 的同化，从而产生大量甘油，达到适应高盐环境的目的。其中 *RbcS* 在 CO_2 的同化及淀粉合成方面发挥重要作用。通过相对荧光定量 PCR 分析，在黑暗条件下 *RbcS2* 的表达量相对较低。*RbcS2* 对光照的反应随时间推移，其转录表达先快速上升，达到平台期后逐步下降并趋于稳定。而光照能在一定时间内诱导其转录表达，并具有时间效应。而在高盐胁迫条件下，*RbcS2* 的转录高于正常水平。且盐藻 *RbcS2* 在高盐环境下的升高说明其可能是一个与盐胁迫相关的基因（冯玖玲，2010）。

6. 磷酸葡萄糖异构酶基因

葡萄糖 -6- 磷酸异构酶（glucose-6-phospho isomerase），又称为磷酸葡萄糖异构酶（phosphoglucose isomerase），简称 GPI。GPI 是一种糖代谢途径中催化葡萄糖 -6- 磷酸与果糖 -6- 磷酸之间相互转化的异构酶。在所有真核生物及原核生物细胞中普遍存在、具有高度保守性，在不同生物中具有很高的同源性。但是其功能多样，在不同生物中的分子质量存在差异。通过 RACE 技术克隆了一个 GPI 的全长 cDNA，并在大肠杆菌中异源表达。实时定量 RT-PCR 结果表明，3.5mol/L NaCl 诱导的盐藻的 GPI 基因表达量是 1.5mol/L NaCl 诱导的 14 倍。但受光照抑制，比黑暗低 4 倍。因此得出，克隆的 GPI 基因确实来自于盐藻，且对盐和光有一定的响应（Cui，2010a；2010b）。

根据在 GenBank 上登录的序列设计引物并克隆 GPI 基因 cDNA，获得了高纯度的 DsGPI 重组融合蛋白。之后通过免疫新西兰白兔，制备了兔抗 DsGPI 的特异性多克隆抗体。并利用自制的多克隆抗体在蛋白水平检测了盐胁迫状态下 DsGPI 的表达变化。其中，不同盐浓度诱导下的盐藻总蛋白质 Western Blot 检测结果显示，随着盐胁迫条件下盐浓度的提高，DsGPI 蛋白的表达量也呈升高趋势。这提示 DsGPI 在盐藻耐盐生长中起到关键的作用（张磊，2010）。

7. 硝酸还原酶基因

硝酸还原酶（nitrate reductase，NR）位于细胞质内或细胞膜外，是催化硝酸盐还原为亚硝酸盐的限速酶。在转基因盐藻研究中，NR 基因是更加适合盐藻自身的、安全的选择标记基因。对于建立盐藻遗传转化系统，使外源目的基因在其中稳定表达、生产目的产品具有十分重要的意义。而 NR 基因除调节植物的氮代谢外，在植物的各种非生物胁迫的适应过程中也发挥着重要的作用。南极冰藻是南极地区的主要绿藻，从南极冰藻的 cDNA 文库中筛选到了 NR 的基因。在以氨基酸序列构建的系统进化树中，南极冰藻的 NR 序列与团藻、莱茵衣藻、盐藻和小球藻的同源性依次分别为 63%、61%、60% 和 54%。对南极冰藻胁迫条件下适应机制的研究，可以为盐藻胁迫条件机制的研究提供比对和借鉴（林敏卓，2012；谢华，2004；Xie，2007）。

8. PEPC 及 DGAT 基因

多种酶均参与油脂代谢并且对油脂合成产生重要的调节作用，其中磷酸烯醇式丙酮酸羧化酶（phosphoenolpyruvate carboxylase，PEPC）和二酰甘油酰基转移酶（diacylglycerolacyltransferase，DGAT）是油脂代谢通路中非常重要的关键酶。PEPC 通过催化磷酸烯醇式丙酮酸（PEP）对油脂合成起负调控作用。通过 RT-PCR 的方法获得盐藻 PEPC 基因的部分 cDNA 片段，并利用 RACE 法从盐藻中克隆了包含 PEPC 基因完整编码区的 cDNA 序列，该序列全长为 3523bp。包括完整的开放阅读框 2949bp，编码 982 个氨基酸，其蛋白质的相对分子质量为 110560.5。与莱茵衣藻和拟南芥的 PEPC 基因进行同源性分析，鉴定出一个新的盐藻 PEPC 基因。通过引入盐藻密码子优化 PEPC-2 基因，建立重组大肠杆菌 SGJS115。使得盐藻中苹果酸和草酰乙酸的产量大幅增加，重组大肠杆菌 SGJS115 的苹果酸产量增加了 9.9%，草酰乙酸产量是 SGJS114 的两倍（Park，2013）。

而 DGAT 是催化三酰甘油（TAG）生物合成最后一步的关键酶，对油脂合成代谢起到正调控作用。在构建的微藻真核表达载体 pSV40DGAT1（2）/CaMVBar 中，可表达 DGAT1 和 DGAT2 基因。但通过基因枪转化盐藻，用草丁膦进行筛选时未能成功筛选出转基因盐藻。不过这些研究结果仍可为以后研究微藻油脂代谢提供借鉴（张楠楠，2012）。此外，一项涉及盐藻 DGAT 基因及应用的发明专利已经授权，揭示盐藻 DGAT 基因编码蛋白的氨基酸序列及其特征进一步丰富了植物界 DGAT 基因的生物信息数据。在了解基因特性的基础上，通过酵母的异源表达进一步探讨盐藻 DGAT 基因的功能，为盐藻 TAG 合成途径与调控机制以及基于盐藻 TAG 生产生物柴油的研究与开发打下坚实基础（高帆，2019；王元丽，2014）。

9. 14-3-3 基因

14-3-3 蛋白是普遍存在于所有真核生物细胞中高度保守的酸性蛋白质家族。以简并引物 PCR 的方法克隆了盐藻 14-3-3 基因的全长序列，经 BLAST 分析，与数据库中其他物种有很高的同源性（姬翔，2006；王天云，2008；Wang，2009）。实时定量 PCR 表明，14-3-3 蛋白基因的表达呈细胞周期依赖性，表明其参与细胞周期调控过程。14-3-3 蛋白能够以多种调控机制与大量靶蛋白相互作用，在细胞生命活动中发挥重要的调控功能。

10. Ds-26-16 基因

研究表明，盐藻 Ds-26-16 对烟草植物的耐盐性有增强效果。在盐胁迫影响下，盐藻中 Ds-26-16 的转录水平有所上调。Ds-26-16 在大肠杆菌中的表达证实开放阅读框含有功能区，而且参与改变蛋白质的表达谱（Gong，2014）。为了鉴定在盐藻耐盐性中具有潜在作用的新基因，有研究从一个 4mol/L 盐胁迫盐藻 cDNA 文库中筛选出了 Ds-26-16 基因，发现该基因对大肠杆菌、雨淋红球菌和烟草等广谱生物具有耐盐性。相对和绝对量化等压标签（iTRAQ）数据表明，Ds-26-16 上调了大肠杆菌中的转录因子，通过渗透平衡、能量代谢和氧化应激保护来增强耐盐性。过表达 Ds-26-16 的开放阅读框的大肠杆菌的蛋白质组也发生了变化。此外，Ds-26-16 过表达可增加 NO 含量，从而也证实了通过降低细胞间 pH 增强 NO 合成是 Ds-26-16 增强大肠杆菌耐盐性的机制之一（Wang，

2013）。以植物双元表达载体 p1301-atzA-22-4 为载体，以雨生红球藻细胞为受体。对盐藻 4mol/L 盐度 cDNA 文库进行了高通量筛选，获得了 5 条盐胁迫上调表达的高丰度 cDNA。Ds-26-16 为其中一条，长为 732 bp，将其转化雨生红球藻及大肠杆菌，能显著提高不同受体细胞的耐盐性。将其唯一阅读框架重组到 pET2lb（+）多克隆位点，并转化大肠杆菌，发现工程菌抗盐性提高的因素是其编码的小蛋白质，并引起其他蛋白质出现了盐胁迫上调/下调现象。由此推测，Ds-26-16 是一个盐胁迫反式调控基因（龚文芳，2013）。

11. Rab 蛋白

Rab 蛋白是小 G 蛋白家族中最大的亚家族，作为分子开关，在细胞骨架的重组、信号传导、细胞的增殖及胞内囊泡的转运等重要的细胞生理活动中起关键作用。在许多生物中已发现了耐盐相关的 Rab 蛋白。采用 RT-PCR 和 RACE 技术扩增盐藻 Rab 蛋白基因 cDNA 全长序列（GenBank Accession No. JN989548），命名为 DsRab。对其进行生物信息学分析，DsRab 基因的 cDNA 全长为 1299bp，开放阅读框为 612bp，编码 203 个氨基酸。5′ 非编码区 78bp，3′ 非编码区 609bp。比对分析发现 DsRab 蛋白与多种生物的 Ypt/Rab 的氨基酸序列具有较高的同源性。RT-PCR 结果表明，盐藻在高盐（3.0mol/L）胁迫下，DsRab 基因表达量显著上调，1 h 后表达量达到最大值，为正常培养下对照组（0h）的 4.9 倍，差异极显著（余祝君，2013）。为进一步探讨 Rab 蛋白的功能，在成功构建原核表达载体 pGS-21a-DsRab、亚细胞定位重组载体 pMDCGGN 和植物表达重组载体 PBI121-DsRab 的基础上，进行融合蛋白的表达。对温度、诱导剂浓度等表达条件进行优化，发现在 28℃，0.01mol/L IPTG 诱导培养下，融合蛋白表达量最大。经 Western Blot 鉴定为 GST-DsRab。此研究为筛选 Rab 蛋白在信号通路中的上下游互作蛋白做准备，也为研究其对高等转基因植物耐盐能力的影响奠定了基础（李秀娟，2014）。

12. CDPK 蛋白

钙依赖蛋白激酶（CDPK）是一种新型的仅依赖 Ca^{2+} 而不依赖钙调素的蛋白激酶，广泛存在于植物、藻类及部分原生动物中。以盐藻总 RNA 为模板，利用 RT-PCR 技术扩增了盐藻 DsCDPK 基因的 cDNA 序列，全长 1650bp。将其克隆到 pMDTM 19-T simple 载体上，与已发表的盐藻 DsCDPK（GenBank：JQ964113）的编码区序列同源性达 100%。将 DsCDPK 基因的开放阅读框与质粒 pET-32a（+）连接，构建原核表达载体 pET-32a-DsCDPK 并转化大肠杆菌

BL21。经 IPTG 诱导融合，蛋白质在大肠杆菌 BL21 中得到成功表达。通过聚丙烯酰胺凝胶电泳（SDS-PAGE）检测发现，融合蛋白为部分可溶性表达，将上清蛋白经过 His 柱纯化后获得了纯度较高的可溶性融合蛋白。Wester Blot 检测显示，融合蛋白能被抗 His 单克隆抗体特异性识别，初步证明该融合蛋白就是带有 His 标签的 DsCDPK 蛋白。盐藻 DsCDPK 基因为盐胁迫上调基因，在高盐（3mol/L NaCl）胁迫下表达量显著增加，1h 时达最高，为正常生长状况（1mol/L NaCl）的 3 倍。该研究成果为进一步阐明盐藻 CDPK 基因的功能及作用机制奠定了基础（丛玉婷，2019）。

13. 其他蛋白质

利用双向电泳技术对培养在含不同盐浓度条件下（NaCl 分别为 0.5、1.5、3mol/L）的巴氏杜氏藻（*Dunaliella bardawil*）细胞的总蛋白质进行分析。发现在 3mol/L NaCl 的盐浓度时，巴氏杜氏藻出现新的特异蛋白质，其 p*I* 约为 9.0，分子质量约为 62u。它可能与杜氏藻的调渗基因有关（林慧馨，2000）。也有研究从盐藻中克隆出了一种磷脂酶 C 基因（DsPLC），其 cDNA 全长 2628bp，编码 593 个氨基酸，开放阅读框 1782bp。该蛋白质具有良好的亲水性，既无信号肽，也无跨膜区域，属于非跨膜蛋白，具有多个潜在的磷酸化位点。在协助盐藻抵御外界盐胁迫的方面起着不可忽视的作用（韩冬梅，2014）。通过 RACE 克隆盐藻中 Na^+ 依赖的磷转运基因（DsSPT1）的全长 cDNA，编码 716 个氨基酸，与盐藻中 Na^+ 依赖的磷转运基因 1（DvSPT1）表现出 60.5% 的同源性。通过电感耦合等离子体质谱（ICP-MS）测定，盐藻细胞在盐胁迫开始的 5min 内便快速吸收细胞胞外无机磷，这说明盐藻对无机磷的吸收是在 DsSPTI 翻译后水平上受到调控的（Li，2012）。

苹果酸脱氢酶（MDH）催化草酰乙酸和苹果酸之间的相互转化，参与一些重要的细胞代谢过程。MDH 的高表达可以使植物体的有机酸含量增加，而有机酸又可以增加细胞的渗透压，同时螯合除掉一些离子物质，从而增加植物对盐的耐受。贺庆华等克隆了盐藻和巴氏杜氏藻的 MDH 基因，全编码区序列分别长 1303bp 和 1288bp，分别编码 434 和 429 个氨基酸的定位于叶绿体的两个蛋白质。这两个藻种的 MDH 基因相似度极高，但与巴氏杜氏藻的 MDH 相比，盐藻的 MDH 大部分的氨基酸突变都位于蛋白质分子表面，而且大多数是非极性氨基酸和极性氨基酸之间的转变。因此，推测这些突变可能是盐藻 MDH 对高盐浓度环境的适应结果（贺庆华，2008）。

另外，盐藻的耐盐特性还可能与SOD基因产物相关。一定环境下产生的超氧自由基会破坏细胞，而这些自由基被SOD催化后对细胞损伤大幅降低，从而起到保护细胞的作用。SOD的编码基因不仅能改善SOD活性的不足，与野生型菌株相比，其更能耐受一些受限的生长环境（如高盐和长时间的紫外线照射）（Zhang，2014）。

（二）光胁迫

1. 可见光胁迫

为了研究盐藻叶绿体对光照胁迫的响应，将盐藻在5400lx弱光和2×10^5lx强光下进行培养。不同光照强度下培养的盐藻其所含叶绿素a/b比、光捕获复合物Ⅱ蛋白（LHC Ⅱ）和聚光色素含量是不同的。LHC Ⅱ中更丰富的高分子质量亚基被选择性地从强光条件下生长的细胞类囊体膜中耗尽。光移实验明确了LHC Ⅱ亚基变化的动力学，并提出了类囊体适应强光或弱光条件的独特机制。光照对不同*Lhcb*基因的表达具有差异调控作用（Webb，1995）。将盐藻*Lhcb3*基因构建到原核表达载体pET32a-DsLhcb3，诱导表达并进行蛋白质纯化。与制备的LHCB3抗体杂交，在29000u处获得两条明显的杂交条带（赵锐，2011）。在异常的NaCl水平上，藻类细胞表达了大量新的转录本。利用盐休克细胞的EST基因发现工作已经鉴定出一个名为*Dscbr*的cDNA（GenBank登录号：DQ867041）。*Dscbr*基因全长976bp，编码190个氨基酸多肽，预测分子质量为19.9u，p*I*为9.0。Dscbr蛋白具有3个跨膜螺旋和6个保守的色素结合残基。Dscbr基因与来源于巴氏杜氏藻的*cbr*和高等植物的早期光诱导基因（*elip*）具有显著的相似性。Dscbr mRNA可以在强光和盐冲击下快速诱导。说明Dscbr蛋白是藻类叶绿体中对胁迫诱导光损伤的适应性反应，在光合器官的保护和修复中起着关键作用（Chen，2008）。

2. 紫外线胁迫

日光中的紫外线，包括320~280 nm处的UV-B和280~100 nm处的UV-C，可诱发生物体基因突变，导致细胞癌变甚至死亡。由紫外辐射引起的DNA损伤主要有两种：环丁烷嘧啶二聚体（cyclobutane pyrimidine dimmer，CPD）和6-4光产物（6-4 photoproduct）。盐藻因其具有两种类型光裂合酶而有极强的抗紫外线能力，对紫外线造成的DNA损伤可进行修复，即CPD光裂合酶和6-4光裂合酶。但是一种光裂合酶只能特异地与一种DNA损伤结合（程龙，2007）。盐藻CPD光裂合酶基因DsPHR2得以克隆，其开放阅读框为1587bp，编码 529 个氨基酸。通过氨基酸序列的比对发现盐藻的 CPD 光裂合酶氨基酸序列与衣藻、拟南芥、水稻及黄瓜等的 CPD 光裂合酶序列具有较高的同源性。通过功能互补实验证明，该基因在大肠杆菌紫外损伤修复缺陷株 SY2 中具有光修复活性。通过荧光定量 PCR 方法检测到该基因的表达可受可见光、UV、高浓度盐和 H_2O_2 等胁迫条件的诱导，从而为盐藻抗紫外机制的研究及光裂合酶的应用研究奠定了理论基础。

盐藻 6-4 光裂合酶基因是第一个在单细胞生物中发现的基因，此基因对高盐度不敏感。有证据表明 6-4 光裂合酶在不同物种之间可能存在序列特征和光修复机制的高度保守（Yan，2008）。盐藻 6-4 光裂合酶基因在另一项研究中也被成功克隆（GenBank 登录号：AY845324）并进行了序列分析和氨基酸序列推断，所得氨基酸序列与其他 6-4 光裂合酶具有较高的同源性（Yi，2006）。

另有研究将盐藻的锰超氧化物歧化酶（DsMnSOD）基因克隆到表达载体 pET32a，并转入 SOD 缺陷型大肠杆菌菌株 K12（SOD^-）中，诱导重组蛋白表达。结果显示导入外源 DsMnSOD 基因的工程菌,在有氧条件下受到各种胁迫时，生长状况明显优于原菌。耐紫外线照射时间从 45s 提高到 65s，耐受氯化钠浓度从 8% 提高到 10%，4℃培养的存活率从 10.7% 提高到 19.0%，且 SOD 的酶活性表达依赖于 Mn^{2+} 的存在（邓婷婷，2007）。

（三）温度胁迫

近年来的研究发现，依赖于硝酸还原酶的 NO 合成对植物的冷适应有很重要的作用。对南极冰藻 NR 基因进行生物信息学分析，其编码区长 2589 bp，编码 862 个氨基酸。在以氨基酸序列构建的系统进化树中，南极冰藻的 NR 序列和与团藻、莱茵衣藻、盐藻和小球藻的同源性依次分别为 63%、61%、60% 和 54%。实时定量 PCR 技术检测显示，南极冰藻 ICE-L 的 NR 基因在不同温度（−20、−12、0、7、16℃）和不同时间（0.5、1.5、3、6、12h）胁迫下，随着温度降低，ICE-L 的 NR 基因的表达量上升。而且随着胁迫时间的增加，表达量呈现先上升后下降的趋势。−20℃下的相对表达量是 16℃下的 4 倍，在 3h 的达到最高，相对变化量为 3.1。体外检测酶活性发现，在低温下，NR 的活性保持在一个较高水平，冷激活的 RNA 结合蛋白是重要的转录调控因子。ICE-L 的富含甘氨酸的蛋白质（GRP）基因的编码区长 468bp，共编码 155 个氨基酸。在对 11 种不同 GRP 氨基酸序列的同源性分析中发现，ICE-L 的 GRP 基因还有两个 RRM 结构的保守的基序：RNP-1 和 RNP-2。在构建 GRP 氨基酸序列的系统发育树中发现，南极冰藻 ICE-L 的 GRP 基因与拟南芥的 AtGRP7、甜樱桃和小立碗藓的亲缘关系比较近。另外，将南极冰藻 ICE-L 的 GRP 基因构建到原核表达载体 pET-28a（+）中，在大肠杆菌表达系统中成功的诱导表达。对南极冰藻基因转录组的研究，筛选到了一些与南极冰藻低温适应性密切相关的基因，有的已经在其他物种中得到了验证，还有更多的则属于首次发现。对这些基因及其参与的代谢途径的进一步分析，将有助于揭示南极冰藻的嗜冷机制，发现合适的功能基因用于农作物转基因，从而提高农作物的逆境适应能力（林敏卓，2012）。

研究进一步证实在热激与盐胁迫条件下盐藻 HSP90 基因（GeneBank 登录号：JQ735968）的转录水平及蛋白质表达水平出现明显上调，暗示该基因可能是盐藻与逆境响应相关的调控元件（王思佳，2013）。盐藻适应低温诱导 DsGRP-1 蛋白（12.4u）的积累和 DsGRP-2 蛋白（13.1u）的减少。DsGRP-1 和 DsGRP-2 是位于细胞质中的非常稳定的蛋白质，蛋白质被部分纯化并克隆了它们相应的基因，预测序列与来自植物和盐藻的富含 G 甘氨酸的 RNA 结合蛋白（GRP）同源。*grp1* 和 *grp2* 的核苷酸序列在 DsGRP-2 富含甘氨酸域中编码 9 个氨基酸的短插入片段中有所不同。*grp2* 在第 179 位包含一个内含子，表明 DsGRP-1 和 DsGRP-2 不是来自共同基因的可变剪接。Grp mRNA 的水平在 7℃时增加，并在 24℃时迅速降低。对核糖核苷酸均聚物的结合分析表明，DsGRP-1 和 DsGRP-2 优先与 poly-G 和 poly-U 结合，说明它们是 RNA 结合蛋白，从而得出 DsGRP-1 和 DsGRP-2 是由受温度差异调节的不同的基因编码（Zchut，2003）。

（四）氮胁迫

氮是单胞藻培养所需的大量营养盐，氮元素在单胞藻生物量中的占比达到 7%~10%，它参与藻细胞结构蛋白质和核酸的构成，对单胞藻的生长和细胞构成起重要作用（宋雨晴，2017）。氮在细胞代谢中是形成氨基酸、嘌呤、嘧啶、卟啉、氨基糖和胺化合物等的基本元素，是盐藻生长最重要的营养元素。盐藻的最适氮源浓度，早期研究结果不一，有 10、5、1mmol/L 之分，之后的研究更多的倾向于氮 1mmol/L、磷 0.3mmol/L（陈晗华，1997）。尽管较高的氮源藻液细胞密度和叶绿素 a 含量较高，但 β- 胡萝卜素含量较低且生产周期长。由此 Amotz 和 Berges 等提出盐藻二阶段养殖法，即先用较高的氮和较低的盐进行培养，再提高盐度、光照强度和温度，从而获得高产量的 β- 胡萝卜素（王培磊，2007）。

β- 酮脂酰 -ACP 合成酶Ⅱ（KAS Ⅱ）是催化棕榈酸（16 ： 0-ACP）延伸为硬脂酸（18 ： 0-ACP）的关键酶，其活性强弱决定着 18 碳脂肪酸含量的高低。分离鉴定盐藻 DsKAS Ⅱ基因编码序列，长度为 476aa，p*I* 为 6.99，含叶绿体靶向肽和较多亲水区。采用生物信息学工具解析 DsKAS Ⅱ酶蛋白的亚细胞定位、高级结构、理化性质及系统发育等特性。二级结构主要由 α- 螺旋（22.48%）、β- 片层（22.06%）和无规则卷曲（55.46%）组成。三级结构预测表明该蛋白整体呈紧密的心形结构，活性酶蛋白为同源二聚体。DsKAS Ⅱ氨基酸序列与莱茵衣藻 CrKAS Ⅱ同源性达 99%。与正常培养的盐藻相比，DsKAS Ⅱ在氮胁迫条件下的表达量明显上调，第 3d 时的表达量比正常培养的高 4.5 倍。氮胁迫下藻细胞总油脂、油酸（C18：1）和类胡萝卜素含量显著提高，然而棕榈酸（C16：0）和叶绿素的含量明显降低。这表明，氮胁迫诱导盐藻 DsKAS Ⅱ基因上调表达，将更多的棕榈酸催化为硬脂酸，进而提高单不饱和油酸的富集以及类胡萝卜素的积累。这些数据为后续进一步解析盐藻氮胁迫条件下，油脂与胡萝卜素合成积累及藻细胞响应胁迫机制和优质富油藻种培育提供了科学参考（高宇，2019）。

三维模拟显示盐藻 β- 酮脂酰 -ACP 合酶Ⅲ（β-ketoacyl-ACP synthase Ⅲ，DsKAS Ⅲ）以同源二聚体形式发挥催化功能。DsKAS Ⅲ蛋白与莱茵衣藻 KAS Ⅲ蛋白亲缘关系最近。氮胁迫培养条件下，DsKAS Ⅲ基因的表达显著升高，且在缺氮第 3 天时，表达量达峰值，比正常氮充足培养高 1.1 倍。氮胁迫培养的藻细胞总脂含量和 β- 胡萝卜素含量分别比正常氮充足培养的藻细胞提高 49.05% 和 33.2%。氮胁迫能诱导 DsKAS Ⅲ基因的上调表达，进而促进盐藻细胞合成和积累高量油脂和 β- 胡萝卜素。研究为全面阐明氮胁迫条件下盐藻油脂及 β- 胡萝卜素合成及调控机制提供了科学依据（高慧玲，2019）。

盐藻氨转运蛋白（DvAMT1）基因具有高亲和氨转运蛋白的转运功能，能恢复盐藻突变体对低浓度的 NH_4^+ 的吸收能力，预示了其在农作物氮高效利用方面的应用价值。而盐藻 *Seqidno1* 基因具有合成谷氨酰胺合成酶的功能，能够显著提高模式生物大肠杆菌合成谷氨酰胺的能力。在提高生物体的氮利用效率、增加生物体氮元素含量的植物基因工程方面具有应用价值（宋任涛，2012）。

（五）pH 胁迫

有研究从嗜酸盐藻和耐盐盐藻中克隆了质膜 H^+-ATP 酶基因，含扩展的 C 端结构域。这两种蛋白质的氨基酸序列有 75% 相同，但 C 端不同。在盐碱地中，这个C端结构域内的亲水环可能面对细胞外部，酸性氨基酸比碱性氨基酸的比例高，这是嗜盐蛋白质的典型特征。嗜酸盐藻中ATP酶的质膜蛋白数量及其mRNA转录量均远远高于盐藻，提示嗜酸盐藻过表达ATP酶。当pH从9.0变到7.0时，盐藻中H^+-ATP酶mRNA的水平和H^+- ATP酶蛋白的数量会大幅增加的方法。得到盐藻中H^+-ATP酶的表达在转录水平上受pH调控。这些发现论证了这些藻类物种的适应压力，是他们特殊环境条件形成的结果（Weiss，1996）。

五、盐藻鞭毛的分子研究

（一）盐藻鞭毛的结构与组成

1. 盐藻鞭毛的结构

盐藻是一种真核无细胞壁单细胞具有双鞭毛的藻类生物，其对生长条件要求比较简单且相对容易培养。其具有的等长鞭毛长度约13μm，该鞭毛结构为典型的“9+2”结构。盐藻鞭毛经过机械法或乙酸等简单处理后脱掉的鞭毛可发生再生和重吸收。实验室中在光学显微镜下很容易观察到盐藻鞭毛的形态变化，其直观的形态结构非常适合作为研究鞭毛结构组装和纤毛相关性疾病研究的模式生物。

鞭毛/纤毛是一种在多种低等动物或高等动物细胞表面的突起物，在生物进化的过程中逐渐成为专门的细胞器，在细胞的运动、感知外界环境变化及向细胞内传递信号过程中担任重要角色。已有的研究表明鞭毛/纤毛的异常会导致多囊肾疾病、肥胖症、多指/多趾、糖尿病、癌症等类疾病。因此研究鞭毛/纤毛的调控机制对了解这些疾病的发生和发病机制具有重要的生命意义。研究显示鞭毛/纤毛的组装是一个双向运输的过程，是由鞭毛内转运颗粒调控的，该颗粒作为运输体，能够将鞭毛组装过程所需要的“cargo”即货物运输到鞭毛组装部位。鞭毛有动力蛋白和驱动蛋白两个马达蛋白：在驱动蛋白ATP酶水解能量的驱动下，使货物载体沿细胞骨架微管蛋白从基底部运送至鞭毛顶端。在鞭毛的正向端卸下货物，用来组装微管。IFT运载体颗粒在鞭毛正向顶端部位回转，将微管解聚后的物质在动力蛋白作用下沿细胞骨架微管回到鞭毛基部。也就是说，鞭毛的长度是个动态再生和重吸收的变化过程，即呈现踏车现象。当IFT运载体在鞭毛上的正向端的运输货物的速率大于逆向运输货物的速率时，鞭毛长度呈现增长的趋性，即为鞭毛再生过程。反之，当逆向运输速率大于正向运输速率时，有利于鞭毛解聚过程，即为鞭毛重吸收过程。研究表明在细胞分裂过程中，鞭毛长度会发生周期性的再生与重吸收，鞭毛长度的变化可能作为细胞周期调控信号外在表现。在其他的一些纤毛相关性疾病中，能观察到鞭毛长度变化的异常现象。鞭毛内颗粒 IFT 从鞭毛的基体沿着微管丝向鞭毛正向端的顶端部运输属于正向运输，这一过程是由驱动蛋白 kinesin-2 介导完成的。而由鞭毛正向顶端部向基体部的逆向运输是由动力蛋白 dynein 介导运输完成的。因此，驱动蛋白 -2 是作为驱动蛋白家族的一员，是一个对鞭毛的组装有重要作用正末端指向的驱动蛋白。

2. 盐藻鞭毛相关蛋白的研究

鞭毛 / 纤毛是许多真核细胞中关键的细胞器，发挥着运动、感觉感知和发育的不同作用。采用“鸟枪法”（shotgun）蛋白质组学的策略，对盐藻释放并收集鞭毛后的鞭毛蛋白进行了鉴定。在严格的筛选条件下共鉴定出 520 种蛋白质。除已知的 6 种鞭毛蛋白外，经一种或多种多肽鉴定的盐藻鞭毛蛋白在信号转导、细胞分裂、代谢等方面具有丰富的功能。研究结果为进一步阐明这些蛋白质在微藻细胞器功能和组装中的作用提供了指导（Jia，2010）。

有研究通过分析莱茵衣藻等生物的克隆盐藻鞭毛相关蛋白（FAP）同源蛋白质的氨基酸序列保守区域，设计简并引物。根据得到的序列设计 3′ RACE 引物，巢式 PCR 扩增该 cDNA 的 3′ 端序列。FAP 基因 cDNA 片段分别长 1535bp 和 782bp，拼接后总长 2141bp，编码 541 个氨基酸。序列比对发现与莱茵衣藻的 FAP 同源性为 88%、与团藻 CDC48 的同源性为 89%。以秋水仙碱处理对数生长期的盐藻细胞，使细胞停留在分裂中期，并诱导鞭毛缩短，半定量 PCR 检测 FAP 基因的表达，发现秋水仙碱处理后盐藻细胞 FAP mRNA 表达量高于未处理对照组。说明 FAP蛋白在鞭毛重吸收过程中起重要的作用（李靓，2011）。

（二）盐藻鞭毛的拆卸组装

1. 盐藻鞭毛的拆卸

盐藻鞭毛和基体内含有盐藻过氧化物酶 1（peroxiredoxin1，Prdx1），该物质与鞭毛的拆卸相关，并且参与鞭毛 / 纤毛的分解。有研究认为纤毛形成和癌症发生可能与 Prdx1 基因异常表达有关。Prdx1 是过氧化还原蛋白酶家族 Prdx 的重要成员，在真核细胞中广泛表达，具有抗氧化功能，对细胞增殖、分化、凋亡和氧化还原信号的转导起重要作用。虽然 Prdx1 在酵母和人类中得到了更好的研究，但在绿藻中只有很少的 Prdx1 基因被克隆（Gong，2014）。因此有研究建立了一个抑制性消减杂交 cDNA 文库，并且分离鉴定了盐藻 Prdx1。利用 RACE 技术克隆 DsPrdx1 cDNA，全长 956bp，编码 201 个氨基酸，分子质量为 22u，p*I* 为 5.27。序列比较表明，Prdx1 在进化上高度保守。酵母双杂交实验显示 Prdx1 与 RNA 之间存在相互作用，提示 DsPrdx1 可以保护 RNA 不被 RNA 酶降解。这些研究结果表明，DsPrdx1 不仅参与鞭毛的解体，而且保护 RNA 不被降解（Gong，2017）。

2. 盐藻鞭毛的组装

盐藻激酶样钙调素结合蛋白 KCBP（DsKCBP）存在于鞭毛中，并在鞭毛组装过程中上调。DsKCBP 的一个 MyTH4-FERM 结构域被鉴定为微管和肌动蛋白相互作用位点，该驱动蛋白可能被用于协调藻类细胞的这两种细胞骨架元素。为了进一步了解驱动蛋白的细胞功能，使用酵母双杂交筛选了 DsKCBP 互作蛋白，一个 26S 蛋白酶体亚基 Rpn8 被鉴定为 DsKCBP 的新互作伙伴，其 MyTH4-FERM 结构域是 DsKCBP 与 Rpn8 相互作用所必需的。此外，DsKCBP 被蛋白酶体抑制剂多泛化和上调，并被泛素 - 蛋白酶体系统降解，表明蛋白酶体与驱动蛋白降解有关（Shi，2013a）。提取盐藻再生过程中不同时间段的总 RNA，逆转录后进行 RT-PCR，检测盐藻鞭毛内运输蛋白（IFT88）mRNA 的表达情况。随后利用 ORF finder 预测并进行扩增，得到开放阅读框 2400 bp，编码 799 个氨基酸。BLAST 显示该氨基酸序列与多个物种的 IFT88 有较高同源性。随后连接到 pET28a 载体上，转化大肠杆菌 BL21（DE3）。在 1mmol/L IPTG、37℃的条件下诱导 4h，提取总蛋白质。聚丙烯酰胺凝胶电泳结果显示，与未诱导组相比，诱导组在 90000u 左右有一条明显的条带。在鞭毛再生过程中，盐藻 IFT88 mRNA 的表达量在去鞭毛后 30min 左右时最高，随后快速下降。因此证明 IFT88 可能参与盐藻鞭毛组装过程（韩康，2013）。

（三）盐藻鞭毛运动的分子基础

1. 驱动蛋白亚基

鞭毛内运输（intraflagellar transport，IFT）是一种沿着微管轴丝的双向运动过程，对于绝大多数真核生物的鞭毛 / 纤毛的形成和维持是至关重要的，这个复杂的过程受到细胞内外各种因素的影响。驱动蛋白 2（Kinesin-2）是驱动蛋白家族中的一个成员，是鞭毛 / 纤毛内负责正向运输的关键马达蛋白。驱动蛋白 2 是一个异源三聚体，包括同源性较高的 FLA8 和 FLA10 亚基以及一个 KAP 亚基。其中 FLA8 和 FLA10 均由马达头部和“螺旋 - 卷曲 - 螺旋”的尾部组成。这两个亚基的尾部相互缠绕形成棒状结构，它们头部的马达则利用水解 ATP 产生能量沿着微管以类似行走的方式向微管末端运动。驱动蛋白 2 的结构是有两条轻链和两条重链组成的四聚体，从外观看具有两个球形的头部、中间的一个螺旋状的杆和两个呈现扇子状的尾。微管马达蛋白通过结合和水解 ATP 得到能量，导致结构的颈部发生构象改变，使两个头部相互交替地与微管结合，从而使马达蛋白沿微管“行走”，将结合的“货物”转运到其他地方。作为异源复合物形式存在的 Kinesin-2 在人类及鼠类中包含命名为 KIF3A 和 KIF3B 或 KIF3C 两个动力区域外加一个非动力的结合性亚基 KAP3。Kinesin-2 在藻类中命名和人类及鼠类有所不同，包括两个分别命名为 FLA10 和 FLA8 动力蛋白亚基和一个非动力的结合亚基 KAP。

2. 盐藻类驱动蛋白钙调素结合蛋白

驱动蛋白（Kinesin）和类驱动蛋白（KLPs）组成了基于微管马达的一个大的家族，是真核细胞中一类保守的具有 ATPase 活性的微管马达蛋白。这些马达在很多细胞发育中起重要的作用。迄今为止，很多驱动蛋白及类驱动蛋白在包括拟南芥在内的植物中被鉴定。盐藻类驱动蛋白钙调素结合蛋白（KCBP）是在驱动蛋白和类驱动蛋白中唯一一个在邻近其马达结构域处有一个钙调素结合结构域的蛋白质。KCBP 是一个负指向的 C 末端微管马达蛋白，有三个独立的结构域：肌球蛋白尾同系物区域 4（MyTH4）、类 - 踝蛋白结构域（B41）、钙调素结合结构域（CBD）。MyTH4 和 B41 在其他报道过的驱动蛋白中没有发现。KCBP 定位在维管束上，包括早前期、纺锤体上和成膜体上，这表明 KCBP 通过捆绑微管来形成维管束。目前，KCBP 同系物仅仅出现在植物和衣藻等少数绿藻中。微管是纺锤丝的成分，破坏微管结构就是抑制纺锤体的形成。秋水仙碱能够阻止微管的形成。驱动蛋白参与微管的组装，CrKCBP 基因是一个负末端指向的驱动蛋白基因，在“货物”从鞭毛顶端到鞭毛基体的运输中起作用。然而，在盐藻中 KCBP 基因还没有被克隆，同时，其在鞭毛组装中的作用至今也没有研究。

通过构建了盐藻 cDNA 文库，从盐藻的 cDNA 文库中也获得 KCBP 基因的全长。利用秋水仙碱解聚微管的特点，将盐藻细胞处理，分别在不同的时间段提取野生型和被处理的盐藻细胞，对其进行荧光 PCR，来分析该 KCBP 基因的功能。构建的 cDNA 文库的滴定度是 5.6×10^6 pfu/mL，重组率约 90%，平均插入片段的大小为 1.9kb，数据证明得到了一个高质量的文库。KCBP 基因功能分析表明，80min 后秋水仙碱处理的实验组 KCBP 基因 mRNA 相对丰度显著比野生型细胞增加了 2.5 倍。从盐藻 cDNA 文库中成功地筛选了新的基因 KCBP，并且分析其在鞭毛去组装过程中扮演了重要角色（柳丽平，2010a）。

另有研究表明，KCBP具有不同于其他激酶的非常规结构域，这种独特的驱动蛋白在N末端与多种细胞骨架蛋白相互作用。盐藻KCBP（DsKCBP）的C末端马达和N末端肌球蛋白样结构域与微管相互作用有关。几种钙调素亚型抑制DsKCBP的微管结合活性，DsKCBP中有两个微管结合位点，C末端是马达结构域，N末端是MyTH4-FREM。没有FERM陪伴的MyTH4被确定为是负责与DsKCBP N端微管相互作用的最小结构域。在Ca^{2+}存在下，钙调素样蛋白（CLP）与DsKCBP的钙调素结合域相互作用，抑制了运动域的微管结合活性和MyTH4结构域的微管结合活性。此外，DsKCBP N末端的MyTH4结构域与微管结合，其对微管的亲和力比运动结构域弱10倍（Shi，2013b）。

（四）盐藻鞭毛再生的分子研究

1. 盐藻类驱动蛋白钙调素结合蛋白

盐藻KCBP除了与鞭毛运动有关，也是鞭毛再生的重要蛋白质。秋水仙碱处理对数生长期盐藻，处理不同时间后采用实时荧光定量PCR检测。结果显示FKBP和FKBP18 mRNA的表达明显升高。在鞭毛再生过程中DsFKBP和DsFKBP18 mRNA水平与其生长速率具有明显的一致性。因此认为FKBP和FKBP18参与了盐藻微管解组装过程，与盐藻的耐高温调控有潜在的联系，还与鞭毛再生过程密切相关（许芳，2011；2012）。

2. 驱动蛋白2亚基

盐藻驱动蛋白2亚基（FLA8-*C*）在鞭毛内运输中起到了重要的调控作用。利用酵母双杂交的方法，以盐藻FLA8-*C*端为诱饵筛选盐藻cDNA表达文库。经营养缺陷型培养及*α*-半乳糖苷酶活性检测，筛选与FLA8-*C*端相互作用的新蛋白，包括鞭毛相关蛋白107（FAP107）C端蛋白质、蛋白质结合结构域（PDZ）、含P环的核苷三磷酸水解酶（P-loop NTPase）结构域以及微管辅助蛋白B的富含甘氨酸的细胞骨架结合蛋白结构域（CAP-Gly结构域）。用5′RACE的方法扩增得到FAP107cDNA的5′端序列，全长1207bp，编码区长720bp，编码239个氨基酸，该氨基酸序列与莱茵衣藻和团藻同源性为44%。SDS-PAGE检测HIS-FAP107融合蛋白大小约为30u，与预测值一致。用酵母共转化的方法对FLA8与FAP107之间的相互作用进行验证。在盐藻鞭毛再生过程中FAP107 mRNA表达水平明显高于正常未处理条件下的盐藻FAP107基因的相对表达量，其变化趋势为：在0~60min内FAP107mRNA水平逐渐降低，在60min时表达量达到最小；60~210min 内 FAP107 mRNA 水平呈不断升高的趋势，至 210min 时达到最大值；210~330min 内 FAP107 mRNA 水平又逐渐降低，并在 300min 左右降至正常水平。研究表明，该蛋白可能参与了鞭毛伸长的调控过程（李靓，2012）。另有研究诱导出融合蛋白作为抗体，在蛋白质水平证明了 FLA8 基因参与了鞭毛的再生过程（侯永杰，2012）。

3. 其他参与盐藻鞭毛再生的蛋白质

盐藻寡糖基转移酶（OST）催化亚基 *stt3a*，在盐藻中编码一个 78u 的蛋白质。在植物中 *stt3a* 作为寡糖基转移酶的亚基，能通过含有 *stt3a* 的寡糖基转移酶复合物介导特殊蛋白质的糖基化，这些蛋白质是盐耐受性所必需的。有研究发现拟南芥 OST 的 STT3a 亚基作为一种跨膜蛋白在高盐应激反应中发挥一定作用（Koiwa，2003）。研究表明，盐藻 STT3a 基因与衣藻、拟南芥、人类的同源性分别为 48%、50% 和 46%。NaCl 浓度增加可诱导盐藻 STT3a mRNA 的表达，而 NaCl 浓度越高诱导 STT3a mRNA 表达量越高，3.5mol/L NaCl 比 1.5mol/L NaCl 诱导的 STT3a mRNA 表达量高 11 倍。与未进行鞭毛处理组相比，盐藻的 STT3a mRNA 在鞭毛再生过程中保持较高水平。因此，STT3a 基因的高表达增强了盐藻的盐适应能力和鞭毛再生能力（王翠，2010）。

泛素 - 蛋白酶体系统（ubiquitin-proteasome system，UPS）是有机体细胞内选择性靶向降解蛋白质的重要途径，在应激状态下维持稳态具有重要意义。当 UPS 对靶蛋白的降解功能发生异常时，可能会引起抑癌蛋白异常降解、癌蛋白聚集、增殖加速、突变细胞的凋亡受阻等，从而诱导肿瘤的发生发展。RBX1 存在于动植物的细胞质和细胞核中，进化上比较保守，是 SCF 泛素 - 蛋白连接酶 E3 的重要组成部分。不同物种中环盒子 1（RBX1）家族的蛋白质含有 108~121 个氨基酸，分子质量为 12~16u。RBX1 的转录片段在鞭毛再生过程中，表达量明显下调。为初步探究盐藻 RBX1 在鞭毛再生过程中的分子调控机制，利用酵母双杂交技术，从盐藻鞭毛再生 cDNA 酵母文库中筛选出能够与盐藻 RBX1 相互作用的蛋白质，初步研究互作蛋白在盐藻鞭毛调控中的作用。为深入研究 RBX1 在鞭毛调控中的生物学功能奠定基础。利用酵母双杂交技术，在盐藻中成功筛选得到 RBX1 互作蛋白类氧化还原酶铁硫蛋白亚基，通过回交实验进行验证。在盐藻鞭毛再生过程中，类氧化还原酶铁硫蛋白亚基 mRNA 表达水平呈先升高随后降低的趋势。RBX1 可能是通过介导某些蛋白的降解，影响了类氧化还原酶铁硫蛋白亚基的表达（许尧，2015）。

S- 腺苷同型半胱氨酸水解酶（*S*-adenosyl homocystine hydrolase，SAHH）是甲基化通路中一个关键的限速酶，可逆催化 *S*- 腺苷同型半胱氨酸（*S*-adenosyl homocystine，SAH）水解生成腺苷和同型半胱氨酸。SAH 是所有依赖 *S*- 腺苷甲硫氨酸（*S*-adenosyl methionine，SAM）转甲基酶的反应产物，作为产物抑制剂，SAH 水平的增加可以抑制依赖 SAM 转甲基酶作用，因此 SAHH 快速分解 SAH 成为甲基化进行的先决条件（柴丹丹，2012）。盐藻 SAHase 基因对鞭毛再生有相关作用。通过设计简并引物及 RACE 法克隆了盐藻 SAHase 基因，全长 1926bp，包含 ORF 1458bp、3′ UTR 61bp 和 5′ UTR 407bp。使用 pH 休克法对盐藻进行鞭毛去除及再生，通过实时荧光定量 PCR 研究在转录水平上 SAHase 基因的变化。结果显示，在鞭毛再生的过程中，SAHase mRNA 转录量升高，其水平在 3h 时达到了未处理组的 3 倍（阎赟梦，2011）。有研究发现在 pH 冲击诱导的鞭毛再生过程中，dsSAHH 基因在蛋白和转录水平上均上调，过表达 dsSAHH 可促进鞭毛再生，但 SAHH 抑制剂 3-deazaadenosine（DZA）可抑制其生长。当 dsSAHH 过表达时，激活的 C 激酶 1 受体（dsRACK1）增加，该受体被确定与 dsSAHH 相互作用。由此说明，dsSAHH 可能参与了盐藻鞭毛再生的调控（Li，2013）。

鞭毛内运输机制 IFT 是目前研究比较清楚的鞭毛组装 / 解聚机制，驱动蛋白 kinesin 和马达蛋白 dynein 是鞭毛内运输系统的动力蛋白，它们的异常将会导致鞭毛组装 / 解聚的异常。而驱动蛋白 kinesin 家族蛋白在鞭毛组装过程中在鞭毛再生中发挥着重要作用。有研究以盐藻作为模式生物细胞器来研究纤毛在食管鳞癌发生中的作用。结果显示，盐藻 dsKIF4 基因在鞭毛再生过程中表达量显著增高，说明其参与鞭毛的再生过程（朱立强，2013）。也有研究根据盐藻转录组测序得到糖原合成酶激酶 3（GSK3）的 2 个片段，采用 pH 休克法去除盐藻鞭毛，观察鞭毛再生过程中 GSK3 基因在转录水平上的变化。获得一段长为 2116bp 的 GSK3 cDNA 片段，其中包含 737bp 的 3′ UTR 和 1158bp 的开放阅读框，GSK3 的 mRNA 转录水平在鞭毛再生过程中明显升高。同样证明了盐藻 GSK3 基因与鞭毛再生密切相关（毛丽红，2013）。

六、盐藻相关基因的研究方法

（一）酵母双杂交系统应用

酵母双杂交系统是研究活细胞内蛋白质与蛋白质之间相互作用的一种强大且常用的分子生物学技术。该技术不仅能够检测细胞内稳定的蛋白质相互作用，而且可以检测微弱的或者瞬时的蛋白质相互作用。实验方法具有成本低，易操作，设计简单等一系列优点，在生物学实验中的应用十分广泛。从 cDNA 文库中寻找与已知蛋白质相互作用的未知蛋白质是酵母双杂交技术最为重要的用途（刘国涛，2021）。比如筛选与盐藻 *stt3a*（侯永杰，2011）、RBX1（许尧，2015）、FLA8-*C*（李靓，2013）、Prdx1（王静，2014）、SAHH（柴丹丹，2012）基因相互作用的蛋白质。通过 PCR 技术扩增盐藻基因的开放阅读框，测序分析后将基因片段插入酵母表达质粒 pGBKT7，构建盐藻酵母双杂交诱饵载体 pGBKT7-stt3a，pG-BKT7-RBX1，pGBKT7-FLA8-C，pGBKT7-Prdx1，pGBKT7-SAHH。然后转化酵母菌株 Y187 和 AH109，Western Blot 法检测诱饵蛋白在转化酵母菌株内的表达。通过自激活实验和毒性实验，表达的融合蛋白对宿主酵母菌 Y187 和 AH109 均无自激活和毒性作用，可用于酵母双杂交实验筛选相互作用的蛋白质。在后续实验中筛选得到 2 个阳性克隆，测序结果显示为鞭毛结合蛋白 107（FAP107）和含蛋白质结合结构域的预测蛋白（李靓，2013）。柴丹丹等经过筛选得到的阳性克隆分别为 RACK1、MetAP1 和 eEF1α。其中 MetAP1 和 eEF1α 参与新合成蛋白质的代谢，而 RACK1 是一个支架蛋白，并参与多条信号通路。提取 RACK1 的酵母重组质粒，与诱饵载体进行回交实验，转化后的酵母细胞生长良好，说明 RACK1 和 SAHH 在酵母细胞中存在相互作用。实时荧光定量 PCR 结果表明在鞭毛再生过程中 SAHH 的表达变化较大，而 RACK1 的表达量基本不变，RACK1 可能介导 SAHH 调控盐藻鞭毛长度（柴丹丹，2012）。

过氧化物酶（peroxiredoxins，Prdxs）是普遍存在于生物体内，含量较高的一类抗氧化蛋白，可以催化还原生物体内的 H_2O_2、氢过氧化物和过亚硝酸盐，起到保护细胞的作用。过氧化物酶种类多样，其中 Prdx1 为典型的 2-CysPrdxs，是过氧化物酶家族成员中分布最为广泛的。该蛋白质不仅有着抗氧化的能力，在多种生物的生理过程方面，包括细胞生长、增殖、分化与凋亡等发挥重要的作用。现已有相关研究表明 Prdx1 在许多肿瘤细胞中表现出异常的高表达，并且与肿瘤发生发展过程中的信号调节也密切相关。以盐藻 Prdx1 为诱饵的蛋白质筛选盐藻 cDNA 酵母文库，进行了盐藻 Prdx1 保护实验，发现 Prdx1 可能与 RNA 的代谢过程有关，同时能够很好的保护 RNA（王静，2014）。

（二）盐藻基因组文库的构建方法

基因组文库是含有某种生物体全部基因的随机片段的重组 DNA 克隆群体。通过克隆基因组 DNA 片段可构建基因组文库，这些 DNA 片段是由限制性内切酶对高分子质量基因组 DNA 部分酶切而获得（Hisashi，2003；王宁，2005）。酵母 cDNA 文库构建是进行酵母双杂交的重要前提。目前，采用 SMART（switching mechanism at 5′ end of the RNA transcript）技术构建 cDNA 文库已成为主流方法，该技术只需要使用少量的原始材料，便可合成全长克隆并获得完整的 cDNA 文库（刘婕仪，2021）。盐藻大规模 cDNA 克隆和测序的目标在于获取新基因全长，即具有完整的编码蛋白质信息的代表成熟 mRNA 序列的 cDNA 克隆及其序列。早在 2003 年就已经测定了约一万个 cDNA 克隆，包含有 2282 个基因种类。通过两种高通量功能预测和筛选手段—基因表达谱芯片和生物信息学，获得了大量的盐藻 cDNA 克隆及其序列。其中包含上千种未知新基因，将新基因按不同的标准和要求分类，在不同程度上揭示新基因的功能（蒋彦，2003）。

有研究通过 SMART™ 技术构建了盐藻的全长 cDNA 文库，测得该文库的平均滴度为 1.2×10^6cfu/mL，可以代表藻体细胞 3.07×10^6mRNA 片段，重组率为 100%。然后在对文库随机克隆进行测序的同时，运用生物信息学手段寻找到 3- 磷酸甘油脱氢酶基因的序列表达标签（EST）序列。在这个基础上对 3- 磷酸甘油脱氢酶基因全长进行了克隆和分析，发现这个基因编码两种功能的结构域，磷酸化酶结构域和 3- 磷酸甘油脱氢酶结构域（李钢，2003）。同样，采用植物总RNA提取技术、Creator™技术平台以及SMART™技术进行cDNA文库构建。从盐藻中提取出了高质量的总 RNA，利用 PowerScript 反转录酶反转录盐藻的总 RNA。采用 LD-PCR、酶处理等方法对 cDNA 进行等比例扩增、纯化，同时使用 CHROMASPIN-400 柱子将 cDNA 分段化。最后将长片段连入 pDNR-LIB 质粒，转化大肠杆菌 JM109。结果得到含 1.5×10^6 个克隆子的原始文库，滴度为 1.5×10^6cfu/mL。结合酶切和 PCR 方法，对该文库的质量进行了鉴定和统计，文库的平均片段插入长度为 1.5kb。采用烯醇酶和 UDP 葡萄糖脱氢酶的 EST 作为同源探针，对文库中的功能基因进行筛选。采用放射性原位杂交法，对扩增文库进行了初筛和复筛。得到了含这两条基因全编码序列的 cDNA，烯醇酶为 1.8kb，UDP 葡萄糖脱氢酶为 1.9kb，为今后对该种进行大规模功能基因组学研究奠定了基础（李钢，2004）。

也有研究采用改进的 SDS 裂解法提取盐藻基因组 DNA，通过限制性内切酶 Sau3AI 进行部分酶切。用 T4 DNA 连接酶将目的片段与噬菌体 EMBL3 载体臂进行连接，然后转染大肠杆菌 LE392，构建盐藻噬菌体 EMBL3 基因组文库。结果得到重组子数为 2.2×10^4，经测定文库滴度为 2.2×10^5pfu/mL（王宁，2005）。

（三）RNA 干扰和反义技术

为研究双链 RNA 干扰盐藻基因表达的潜力，构建植物烯去饱和酶基因（*pds*）同源的发夹 RNA（hpRNA）质粒 pBIRNAI-Dsa。转化盐藻后，PCR 定量分析 *pds* 在 pBIRNAI-Dsa 处理细胞中的相对转录水平，并评估 RNA 干扰（RNAi）对基因的沉默效率。结果显示，pBIRNAI-Dsa 处理组 *pds* 转录量较对照组发生变化，第 7 天 $2^{-\Delta\Delta CT}$ 最低，相当于 *pds* 对照相对转录量的 0.28 倍；由此推断出一种较强的基因抑制作用。*pds* 的转录可被广泛调节，其存活可耐受转录水平降低至正常水平的 28%。研究表明，dsRNA 介导的遗传干扰可诱导序列特异性的基因表达抑制，为盐藻基因功能研究提供基础（Sun，2008）。

另有研究利用 RNA 干扰和反义技术，通过下调盐藻 V-101 的植物烯去饱和酶（PDS）基因表达，研究植物烯在盐藻 V-101 中的积累。通过农杆菌介导的方法将 RNAi 和反义基因导入盐藻细胞。在 32 个转化子中，6 个 RNAi 表达下调，5 个反义表达。采用半定量 RT-PCR 和高效液相色谱法，定量测定植物烯和其他类胡萝卜素对 PDS 的抑制作用。与野生型细胞相比，RNAi 和反义细胞株的植物烯去饱和酶表达水平和类胡萝卜素含量均显著降低。与其他转基因品系比较 RNAi 株系 #5 的植物烯含量最高。这些植物烯积累表型表现出较慢的增长速度，并发现对高光条件敏感（Srinivasan，2017）。

（四）CODEHOP 设计工具

根据 NCBI 上已经报道的 *hog1* 序列，利用简并引物在线设计工具 CODEHOP 设计出两对简并引物。通过巢式 PCR 扩增，得到一段大小为 635bp 的基因片段。将其克隆到 T 载体上并测序，将测得的序列在 NCBI 的 Blast 搜索发现，其与已报道的其他一些物种的 *hog1* 基因有同源性。用 CODEHOP 程序化设计简并引物可信性强，阳性率高。该基因的成功克隆为研究盐藻的高渗透性甘油（HOG）信号途径奠定了基础（王传胜，2012）。

（五）改良降落 PCR 法

降落（touchdown，TD）PCR 技术原理是根据引物的 *T*m 值，设置一系列从高至低的退火温度。开始选择的退火温度高于估计得 *T*m 值，随着循环的进行，退火温度逐渐降低至 *T*m 值，并最终低于 *T*m 值。在每一个停留的退火温度上循环 2 次。有研究报道了一种简便高效的改良降落 PCR，只需 5 个降落退火温度。以盐藻基因组为模板，设计一对引物扩增胡萝卜素生物合成相关基因（carotene biosynthesis related，*cbr*）的第 3 外显子。该方法程序简单，比标准降落 PCR

步骤简化 70%，且产物的特异性及效率都有较大提高（王天云，2003）。

第二节　盐藻的分子转化研究

一、藻类与转基因技术

转基因技术是利用生物、物理或化学等手段，将与标记基因和目的基因（外源 DNA）构建的表达载体，直接或者间接转入到受体细胞。通过一定的筛选方法得出转化子，从而实现外源基因稳定遗传和表达的技术。迄今为止，已建立基因转移系统的微藻主要有盐藻（Tan，2005）、莱茵衣藻（谢传晓，2003）、鱼腥藻（Thiel，1989）、双管弗氏藻、念珠藻和钝顶螺旋藻（王高歌，2002）等。

二、盐藻转化方法

对于盐藻的转化已有多种方法可以实现，包括电转化法、基因枪法（潘卫东，2003）、玻璃珠法（冯书营，2007）、超声波法（刘红艳，2006）、乙酸锂-聚乙二醇（LiAc/PEG）介导法（柴晓杰，2017）和细胞穿膜肽介导法（Wei，2015）等。

（一）电转化法（电穿孔法）

1. 电转化法的基本原理

当细胞放在电场中，此时细胞膜充当电容器使电流不能通过离子通道。随着电压升高，细胞膜组分被极化，并在细胞膜两边产生电位差。当电位差超过某一临界水平，细胞膜局部被击穿，形成一些瞬时的孔洞，孔径大小足以让分子自由进入或从细胞中排出。而此可逆性的孔洞可作为外源基因导入细胞的通道（陈乃用，1991）。

2. 盐藻的电转化

早在 1985 年 Michael 等就首次利用电穿孔法，在高压条件下处理细胞质膜并将外源基因导入细胞。在培养 3d 左右的原生质体中，检测到外源基因的瞬时表达。此后，电穿孔法引起了人们高度重视。利用电转化法可以将外源基因插入盐藻细胞实现瞬时表达（Deroles，1997；Tan，2005）。而电击条件，如电容、电场强度、电击缓冲液的渗透压等对转化率存在很大影响。同时，将外源 DNA 导入量会随着电场强度的升高而增加，但细胞存活率却会下降，要想获得较高的转化率，必须兼顾细胞中质粒含量和存活率等因素（李子兴，2005）。

3. 电穿孔法的优化

有研究者发现，对数生长中期的盐藻细胞在接种后培养 7d，将浓度为 10μg/mL 的质粒（DCA-bar）加入到 0.8kV、25μF 的电击条件内，此条件的转化效率可以达到 1.85%。此时，在电穿孔缓冲液中加入浓度为 0.4~0.5mol/L 的甘油，转化效率能明显提高达到 2.03%，说明该浓度范围的甘油可作为盐藻电击转化的良好稳渗剂（陈叶霁，2007）。优化过程中发现，不同质粒并不影响转化效率（Lü，2009；郑永卿，2010）。也有研究得到的最佳转化条件为，在 6~7kV/cm 的脉冲电场强度、50μF 电容、400Ω 电阻条件、0.05s 的脉冲持续时间和 210 的脉冲次数下，电击获得较高的转化率（郑永卿，2010；耿德贵，2002；李子兴，2005）。盐藻在高电场强度 - 低电容模式为 3~7kV/cm 和低电场强度 - 高电容模式为 300~500V/cm 的这两种模式下，电压转化效果无明显差异（孙国华，2007）。

（二）基因枪法

1. 基因枪法的转化原理

基因枪法也称为粒子枪法、高速微弹法、微弹轰击法，是将外源基因或 DNA 在 Ca^{2+} 或亚精胺等作用下吸附在重金属金或钨粒子表面，制成 DNA- 微弹。利用基因枪将微弹高速射入植物受体细胞或组织中从而实现转化。这个方法的特点是可以直接轰击那些已完成分化形态的组织或器官如胚和分生组织（赵锦，2002）。

2. 基因枪法转化盐藻细胞

盐藻细胞通过基因枪法也得以转化。通过克隆盐藻叶绿体相关基因，并分别以 16S rRNA 基因和 *chlN* 基因序列为同源片段，以 CAT 和 *bar* 基因为筛选标记基因构建了三套盐藻叶绿体转化载体：pDS16S-CAT、pTN1269-bar 和 pSP72-N5-bar-N3。利用基因枪法转化盐藻细胞，初步建立起盐藻叶绿体转化体系。不仅如此，利用基因枪方法分别实现 *bar* 基因、CAT 基因、EGFP 基因在盐藻中瞬时表达（牛向丽，2003；潘卫东，2004；2003；李杰，2003）。但基因枪转化法也存在许多不足之处：基因枪转化过程属机械和随机过程，受诸多物理因素（如金属弹大小、速度、均一性等）的影响。因此，存在整合效率不高、重复性差以及对处理的植物材料也有一定程度的伤害等问题。

3. 基因枪法的优化

为了提高基因枪法的转化效率，需要从各方面优化转化条件和转化参数。例如，选用 50% 海水盐度，加入 2216E 营养物质的 f/2 培养基，选择对金（钨）

粉没有吸附作用的离心管，制备少于3mg/管。微载体轰击量每次大约为0.75mg，调节可裂膜固定帽（使用六角型间距设置工具）与微载体发射装置载体盖的间距取6.35mm。载体膜与终止屏的间距在两个钢环之间为11mm，终止屏与靶细胞的间距第二层为6cm，将受体细胞铺成较厚的多细胞层。经过上述优化与改进，将现有文献报道的转化效率（10~50个转化子/μg DNA）提高了4.7~30倍，达到（295±60）个转化子/μg DNA。该方法除适用于盐藻外，也可广泛应用于其他微藻（小球藻、三角褐指藻）的基因枪转化研究（陈禹先，2018）。此外，有研究分析了不同轰击条件下的转化率，得到了该方法较好转化条件：在氦气压力为100L/min条件下微弹轰击2次能够取得较好的结果（吕玉民，2003）。

（三）农杆菌介导法

1. 农杆菌介导法的转化原理

农杆菌介导法是先将插入目的基因的植物表达载体转入农杆菌中，然后通过农杆菌感染受伤的植物细胞，将根癌农杆菌的Ti质粒或发根农杆菌的Ri质粒上所携带的目的基因导入受体细胞并整合到其基因组中，从而实现外源DNA到寄主植物细胞的转化。农杆菌介导法是目前为止应用最早、最广泛且结果较为理想的一种有效的基因转化方法（赵锦，2002）。

2. 农杆菌介导法在盐藻中的应用

自1983年首次运用农杆菌介导法获得转基因植物以来，该方法主要用于植物的遗传转化。近年来，农杆菌介导法也在微藻的遗传转化上取得了重要突破（Zhang，2003），但此方法的缺点是：在转化时，很难掌握材料的抑菌程度，并且转化过程会出现左边界丢失现象等（Citovsky，2007）。

3. 农杆菌介导法的优化

优化的农杆菌转化方法转化效率无疑是更高的。有研究从盐藻中克隆到的抗逆基因Dscbr（编码一种早期光诱导蛋白），利用优化的农杆菌转化法：将作为外植体来接种的叶片于培养基中预培养4~5d，用农杆菌菌液（OD_{600}=0.3~0.8）浸染20min，然后在培养基上铺一层灭菌滤纸共培养7d后清洗。采用冻融法将Dscbr基因构建到植物表达载体，成功高效地转化到根癌农杆菌，同时导入紫花苜蓿（陈晨，2004）。此外，通过直接浸染、超声波震荡、真空负压法等优化农杆菌介导方法实现盐藻具有调渗功能的3-磷酸甘油脱氢酶（DsGPD）基因的苜蓿转化，并可将优化根癌农杆菌菌液范围缩小到OD_{600}=0.3~0.5（张华，2004）。但刘杨等（刘杨，2002）在进行盐藻DSG10表达载体构建时，发现根癌农杆菌菌液于 28℃培养至 $OD_{600} \approx 0.5$ 时，转化效率更高。这说明对于不同宿主细胞的转化，转化条件不一定相同。总之，该方法操作简便，可用于转化相对较大的 DNA 片段，能够更有效地产生单位点整合、不易产生基因沉默并能得到可育的转基因植株。但此方法应用的前提条件是受体植物的材料必须对农杆菌浸染敏感，故不能广泛应用于所有植物中（赵锦，2002）。

（四）玻璃珠转化法

1. 玻璃珠转化法原理

玻璃珠转化法是利用玻璃珠的研磨作用，在盐藻细胞表面造成短暂的孔隙。同时利用聚乙二醇（PEG）的聚合作用，使得外源质粒进入到细胞内部进而与盐藻基因组得以整合和表达（冯书营，2007）。

2. 玻璃珠转化法的应用及优化

通过对玻璃微珠、基因枪和电击法三种转化方法进行对比发现，玻璃微珠法在三种方法中的转化效率最高，是盐藻转化方式中的最佳方法。为进一步提高盐藻转化效率，对玻璃珠转化法进行了优化，即在 800μL 盐藻（10^6cell/mL）中加入 150μL PEG 和 90μL 质粒，在玻璃珠 300mg 且涡旋转速为 2400r/min 的条件下工作 12s，转化率最高达到 59 个转化子 /100 个细胞，转化效率约为 100 个转化子 /μg DNA。这种转化方法的优化，为今后深入研究盐藻基因工程提供大力支持（Feng，2009；冯书营，2007）。

（五）乙酸锂 / 聚乙二醇介导法

1. LiAc/PEG 介导法原理

LiAc/PEG 转化法的关键是，采用乙酸锂（LiAc）或其他一价金属离子（Na^+、K^+、Cs^+、Rb^+ 等）处理细胞，增加细胞壁的通透性，促使细胞感受态的形成。进而在载体 DNA 帮助和 PEG 的作用下转化细胞（郑荣，1997）。

2. LiAc/PEG 介导法的应用及优化

柴晓杰采用 LiAc/PEG 介导法首次成功地将 β- 葡萄糖酸酶（GUS）基因导入盐藻细胞，同时还进行了生长状态、转化温度、质粒浓度等因素对转化率影响的研究。研究结果显示，盐藻处于对数生长早期、质粒 DNA 浓度为 600μg/mL、转化温度 29℃时是最理想的转化条件，该条件下转化率高达 74.8%（柴晓杰，2017）。此后，利用此方法实现了大豆 Kunitz 胰蛋白酶抑制剂基因 SKTI（Chai，2013）以及胰蛋白酶抑制剂 KSTI3 基因在盐藻中的表达（徐文琦，2011）。目前，因为 PEG 对原生质体有毒害作用，因此该方法不能用于原生质体培养，也不能用于再生困难的植物，所以通常用于酵母的转化（赵锦，2002）。但通过上述研究发现 LiAc/PEG 介导法具有操作简单、快速、成本低及转化效率高等优点。

（六）细胞穿膜肽介导法

1. 细胞穿膜肽介导法的原理

细胞穿膜肽（CPP），也称为蛋白质转导结构域，包括能够穿过生物屏障的蛋白质（如病毒 Tat 蛋白）或经过合理设计的通常富含碱性氨基酸的短肽。它们已被作为允许各种生物分子（从低分子质量药物到纳米颗粒）穿过生物屏障的一类新的非病毒载体。简而言之，CPP 是一类能够自发跨膜的多肽，同时其能够介导外源生物小分子或大分子进入细胞，是一种简单高效的分子运输手段（Hassane，2010）。

2. 细胞穿膜肽介导法在藻类的应用

尽管细胞穿膜肽在动物细胞研究方面技术已经发展的相当成熟，但在藻类研究上应用还较为少见。有研究者先是通过细胞穿膜肽九聚精氨酸（R9）实现了浒苔、紫菜和海带这三种常见的大型海藻的转化。其次，对两种淡水藻（莱茵衣藻和小球藻）和两种海水藻（三角褐指藻和小球藻）进行转化后发现，单独的细胞穿膜肽 R9 能够顺利进入四种微藻细胞内。在细胞穿膜肽携带小干扰 RNA（siRNA）进入四种微藻的实验中，只有盐藻能够实现 R9/siRNA 的转化（韦一凡，2014）。其他研究者通过该方法实现了外源基因转化盐藻细胞（Wei，2015；宋冠男，2020）。

3. 细胞穿膜肽介导方法的优化

为了提高外源基因在盐藻细胞中表达量，采用细胞穿膜肽介导、联合细胞核定位肽应用等策略，进行外源基因（GUS 基因）对盐藻细胞的转化工作。同时对影响转化效率的四个参数（转化时间、盐梯度、染料剂量和 Triton X-100 浓度）分别进行了优化。结果显示，盐藻在 0.1mol/L 盐溶液培养基 1mL（细胞数量达到 10^6~10^7cell/mL）时，加入 0.1% TritonX-100 为 10μL（在转化体系中浓度为 0.001%）和 1.25mg/mL 外界荧光染料 30μL，并转化 120s，获得最高的转化效率可接近 100%（宋冠男，2020）。这也证实了，细胞穿膜肽不仅能够将生物分子导入藻细胞，而且可以实现高效的藻类外源物质转化。

（七）盐梯度自发转化法

1. 盐梯度自发转化法的原理

盐梯度自发转化法是当高盐浓度变为低盐浓度时，外源物质能够被自发的转入到细胞内部（Zimmermann，1980）。

2. 盐梯度自发转化法的应用

有人利用盐梯度的变化成功建立了盐藻的盐梯度自转化方法，并对实验中四个转化参数进行了优化，包括转化时间、盐梯度、染料量和 TritonX-100 浓度等。结果表明盐浓度的变化对转化结果影响最大，而随着盐浓度由高到低逐渐降低时，转化细胞的数量显著增加。但是如果盐浓度小于 0.1mol/L，由于细胞破裂严重，无法统计转化情况；当盐浓度大于 0.5mol/L 时，转化子的数量出现了明显减少的情况（Zimmermann，1980）。

（八）超声波方法转化

1. 超声波方法转化原理

关于超声波辅助植物转化的原理，目前尚在研究中。但是 Rayleigh 的超声波能产生空化效应的理论得到大多数人认可。基于此，Zimmermann 等和丁志山提出的假设较有说服力（Zimmermann，1980；丁志山，1997）。这两种假设的共同点是都用超声波处理，引起细胞膜损伤而形成物质的跨膜交换。不同点是细胞膜损伤的机制不同，前者认为细胞破裂是由于超声波处理下，膜内流体静压力发生改变所致；后者认为是由于超声波所产生的冲击波直接损伤细胞膜。在某一转化事件中，也可能这种原理都起一定作用（王建军，2017）。有研究证实盐藻经过超声波处理可以增加盐藻细胞膜的通透性，从而实现盐藻的转化（路德明，1992）。

2. 超声波方法的应用及转化条件

麦穗等和刘红艳等采用了超声法将编码嵌合体 SBR-CT$^{\Delta A1}$ 的基因转入盐藻细胞，获得了转基因盐藻藻株（麦穗，2003；刘红艳，2006）。研究发现，在 55W、5min 和 88W、3min 的超声功率和时间条件下转化的盐藻生长较好。同时，与农杆菌转化法相比超声法转化效率更高。这种方法的建立无疑为研制安全、经济、高效的疫苗提供了基础。

（九）其他藻类转化方法

1. 聚球藻

除了盐藻，在其他藻类中也有许多较为成熟的转化方法，而最早在 1990 年，就有人利用电转化法将 pUSY02 质粒转化到聚球藻（*Synecho-coccussp*）实现了藻细胞的转化（Matsunaga，1990）。

2. 莱茵衣藻

对于莱茵衣藻，除了电穿孔法（曾磊，2010）和基因枪法（Kindle，1989），还成功建立起农杆菌介导法（Kumar，2003）、硅晶须法（Dunahay，1993）、玻璃珠转化法（Kindle，1990）。在这些转化方法中，玻璃珠转化法的转化率非常高约为 10^3 个细胞 /μg 质粒。此藻在 500V/cm 和 1000V/cm 的脉冲电场强度培养条件下具有较高转化率（曾磊，2010），电击法转化率则可高达 2×10^5cell/μg 质粒（Shigekawa，1988）。

3. 三角褐指藻

陈禹先等（陈禹先，2018）和路延笃（路延笃，2009）利用基因枪方法成功地将外源基因转入三角褐指藻。前者优化条件如上述内容，后者优化的转化条件：每 60μg 钨粉包被 1μg 质粒 DNA，样品室真空度为 91.43kPa，可裂膜为 10.34MPa，受体与阻挡网距离 6cm。

4. 等鞭金藻

通过电击法使 GUS 报告基因在等鞭金藻实现表达。发现在相同电场强度下，对数早期的藻细胞存活率最高，其半致死电场强度为 0.82~1.63kV/cm，最佳脉冲时间为 5ms，冰浴时间为 10min。利用上述优化条件建立了等鞭金藻电转化体系（李海东，2012）。

第三节　盐藻敏感性筛选的研究

一、抗生素法筛选原理

抗生素的主要作用是抑制细菌的生长，通过影响细菌的代谢过程，改变细菌的菌体形态而发挥其抑菌和杀菌作用。其作用机制主要包括以下 4 种类型：抑制细菌细胞壁的合成、与细胞膜相互作用、干扰蛋白质的合成以及抑制核酸的转录和复制（唐经凡，2007）。此外，盐藻的纯种培养和保存是其应用的基础和关键性环节，也是研究其生理、生化、营养价值、药理学及毒理学等必不可少的步骤（林伟，2000）。从目前的情况看，盐藻的培养技术已经相对成熟，但在培养过程中敌害生物的污染和危害目前还难以完全避免，因为在藻液中有少量细菌生存不会影响微藻的正常生长，甚至可能会促进微藻的生长（唐颖，2010）。但当某种有害菌大量繁殖时会使微藻增殖减慢、藻体相互粘连、下沉死亡。人们通过利用微藻比细菌具有更强的抗生素耐受性的特点，以抗生素为工具排除微藻培养液中的细菌，获得无菌海洋微藻藻种（岳伟萍，2009）。

二、常见抗生素的敏感性研究

（一）盐藻对氯霉素的敏感性

氯霉素是从委内瑞拉链霉菌（*Streptomycesvene-zuela*）中分离提取的广谱抗生素，对许多需氧革兰阳性细菌和革兰阴性细菌、厌氧的菌质体都有抑制作用。盐藻对不同浓度氯霉素的敏感性存在差异。有研究表明盐藻对氯霉素非常敏感，50μg/mL 的氯霉素即可明显抑制盐藻的生长，100μg/mL 的氯霉素可杀死盐藻（潘卫东，2003）；但有研究则认为 6μg/mL 时即可完全抑制液体和固体培养中盐藻的生长（耿德贵，2001）。其他研究者报道 400mg/L 浓度氯霉素对盐藻生长明显有抑制（李杰，2003；王玲玲，2019；郑永卿，2010），不同于上述的报道。因此，氯霉素可作为基因工程的选择标记（筛选抗生素）已有许多报道。为了获得稳定的转基因盐藻藻株，发现在氯霉素浓度为 200μg/mL（曾磊，2010；牛向丽，2003）或 300μg/mL（张汇征，2013；2012）的选择压力下，均可筛选得到盐藻转化株。

（二）盐藻对链霉素、卡那霉素、G418 抗生素的敏感性

盐藻对不同抗生素敏感度不同，高达 600μg/mL 浓度的链霉素、卡那霉素和 G418（庆大霉素的氨基糖苷）等培养，对盐藻的生长抑制作用仍然不显著（耿德贵，2001；郑永卿，2010；潘卫东，2003）。因此，许多研究认为除了氯霉素，其余均不宜作为盐藻的基因工程选择标记。但是，也有研究表明 700μg/mL 浓度的 G418 在低盐培养基（NaCl 浓度降至 0.25mol/L）中对盐藻表现出抑制作用，即可作为一种快速有效的筛选转基因盐藻的抗生素筛选标记（李杰，2003）。

（三）盐藻对新霉素、壮观霉素、博来霉素、潮霉素的敏感性

研究表明盐藻对博莱霉素、潮霉素、新霉素、壮观霉素等抗生素敏感性都较差（郑永卿，2010；耿德贵，2001；李杰，2003）。特别是对新霉素极不敏感，即使是 600μg/mL 仍不能抑制盐藻的生长。盐藻对壮观霉素有一定敏感性，但浓度 >200μg/mL 才能明显抑制盐藻的生长，而高达 600μg/mL 时仍不能完全杀死盐藻（潘卫东，2003）。

（四）盐藻对赤霉素的敏感性

孟春晓等发现 0.05mg/L 赤霉素不仅能显著加快盐藻细胞的分裂速度（生物量比对照提高 60%），还能使 β- 胡萝卜素含量增加 16.8%。但是 50mg/L 的赤霉素却能抑制藻体的生长，这说明赤霉素对盐藻生物量与物质积累起着促进作用（孟春晓，2010）。

（五）诺氟沙星对盐藻的毒性效应

诺氟沙星作为海洋环境污染物的重要来源之一，研究诺氟沙星对盐藻生态毒性效应（即毒物或者药物对机体所致有害的生物学变化）非常重要。现已有研究表明盐藻对诺氟沙星较敏感，EC_{20} 和 $EC_{0.5}$ 分别为 10.54mg/L 和 1.25mg/L，但诺氟沙星相对其他藻株对盐藻的毒性效应较低，EC_{20} 和 EC_{05} 分别为 10.54mg/L 和 1.25mg/L。诺氟沙星污染物对海洋生态系统的预测非效应浓度（PNEC）为 0.096mg/L，这为以后进一步解决海洋污染问题提供了重要线索（施文杰，2019）。

（六）其他抗生素对盐藻杂菌敏感性研究

无菌纯化的盐藻需要借助除菌工具将盐藻共生菌除去。而抗生素的使用，需具备高效抑菌杀菌活性和对微藻细胞毒性低两个条件，但使用方法不同可能会影响盐藻纯化效率。有研究认为抗生素作用机制的不同可能导致合用抗生素间产生拮抗，因此采用逐种抗生素加入法并取得无菌藻株（Choi，2008）。然而，王玲玲（王玲玲，2019）等通过实验得到：盐藻杂菌对氨苄青霉素、庆大霉素和头孢呋辛的敏感浓度分别为 200μg/mL、400μg/mL 和 50μg/mL。在这 3 种抗生素的单一使用、联合同时、联合逐次等方式中，联合逐次使用抗生素不但可以减少对藻株生长量的影响，而且还可以获取无菌藻株。另外，有研究表明除了以上 3 种抗生素，盐藻及藻液内优势菌对头孢霉素也十分敏感。并将这 4 种抗生素均取 800μg/mL 终浓度联合加入对数中期盐藻藻液中，可获得无菌盐藻（唐颖，2010；郑永卿，2010）。而这些研究结果的差异，可能与抗生素使用的种类和浓度，以及体系中杂菌与藻细胞的相互关系相关（林伟，2000）。

通过实验对比得出，盐藻藻液中细菌对抗生素的敏感性从强到弱依次是：氨苄青霉素 > 氯霉素 > 庆大霉素 > 头孢呋辛 > 硫酸链霉素 > 麦迪霉素 > 多黏霉素 B> 万古霉素 > 强力霉素 > 克林霉素。这种利用抗生素控制藻类中细菌数量的方法，尤其在保种及前期培养中，是一项不可忽视的技术措施。抗生素对水体中的有害菌进行杀灭但不能伤及养殖的微藻，对培养和扩大生产微藻具有重要的意义（王玲玲，2019）。

三、农药敏感性的研究

（一）盐藻对除草剂的敏感性

许多研究表明作为农药本身对海洋微藻可能引起的毒物兴奋效应，即低剂量刺激生长效应，即在低浓度的时候刺激了微藻的生长，而在高浓度的时候抑制了微藻的生长（牛向丽，2003；王高歌，2002a；2002b；陈传红，2007）。如高浓度的草甘膦（Thiel，1989）、丁草胺、啶虫脒（陈传红，2007）等可显著地降低微藻叶绿素 a、蛋白质和碳水化合物含量。而 0.1mg/L 和 1mg/L 低浓度草甘膦则不同程度地提高了这些物质含量。这也说明盐藻对不同浓度的农药敏感性不同。盐藻对除草剂草甘膦高度敏感，当培养液中草甘膦浓度为 1μg/mL 时，盐藻的生长就受到明显的抑制，达到 4μg/mL 时可杀死盐藻。已有研究发现，在草甘膦 3mg/L 的选择浓度下实现了盐藻转化，并且草丁膦对盐藻 10d 的 EC_{90} 为 4.44~6.49mg/L（牛向丽，2003；潘卫东，2003），这对除草剂抗性基因作为盐藻筛选基因提供重要帮助。

同一药物对不同藻类敏感性不同。有研究单独选择农药除草剂草甘膦作为实验毒性物质，利用 Log-Logistic 修正模型（此模型能够更好地描述草甘膦对藻类的剂量 - 反应结果）和三维模型对实验结果进行拟合的方法，并结合各种影响微藻生长作用参数分析。结果表明旋链角毛藻为敏感型，即非检测效应浓度较低，在草甘膦浓度相对较低的情况下才表现出刺激生长效应，最大刺激生长强度大于 160%，而草甘膦剂量高于 20mg/L 即表现出显著的抑制现象。盐藻、小球藻和青岛大扁藻为较敏感型，非检测效应浓度约在 20~30mg/L，草甘膦浓度 >50mg/L 时抑制作用明显，且最大刺激生长强度约在 130%~140%；亚心形扁藻和等鞭金藻为不敏感型，非检测效应浓度大于 50mg/L，最大刺激生长强度小于 130%，草甘膦剂量高于 100mg/L 抑制作用尚不显著（张哲，2010）。同样的，丁草胺对盐藻和亚心形扁藻生长影响也不同。它们的 96h EC_{50} 分别为 0.047mg/L 和 7.574mg/L。杀虫剂啶虫脒对盐藻和亚心形扁藻的 96h EC_{50} 分别为 108.151mg/L 和 13.348mg/L，这与已有报道结论相似（陈传红，2007）。

总的来说，草甘膦对不同藻类的生长影响不同，但对藻种相对生长速率的影响差异并不大。可能是由于机体动态平衡的逆转而引起过度补偿的结果(张哲，2010a；2010b）。而在一水生生态系统中藻类的种类组成依赖于不同种的敏感性，若一藻种对某种毒物比较敏感，当这一水体被此毒物污染时较敏感的藻种会首先受到影响进而消失。因此，根据水体中藻类的组成可以判断水体受污染的程度（刘红艳，2006）。

（二）盐藻对农药杀虫剂的敏感性

1. 杀虫剂对盐藻生长的影响

已有许多报道指出农药杀虫剂对盐藻生长影响很大。如虫敌、纤源净、马拉硫磷、虫水安（马若欣，2010）以及乐果、敌百虫（Thiel，1989）等杀虫药物均不同程度上抑制盐藻的生长繁殖。并且若超过一定浓度，会导致藻体的负增长（谢传晓，2003）。杀虫剂在农业生产中起着重要作用，但在使用过程中会由于偶然溢出、空气飘移或者流域排水而污染地表水或地下水进而影响非靶生物。在受影响的非靶生物中藻类占很大部分，盐藻作为海洋微藻单细胞植株，了解杀虫剂对盐藻生长的致毒效应，从而指导今后杀虫剂在海洋微藻的适当运用提供重要指导意义。

2. 盐藻对啶虫脒降解作用及富集能力

微藻对农药往往有一定降解及富集作用，而盐藻对啶虫脒降解作用虽然不明显，但具有一定的富集能力。盐藻对啶虫脒的降解都可用一级和二级反应动力学方程拟合。在啶虫脒初始浓度为 50mg/L 和 100mg/L 的处理后，盐藻 5d 内的降解率分别为 3% 和 0.4%，日平均降解量分别为 0.296mg/L 和 0.086mg/L。盐藻对啶虫脒最大富集量分别为 10.918mg/g 干重和 19.520mg/g 干重，最大富集系数（*BCF*）分别为 222 和 197。这对研究微藻的生长环境及海洋环境保护有着重要意义（陈传红，2007）。

3. 不同藻类对甲胺磷的敏感性

盐藻对不同浓度甲胺磷的敏感性，甲胺磷对微藻的 72h 抑制浓度（72h EC_{50}）分别为：三角褐指藻为 15.5mg/L，球等鞭金藻为 43mg/L，盐藻为 12.5mg/L。3 种微藻对甲胺磷胁迫的耐受力依次为：球等鞭金藻 > 二角褐指藻 > 盐藻。当甲胺磷浓度达 20mg/L 左右时，对盐藻、三角褐指藻将造成非常严重的毒害效应。总的来说，农药甲胺磷对微藻的生长均有不同程度的抑制作用（王高歌，2002）。

（三）农药对藻类的联合毒性

进入环境中的杀虫剂不是单一作用的，它们经常与其他物质共同作用表现为联合毒性。农药对藻类的联合毒性一般表现为加和、协同和拮抗作用。谢荣等（谢荣，1999）研究了有机磷农药和重金属对海洋微藻的联合毒性效应。结果发现，对于盐藻、三角褐指藻和青岛大扁藻，在毒性比（丙溴磷 - 铜联合毒性）为 1 ∶ 1 的情况下，*AI*（72h 的联合效应相加指数）分别为 −0.462、−0.557、−0.702，说明均表现为拮抗作用。但王悠等对上述 3 种微藻进行联合毒性实验却发现，蒽和丙溴磷对这 3 种藻的联合毒性都为协同效应，并认为产生协同效应的原因，可能是蒽和丙溴磷共同作用时能产生大量的自由基中间产物，对微藻的细胞结构及抗氧化防御系统的功能产生影响，从而对细胞造成危害（王悠，2000）。

四、氯酸盐敏感性研究

氯酸盐是一种毒性很强的氧化剂，曾被作为非选择性除草剂和脱叶剂在农业生产中大量施用。但是，具有强氧化性的氯酸根离子不但对生物体有明显的毒害效应，而且其分解产物亚氯酸根和次氯酸根离子对水体和土壤等环境也存在较强的污染效应（谢华，2004）。氯酸盐作为硝酸盐的类似物，能够在含有NR的藻类植株催化下，转变成对细胞有毒性的次氯酸盐。利用这一特性可以更容易地筛选出盐藻NR缺陷型突变株（无NR活性的盐藻细胞），为NR基因作为选择标记基因进行盐藻转基因研究提供重要工具。有相关研究表明：盐藻对氯酸盐非常敏感，浓度为100mmol/L氯酸钾和200mmol/L氯酸钠即可杀死盐藻细胞；并且利用200mmol/L氯酸钠可筛选出氯酸盐抗性突变株。事实证明，氯酸盐可作为盐藻基因工程的筛选标记体系，这对建立盐藻遗传转化系统，使外源目的基因在其中稳定表达、生产目的产品具有十分重要的意义（薛艳丽，2007；谢华，2004）。

第四节　盐藻叶绿体的分子生物学研究

目前，模式生物衣藻的转基因技术研究已趋于成熟，盐藻作为衣藻的近缘藻，其转基因技术也在逐步发展，通过盐藻核系统实现多种外源蛋白质的表达。随着核转化系统研究不断深入，也发现了一些尚未解决的难题：靶向基因表达量低、基因组大且背景复杂，外源基因转入后易出现失活、沉默和位置效应，在其内表达原核基因必先经修饰改造、环境安全问题等。为了解决这些问题，科研人员将目标转向了叶绿体转化系统。叶绿体转化系统因其定点整合，可人为控制其插入位点，可很好地解决核转化后“基因失活”“位置效应”等问题。叶绿体DNA分子的多拷贝及多顺反子的表达形式，可使外源基因由共同的启动子控制，不仅操作简便而且避免了基因“共沉默”现象。同时对外源性表达产物的积累拥有较高的耐受能力，为外源基因在其系统的高效表达提供了保障。并且其母系遗传的特点也使其具有较高的生物安全性，因此叶绿体转化成为盐藻转化的一个重要研究方向。

一、盐藻叶绿体特性及分离纯化

（一）叶绿体特性

目前，叶绿体DNA（cpDNA）广泛应用于细胞质遗传、植物系统发育、植物雄性不育、亲缘关系、叶绿体转基因等研究中。盐藻作为水体生态系统的初级生产者及潜在的外源基因表达载体，研究其叶绿体和 cpDNA 结构特征、功能，对于叶绿体表达体系构建具有重要作用。盐藻的叶绿体形似杯状，且占胞体的体积约 50%。近年来，随着对盐藻叶绿体转化系统的研究，发现叶绿体转化系统与核系统相比具有一定的优势，例如基因组小，遗传背景清晰，外源基因通过同源重组定点整合入基因组，插入位点可人为的控制；基因为多顺反子形式，可同时调控多个外源基因的表达；基因组拷贝数多，外源基因能高效地表达；母系遗传，外源基因扩散风险低；除糖基化外，可对表达蛋白进行其他加工修饰等优点。

（二）盐藻叶绿体的分离纯化

为了高效地运用叶绿体转化系统，获得盐藻完整叶绿体和纯度高、浓度大的盐藻 cpDNA 是至关重要的第一步。在进行盐藻叶绿体的分离前，对其大量高效的培养至关重要。需要一个合适的培养条件使细胞快速增殖，同时保持整个生长过程中叶绿体处于良好的形态（图 6-2）。也只有保持了叶绿体的良好生长状态，才可能分离到完整的叶绿体，进而抽提到高纯度的 cpDNA，构建叶绿体基因组文库。通过巢式 PCR 扩增到足够长度的同源片段，进而用于构建稳定的叶绿体转化体系，从而为实现叶绿体的稳定转化奠定坚实的实验基础。

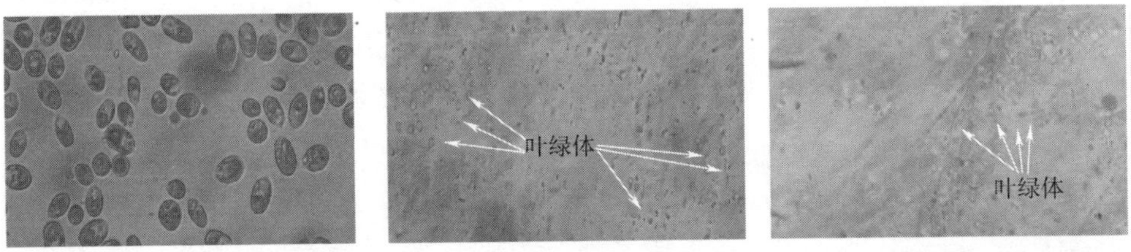

（1）油镜下完整的盐藻细胞（×1000）　（2）差速离心分离所得的盐藻完整叶绿体（×1000）　（3）蔗糖密度梯度分离所得的盐藻完整叶绿体（×1000）

图 6-2　盐藻细胞及完整叶绿体

很多方法用于破碎藻体以获得完整叶绿体粗提液，如匀浆法、超声破碎法、冻融法以及化学方法等。这些方法本身都属于比较剧烈的物理或化学提取过程，导致完整叶绿体的得率较低。提取植物 cpDNA 的传统方法有 $CsCl_2$ 梯度离心及 DNaseI 结合蔗糖梯度离心等，这些方法操作较烦琐，不易同时获得理想的得率和纯度。目前，使用率最高的是，运用高压来破碎盐藻细胞，随后使用蔗糖密度超速离心法或 Percoll 密度梯度离心法分离完整叶绿体，可提取到大量高纯度的 cpDNA。破碎细胞作为叶绿体粗提液，将粗提液加在蔗糖密度梯度上，水平转子离心。离心后小心吸取收集绿色条带，沉淀即为盐藻细胞的叶绿体部分，可使用液氮保存备用（曲东京，2008；贾岩龙，2008；潘远健，2016）。

在制备的新鲜完整叶绿体制品中加入 DNase 和 $MgCl_2$，并于冰上静置以去除来自核 DNA 的潜在污染。离心后的沉淀用 EDTA 充分悬浮并于水浴静置，加入裂解缓冲液后，于水浴静置。之后加入蛋白酶 K 充分悬浮并在水浴静置，最后冷却至室温。通过传统的蛋白酶 K- 酚 / 氯仿 / 异戊醇操作，达到 cpDNA 纯化作用。将不同批次提到的 cpDNA 与盐藻的总基因组 DNA 同时进行琼脂糖凝胶电泳，进行鉴定。利用提取叶绿体 DNA 作为模板，设计引物采用 PCR 法扩增获得 *ch1N* 目的基因片段。构建重组载体 pUC-ch1N1622-CAT 后，将载体转入 CCAP19/18 叶绿体中。在 300μg/mL 的选择压力下，野生藻在 7~8d 死亡，而转化藻则继续生长。PCR 扩增鉴定表明 CAT 基因已整合入 CCAP19/18 叶绿体基因组中（曲东京，2008；张汇征，2012）。

二、盐藻叶绿体基因组测序

（一）基因测序技术的发展

微藻的分类和种属鉴定是微藻研究的基础之一，传统的分类主要是通过微藻的形态特征和理化指标进行分类的。随着对微藻研究的深入，越来越多的新微藻被发现，仅靠形态特征已经无法完成对微藻的分类。随着分子生物学的发展，人们开始从基因组水平上对微藻进行指纹分析，即利用分子手段对微藻进行分类。由于相比于核基因组，叶绿体基因组相对比较保守。这引起了研究人员对叶绿体基因组分析来进行对物种系统发育的研究。同时，叶绿体作为植物、藻类和部分原核生物的“生产车间”,其基因组测定有助于功能基因组学的研究。

通过对叶绿体基因组学的研究与认识，增加了叶绿体基因组学应用。叶绿体基因测序成为破译基因组中遗传信息的重要方法，这有助于叶绿体基因组的开发应用。目前叶绿体基因测序的方法有：链终止法的基因测序技术，化学降解法进行基因测序，一代测序技术，二代测序技术以及三代测序。其中，与化学降解法相比，链终止法更加简单，操作也方便，后来的测序技术大部分也都是在此基础上进行发展。一代测序利用激光激发出的标记荧光进行基因测序毛细管电泳技术，随后发展成荧光自动化测序一直沿用至今。一代测序可用于叶绿体基因组测序。一代测序技术读长可达到 1000bp，准确率高达 99.99%，是测序的黄金标准。但一代测序具有一定的局限性，如通量低、成本高，不适用于大规模高通量的应用，因此不能满足如今大规模基因组学的发展需求。

以终止链测序法为代表的一代测序技术存在着明显的缺陷，因此人们不断开发比一代测序通量更高、成本更低的测序技术，孕育而生二代测序技术。焦磷酸测序法、聚合酶合成测序法、连接酶测序法、半导体芯片测序法，这四种测序法是目前主流的二代测序技术。虽然二代测序比一代测序速度更快，但由于大部分的二代测序都需要先进行 PCR 扩增，这使得扩增后的基因发生了相对频率与丰度的改变，也就造成了错误率的随之增加，对未知序列的首次测序的困难度也随之增加了。研究人员也在不断地开发新的基因测序技术，努力克服一代、二代测序技术存在的缺点。随之三代测序便应运而生。三代测序具有单分子检测的特点，无须 PCR 扩增，简化了文库构建。目前，三代测序主要有并行单分子合成测序法、纳米孔单分子测序法、单分子实时合成测序法、半导体测序法以及基于荧光共振能量传递测序法等。三代测序相比二代测序与一代测序具有长读长的优势，能缩短测序所耗时间。目前，三代测序技术的使用越来越多。以上所述的三代测序技术，已广泛应用于全基因组 denovo 测序、全基因组重测序、宏基因组测序和简化基因组测序研究等（梁皓辉，2020）。

（二）叶绿体基因的测序

研究人员通过对盐藻菌株 SQ 完整的叶绿体基因组的测序，得出基因组总长度为 243635bp，G+C 含量为 29.73%。包括两个倒置重复区（IR′s），每个长度为 17145bp，由 107815bp 的大单拷贝（LSC）区和 101527bp 的小单拷贝（SSC）区分开。该基因组包含 98 个基因，包括 66 个原蛋白编码的基因，29 个 tRNA 基因和 3 个 rRNA 基因；五个基因位于 IR 区（*rrns*、*rrnl*、*rrn5*、*trnA* 和 *trnI*）；八个基因含有内含子，一个有五个内含子（*psbA*），一个有四个内含子（*rrnL*），两个有两个内含子（*psbC* 和 *rrns*），三个含有一个内含子（*atpA*、*psaB* 和 *psbC*）。位于 LSC 区，其余三个外显子位于 SSC 区，在它们之间检测到两个内含子。这个完整的质体基因组可以用来阐明盐藻间细胞器基因组的遗传变异（Lopez，2005）。

三、盐藻叶绿体相关基因研究

（一）盐藻 ATP 合酶 α 亚单位基因

由于核转化的转基因植物涉及对环境的安全性问题，叶绿体转化技术也因为其众多优点，成为了一个研究热点。但目前面临一个共同的问题：所用载体必须含适于在叶绿体基因组中高效表达的启动子。研究人员通过对植物基因的研究，发现在植物叶绿体中表达 ATP 合成酶的 α 亚单位（*atpA*），其在进化过程中有高度的保守性，并且 *atpA* 基因簇（包括 *atpA*、*psbI*、*cemA* 和 *atpH* 四个基因）共用一个强启动子。

盐藻与衣藻具有很高的亲缘性，在分类学上和莱茵衣藻十分相似。在莱因衣藻中 *atpA* 基因簇共用一个启动子，这个强启动子位于 *atpA* 基因的上游，其可以作为叶绿体载体表达系统的必要元件。曾有研究人员采用莱因衣藻叶绿体 *atpA* 基因启动子作为盐藻叶绿体转化系统的启动子，虽然也有转录起始活性，但表达效率不高。若能把盐藻叶绿体自身的 *atpA* 强启动子克隆出来并用于其叶绿体表达载体无疑是最理想的（侯桂琴，2004a）。为研究位于 *atpA* 基因的上游强启动子，首先对盐藻叶绿体 *atpA* 基因片段进行克隆。根据近缘藻类 *atpA* 基因的氨基酸高度保守序列，通过设计简并引物，用 PCR 方法直接从叶绿体基因组中克隆 *atpA* 基因片段。使用印迹杂交（Southern blot）法证实了此基因片段来源于盐藻叶绿体，并由叶绿体编码合成。用 PCR 方法扩增得到盐藻叶绿体 *atpA* 部分核苷酸序列，为下一步启动子的克隆和盐藻高效叶绿体表达载体的构建提供理论依据（侯桂琴，2006；侯桂琴，2004b）。

为了对盐藻叶绿体 *atpA* 启动子的克隆，选用 *Dra* Ⅰ、*EcoR* Ⅴ、*Pvu* Ⅱ、*Sca* Ⅰ，*Sma* Ⅰ和 *Stu* Ⅰ六种内切酶消化盐藻叶绿体基因组 DNA，与相应 DNA 接头连接，构建成无载体连接的盐藻叶绿体基因组步行 DNA 文库。利用长距离聚合酶键式反应（long distance-polymerase chain reaction，LD-PCR）技术从该文库中克隆得到 ATP 合酶 α 亚单位基因上游序列。启动子特征分析显示该序列具有一般启动子的保守序列特征。根据这些特征设计引物，扩增 5′ 端系列缺失的启动子片段，并用绿色荧光蛋白基因作为报告基因，构建启动子 5′ 端系列缺失重组质粒，以期鉴定不同启动子片段的驱动报告基因转录的活性。基因枪转化结果显示，启动子长度约 1000bp 的重组载体转化盐藻后，其转化株中有黄绿色的盐藻细胞出现。说明克隆的序列具有启动子活性，能驱动绿色荧光蛋白基因在盐藻中有效表达，为建立盐藻叶绿体转化系统奠定了基础（谷辉辉，2011）。

（二）盐藻叶绿素合成酶基因

叶绿素是植物进行光合作用的主要色素，是一类含脂的色素家族，位于类囊体膜，在光合作用的光吸收中起核心作用。叶绿素合成过程中，叶绿素合成酶具有重要作用。叶绿素合成酶是定位于类囊体的酯化酶，其中叶绿素 a 加氧酶在光照变化过程中有明显的作用。为阐明光照强度对叶绿素合成和调节光合作用的机制，分析盐藻中多种叶绿素合成酶基因和捕光叶绿素 a/b 结合蛋白复合物 b（Lhcb）基因的表达调控，得出叶绿素 a 加氧酶（CAO）基因响应光照强度的变化。结果显示其 mRNA 水平和变化动力学与 Lhcb 基因相似。磷脂酶 C 激活 Ca^{2+} 释放，并激活胞浆信号转导途径中特定的 Ca^{2+}/CaM 依赖性蛋白激酶。随着光照强度降低，CAO 和 Lhcb 平均转录速率被诱导之前的 6 倍，并在偏移一定时间内达到较高的稳态水平。同时伴随着光损伤的 PS Ⅱ反应中心的修复，以及叶绿素 a 和叶绿素 b 的积累，PS Ⅰ采光复合体和叶绿素尺寸增大（Masuda，2003；Tatsuru，2002）。

四、盐藻叶绿体系统的转化研究

（一）叶绿体系统转化的基础工作

在分离大量完整的盐藻叶绿体基础上，通过优化得到足量的高纯度 cpDNA。并从构建的盐藻叶绿体基因组步行文库中成功扩增得到用于叶绿体遗传转化的同源片段，从而达到构建叶绿体转化载体的条件（曲东京，2007）。叶绿体转化载体的构建，包括启动子、终止子，重组空载体碱基序列的上游同源臂和下游同源臂。同源臂之间插入与至少一个外源基因构成多顺反子结构，将外源基因导入盐藻细胞，经培养筛选获得转基因盐藻。通过构建载体，盐藻叶绿体稳定表达系统，可实现多个外源基因在叶绿体中稳定表达（崔玉琳，2019）。

（二）筛选标记及报告基因在叶绿体的表达

构建稳定的叶绿体表达载体对建立盐藻叶绿体转化体系至关重要。在构建载体后，进行目标藻株的筛选也是关键一步。其筛选方法：将含外源选择标记基因的质粒载体转入盐藻叶绿体，利用对各类抗生素的敏感性进行筛选目标藻株。*chlN* 基因与 *chlL*、*chlB* 基因共同编码光非依赖性的原叶绿素酸酯还原酶（DPOR）。该酶广泛存在于以叶绿素为光合色素的生物中，主要参与黑暗条件下叶绿素的合成。三个基因任何一个被破坏都会阻断黑暗条件下叶绿素的合成，但 DPOR 的阻断不影响转化藻株的正常生长。盐藻还可以通过光依赖性的原叶绿素酸酯还原酶（LPOR）合成叶绿素，保证正常生长。因此有研究选用 *chlN* 基因及其上下游序列共 4kb 为同源片段，以氯霉素乙酰转移酶基因 CAT 和除草剂草丁膦（PPT）抗性基因 *bar* 为选择标记，以 *aptA* 基因的启动子和 *rbcL* 基因的终止子为调控元件，构建盐藻叶绿体转化载体 pchlN-CAT-BAR。将含两个外源选择标记基因的质粒载体转化盐藻后，将外源基因定点整合入叶绿体基因组 *chlN* 位点。以 CAT 基因作为主要筛选标记基因，*bar* 基因作辅助筛选标记基因，用氯霉素、草铵膦（PPT）筛选转化藻株。筛选的转化藻株经氮气高压细胞破碎仪破碎，超速蔗糖密度梯度离心法提取完整叶绿体。经 SDS 碱裂解法裂解叶绿体提取转化藻叶绿体基因组，设计特异性引物 PCR 扩增鉴定 CAT 基因及 *bar* 基因转化整合情况，可实现对目标藻株的筛选（曾磊，2010）。

在对水稻叶绿体研究过程中，克隆了一系列构建水稻叶绿体双反子特异位点整合表达载体的元件，包括 *trnl-trnA*（水稻叶绿体同源重组片段）、*Prrn*（16S rRNA 操纵子启动子）、*PpsbA*（叶绿体 *psbA* 基因的 3′ 非翻译区）、*hptll* 基因（编码潮霉素磷转移酶）和 *EGFP* 基因（编码增强绿色荧光蛋白）。构建水稻叶绿体双反转录表达载体 pCTE04，然后将 pCTE04 导入盐藻叶绿体。在立体荧光显微镜下观察到一些轰击过的盐藻细胞叶绿体中存在较强的绿色荧光，得出 pCTE04 可以在盐藻叶绿体中瞬时表达，以达到对目标藻株的筛选（Li，2011）。

在各类藻株筛选中，对抗生素敏感性也是筛选目标藻株的常用指标。选取 *ch1N* 基因作为同源片段，以 *aptA* 基因的启动子和 *rbcL* 基因的终止子为调控元件，以 CAT 为筛选标记，构建了盐藻叶绿体表达载体 pch1N1622-CAT。在一定条件下通过电击法转入野生型盐藻中。为实现叶绿体的稳定转化。必须有适宜的选择压力，有效地杀死未转入外源基因和未有效整合的藻株，并使转入整合的外源基因顺利地实现同质化。针对盐藻 CCAP19/18，对各类常用抗生素的敏感性进行了筛选。对其敏感的氯霉素进行了粗筛和细选，最终得出 CCAP19/18 叶绿体转化的氯霉素选择浓度为 300μg/mL。最终，通过电击法将载体 pUC-ch1N1622-CAT 转入 CCAP19/18 叶绿体中。在 300μg/mL 的选择压力下，野生藻在 7~8d 死亡，而转化藻则继续生长。PCR 结果表明 CAT 基因已整合入盐藻叶绿体基因组中，这样可筛选对抗生素敏感的藻株（潘卫东，2004；张汇征，2012）。

（三）外源性基因在盐藻叶绿体的表达情况

采用 RT-PCR 的方法，获得含有人血管抑制素（canstatin）的 cDNA 外源基因片段。分别在 5′ UTR 下游和 3′ UTR 上游添加了翻译增强序列（UUAACUUUA）的人血管抑制素 cDNA 片段，分别连接到 PMD18-T 载体上。用 *PaeR7* *I*、*Sph* *I* 双酶切 Lux Ct 质粒，得到 2100bp 和 10000bp 的 2 条片段。然后，将大片段回收后分别与上一步得到的 cDNA 片段进行连接。酶切鉴定结果显示含有翻译增强序列的人血管抑制素片段成功插入到 Lux Ct 质粒中，成功构建了含有翻译增强序列的人血管抑制素盐藻叶绿体重组表达载体，为盐藻叶绿体的转化奠定了工作基础（李一帆，2013）。

（四）其他盐藻叶绿体相关基因

1. 叶绿体 chll 基因

根据衣藻、小球藻等绿藻叶绿体 *chlL* 基因序列，利用软件分析找出其高度保守区。据此设计引物，PCR 扩增盐藻叶绿体 *chlL* 基因序列。得出所克隆的序列与四种绿藻——莱茵衣藻、小球藻、绿肾藻和单细胞轮藻（*Mesostigma viride*）的 DNA 序列同源性分别为 75.6%、76.7%、71.8% 和 76.7%；而所编码蛋白质的氨基酸序列同源性分别为 89.1%、89.1%、85.2% 和 90.9%（潘卫东，2005）。

2. 对光合色素影响的基因

在氮充足（NS）和氮限制（NL）条件下，盐藻中 1- 脱氧果糖 -5- 磷酸合成酶（DXS）和植物烯合成酶（PSY）的 mRNA 表达。在 NS 条件下，盐藻生长比在 NL 条件下快 2.5 倍。单细胞叶绿素 a 含量和总类胡萝卜素含量在 NS 处理和 NL 处理下无显著差异，分别为 5.33pg/L 和 7.76pg/L。DXS 转录物在 NL 条件下表达减弱，在两种处理下的第 15 天达到峰值。同时，PSY 转录物在两种条件下都表现出稳定的表达。因此，DXS 和 PSY 基因在色素积累过程中对光合色素的平衡起着重要作用（Sánchez-Estudillo，2006）。

第五节　盐藻的分子生物学应用研究

盐藻的营养成分极其丰富，除天然胡萝卜素、盐藻多糖外，还有天然维生素 E、叶酸等，是开发功能食品的优质原料。转基因植物作为生物反应器生产外源物质已成为基因工程领域的研究热点之一。盐藻为单细胞真核生物，无细胞壁，细胞内有一个大的叶绿体，易于遗传操作，有利于外源基因的转化，不会对环境造成危害。因而盐藻作为新型生物反应器生产外源蛋白质具有培养条件简单、生长快、培养周期短、经济廉价、易于工业化生产、简单有效、安全可靠等独特的优点，被认为是基因工程领域的一种新型的表达系统。盐藻用来生产药用蛋白或口服疫苗，应用前景广阔，日益受到人们的瞩目（谢华，

2004）。

为充分高效地利用盐藻细胞，很多先进的分子生物技术均应用到盐藻的研究中。利用转基因技术方法，将外源目的基因导入盐藻，并通过筛选标记建立转基因盐藻株，以此制备或生产目的基因产物。另外基因编辑技术也是应用于盐藻研究中的重要手段之一。随着分子生物学技术的发展，针对盐藻的开发必将深入，盐藻培养技术、活性物质高效提取、基因工程将是当前的研究热点领域（薛乐勋，2005；尹卫强，2013）。

一、不同物种的育种研究

（一）盐藻新藻株的开发

1. 原生质体融合法

为了获得对青霉素和红霉素耐药性的藻株，用果胶酶和纤维素酶诱导紫球藻（*Porphyridium cruentum*）、巴氏杜氏藻（*Dunaliella bardawil*）、盐藻的真原生质体。采用聚乙二醇处理融合紫球藻和盐藻原生质体，然后在选择培养基上进行筛选培养。在紫球藻、巴氏杜氏藻和盐藻之间产生了本质上为紫球藻属的融合子。前者耐受盐度为3.5mol/L，后者耐受盐度为2.5mol/L，表明它们是杂交株，获得了盐藻的渗透耐受性。从紫球藻和盐藻原生质体融合中分离出一个杜氏藻样克隆，该克隆改变了抗生素敏感性。对青霉素和红霉素获得性耐药性似乎是从紫球藻遗传转移的结果（Lee，1988）。

2. 诱导突变法

在盐藻新藻株的开发过程中，诱导突变的方法占重要地位。在研究过程中，植物中的硝酸盐还原酶作为限速酶，催化硝酸盐还原为亚硝酸盐。这一过程在氮代谢中处于关键地位，对植物生长发育、产量形成有重要影响。为了获得盐藻硝酸盐还原酶突变株使用诱导突变的方法。将盐藻经乙基亚硝基脲（ENU）诱变后，利用氯酸盐抗性筛选方法获得氯酸盐抗性藻株。经复筛和不同氮源生长实验，获得NR缺陷型突变藻株。用磺胺比色法测定酶反应生成的亚硝酸盐（NO_2^-）的浓度，从而计算出盐藻NR活性，作出初步鉴定（贾岩龙，2005）。

3. 基因工程制备法

随着基因工程的发展，基因工程在获取新的盐藻藻株中，得到了更多的应用。例如：利用基因工程，实现虾青素在盐藻中积累；通过基因工程构建番茄红素、β-胡萝卜素、链孢红素等物质高产工程菌。编码光裂合酶的多核苷酸有多种用途，其用于改善植物耐盐性和抗紫外线性的方法。为了运用此酶的优点，通过研究盐藻光裂合酶及其编码序列，研究出一种新的耐盐相关蛋白 - 盐藻（6-4）光裂合酶。运用基因工程技术，将盐藻（6-4）光裂合酶基因 Ds64PHR 的编码序列构建到表达载体 pET32a，将构建好的表达载体转入 *E.coli*。在含有氨苄青霉素的 LB 平板上涂布相同数量的大肠杆菌，改变紫外线辐射强度、光照修复时间，统计最终的菌株存活率。通过检测发现，表达盐藻（6-4）光裂合酶的菌株有较好的耐盐性和 DNA 修复活性，因此有更好的耐盐和抗紫外线功能（Srinivasan，2017；曹毅，2005a；张庆莲，2005）。

（1）虾青素高产藻株　通过基因工程的方法，基于盐藻代谢途径构建雨生红球藻 BKT 的产虾青素工程株。该工程菌以盐藻为材料，通过插入雨生红球藻 *β*-胡萝卜素酮化酶（BKT），使 BKT 在该重组藻细胞内稳定表达，可实现盐藻由 *β*-胡萝卜素到虾青素的转化，进一步实现虾青素在盐藻中的积累，为天然虾青素的生产开辟了新的途径（姜建国，2010）。同样，通过基因工程，构建夏侧金盏花 *CBFD* 与 *HBFD* 的产虾青素工程株，实现盐藻虾青素积累。通过插入外源基因 - 夏侧金盏花虾青素合成相关基因 *CBFD* 与 *HBFD*，使 *CBFD* 与 *HBFD* 在该重组藻细胞内稳定表达，可实现盐藻由 *β*- 胡萝卜素到虾青素的转化，进一步实现虾青素在盐藻中的积累（姜建国，2020）。

（2）高产番茄红素的藻株　为了研发高产番茄红素的藻株，通过基因工程，基于杜氏藻代谢途径，构建番茄红素高产工程菌，研发和应用一种类胡萝卜素异构酶 crtiso，实现了利用来自杜氏藻的类胡萝卜素途径的基因来构建工程菌。当杜氏藻为杜氏巴氏藻或盐藻时，番茄红素高产工程菌的番茄红素的产率为 2mg/g 细胞干重或 3.8mg/g 细胞干重。采用的载体的启动子都是 T7 启动子，包含 lacZ 调控元件，其在异丙基 -*β*-D- 硫代半乳糖苷（IPTG）作用的大肠杆菌 BL21 中能够高表达，这有利于番茄红素的大量积累，可用于实际应用生产（姜建国，2021a）。

（3）*β*- 胡萝卜素高产藻株　为了提高 *β*- 胡萝卜素的产量，利用来自杜氏藻（如杜氏巴氏藻或盐藻）的类胡萝卜素途径的基因，构建出高产 *β*- 胡萝卜素的工程菌。当杜氏藻为杜氏巴氏藻时，*β*- 胡萝卜素高产工程菌的 *β*- 胡萝卜素的产率为 2.7mg/g（细胞干重）；当杜氏藻为盐藻时，*β*- 胡萝卜素高产工程菌的 *β*-胡萝卜素的产率为 3.3mg/g（细胞干重）。采用的载体的启动子都是 T7 启动子，包含 lacZ 调控元件，其在 IPTG 作用的大肠杆菌 BL21（DE3）中能够高表达，这有利于 *β*- 胡萝卜素的大量积累，可用于生产应用。另一种构建方法是从盐藻中获取相关基因的 cDNA，获取巴氏杜氏藻 *Psy* 启动子。同时获取 p15A 复制起始位点和氯霉素抗性基因，随后构建质粒 pDscrtB。质粒 pDscrtB 转化大肠杆菌 DH5α 后获得 β- 胡萝卜素工程菌。该菌株呈橙黄色，利用盐藻的八氢番茄红素合成酶、八氢番茄红素脱氢酶、ζ- 胡萝卜素脱氢酶和番茄红素 β 环化酶来合成 β- 胡萝卜素。该菌株在 2YT 培养基下 37℃摇床培养 24h，β- 胡萝卜素的产率为 2.6~3.2mg/g（细胞干重），实现了新藻株对 β- 胡萝卜素的高产（姜建国，2012；姜建国，2021b）。

（4）链孢红素高产藻株　链孢红素是类胡萝卜素家族的成员，是一类重要的天然色素，普遍存在于动物、高等植物、真菌、藻类的黄色、橙红色或红色的色素之中，具有抗氧化、免疫调节、抗癌、延缓衰老等功效。为了提高链孢红素在盐藻中的产量，将来自杜氏藻（如杜氏巴氏藻或盐藻）的类胡萝卜素途径的基因来构建工程菌。当杜氏藻为杜氏巴氏藻时，链孢红素高产工程株的链孢红素的产率为 2.4mg/g（细胞干重）；当杜氏藻为盐藻时，链孢红素高产工程菌的链孢红素的产率为 3.1mg/g（细胞干重）。

（5）耐盐的新藻株　盐碱化是影响植物生长的最重要的环境压力之一，其严重影响了农作物的产量和生产力。大量研究得出转基因植物中活性氧清除因子的过量表达，或具有更高活性氧清除功能的突变体对环境胁迫，具有更强的耐受性。通过对盐藻硫氧还蛋白基因 *DvTRX* 的核苷酸序列及其编码蛋白的研究，得出硫氧还蛋白基因 *DvTRX* 在提高生物耐盐能力和在改良农作物性状中起到了良好的作用。因此研究人员通过基因工程研发新的藻株，从盐藻中分离到硫氧还蛋白基因 *DvTRX*，并转化酵母细胞，验证该基因具有耐盐功能。新藻株具有耐盐功能的基因、其编码蛋白，使该基因得到广泛应用，从而增加改良农作物性状的应用价值（宋任涛，2013）。

（6）异养藻株的培育　近些年来，对盐藻的研究除了集中在耐盐和光合作用机制，转基因盐藻的研究也越来越受到广大科研工作者的重视。与微生物、哺乳动物细胞、植物生物反应器相比，盐藻作为反应器具有：单细胞生物，遗传操作简单，不存在不同组织基因差异表达导致的外源基因沉默问题；培养简单，不易污染；表达产物较易纯化且纯化过程简单等优点，因此利用盐藻作为宿主表达外源基因具有明显的优越性和前沿性。通过构建盐藻组成和诱导型的异养表达载体，进行异养转化藻株的筛选。以 RT-PCR 技术克隆人体细胞葡萄糖转运基因（*Glut1*），构建通过诱导型双拷贝碳酸酐酶启动子（DCA）驱动

Glut1 表达的中间载体，并与 *bar* 盒连接形成诱导型异养表达载体（pMDDGN-bar）。通过去除 puQGus 质粒中 *GUS* 基因构建 G5Glut1-bar 组成型异养表达载体，并将其大片段载体与 *Glut1* 基因连接构建 G5Glut1-bar 组成型异养表达载体。转化盐藻后使得 *Glut1* 表达获得具有草铵膦（PPT）抗性的转化盐藻，并获取其总 RNA 将其克隆得到 1479bp 的 *Glut1* 序列。通过电泳检测发现在转化株 250bp 附近位置处有特殊的扩增条带。利用 Blast 同源性分析，人 *Glut1* 基因与该显示序列具有 100% 的同源性。通过以上方法实现运用基因工程构建异养表达载体以及异样转化藻株的培育（陈涛，2009）。

（二）盐藻用于其他物种耐盐株的开发

1. 拟南芥耐盐株的开发

高盐、低温、干旱是引起全球范围内农作物产量下降的主要原因，而多数农作物抗胁迫能力不强。因此，将基因工程手段引入外源抗逆基因，既可以调节植物代谢，还可以增强植物的抵抗能力。利用盐藻克隆到的海藻糖 -6- 磷酸合酶（DvTPSP）基因，进行植物基因工程的研究。结果表明 DvTPSP 基因具有广谱抗逆功能，在高等植物拟南芥中表达，并显著提高该植物对多种非生物胁迫的耐受性。该基因是具有重要基因工程应用价值的功能基因，在水稻和玉米等农作物中得以应用，有望提高农作物的抗逆能力，稳定粮食生产（罗塞凡，2007）。

2. 棉花耐盐株的开发

目前盐碱地面积日益扩大，改良和培育耐盐碱的作物，有效开发利用盐碱地已成为世界性研究课题。棉花是典型的耐盐碱的先锋作物，但是目前生产上推广的耐盐棉花品种仍比较缺乏。挖掘耐盐基因，通过转基因技术改良棉花的耐盐能力，培育棉花耐盐品种显得尤为重要。有研究以海带配子体和盐藻为实验材料，通过 NCBI 核酸数据库筛选到两个耐盐相关基因完整序列信息，分别是海带的碳酸酐酶（CA）基因和盐藻的甘油醛 -3- 磷酸脱氢酶（GAPDH）基因。利用 RT-PCR 技术克隆了耐盐相关基因的 ORF 全长，其中海带 CA 基因完整开放阅读框 873bp，编码 290 个氨基酸；盐藻 GAPDH 基因完整开放阅读框 1131bp，编码 376 个氨基酸。生物信息学分析显示，CA 与盐藻的进化距离最近。GAPDH 基因编码蛋白与拟南芥、蒺藜苜蓿、玉米和葡萄的同源性达到 90%、92%、96% 和 97%，GAPDH 与团藻的进化距离较近。利用绿色荧光蛋白（GFP）对其基因进行亚细胞定位，构建绿色荧光融合表达载体（pBI121-CA：GFP 和

pBI121-GAPDH：GFP）。基因枪转化洋葱内表皮细胞，发现CA基因编码蛋白定位于细胞核膜上，GAPDH基因编码蛋白定位于细胞膜上。检测了26种棉花材料花粉的自发绿色荧光现象，并进行了花粉瞬时表达分析和大田棉花活体转化。对收获的T0代部分种子进行了耐盐性筛选和分子检测，结果显示阳性植株的耐盐性有了显著提高（孔静静，2013）。

将从陆地棉中克隆的无机焦磷酸酶基因（*GhVP*）、*S*-腺苷甲硫氨酸合成酶基因（*SAMS*）、质体转录活性因子基因（*GhPTAC*）、*N*-乙酰氨基葡萄糖转移酶基因（*GnT*）、硫氧还蛋白基因（*GhTrx*）、谷胱甘肽还原酶基因（*GhGR*）、海带的碳酸酐酶基因（*CA*）、盐藻中克隆的甘油醛-3-磷酸脱氢酶基因（*GAPDH*）等抗逆基因转化到陆地棉4个材料中，对收获的T0代植株进行了分子检测，可检测到3株阳性植株，从而实现棉花耐盐性的提高（王德龙，2013）。

3. 苜蓿耐盐株的开发

将已获得的盐藻硝酸盐转运蛋白基因（*DsNRT2.1*）转入苜蓿中，提高苜蓿在盐碱环境下对NO_3^-的吸收能力，最终选育出适合盐碱地生长的高NO_3^-吸收利用率的转基因苜蓿新品种。新藻株的培育研究的主要内容包括，对盐藻存在两条硝酸盐转运系统。它们分别负责高硝酸盐和低硝酸盐的转运，盐藻对于硝酸钠吸收效率随着其浓度的增加而增加。在低硝酸盐浓度下，0.2mmol/L的吸收效率比0.5mmol/L高，10mmol/L的NH_4^+可以抑制硝酸盐的吸收。克隆获得的盐藻*DsNRT2.1*基因编码一条高亲和性的硝酸盐转运蛋白，在低硝酸盐（0.2mmol/L）时，*DsNRT2.1*基因的表达最强。在高硝酸盐（10mmol/L）或硝酸铵存在时，*DsNRT2.1*基因基本不表达。通过构建植物表达载体pCAMBIA2301G-DsNRT2.1，并将其转入根癌农杆菌EHA105中，通过农杆菌浸染苜蓿的叶片，获得转基因无菌苗36棵，转化效率为20%左右。完成了转基因苗的PCR和Southern杂交等分子生物学检测，有25%的再生苗为PCR阳性。通过Southern杂交分析，证实*DsNRT2.1*基因已整合入苜蓿的基因组中，并存在不同的拷贝数。通过以上过程可以进行转基因苜蓿的耐盐性鉴定和选育耐盐苜蓿（李音，2004）。

利用基因工程也可选育抗旱耐盐苜蓿新品种。在克隆获得盐藻具有调节渗透功能的3-磷酸甘油脱氢酶（DsGPD）基因的基础上，应用DsGPD进行苜蓿抗旱耐盐基因工程改造，选育抗旱耐盐苜蓿新品种。这将对于盐碱化土地的改造和治理，扩大优质豆科牧草苜蓿种植面积发挥极其重要的作用。采用农杆菌介导的方法进行DsGPD基因的苜蓿转化。根癌农杆菌浸染苜蓿外植体后，三个月左右胚状体萌发再生芽。通过诱导生根获得完整植株，最后将再生苗成功移过诱导生根获得完整植株。最后将再生苗成功移栽到蛭石：沙(1：1,质量比）的培养介质中培养，进行转基因植株的分子检测。获得了转DsGPD基因苜蓿植株102株，经PCR检测有21%的再生苗为阳性。以上方法为基因工程功能研究及提高苜蓿在盐环境下的耐盐性奠定基础（张华，2004）。

4. 烟草耐盐株的开发

盐藻之所以能耐受盐逆境与其细胞内具有一套独特的渗透压调节机制和β-胡萝卜素合成途径有关。利用传统的基因工程方法，利用其耐盐机制来开发烟草耐盐株。利用同源克隆的方法，从盐藻中顺利克隆到一条250bp的cDNA片段，测序分析得出其同巴氏杜氏藻的*cbr*基因有67%的同源性。然后以该片段为基础，利用RACE技术构建了其全长序列。然后对盐藻进行渗透震扰，利用半定量RT-PCR技术分析了渗透震扰对cbr基因表达的影响。结果表明高渗和低渗震扰对*cbr*基因表达的影响明显不同。通过构建中间载体pCAMBIA2301G-cbr，将该质粒导入根癌农杆菌EHA105。通过叶盘法转化烟草，烟草叶盘经农杆菌浸染后，在含卡那霉素的MS_2诱导培养基上生长。最后将PCR检测的阳性苗成功移栽到蛭石：沙（1：1，质量比）的培养介质中培养。对转基因苗进行分子生物学检测，结果显示有27%的再生苗为PCR阳性。Southern Blot杂交分析发现，*cbr*基因已整合入烟草的基因组中，部分PCR阳性苗Southern Blot杂交结果却是阴性。通过RT-PCR分析结果显示，所选的三棵阳性苗均能扩增出相应条带，说明*cbr*基因已经转录生成mRNA，从而实现烟草耐盐株的开发（郑鸣，2003）。

（三）盐藻耐盐性相关基因的应用

1. 盐藻烯醇酶基因

盐藻烯醇酶是一种高盐适应酶，在其活性最高时，盐藻生长最快。为了有效地、针对性地改善植物品种的耐盐性，研究盐藻烯醇酶及其编码序列。通过编码烯醇酶的多核苷酸和经重组技术产生这种烯醇酶，可用于改善植物耐盐性。开发了新的藻株，提供了一种新的耐盐相关蛋白——盐藻烯醇酶。随着盐藻烯醇酶活性的增强，盐藻细胞叶绿素和蛋白质积累增多，盐藻细胞的生长速度加快，细胞密度提高（曹毅，2005b；郭金耀，2016）。

2. 3-磷酸甘油脱氢酶

盐藻细胞内的主要调渗物质是甘油，在甘油代谢途径中，3-磷酸甘油脱氢酶是一个关键酶。研究表明盐藻细胞质和叶绿体中都存在 3- 磷酸甘油脱氢酶的同工酶，且叶绿体上的同工酶与渗透调节作用直接相关。通过对盐藻 3- 磷酸甘油脱氢酶及其编码序列研究，可用于改善植物耐盐性（张庆莲，2005；曹毅，2005c）。

3. 盐藻硝酸盐转运蛋白

植物硝酸盐转运蛋白要担负着硝酸离子吸收、转运的功能，还参与植物诸多生理发育过程。其中，硝酸盐转运蛋白参与非生物逆境胁迫响应，因此盐藻硝酸盐转运蛋白为新的藻株培育提供一种新的盐藻耐盐相关蛋白。研究硝酸盐转运蛋白的编码序列可用于改善植物耐盐性，可有效地利用盐碱化而无法有效利用的土地资源（曹毅，2003）。

4. UDP- 葡萄糖脱氢酶

通过研究新的耐盐相关蛋白——盐藻 UDP- 葡萄糖脱氢酶，经重组技术产生 UDP- 葡萄糖脱氢酶法。编码这种 UDP- 葡萄糖脱氢酶的多核苷酸以及 UDP- 葡萄糖脱氢酶用于改善植物耐盐性的用途。纯化的 UDP- 葡萄糖脱氢酶基因产物或者其具有抗原性的片段，可被施用于动物以诱导多克隆抗体的产生（唐克轩，2003）。

二、盐藻在动物疾病领域的应用

动物疫苗的制备

1. 白斑综合征病毒亚单位疫苗的研究

为了解决白斑综合征病毒（WSSV）对养殖业的影响，研究人员研发了 WSSV 亚单位疫苗。虽然 WSSV 亚单位疫苗能明显增强对虾的免疫应答作用，使宿主受益，但由于存在的表达系统缺陷，目前尚不能得到实际应用。通过构建转基因盐藻，导入 WSSV VP28 基因生产新型口服 WSSV 亚单位疫苗。动物接种实验表明，转基因盐藻通过口服给药对虾产生保护作用，保护率为 65%。利用转基因盐藻作为口服疫苗用于保护对虾免受 WSSV 感染（Feng，2014）。该重组疫苗的设计巧妙地利用了虾、WSSV 和盐藻细胞三者之间的天然联系：WSSV 感染虾、虾以盐藻为饵料、盐藻细胞又是一个绿色的表达系统，能够表达生产外源蛋白质。为了进一步提高口服疫苗的免疫效果，将病毒囊膜蛋白进行融合表达，即 VP28+VP19，提高对虾体的免疫保护作用，有效保护率近 70%。以此可制备得到的转基因藻株口服疫苗，重组蛋白不需要提取，直接作为活体疫苗投喂虾体，操作方便，成本低，安全无毒，免疫效果强（冯书营，2014a）。

2. 禽流感疫苗或细胞因子的制备

由于禽流感病毒的入侵，让养殖业受到严重打击。为此研发了一种转基因盐藻制备口服型禽流感疫苗的方法。即将盐藻自身的调控元件引入并构建含有禽流感病毒血凝素（HA）、神经氨酸酶（NA）重组基因的双元表达载体，然后转化盐藻，经筛选和鉴定，确定高表达重组 C3d-H5N1 融合蛋白的盐藻转化藻株。再通过稳定表达 C3d-H5N1 融合蛋白转化藻株的放大和大规模开放培养，离心收集藻细胞，冷冻干燥，无菌条件下分装、制备成口服型禽流感疫苗胶囊。使用此方法制备的盐藻转化藻株，可供开放培养，因此产量高、成本低，从而实现转基因盐藻制备口服型动物禽流感疫苗的规模化生产，满足市场需求（薛乐勋，2012）。

为了防治禽类病毒的传播，成功制备了一种禽用融合型口服干扰素表达藻体。利用禽类干扰素 α、γ 基因保守序列为基础，将具有较强抗病毒作用的干扰素 α 基因和能够提高机体免疫力、增强机体体质的干扰素 γ 基因融合表达，表达的 $\alpha+\gamma$ 融合干扰素兼有二者协同功能。同时，利用盐藻生物反应器作为表达系统，该系统除能表达外源基因外，盐藻自身的营养丰富、无毒无害等优点也得以利用。制备得到“一株多用”的基因藻株，应用该转基因藻株制备出的禽用融合型口服干扰素表达藻体。可应用于禽类病毒性疾病的预防或治疗、禽类养殖业和相关饲料加工业等领域，效果好且绿色环保、成本低廉（冯书营，2014b）。

三、盐藻在人类医学领域的应用

（一）盐藻在肿瘤防治中的应用

近年来，盐藻在肿瘤防治的研究中运用越来越多，其实现方法也越来越多。可通过研究盐藻胞外多糖，来实现抗肿瘤活性及其机制的研究；通过化学偶联技术构建了基于盐藻外泌体的靶向药物递送系统，实现靶向治疗；通过 LKB1-AMPK-mTOR 途径可能实现 *Prdx1* 对纤毛和食管鳞癌发生的调控；通过研究盐藻 14-3-3 基因，发现其可能在 EC9706 细胞凋亡过程中发挥了抑制作用；利用转基因盐藻成功制备具有抗血管生成活性的重组人血管抑素等。这些研究充分运用盐藻的特点，使其优势在肿瘤防治研究中充分发挥。

1. 盐藻胞外多糖抗肿瘤活性及其机制的研究

海藻多糖是海藻中最重要的药理活性物质之一，已成为肿瘤治疗中新的药物资源。然而，大多数微藻多糖的抗癌机制尚待阐明。研究盐藻胞外多糖（DsEPS）的抗肿瘤机制，利用转录组分析揭示其抗肿瘤活性作用机制。得出盐藻胞外多糖可抑制宫颈癌细胞增殖，降低细胞活力，改变细胞形态。随着盐藻胞外多糖浓度的增加，盐藻胞外多糖对宫颈癌细胞的抑制越来越强，但在一定时间内（72h）随着作用时间的延长，并没有显著提升胞外多糖对宫颈癌细胞的抑制率（钟闰，2020）。

2. 盐藻外泌体的靶向药物递送系统

为提高肿瘤患者治疗效果，miRNA 的出现为解决这个难题提供了新的突破口。miRNA 通过调节细胞分化、细胞增殖和细胞凋亡等扮演着原癌基因或抑癌基因的角色。利用天然单细胞藻类 - 盐藻进行外泌体的规模化制备，其作为一种有效的药物递送工具（图 6-3）。和其他已知的药物递送系统相比，其具有生物相容性好、无免疫排斥等优点。利用食管癌细胞对精氨酰 - 甘氨酰 - 天冬氨酸（RGD）多肽高亲和力的特性，构建高表达靶向食管癌细胞的外泌体，然后装载治疗性 miR-375 和 DOX①，以实现靶向食管癌的药物共递送和联合治疗。通过化学偶联技术构建了基于盐藻外泌体的靶向药物递送系统，并在细胞和动物层面证明了该递送系统具有肿瘤特异靶向性和良好的生物相容性。研究得出 miR-375 通过抑制细胞周期相关蛋白而实现与 DOX 协同增效的抑瘤效果。同时得出可通过化学偶联技术构建基于盐藻外泌体的靶向药物递送系统，来实现抗肿瘤的治疗（史浩，2020）。

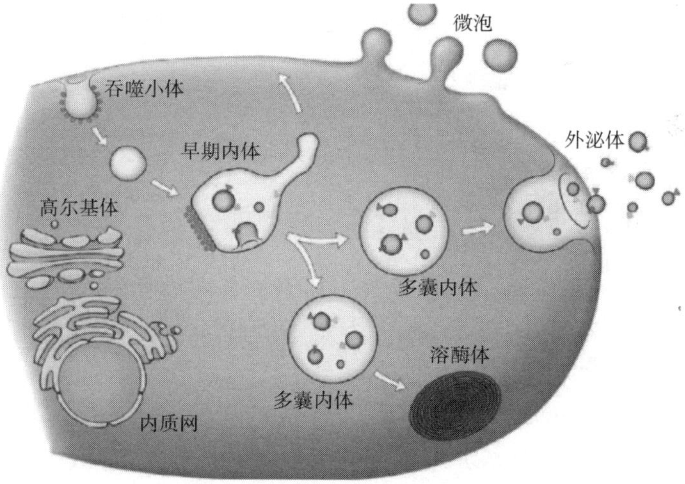

图 6-3　外泌体形成及分泌机制示意图

① DOX：多西他赛+奥沙利铂+希罗达。

3. *Prdx1* 在鞭毛 / 纤毛解聚及食管癌发生发展中的作用

鞭毛解聚相关基因（*Prdx1*）最早是作为增强自然杀伤细胞活性的因子和细胞内氧自由基“清道夫”被鉴定出来的。最近研究表明 *Prdx1* 在肿瘤发生发展中的功能尚存争议。*Prdx1* 曾经被认为是抑癌基因，主要原因是其能够结合并抑制两个主要的癌蛋白 c-Abl 和 c-Myc 的表达。另外 *Prdx1* 抑制肿瘤发生是通过保护抑癌基因 *PTEN* 免受氧化作用诱导失活。但是，越来越多的证据显示，*Prdx1* 在肿瘤发生过程中发挥重要功能，主要是其在许多肿瘤发生过程中高表达或表达上调，如在肺癌、结肠癌、口腔癌和食管鳞癌，并被视为是肿瘤的一个潜在癌症诊断的标志物和治疗靶点。

利用盐藻的优点，通过构建盐藻鞭毛解聚相关基因以抑制消减杂交 cDNA 文库，并对盐藻 *DsPrdx1* 基因 cDNA 进行克隆和原核表达。对其 *Prdx1* 的多克隆抗体制备和功能分析，探究盐藻 *Prdx1* 对纤毛和食管鳞癌发生的影响。结果表明在食管鳞癌细胞中高度保守的 *Prdx1* 基因高表达，在食管鳞癌细胞中 *Prdx1* 基因受到 shRNA 慢病毒干扰后，抑制了癌细胞的增殖和侵袭能力，诱导细胞凋亡，并部分恢复纤毛发生，但并没有对细胞的周期分布造成太大影响。通过 LKB1-AMPK-mTOR 途径可能实现 *Prdx1* 对纤毛和食管鳞癌发生的调控作用，为抗肿瘤治疗又增添了新的方法（龚方华，2014）。

4. 转染盐藻 14-3-3 基因对食管鳞癌蛋白表达的影响

在食管发生囊性变或癌变时可见有大量的纤毛突出于细胞表面，而纤毛作为诸多信号传导的指令舱在肿瘤发生中可能起重要作用。衣藻和人的蛋白质组学研究显示，14-3-3 蛋白是一类存在于纤毛 / 鞭毛上的相关蛋白。14-3-3 基因可抑制 EC9706 细胞的凋亡，从而为食管鳞癌的分子治疗寻找到一个潜在的特定治疗靶点。利用 14-3-3 拮抗剂结合 RNA 干扰技术，通过降低 14-3-3 蛋白的表达水平，促进细胞的凋亡，可为恶性肿瘤的治疗提供新的策略（魏攀，2010）。

5. 重组人血管抑素抗肿瘤研究

人血管抑素（angiostatin，ANG）可用于治疗初治或复治的Ⅲ / Ⅳ期非小细胞肺癌患者，为了降低成本和探索新的制备方法。研究利用转基因盐藻制备具有抗血管生成活性的重组人血管抑素，为肿瘤治疗中血管生成抑制剂的大规模生产提供了新的途径。利用密码子优化、转化相关基因型修饰、降低对蛋白酶的敏感性、重组产物与天然蛋白融合等策略，来实现盐藻蛋白产量的提高及其叶绿体表达系统的建立。利用基因工程技术将构建完整的人 ANG 基因插入到叶绿体启动子 atpA5 和终止子 rbcL3′ 间，组成 atpA-ANG-rbcL 表达盒。将此表达盒与 aadA 表达盒串接后，插入含叶绿体同源片段的质粒载体 p64 上，构建成血管抑素盐藻叶绿体表达载体 p64C-ANG-AAD。再经过筛选培养或酶切鉴定结果，得到转人血管抑素基因藻，后经继代选择性培养，从而获得转基因藻株。这种转人血管抑素藻经处理后可制成口服液或纯化后制成注射剂，两者均可用于治疗实体瘤。这种采用转基因藻生产人血管抑素具有安全、高效、经济等优点（薛乐勋，2003；潘卫东，2005；Feng，2014）。

（二）重组亚单位疫苗

盐藻在制备疫苗中的应用中，将携带乙肝病毒表面抗原（HBsAg）基因和氯霉素乙酰转移酶（CAT）基因的质粒转入盐藻细胞内，CAT 基因为筛选基因。通过建立盐藻外源基因稳定表达系统，并作为生物反应器生产疫苗蛋白。未来可将转 HBsAg 基因的盐藻干燥后制成胶囊，用来口服免疫人及动物。以此可以降低疫苗的生产成本，并增加了盐藻的应用价值。同时也能更广泛且更好将疫苗用于人类动物以及疾病的预防和控制（耿德贵，2003）。

（三）抗氧化研究

超氧化物歧化酶可以清除环境压力产生的超氧阴离子自由基，使细胞免于氧化，但超氧化物歧化酶不能自动跨细胞膜转导。蛋白质转导结构域（PTD）是一种肽，可以介导蛋白质递送到细胞中。通过将 PTD（RKKRRQRRR）与盐藻 MnSOD 融合，形成 PTD-DsMnSOD，将其插入 pET32a 构建重组质粒 pET32a- PDD-DsMnSOD。转化大肠杆菌 BL21（DE3）后，以获得纯化的 PTD-DsMnSOD 蛋白。脂质体包裹的蛋白质也能穿过细胞膜，DsMnSOD 蛋白被纯化并被脂质体封装。得到的 MnSOD、PTD-MnSOD 和脂质体 MnSOD 被用来保护人脐静脉内皮细胞（HUVECs）在氧气压力下免受伤害。因此，当细胞中存在 MnSOD 时，脂质体和蛋白质转导结构域表现出抗氧化的作用（Zhang，2014）。

除了细胞中存在 MnSOD 具有抗氧化作用，研究发现一种具有抗氧化功能的基因。该基因是来源于盐藻的过氧化物还原蛋白基因，称为 *Dv2CysPrx*。采用了酵母遗传功能互补系统筛选得到了 *Dv2CysPrx* 基因，该基因能够提高模式生物酵母的抗氧化能力。该基因在盐藻基因序列中为首次报道，丰富了抗氧化酶基因家族的成员，且该基因能够有效增强细胞的氧化抗性能力，得出可使用基因工程手段提高生物体抗氧化方面的应用价值（宋任涛，2012a）。

（四）抗镉和抗铜研究

为了提高生物体抗镉和抗铜功能，增加生物体内镉和铜的积累量。研究发现，*DvCRP1* 基因是一种具有抗镉（Cd^{2+}）和抗铜（Cu^{2+}）功能的基因，其基因全长及氨基酸序列为首次发现。盐藻特有的抗镉和抗铜基因，在提高生物体的抗镉和抗铜能力、增加基因工程生物体内镉和铜的积累量应用。采用酵母功能互补系统筛选得到了 *DvCRP1* 基因，运用 RACE 技术得到了全长 cDNA 序列。该基因能够显著提高模式生物酵母的抗镉和抗铜能力、并能显著增加酵母细胞内镉的积累量（宋任涛，2012b）。

四、盐藻基因工程应用前景

当前，我国政府高度重视海洋资源的开发，且在生物链中处于举足轻重的地位，这使得藻类成为开发利用的重点对象之一。近年来，盐藻生物技术的主要发展趋势之一，即利用基因工程来开发其应用价值将成为藻类开发的热点之一。

展望基因工程技术在盐藻深入研究中的应用表现为以下几个方面：

（1）盐藻反应器自身的优化和完善　盐藻作为新型的生物反应器，目前还不能真正生产外源性物质。究其原因在于盐藻基因工程操作的各个环节上，如强启动子的筛选、高效转化载体的构建、最佳转化方法的确立等。为此，利用基因工程手段完善和健全盐藻反应器是目前亟待解决的任务和环节。

（2）盐藻耐盐机制和自身天然产物的生产研究　盐藻是研究耐盐机制的一种极好模式生物，借助于基因工程手段对盐藻进行耐盐机制的研究仍为重要的方向之一。利用盐藻耐盐基因提高高等植物的耐盐性。由于盐藻的耐盐机制十分复杂，到目前为止尚未完全明确，所以这方面有待于进一步研究。盐藻的耐盐机制查明，对于提高高等植物的耐盐性，扩大和提高农作物的种植范围和产量，缓解世界粮食危机，对于废弃土地的开发和全球生态环境的改善等具有不可估量的作用。

（3）盐藻作为反应器生产外源性物质　如抗体、抗生素和疫苗，能够广泛地应用于人类、畜禽和其他物种疾病的预防和治疗；也可以改造盐藻使其能够高效地分解或吸收有毒或有害物质，在污水处理和环境保护方面存在着较大的应用价值；又可以改造盐藻作为新型安全无污染的生物燃料、饲料、化肥和能源等，应用于相关的一些领域。盐藻反应器的成功建立为这些问题的解决带来了希望，相信借助于基因工程手段，在不久的将来盐藻必将成为高效、廉价且安全的生产体系。

（4）盐藻天然产物的生产　盐藻中富含甘油和β-胡萝卜素，具有重要的商业价值。为了进一步提高甘油和β-胡萝卜素的质量和产量，还得依靠基因工程的方法改良盐藻的品种。现在，转基因植物作为生物反应器生产药用蛋白、口服疫苗等日益广泛，而盐藻作为新型生物反应器，随着研究的深入和拓展，走向产业化也指日可待（柴玉荣，2004；冯书营，2007；刘红涛，2007）。

参考文献

[1] Alkayal F，Albion RL，Tillett RL，et al. Expressed sequence tag（EST）profiling in hyper saline shocked *Dunaliella salina* reveals high expression of protein synthetic apparatus components[J]. Plant Sci，2010，179（5）：437-449.

[2] Brown LE，Sprecher SL，Keller LR. Introduction of exogenous DNA into *Chlamydomonas reinhardtii* by electroporation[J]. Molecular and Cellular Biology，2004，11（4）：2328-2332.

[3] Cai M，He LH，Yu TY. Molecular clone and expression of a NAD^+-dependent glycerol 3-phosphate dehydrogenase isozyme gene from the halotolerant alga *Dunaliella salina*[J]. PLoS One，2013，8（4）：e62287.

[4] Cao Y，Jin N，Xu H，et al. Characterization and alternative splicing of the complex Ⅰ 19-kD subunit in *Dunaliella salina* expression and mutual correlation of splice variants under diverse stresses[J]. Biosci Biotechnol Biochem，2010，74（5）：1073-1078.

[5] Cao Y，Xu H，Xie L，et al. Fluorimetric analysis of the binding characteristics of 5-enolpyruvylshikimate-3-phosphate synthase with substrates in *Dunaliella salina*[J]. J Basic Microbiol，2014，54（9）：937-944.

[6] Chai XJ，Chen HX，Xu WQ，et al. Expression of soybean Kunitz trypsin inhibitor gene SKTI in *Dunaliella salina*[J]. J Appl Psychol，2013，25（1）：139-144.

[7] Chai YR，Lu YM，Wang TY，et al. Heterologous gene expression driven by carbonic anhydrase gene promoter in *Dunaliella salina*[J]. Chin J Oceanol Limn，2006，24（4）：352-357.

[8] Chen C，Bai LH，Qiao DR，et al. Cloning and expression study of a putative carotene biosynthesis related（*cbr*）gene from the halotolerant green alga *Dunaliella salina*[J]. Mol Biol Rep，2008，35（3）：321-327.

[9] Chen T，Liu H，Lü P，et al. Construction of *Dunaliella salina* heterotrophic expression vectors and identification of heterotrophically transformed algal strains[J]. Sheng Wu Gong Cheng Xue Bao，2009，25（3）：392-398.

[10] Choi GG, Bae MS, Ahn CY, et al. Induction of axenic culture of *Arthrospira* (*Spirulina*) *platensis* based on antibiotic sensitivity of contaminating bacteria [J] . Biotechnol Lett, 2008, 30 (1): 87-92.

[11] Citovsky V, Kozlovsky SV, Lacroix B, et al. Biological systems of the host cell involved in agrobacterium infection [J] . Cell Microbiol, 2007, 9 (1): 9-20.

[12] Cui L, Xue LX, Li J, et al. Characterization of the glucose-6-phosphate isomerase (GPI) gene from the halotolerant alga *Dunaliella salina* [J] . Mol Biol Rep, 2010, 37 (2): 911-916.

[13] Deroles. Transformation protocols for ornamantal plants [J] . Biotechnol Agric Ser, 1997, 16: 10-12.

[14] Dunahay TG. Transformation of *Chlamydomonas reinhardtii* with silicon carbide whiskers [J] . BioTechniques, 1993, 15 (3): 452-460.

[15] Feng SY, Feng WP, Zhao L, et al. Preparation of transgenic *Dunaliella salina* for immunization against white spot syndrome virus in crayfish [J] . Arch Virol, 2014, 159 (3): 519-525.

[16] Feng SY, Li SQ, Li QH, et al. Preparation of recombinant human canstatin using transgenic *Dunaliella salina* [J] . Acta Biochimica et Biophysica Sinica, 2014, 46 (5): 428-430.

[17] Feng SY, Li XB, Xu ZS, et al. *Dunaliella salina* as a novel host for the production of recombinant proteins [J] . Appl Microbiol Biotechnol, 2014, 98 (10): 4293-4300.

[18] Feng SY, Xue LX, Liu HT et al. Improvement of efficiency of genetic transformation for *Dunaliella salina* by glass beads method [J] . Mol Biol Rep, 2009, 36 (6): 1433-1439.

[19] Geng D, Wang Y, Wang P, et al. Stable expression of hepatitis B surface antigen gene in *Dunaliella salina* (Chlorophyta)[J] . J Appl Phycol, 2003, 15 (6): 451-456.

[20] Gong F, Wang J, Li J. Isolation and characterization of peroxiredoxin 1 gene of *Dunaliella salina* [J] . Gene, 2017, 635: 39-45.

[21] Gong FH, Liu HT, Li J, et al. Peroxiredoxin 1 is involved in disassembly of flagella and cilia [J] . Biochem Biophys Res Commun, 2014, 444 (3): 420-426.

[22] Gong WF, Zhao L, Hu B, et al. Identifying novel salt-tolerant genes from *Dunaliella salina* using a *Haematococcus pluvialis* expression system [J] . Plant Cell, Tissue Organ Cult, 2014, 117 (1): 113-124.

[23] Hassane FS, Saleh AF, Abes R, et al. Cell penetrating peptides: overview and applications to the delivery of oligonucleotides [J] . Cell Mol Life Sci, 2010, 67 (5): 715-726.

[24] He QH, Qiao DR, Bai LH, et al. Cloning and characterization of a plastidic

glycerol 3-phosphate dehydrogenase cDNA from *Dunaliella salina* [J] . J Plant Physiol, 2007, 164 (2): 214-220.

[25] Hejazi MA, Barzegari A, Gharajeh NH, et al. Introduction of a novel 18S rDNA gene arrangement along with distinct ITS region in the saline water microalga *Dunaliella* [J] . Saline Syst, 2010, 6 (1): 4-13.

[26] Jia Y, Xue L, Li J, et al. Isolation and proteomic analysis of the halotolerant alga *Dunaliella salina* flagella using shotgun strategy [J] . Mol Biol Rep, 2010, 37 (2): 711-716.

[27] Jia Y, Xue L, Liu H, et al. Characterization of the glyceraldehyde-3-phosphate dehydrogenase (GAPDH) gene from the halotolerant alga *Dunaliella salina* and inhibition of its expression by RNAi [J] . Curr Microbiol. 2009, 58 (5): 426-431.

[28] Jia YL, Li SK, George A, et al. A novel glyceraldehyde-3-phosphate dehydrogenase (GAPDH) promoter for expressing transgenes in the halotolerant alga *Dunaliella salina* [J] . Curr Microbiol, 2012, 64 (5): 506-513.

[29] Jia YL, Xue LX, Li J, et al. Isolation and proteomic analysis of the halotolerant alga *Dunaliella salina* flagella using shotgun strategy [J] . Mol Biol Rep, 2010, 37 (2): 711-716.

[30] Kent RA, Currie D. Predicting algal sensitivity to a pesticide stress [J] . Environ Toxicol Chem, 1995, 14 (6): 983-991.

[31] Kindle KL, Schnell RA, Fernández E, et al. Stable nuclear transformation of *Chlamydomonas* using the *Chlamydomonas* gene for nitrate reductase [J] . Int J Biochem Cell Biol, 1989, 109 (6): 2589-2601.

[32] Kindle KL. High-frequency nuclear transformation of *Chlamydomonas reinhardtii* [J] . Proc Natl Acad Sci USA, 1990, 87 (3): 1228-1232.

[33] Koiwa H, Li F, McCully MG, et al. The STT3a subunit isoform of the *Arabidopsis* oligosaccharyltransferase controls adaptive responses to salt/osmotic stress [J] . The Plant Cell, 2003, 15 (10): 2273-2284.

[34] Kumar SV, Misquitta RW, Reddy VS, et al. Genetic transformation of the green alga- *Chlamydomonas reinhardtii* by *Agrobacterium tumefaciens* [J] . Plant Sci, 2003, 166 (3): 731-738.

[35] Lee YK, Tan HM. Interphylum protoplast fusion and genetic recombination of the algae *porphyridium cruentum* and *Dunaliella* spp. [J] . Microbiology, 1988, 134 (3): 635-641.

[36] Li D, Han XX, Zuo J, et al. Construction of rice site-specific chloroplast transformation vector and transient expression of EGFP gene in *Dunaliella salina* [J] . J Biomed Nanotechnol, 2011, 7 (6): 801-806.

[37] Li J, Lu Y, Xue LX, et al. A structurally novel salt-regulated promoter of

duplicated carbonic anhydrase gene 1 from *Dunaliella salina* [J] . Mol Biol Rep, 2010, 37 (2): 1143-1154.

[38] Li J, Xue LX, Yan HX, et al. The nitrate reductase gene-switch: a system for regulated expression in transformed cells of *Dunaliella salina* [J] . Gene, 2007, 403: 132-142.

[39] Li Q, Zhu L, Yan Y, et al. S-Adenosyl homocysteine hydrolase (SAHH) accelerates flagellar regeneration in *Dunaliella salina* [J] . Curr Microbiol, 2013, 67 (2): 249-254.

[40] Li SH, Xia BB, Zhang C, et al. Cloning and characterization of a phosphate transporter gene in *Dunaliella salina* [J] . J Basic Microb, 2012, 52 (4): 429-436.

[41] Liang X, Qiao DR, Huang M, et al. Identification of a gene encoding the light-harvesting chlorophyll a/b proteins of photosystem Ⅰ in green alga *Dunaliella salina* [J] . DNA Seq, 2008, 19 (2): 137-145.

[42] Liu Y, Qiao DR, Zheng HB, et al. Cloning and sequence analysis of the gene encoding 19-kD subunit of Complex Ⅰ from *Dunaliella salina* [J] . Mol Biol Rep, 2008, 35 (3): 397-403

[43] Long Z, Wang SY, Nelson N. Cloning and nucleotide sequence analysis of genes coding for the major chlorophyll-binding protein of the moss *Physcomitrella* patens and the halotolerant alga *Dunaliella salina* [J] . Gene, 1989, 76 (2): 299-312.

[44] Lopez H, Magdaleno D, Stephano J. The complete chloroplast genome of the green microalgae *Dunaliella salina* strain SQ [J] . Mitochondrial DNA B Resour, 2017, 2 (1): 225-226.

[45] Lu YM, Li J, Xue LX, et al. A duplicated carbonic anhydrase 1 (DCA1) promoter mediates the nitrate reductase gene switch of *Dunaliella salina* [J] . J Appl Psychol, 2011, 23 (4): 673-680.

[46] Masuda T, Tanaka A, Melis A. Chlorophyll antenna size adjustments by irradiance in *Dunaliella salina* involve coordinate regulation of chlorophyll a oxygenase (CAO) and Lhcb gene expression [J] . Plant Mol Biol, 2003, 51 (5): 757-771.

[47] Matsunaga T, Takeyama H, Nakamura N. Characterization of cryptic plasmids from marine cyanobacteria and construction of a hybrid plasmid potentially capable of transformation of marine cyanobacterium, *Synechococcus* sp., and its transformation [J] . Appl Biochem Biotechnol, 1990, 24-25 (1): 151-160.

[48] Mazzucchi L, Xu Y, Harvey P. Stereoisomers of Colourless Carotenoids from the Marine Microalga *Dunaliella salina* [J] . Molecules, 2020, 25 (8): 1880.

[49] Morly F, Irena G, Uri P, et al. A structurally novel transferrin-like protein accumulates in the plasma membrane of the unicellular green alga *Dunaliella*

salina grown in high salinities[J] . J Biol Chem, 1997, 272 (3): 1565-1570.
[50] Nehme R, Atieh C, Fayad S, et al. Microalgae amino acid extraction and analysis at nanomolar level using electroporation and capillary electrophoresis with laser-induced fluorescence detection [J] . J Sep Sci, 2017, 40 (2): 558-566.
[51] Nishi T, Yoshizato K, Yamashiro S, et al. High-efficiency in *vivo* gene transfer using intraarterial plasmid DNA injection following in *vivo* electroporation[J] . Cancer Res, 1996, 56 (5): 1050-1055.
[52] P Lü, Yan H , Jie L , et al. An optimal electroporation system for *Dunaliella salina*[J] . Sheng Wu Gong Cheng Xue Bao, 2009, 25 (4): 520-525.
[53] Park S, Chang KS, Jin E, et al. Oxaloacetate and malate production in engineered *Escherichia coli* by expression of codon-optimized phosphoenolpyruvate carboxylase2 gene from *Dunaliella salina* [J] . Bioprocess Biosyst Eng, 2013, 36 (1): 127-131.
[54] Poo H. Transformation of a filamentous cyanobacterium by electroporation[J] . J Bacteriol, 1989, 171 (10): 5743-5746.
[55] Premkumar L, Greenblatt HM, Bageshwar UK, et al. Identification, cDNA cloning, expression, crystallization and preliminary X-ray analysis of an exceptionally halotolerant carbonic anhydrase from *Dunaliella salina*[J] . Acta Crystallographica Section D, 2003, 59 (6): 1084-1086.
[56] Ramos A, Coesel S, Marques A, et al. Isolation and characterization of a stress-inducible *Dunaliella salina* Lcy-β gene encoding a functional lycopene β-cyclase [J] . Appl Microbiol Biotechnol, 2008, 79 (5): 819-828
[57] Quentin B, Martin L, Nicolas A, et al. Modeling the impact of high temperatures on microalgal viability and photosynthetic activity [J] . Biotechnology for Biofuels, 2017, 10: 136.
[58] Ramos AA, Marques AR, Rodrigues M, et al. Molecular and functional characterization of a cDNA encoding 4-hydroxy-3-methylbut-2-enyl diphosphate reductase from *Dunaliella salina* [J] . J Plant Physiol, 2009, 166 (9): 968-977.
[59] Sánchez-Estudillo L, Freile-Pelegrin Y, Rivera-Madrid R, et al. Regulation of two photosynthetic pigment-related genes during stress-induced pigment formation in the green alga, *Dunaliella salina*[J] . Biotechnol Lett, 2006, 28 (11): 787-791.
[60] Shi K, Cui L, Jiang H, et al. Characterization of the microtubule-binding activity of kinesin-like calmodulin binding protein from *Dunaliella salina*[J] . Res Microbiol, 2013, 164 (10): 1028-1034.
[61] Shi K, Li J, Han K, et al. The degradation of kinesin-like calmodulin binding protein of *D. salina* (DsKCBP) is mediated by the ubiquitin-proteasome system

[J] . Mol Biol Rep, 2013, 40 (4): 3113-3121.

[62] Shigekawa K, Dower WJ. Electroporation of eukaryotes and prokaryotes: a general approach to the introduction of macromolecules into cells [J] . BioTechniques, 1988, 6 (8): 742-751.

[63] Smith DR, Lee RW, Cushman JC, et al. The *Dunaliella salina* organelle genomes: large sequences, inflated with intronic and intergenic DNA [J] . BMC Plant Biol, 2010, 10: 83.

[64] Srinivasan R, Babu S, Gothandam K M. Accumulation of phytoene, a colorless carotenoid by inhibition of phytoene desaturase (PDS) gene in *Dunaliella salina* V-101 [J] . Bioresource Technology, 2017, 242: 311-318.

[65] Sui Y, Muys M, Van de Waal DB, et al. Enhancement of co-production of nutritional protein and carotenoids in *Dunaliella salina* using a two-phase cultivation assisted by nitrogen level and light intensity [J] . Bioresource Technology, 2019, 287: 121398.

[66] Sun GH, Zhang XC, Sui ZH, et al. Inhibition of pds gene expression via the RNA interference approach in *Dunaliella salina* (Chlorophyta) [J] . Mar Biotechnol, 2008, 10 (3): 219-226.

[67] Tan C, Qin S, Zhang Q, et al. Establishment of a micro-particle bombardment transformation system for *Dunaliella salina*. [J] . Microbiol, 2005, 43 (4): 361-365.

[68] Tatsuru M, E.W. PJr, Anastasios M. Biosynthesis and distribution of chlorophyll among the photosystems during recovery of the green alga *Dunaliella salina* from irradiance stress [J] . Plant Physiol, 2002, 128 (2): 603-614.

[69] Tran D, Haven J, Qiu WG, et al. An update on carotenoid biosynthesis in algae: phylogenetic evidence for the existence of two classes of phytoene synthase [J] . Planta, 2009, 229: 723-729.

[70] Wang GY, Yi C Sun XF, et al. Isolation of a FAD-GPDH gene encoding a mitochondrial FAD-dependent glycerol-3-phosphate dehydrogenase from *Dunaliella salina* [J] . J Basic Microbiol, 2007, 47 (3): 266-274.

[71] Wang PJ, Wang TY, Wang YF, et al. Cloning and genomic nucleotide sequence of the matrix attachment region binding protein from the halotolerant alga *Dunaliella salina* [J] . J Basic Microbiol, 2013, 53 (7): 622-629.

[72] Wang T, Hou G, Wang Y, et al. Characterization and heterologous expression of a new matrix attachment region binding protein from the unicellular green alga *Dunaliella salina* [J] . J Biochem, 2010, 148 (6): 651 -658.

[73] Wang T, Xue L, Ji X, et al. Cloning and characterization of the 14-3-3 protein gene from the halotolerant alga *Dunaliella salina* [J] . Mol Biol Rep, 2009, 36 (1): 207-214.

[74] Wang TY, Hou WH, Chai YR, et al. Nuclear matrices and matrix attachment

regions from green alga: *Dunaliella salina*[J]. Yi Chuan Xue Bao, 2005, 32 (12): 1312-1318.

[75] Wang TY, Xue LX, Hou WH, et al. Increased expression of transgene in stably transformed cells of *Dunaliella salina* by matrix attachment regions[J]. Appl Microbiol Biotechnol, 2007, 76 (3): 651-657.

[76] Wang Y, Hu B, Du S, et al. Proteomic analyses reveal the mechanism of *Dunaliella salina* Ds-26-16 gene enhancing salt tolerance in *Escherichia coli* [J]. PLoS One, 2016, 11 (5): e0153640.

[77] Webb MR, Melis A. Chloroplast response in *Dunaliella salina* to irradiance stress (effect on thylakoid membrane protein assembly and function)[J]. Plant Physiol, 1995, 107 (3): 885-893.

[78] Wei YF, Niu JF, Huan L, et al. Cell penetrating peptide can transport dsRNA into microalgae with thin cell walls[J]. Algal Res, 2015, 8: 135-139.

[79] Weiss M, Pick U. Primary structure and effect of pH on the expression of the plasma membrane H^+-ATPase from *Dunaliella acidophila* and *Dunaliella salina* [J]. Plant Physiol, 1996, 112 (4): 1693-1702.

[80] Wichuk K, Brynjólfsson S, Fu W. Biotechnological production of value-added carotenoids from microalgae: Emerging technology and prospects[J]. Bioengineered. 2014, 5 (3): 204-208.

[81] Xia BB, Wang SH, Duan JB, et al. The relationship of glycerol and glycolysis metabolism patway under hyperosmotic stress in *Dunaliella salina*[J]. Cent Eur J Biol, 2014, 9 (9): 901-908.

[82] Xie H, Xu PR, Jia YL, Li J, et al. Cloning and heterologous expression of nitrate reductase genes from *Dunaliella salina*[J]. J Appl Phycol, 2007, 19 (5): 497-504.

[83] Xu Y, Harvey PJ. Carotenoid Production by *Dunaliella salina* under red light [J]. Antioxidants (Basel), 2019, 8 (5): 123.

[84] Yan LX, Rong QD, Xiong Y, et al. Photoreactivation of (6–4) photolyase in *Dunaliella salina*[J]. FEMS Microbiol Lett, 2008, 283 (1): 42-46.

[85] Yang R, Li Z, Lin Y, et al. Screening of a protein that interacts with the matrix attachment region-binding protein from *Dunaliella salina*[J]. Biomed Res Int, 2013, 2013: 862450.

[86] Ye ZW, Jiang JG. Analysis of an essential carotenogenic enzyme: ζ-carotene desaturase from unicellular alga *Dunaliella salina*[J]. J Agric Food Chem, 2010, 58 (21): 11477-11482.

[87] Yi Y, Cao Y, Li Q, et al. Cloning and sequence analysis of the gene encoding (6-4) photolyase from *Dunaliella salina*[J]. Biotechnol Lett, 2006, 28 (5): 309-314.

[88] Zchut S, Weiss M, Pick Uri. Temperature-regulated expression of a glycine-

rich RNA-binding protein in the halotolerant alga *Dunaliella salina*[J]. J Plant Physiol, 2003, 160 (11): 1375-1384.

[89] Zhang N, Guan F, Zhang Y, et al. RING box protein-1 gene involved in flagellar disassembly of *Dunaliella salina* [J]. Folia Microbiol (Praha), 2017, 62 (1): 57-62.

[90] Zhang S, Cao Y, Xie L, et al. Effect of superoxide dismutase entrapped liposomes and protein transduction domain superoxide dismutase on human umbilical vein endothelial cells[J]. Mol Med Rep, 2014, 9 (4): 1427-1433.

[91] Zhang S, Li XR, Xu H, et al. Molecular cloning and functional characterization of MnSOD from *Dunaliella salina* [J]. J Basic Microbiol, 2014, 54 (5): 438-447.

[92] Zhang X, Lin C, Chen H, et al. Cloning of a NaCl-induced fructose-1, 6-diphosphate aldolase cDNA from *Dunaliella salina* and its expression in tobacco[J]. Sci China, Ser C: Life Sci, 2003, 46 (1): 49-57.

[93] Zhao R, Cao Y, Xu H, et al. Analysis of expressed sequence tags from the green alga *Dunaliella salina* (Chlorophyta)[J]. J Phycol, 2011, 47 (6): 1454-1460.

[94] Zhu YH, Jiang JG, Chen Q. Characterization of cDNA of lycopene beta-cyclase responsible for a high level of beta-carotene accumulation in *Dunaliella salina* [J]. Biochem Cell Biol, 2008, 86 (3): 285-292.

[95] Zhu YH, Jiang JG, Yan Y, et al. Isolation and characterization of phytoene desaturase cDNA involved in the beta-carotene biosynthetic pathway in *Dunaliella salina*[J]. J Agric Food Chem, 2005, 53 (14): 5593-5597.

[96] Zimmermann U, Pilwat G, Péqueux A, et al. Electro-mechanical properties of human erythrocyte membranes: The pressure-dependence of potassium permeability[J]. J Membrane Biol, 1980, 54 (2): 103-113.

[97] 白林含，乔代蓉，郑鸣，等. 改进简并PCR法克隆盐生杜氏藻烯醇酶基因[J]. 北京林业大学学报，2004，26（4）：25-29.

[98] 蔡阿根，李文权，郑爱榕. 有机磷农药对海洋微藻的若干生物学效应[J]. 厦门大学学报（自然科学版），1999，4：109-113.

[99] 蔡卓平. 有机磷农药对海洋微藻的毒物兴奋效应及其机制研究[D]. 广州：暨南大学，2009.

[100] 曹毅，蒋彦，唐克轩，等. 盐生杜氏藻烯醇酶及其编码序列：中国，CN200310109021.9[P]. 2003-04-09.

[101] 曹毅，蒋彦，唐克轩，等. 盐生杜氏藻硝酸盐转运蛋白及其编码序列：中国，CN200310109020.4[P]. 2005-06-08.

[102] 曹毅，蒋彦，杨滔，等. 盐生杜氏藻（6-4）光裂合酶及其编码序列：中国，CN200310109022.3[P]. 2005-06-08.

[103] 曹毅，乔代蓉，白林含，等. 盐生杜氏藻锰超氧化物歧化酶及其制备方法

与应用：中国，CN200610021869. X［P］. 2008-03-19.
［104］曹毅，唐克轩，蒋彦，等. 盐生杜氏藻3-磷酸甘油脱氢酶及其编码序列：中国，CN200310108875.5［P］. 2005-06-01.
［105］曹毅，唐克轩，蒋彦，等. 盐生杜氏藻烯醇酶及其编码序列：中国，CN200310109021.9［P］. 2005-06-08.
［106］曾磊，潘卫东，王翠，等. 杜氏盐藻叶绿体转化载体pchlN-CAT-BAR的构建［J］. 郑州大学学报（医学版），2010，6：897-901.
［107］曾磊. 杜氏盐藻叶绿体双筛选载体pchlN-CAT-BAR的构建及转化［D］. 郑州：郑州大学，2010.
［108］柴丹丹，李庆华，阎赟梦，等. 杜氏盐藻S腺苷高半胱氨酸水解酶酵母双杂交诱饵载体的构建及自激活和毒性检测［J］. 郑州大学学报（医学版），2012，47（1）：16-20.
［109］柴丹丹. 杜氏盐藻*S*-腺苷同型半胱氨酸水解酶相互作用蛋白的筛选与鉴定［D］. 郑州：郑州大学，2012.
［110］柴晓杰，靳非，丛玉婷，等. 杜氏盐藻新型遗传转化方法的建立（英文）［J］. Agricultural Science & Technology，2017，18（8）：1374-1377.
［111］柴玉荣，陈华艳，王天云，等. 杜氏盐藻*RbcS*基因cDNA片段的克隆和序列分析［J］. 郑州大学学报（医学版），2005，40（2）：248-250.
［112］柴玉荣，田芳，刘红涛，等. 杜氏盐藻*rbcS*启动子的克隆和功能分析［J］. 中国生物工程杂志，2008，28（4）：47-52.
［113］柴玉荣，王天云，侯桂琴，等. 杜氏盐藻荧光素酶基因表达载体的构建［J］. 郑州大学学报（医学版），2004，39（1）：29-31.
［114］柴玉荣，王天云，薛乐勋. 新型生物反应器——杜氏盐藻研究进展［J］. 中国生物工程杂志，2004，24（2）：30-33.
［115］柴玉荣，王亚锋，王天云，等. 盐藻*rbcS*基因克隆及其原核表达［J］. 四川大学学报（自然科学版），2005，42（4）：818-821.
［116］柴玉荣. 杜氏盐藻的RbcS基因及其调控区的克隆和功能鉴定［D］. 郑州：郑州大学，2005.
［117］陈晨，乔代蓉，白林含，等. 农杆菌介导的杜氏盐藻*Dscbr*基因转化紫花苜蓿的初步研究［J］. 四川大学学报（自然科学版），2005，42（3）：567-570.
［118］陈晨. 农杆菌介导的盐生杜氏藻*Dscbr*基因转化紫花苜蓿的初步研究［D］. 兰州：2004.
［119］陈传红. 农药丁草胺和啶虫脒对海洋微藻的毒效及其归趋［D］. 广州：暨南大学，2007.
［120］陈晗华，钱凯先. 氮、磷对盐藻生长及其*β*-胡萝卜素积累的影响［J］. 浙江大学学报（自然科学版），1997（6）：21-26.
［121］陈乃用. 电穿孔法在细菌质粒转化中的应用［J］. 微生物学通报，1991，2：97-103.

[122] 陈倩. 杜氏盐藻番茄红素β-环化酶全长cDNA的克隆和序列分析 [D] . 广州：华南理工大学，2007.
[123] 陈涛，刘红涛，吕鹏举，等. 杜氏盐藻异养表达载体的构建及异养转化株的鉴定 [J] . 生物工程学报，2009，25（3）：392-398.
[124] 陈禹先，毕丛斌，佟少明，等. 微藻高效基因枪转化方法的建立 [J] . 中国生物化学与分子生物学报，2018，34（7）：794-800.
[125] 程龙. 盐生杜氏藻CPD光裂合酶基因*DsPHR2*的克隆、差异表达及功能鉴定 [D] . 成都：四川大学，2007.
[126] 丛玉婷，邢震宇，岳金荣，等. 盐藻钙依赖蛋白激酶基因*DsCDPK*的表达分析 [J] . 水产科学，2019，38（2）：248-253.
[127] 崔柳青，张璐，张磊，等. 杜氏盐藻葡萄糖-6-磷酸异构酶在真核细胞中的表达 [J] . 郑州大学学报（医学版），2012，47（4）：434-438.
[128] 崔玉琳，林彬，秦松，等. 一种杜氏盐藻叶绿体同源重组空载体及其应用：中国，CN201910125884.6 [P] . 2019-03-29.
[129] 邓婷婷，李静，马根，等. 盐生杜氏藻锰超氧化物歧化酶（MnSOD）在大肠杆菌中的功能鉴定 [J] . 四川大学学报（自然科学版），2007，44（1）：176-180.
[130] 丁志山，沃兴德. 超声波的生物学效用及其在转基因中的应用 [J] . 生命科学，1997，4：187-189.
[131] 段金秀，郭丽，曹致中，等. 杜氏盐藻*CDPK*基因的克隆及其序列的分析 [J] . 草业科学，2006，23：51-55
[132] 段静波，李少贺，阮琨，等. 盐生杜氏藻烯醇酶基因启动子的克隆分析及胁迫转录应答 [J] . 应用与环境生物学报，2011，17（2）：202-206.
[133] 冯玖玲. 杜氏盐藻*RbcS*基因家族新成员的克隆及功能研究 [D] . 郑州：郑州大学，2010.
[134] 冯书营，贾岩龙，刘红涛，等. 杜氏盐藻玻璃珠新型转化方法的建立 [J] . 生物工程学报，2007，23（2）：358-362.
[135] 冯书营，李三强，李爱芳，等. 抗白斑综合征病毒的转基因藻株及其制备方法和应用：中国，CN201110298734.9 [P] . 2014-03-26.
[136] 冯书营，刘红涛，李杰，等. 杜氏盐藻基因工程研究现状及应用前景 [J] . 中国生物工程杂志，2007，27（2）：108-112.
[137] 冯书营，王艳鸽，王臣，等. 一种禽用融合型口服干扰素表达藻体的制备及其应用：中国，CN201110431191.3 [P] . 2014-04-02.
[138] 冯英才，王天云，王鹏举，等. 杜氏盐藻核基质附着区结合蛋白基因的克隆及原核表达 [J] . 郑州大学学报（医学版），2008，43（6）：1120-1123.
[139] 高帆，宋鞲，南芳茹，等. 杜氏盐藻二酰甘油酰基转移酶基因DsDGAT及应用：中国，CN201910791525.4 [P] . 2019-11-26.
[140] 高慧玲，刘宝玲，高宇，等. 杜氏盐藻*DsKAS Ⅲ*基因的分离鉴定及其在氮胁迫下的表达分析 [J] . 生物技术通报，2019，35（4）：20-28.

[141] 高宇，刘宝玲，高慧玲，等. 杜氏盐藻β-酮酯酰-ACP合酶（*DsKAS Ⅱ*）基因的分离及功能分析[J]. 激光生物学报，2019，28（2）：114-122，113.
[142] 耿德贵，韩燕，王义琴，等. 杜氏盐藻的耐盐机制研究进展和基因工程研究的展望[J]. 植物学通报，2002，19（3）：290-295.
[143] 耿德贵，王义琴，李文彬，等. GUS基因在杜氏盐藻细胞中的瞬间表达[J]. 高技术通讯，2002，12（2）：35-39.
[144] 耿德贵，王义琴，李文彬，等. 杜氏盐藻基因工程选择标记的研究[J]. 生物技术，2001，11（5）：1-3.
[145] 耿德贵. 利用杜氏盐藻作为生物反应器生产乙肝疫苗及盐藻耐盐基因的cDNA克隆[D]. 北京：中国科学院遗传与发育生物学研究所，2003.
[146] 龚方华. Peroxiredoxin1在鞭毛/纤毛解聚及食管癌发生发展中的作用[D]. 郑州：郑州大学，2014.
[147] 龚文芳，赵丽娜，陈喜文，等. 利用雨生红球藻表达系统高通量筛选杜氏盐藻盐胁迫基因及功能验证[C]//中国遗传学会第九次全国会员代表大会暨学术研讨会. 哈尔滨：中国遗传学会，2013：1.
[148] 谷辉辉，冯书营，潘卫东，等. 杜氏盐藻叶绿体ATP合酶α亚单位基因启动子的克隆及初步功能分析[J]. 海洋科学，2011，35（9）：18-23.
[149] 郭金耀，杨晓玲. 盐生杜氏藻烯醇酶的盐适应性及其与物质积累的关系[J]. 淮海工学院学报（自然科学版），2016，25（1）：70-73.
[150] 郭丽，段金秀，梁占训 等. 杜氏盐藻*MAPK*基因cDNA的克隆及其进化分析[J]. 草业科学，2007，24（1）：21-25.
[151] 韩冬梅，柴晓杰，王逸云，等. 杜氏盐藻磷脂酶C基因*DsPLC*的克隆及盐胁迫下的表达分析[J]. 核农学报，2014，28（10）：1773-1780.
[152] 韩康，石科，毛丽红，等. 杜氏盐藻鞭毛内运输蛋白88在鞭毛组装过程中的功能分析及其原核表达[J]. 郑州大学学报（医学版），2013，48（2）：171-174.
[153] 贺华，王学魁，孙之南，等. 绿色杜氏藻氮磷转化实验研究[C]. 天津：盐业与化工. 2007：1-3，9.
[154] 贺庆华，郑玉才，林亚秋，等. 盐生杜氏藻*D. salina*和*D. bardwil*苹果酸脱氢酶基因的克隆和序列分析[J]. 安徽农业科学，2008，36（11）：4435-4436，4522.
[155] 侯桂琴，刘红涛，潘卫东，等. 杜氏盐藻叶绿体*atpA*基因片段的克隆及序列分析[J]. 广西植物，2006，26：474-478.
[156] 侯桂琴，王宁，谢华，等. PCR法扩增盐藻叶绿体*atpA*基因[J]. 郑州大学学报（医学版），2004，39（1）：12-15.
[157] 侯桂琴. 杜氏盐藻（*Dunaliella salina*）叶绿体*atpA*片段的克隆及杂交分析[D]. 郑州：郑州大学，2004.
[158] 侯永杰，李杰，李庆华，等. 杜氏盐藻寡糖基转移酶亚基*stt3a*酵母双杂交诱饵载体的构建及自激活和毒性检测[J]. 郑州大学学报（医学版），

2011，46（6）：835-838.

［159］侯永杰，李庆华，薛乐勋. 杜氏盐藻基因FLA8原核表达载体的构建和表达［J］. 郑州大学学报（医学版），2013，48（1）：31-34.

［160］侯永杰. 杜氏盐藻FLA8多克隆抗体的制备及其在食管鳞癌细胞中的定位［D］. 郑州：郑州大学，2012.

［161］黄秦，曹瑜，吴鹏，等. 盐生杜氏藻3-磷酸甘油脱氢酶不同结构域蛋白的表达纯化及其抗体的制备与分析［J］. 应用与环境生物学报，2009，15（2）：202-206.

［162］姬翔. 杜氏盐藻（*Dunaliella salina*）14-3-3蛋白基因cDNA全长的克隆与序列分析［D］. 郑州：郑州大学，2006.

［163］贾岩龙，柴玉荣，曲东京，等. 杜氏盐藻完整叶绿体的分离及其蛋白提取［J］. 生物技术通报，2008，（3）：135-138.

［164］贾岩龙，侯卫红，李杰，等. 杜氏盐藻硝酸盐还原酶缺陷型突变藻株的分离和初步鉴定［J］. 郑州大学学报（医学版），2005，40（2）：245-247.

［165］贾岩龙，牛杰，贾俊英，等. 杜氏盐藻*GAPDH* cDNA的克隆鉴定及其启动子功能表达载体的构建［J］. 生物技术通报，2011（7）：106-110.

［166］贾岩龙，尹雅玲，邱乐乐，等. 实时荧光定量聚合酶链反应检测杜氏盐藻突变株中硝酸盐还原酶基因的表达［J］. 新乡医学院学报，2012，29（8）：575-577.

［167］贾岩龙. 杜氏盐藻鞭毛蛋白质组学分析和*GAPDH*基因及其调控区的克隆与功能鉴定［D］. 郑州：郑州大学，2008.

［168］贾岩龙. 杜氏盐藻硝酸盐还原酶突变株的制备和鉴定［D］. 郑州：郑州大学，2005.

［169］姜国忠，牛向丽，吕玉民，等. 盐藻*hsp70a* cDNA 片段的克隆与分析［J］. 遗传，2003，25（5）：573-576.

［170］姜国忠，袁保梅，范天黎，等. 简并引物在克隆盐藻热休克蛋白70基因家族中的应用［J］. 郑州大学学报（医学版），2003，38（6）：875-877.

［171］姜国忠. 杜氏盐藻hsp70基因的克隆及其肌动蛋白基因启动子驱动*bar*基因作为转基因筛选标记［D］. 郑州：郑州大学，2004.

［172］姜建国，陈浩宏，常旭，等. 基于杜氏藻代谢途径的链孢红素高产工程菌及其构建方法与应用：中国，CN110511874B［P］. 2021-03-30.

［173］姜建国，陈浩宏，吴芳纯，等. 基于杜氏盐藻代谢途径和雨生红球藻BKT的产虾青素工程菌及其构建方法与应用：中国，CN202010655671.7［P］. 2020-11-10.

［174］姜建国，陈浩宏，吴芳纯，等. 基于杜氏藻代谢途径的番茄红素高产工程菌及其构建方法与应用：中国，CN201910665392.6［P］. 2019-11-29.

［175］姜建国，陈浩宏，谢红，等. 基于杜氏盐藻代谢途径和夏侧金盏花CBFD与HBFD的产虾青素工程菌及其构建与应用：中国，CN202010655628.0［P］. 2020-11-10.

[176] 姜建国，陈浩宏，谢红，等. 基于杜氏藻代谢途径的β-胡萝卜素高产工程菌及其构建方法与应用：中国，CN201910665228.5［P］. 2019-11-26.
[177] 姜建国，严媛，宋冬林. 盐藻*Psy*基因保守序列的克隆及同源性分析［J］. 华南理工大学学报（自然科学版），2004，32（10）：76-79.
[178] 姜建国，叶志伟. 基于杜氏盐藻代谢途径的β-胡萝卜素工程菌及构建方法：中国，CN201110008946.9［P］. 2012-10-31.
[179] 姜建国，朱跃辉. 编码杜氏盐藻八氢番茄红素脱氢酶的基因：中国，CN200510033238.5［P］. 2005-09-21.
[180] 蒋彦. 大规模盐生杜氏藻cDNA克隆与测序及功能分析［D］. 雅安：四川农业大学，2003.
[181] 孔凡晶，郑绵平. 盐湖杜氏藻研究的回顾与展望［J］. 盐业与化工，2007，36（5）：27-33.
[182] 孔静静. 藻类耐盐基因的克隆及转化棉花的初步研究［D］. 开封：河南大学，2013.
[183] 李钢，邓运涛，任刚，等. 盐生杜氏藻3-磷酸甘油脱氢酶基因克隆及其蛋白质结构预测［J］. 植物学通报，2006，23：29-36.
[184] 李钢，蒋彦，乔代蓉，等. 利用RAPD分析杜氏藻属（*Dunaliella*）嗜盐种间遗传多样性［J］. 西北植物学报，2002，22（3）：511-515.
[185] 李钢，刘敏，蒋彦，等. 盐生杜氏藻（*Dunaliella salina*）cDNA文库构建及功能基因筛选［J］. 热带亚热带植物学报，2004，12（1）：74-78.
[186] 李钢. 盐生杜氏藻3-磷酸甘油脱氢酶基因克隆及其结构分析［D］. 成都：四川大学，2003.
[187] 李海东，仝颜丽，郑立，等. 等鞭金藻的电转化体系［J］. 海洋环境科学，2012，31（5）：677-681.
[188] 李杰，贾岩龙，闫红霞，等. 杜氏盐藻硝酸盐还原酶基因5′上游序列的克隆与功能分析［J］. 中国生物工程杂志，2006，26：1-7.
[189] 李杰，刘红涛，鲁照明，等. 杜氏盐藻硝酸盐还原酶基因5′上游序列的克隆与序列分析［J］. 郑州大学学报（医学版），2007，2（2）：219-222.
[190] 李杰，刘颖，黄洁虹，等. G418和氯霉素作为转基因盐藻的抗生素筛选标记［J］. 生物技术，2003，13（3）：22-23.
[191] 李杰，任宏伟，黄洁虹，等. 外源报告基因*EGFP*在盐藻中实现瞬时表达［J］. 中国生物化学与分子生物学报，2003，19（3）：338-342.
[192] 李杰，薛乐勋. 杜氏盐藻硝酸盐还原酶基因5′侧翼区的克隆与功能分析［C］// 北京：2006中国科协年会，北京，2006：384-392.
[193] 李杰，闫红霞，曲东京，等. SOEing法构建*EGFP*真核表达载体及其在杜氏盐藻中的表达［J］. 水生生物学报，2007，31（4）：546-551.
[194] 李俊平，刘岷，毛丽红，等. 杜氏盐藻FLA8基因全长的克隆及鉴定［J］. 郑州大学学报（医学版），2011，46（6）：828-831.
[195] 李克锦. 杜氏盐藻外源基因转化系统的建立［D］. 大连：大连理工大学，

2007.
[196] 李靓，崔柳青，王瑞莉，等. 与杜氏盐藻驱动蛋白Ⅱ动力亚基C端相互作用的新蛋白的母双杂交筛选[J]. 郑州大学学报（医学版），2013，48（1）：24-27.
[197] 李靓，石科，李俊平，等. 杜氏盐藻鞭毛相关蛋白cDNA片段的克隆及在鞭毛重吸收过程中的表达[J]. 郑州大学学报（医学版），2011，46（6）：821-824.
[198] 李靓. 一种与杜氏盐藻FLA8相互作用新蛋白的筛选及功能初探[D]. 郑州：郑州大学，2012.
[199] 李秀娟. 盐藻DsRab基因的载体构建、原核表达及亚细胞定位分析[D]. 大连：大连海洋大学，2014.
[200] 李一帆，崔柳青，韩康，等. 含翻译增强序列的人canstatin杜氏盐藻叶绿体表达载体的构建[J]. 郑州大学学报（医学版），2013，48（5）：581-583.
[201] 李音，乔代蓉，易弋，等. 盐生杜氏藻*Ugd*基因的cDNA克隆及序列分析[J]. 四川大学学报（自然科学版），2004，41（2）：409-412.
[202] 李音. 盐生杜氏藻DsNRT2.1基因表达与NO^-_3吸收特性及其转基因苜蓿研究[D]. 成都：四川大学，2004.
[203] 李照熙，杨瑞，林艳，等. 盐藻酵母双杂交诱饵载体的构建及自激活鉴定[J]. 生物技术通报，2011（12）：188-191.
[204] 李照熙. 应用酵母双杂交技术筛选直藻*MBP*相互作用蛋白[D]. 新乡：新乡医学院，2012.
[205] 李子兴，孙煜，刘志学，等. 外源*ble*基因在杜氏盐藻中的瞬时表达[J]. 实验生物学报，2005，38（5）：411-416.
[206] 梁皓辉. 富油新绿藻叶绿体基因组测序及几种产油微绿藻叶绿体基因比较研究[D]. 湛江：广东海洋大学，2020.
[207] 林慧馨. 杜氏藻RAPD分析及耐盐分子生物学初探[D]. 厦门：厦门大学，2000.
[208] 林敏卓，刘晨临，黄晓航，等. 南极衣藻*Chlamydomonas* sp.ICE-L硝酸还原酶基因的生物信息学分析[J]. 海洋科学进展，2012，30（4）：527-533.
[209] 林敏卓. 南极冰藻*Chlamydomonas* sp. ICE-L低温胁迫相关基因的克隆和功能验证[D]. 济南：齐鲁工业大学，2012.
[210] 林伟. 几种海洋微藻的无菌化培养[J]. 海洋科学，2000，10：4-6.
[211] 刘国涛，张树宇，魏凯. 酵母双杂交技术研究进展[J]. 山东畜牧兽医，2021，42（6）：57-59.
[212] 刘红涛，范天黎，鲁照明，等. 杜氏盐藻光系统Ⅱ反应中心蛋白D1基因的克隆及序列分析[J]. 郑州大学学报（医学版），2008，43（6）：1123-1126.
[213] 刘红涛，冯书营，陈涛，等. 杜氏盐藻分子生物学最新进展及展望[J]. 中国生物工程杂志，2007，27（10）：113-118.

[214] 刘红涛，臧卫东，鲁照明，等. 杜氏盐藻*psaB*基因cDNA的克隆与序列分析[J]. 生物工程学报，2005，21（4）：642-645.
[215] 刘红涛，宋建伟，臧卫东，等. 杜氏盐藻光系统Ⅱ反应中心蛋白D2基因的克隆及序列分析[J]. 华中师范大学学报（自然科学版），2007，41（3）：431-436.
[216] 刘红艳，凌均棨，麦穗. 转基因盐藻防龋疫苗的基础研究1——超声转化编码嵌合体SBR-CT~（Δ*A1*）基因[J]. 牙体牙髓牙周病学杂志，2006，3：137-141.
[217] 刘婕仪，苏小慧，全芮萍，等. 苎麻酵母cDNA文库的构建与分析[J]. 分子植物育种，2021：1-12.
[218] 刘璐. 小麦ζ-胡萝卜素脱饱和酶（ZDS）基因的克隆及序列分析[D]. 武汉：华中科技大学，2007.
[219] 刘敏，白林含，郑鸣，等. 盐生杜氏藻核糖体蛋白L38部分cDNA的克隆及分析[J]. 四川大学学报（自然科学版），2003，40（2）：346-348.
[220] 刘世才. 盐藻淀粉磷酸化酶基因DsSP的克隆和原核表达[D]. 大连：大连海洋大学，2014.
[221] 刘杨，曹毅，蒋彦，等. 盐藻*DSG10*表达载体构建及其根癌农杆菌的转化[J]. 四川大学学报（自然科学版），2002，39（6）：1149-1151.
[222] 柳丽平，李杰，王翠，等. 杜氏盐藻cDNA文库的构建及*KCBP*基因的克隆[J]. 郑州大学学报（医学版），2010，6：907-910.
[223] 柳丽平. 杜氏盐藻cDNA文库的构建与*KCBP*基因的克隆及功能分析[D]. 郑州：郑州大学，2010.
[224] 鲁照明，刘红涛，臧卫东，等. 杜氏盐藻光系统Ⅰ反应中心*psaB*基因cDNA克隆及系统进化分析[J]. 水生生物学报，2005，29（6）：717-720.
[225] 鲁照明，刘红涛，臧卫东，等. 杜氏盐藻*psaB*基因cDNA克隆及系统进化分析[J]. 广西植物，2007，27（2）：224-230，235.
[226] 路德明，张中南，夏翀. 超声波对盐藻的破碎作用[J]. 青岛海洋大学学报，1992，3：18-22.
[227] 路延笃，崔红利，秦松，等 三角褐指藻基因枪转化体系的建立[J]. 中国生物工程杂志，2009，29（6）：91-96.
[228] 罗清菊，李杰，闫红霞，等. 杜氏盐藻*DCA1*启动子内GT重复序列在盐诱导调控中的作用[J]. 中国生物工程杂志，2009，29（7）：50-55.
[229] 罗塞凡. 杜氏盐藻（*Dunaliella viridis*）海藻糖-6-磷酸合酶基因在植物中的基因工程研究[D]. 上海：上海大学，2007.
[230] 吕朋举，闫红霞，李杰，等. 杜氏盐藻电击转化方法的系统优化[J]. 生物工程学报，2009，25（4）：520-525.
[231] 吕玉民，姜国忠，牛向丽，等. 杜氏盐藻2种碳酸酐酶基因5′上游的克隆与序列分析[J]. 郑州大学学报（医学版），2004，39（1）：1-6.
[232] 吕玉民，姜国忠，牛向丽，等. 杜氏盐藻2种碳酸酐酶基因跨内含子DNA

序列的克隆和鉴定［J］. 郑州大学学报（医学版），2004，39（1）：23-25.
［233］吕玉民，姜国忠，牛向丽，等. 杜氏盐藻两种碳酸酐酶基因启动子的克隆和功能研究［J］. 遗传学报，2004，31（10）：1157-1166.
［234］吕玉民. 杜氏盐藻（*Dunaliella salina*）两种碳酸酐酶基因的克隆和启动子功能研究［D］. 郑州：郑州大学，2003.
［235］马若欣，袁春营，刘宇. 四种杀虫药物对盐生杜氏藻生长的致毒效应［J］. 天津科技大学学报，2010，25（5）：27-30.
［236］麦穗，凌均棨. 编码嵌合体SBR-CTD~（Δ*A1*）基因片段转化盐藻受体的研究［J］. 中华老年口腔医学杂志，2003，3：16-19.
［237］毛丽红，李庆华，韩康，等. 杜氏盐藻糖原合成酶激酶3 cDNA片段的克隆及其在鞭毛再生中的功能［J］. 郑州大学学报（医学版），2013，48（2）：167-170.
［238］孟春晓，高政权，王依涛，等. 赤霉素对盐藻生物量与物质积累的影响［J］. 江苏农业科学，2010，5：345-347.
［239］牟善莉. 南极冰藻（*Chlamydomonas* sp.）ICE-L光保护机制研究［D］. 青岛：国家海洋局第一海洋研究所，2012.
［240］牛向丽. 杜氏盐藻生物学特征及表达载体pGEM-D18S-BAR的构建［D］. 郑州：郑州大学，2003.
［241］潘卫东，吕玉民，张贵星，等. 莱茵衣藻叶绿体*atpA*启动子在杜氏盐藻中转录活性的检测［J］. 郑州大学学报（医学版），2004，39（1）：35-38.
［242］潘卫东，袁保梅，谢华，等. 杜氏盐藻叶绿体转化载体pDS16S-CAT的构建［J］. 郑州大学学报（医学版），2004，39（1）：25-28.
［243］潘卫东，张贵星，付庆，等. 杜氏盐藻叶绿体表达载体p64C-ANG-AAD的构建［J］. 中国医药指南，2005，3（9）：1041-1043.
［244］潘卫东，张贵星，袁保梅，等. 杜氏盐藻叶绿体16S rRNA基因的克隆［J］. 郑州大学学报（医学版），2004，39（1）：9-12.
［245］潘卫东，张贵星，张娟，等. 杜氏盐藻叶绿体*chlL*基因的克隆［J］. 中国医药指南，2005，3（8）：873-876.
［246］潘卫东. 杜氏盐藻（*Dunaliella salina*）叶绿体转化研究［D］. 郑州：郑州大学，2003.
［247］潘卫东. 杜氏盐藻叶绿体转化载体pDSl6S-CAT的构建［J］. 郑州大学学报（医学版），2004，39(1)：25-28.
［248］潘远健，金刚，谢振华，等. 一种快速提取微藻完整叶绿体及其DNA的方法［J］. 江苏农业科学，2016，44（2）：66-69.
［249］秦文弟. 杀虫剂对藻类生态效应的研究进展［J］. 安徽农业科学，2004，3：552-555.
［250］曲东京，李杰，潘卫东，等. 杜氏盐藻高纯度叶绿体DNA的提取［J］. 郑州大学学报（医学版），2008，43（6）：1127-1129.
［251］曲东京. 杜氏盐藻完整叶绿体的分离和叶绿体转化体系的构建［D］. 郑

州：郑州大学，2007.
[252] 尚常花，朱顺妮，袁振宏，等. 巴夫杜氏藻β-肌动蛋白基因的克隆和分析[J]. 安徽农业科学，2011，39（28）：17172-17175.
[253] 施文杰，王长友，杨锐. 诺氟沙星对盐生杜氏藻、新月菱形藻和小球藻的生态毒性效应[J]. 海洋环境科学，2019，38（1）：1-6.
[254] 史浩. 基于盐藻外泌体靶向药物递送系统的构建及对食管癌的作用研究[D]. 洛阳：河南科技大学，2020.
[255] 宋程飞，郝敬云，程蔚兰，等. 杜氏盐藻电击转化体系的优化[J]. 山西农业大学学报（自然科学版），2018，38（3）：36-42.
[256] 宋冠男. 提高外源基因在盐藻细胞中表达量的策略研究[D]. 洛阳：河南科技大学，2020.
[257] 宋任涛，范倩岚，屈武斐，等. 谷氨酰胺合成酶基因、其编码蛋白及其克隆方法：中国，CN201110148438.0[P]. 2012-10-31.
[258] 宋任涛，李松，孙文杰，等. 具有耐盐功能的基因、其编码蛋白及应用：中国，CN201210003574.5[P]. 2013-07-17.
[259] 宋任涛，许政暟，孟祥宗. 一种具有抗Cd^{2+}和抗Cu^{2+}功能的基因DvCRP1、其编码蛋白及应用：中国，CN201010201434.X[P]. 2012-12-19.
[260] 宋任涛，许政暟，宋婷，等. 氨转运蛋白基因、其编码蛋白及其应用：中国，CN200910196518.6[P]. 2012-03-28.
[261] 宋任涛，许政暟，孙晓斌，等. 盐藻26S蛋白酶体亚基*RPN10*基因的cDNA序列、其编码蛋白及其全长基因序列和克隆方法：中国，CN200710041194.X[P]. 2009-05-27.
[262] 宋任涛，许政暟，袁慧娟，等. 一种具有抗氧化功能的基因、其编码蛋白及应用：中国，CN200910196596.6[P]. 2012-05-23.
[263] 宋任涛，许政暟，袁慧娟，等. 一种具有抗氧化功能的基因及其应用：中国，CN200910196595.1[P]. 2012-05-23.
[264] 宋雨晴，靳翠丽，胡文峰，等. 氮源对盐藻生长及细胞物质组成的影响[J]. 生态环境学报，2017，26（2）：268-274.
[265] 孙国华，隋正红，张学成. 盐生杜氏藻RNAi应用中的电激转化条件[J]. 武汉大学学报（理学版），2007，53（4）：503-508.
[266] 谈峥. 盐生盐藻肌动蛋白基因的克隆及其5′上游序列的研究[D]. 上海：上海交通大学，1999.
[267] 唐经凡. 抗生素的作用机制及应用[J]. 中国现代药物应用，2008，7：99-100.
[268] 唐克轩，曹毅，蒋彦，等. 盐生杜氏藻UDP-葡萄糖脱氢酶及其编码序列：中国，CN01126925.1[P]. 2003-04-09.
[269] 唐颖，王长海，李克锦，等. 杜氏盐藻无菌纯化研究[J]. 大连理工大学学报，2010，50（6）：871-876.
[270] 陶晓迎. 盐藻*DsSTPK*基因的载体构建、原核表达及亚细胞定位分析

［D］. 大连：大连海洋大学，2014.
［271］王传胜，蒋彦. 用CODEHOP设计简并引物克隆杜氏盐藻*hog1*基因片段［J］. 四川大学学报（自然科学版），2012，49（3）：705-709.
［272］王翠，李杰，柳丽平，等. 杜氏盐藻寡糖基转移酶亚基STT3a功能结构域的克隆与表达分析［J］. 生物工程学报，2010，26（6）：760-766.
［273］王德龙，孔静静，王俊娟，等. 转基因棉花后代植株的分子检测［C］//中国棉花学会2013年年会论文集，长沙，2013：198-198.
［274］王高歌，茅云翔，张宝红，等 电转化法转化钝顶螺旋藻转化条件的研究［J］. 高技术通讯，2002，10：91-95.
［275］王计平，安茜，段露露，等. 杜氏盐藻番茄红素ε-环化酶基因*DsLYCE*表达载体构建及其在烟草中瞬时表达分析［J］. 山西农业大学学报（自然科学版），2020，40（2）：54-59.
［276］王建军，冯莉赟，申虎飞，等. 超声波辅助的植物转化方法的研究进展［J］. 农学学报，2017，7（11）：6-13.
［277］王静，龚方华，张彦婷，等. 杜氏盐藻过氧化物酶1酵母双杂交诱饵质粒的构建［J］. 郑州大学学报（医学版），2014，49（4）：469-472.
［278］王静. 杜氏盐藻过氧化物酶1互作蛋白的筛选与验证［D］. 郑州：郑州大学，2014.
［279］王玲玲，刘晓燕，马贵范，等. 杜氏盐藻无菌化处理及其对生长的影响［J］. 安徽农学通报，2019，25（11）：17-21.
［280］王宁，刘红涛，侯桂琴，等. 杜氏盐藻基因组文库的构建［J］. 河南肿瘤学杂志，2005，18（2）：80-82.
［281］王宁. 杜氏盐藻基因组文库的构建［D］. 郑州：郑州大学，2005.
［282］王培磊，刘明河，张学成，等. 不同氮源对盐生杜氏藻生长和细胞生化组成的影响［J］. 海洋湖沼通报，2007，1：44-51.
［283］王鹏举，王天云，冯英才，等. 杜氏盐藻核基质结合区结合蛋白的细胞定位［J］. 广西植物，2009，29（1）：55-58.
［284］王鹏举，王天云，王亚峰. 杜氏盐藻核基质结合区结合蛋白的表达分析［J］. 河南科技大学学报（医学版），2012，30（2）：81-84.
［285］王思佳，杨毅. 杜氏盐藻*hsp90*基因的克隆及胁迫条件下表达量的变化［J］. 四川大学学报（自然科学版），2013，50（3）：624-630.
［286］王天云，侯卫红，柴玉荣，等. 杜氏盐藻中的核基质与核基质结合区［J］. 遗传学报，2005，32（12）：1312-1318.
［287］王天云，侯卫红，袁保梅，等. 杜氏盐藻随机MAR文库的构建［J］. 实验生物学报，2005，38（1）：23-28.
［288］王天云，袁保梅，柴玉荣，等. 杜氏盐藻核基质附着区的分离及特征性分析［J］. 广西植物，2005，25（2）：145-148.
［289］王天云，昝玉玺，张俊河，等. 重组盐藻14-3-3蛋白基因的原核表达及分离纯化［J］. 四川大学学报（自然科学版），2008，45（6）：1533-1536.

[290] 王天云，张贵星，薛乐勋. 一种简便高效的改良降落PCR [J]. 中国生物工程杂志，2003，23（11）：80-82.
[291] 王小行，李钢，杨滔，等. 高产甘油的酵母工程菌：中国，CN200310122653.9 [P]. 2005-06-29.
[292] 王亚峰. 杜氏盐藻（*Dunaliella salina*）MAR序列结合蛋白基因cDNA全长的克隆及序列分析 [D]. 郑州：郑州大学，2006.
[293] 王悠，唐学玺，李永祺. 蒽与有机磷农药对海洋微藻的联合毒性 [J]. 海洋科学，2000，4：5-7.
[294] 王元丽. 类波氏真眼点藻二酰甘油酰基转移酶（DGAT）基因的克隆与功能分析 [D]. 广州：暨南大学，2014.
[295] 王中浩. 盐生杜氏藻硝酸盐转运蛋白基因的表达模式 [J]. 应用与环境生物学报，2013（2）：231-235.
[296] 韦一凡. 细胞穿膜肽在藻类细胞外源物质转导中的应用 [D]. 青岛：中国科学院研究生院（海洋研究所），2014.
[297] 魏攀，李杰，王莉莉，等. 转染杜氏盐藻14-3-3基因对食管鳞癌EC9706细胞Bcl-2和Caspase-9蛋白表达的影响 [J]. 郑州大学学报（医学版），2010，45（1）：4-8.
[298] 谢传晓，韩伟，余增亮. 模式生物衣藻及其研究进展 [J]. 遗传，2003，3：350-354.
[299] 谢华，姜国忠，吕玉民，等. 杜氏盐藻硝酸盐还原酶cDNA片段的克隆与分析 [J]. 郑州大学学报（医学版），2004，39（1）：6-8.
[300] 谢华，牛向丽，李杰，等. 杜氏盐藻*Dunaliella salina*硝酸盐还原酶cDNA片段的克隆与分析 [C]. 舟山：第一届海洋生物高技术论坛论文集. 2003：1057-1060.
[301] 谢华，许培荣，姜国忠，等. 杜氏盐藻硝酸盐还原酶5′端cDNA片段的快速扩增 [J]. 郑州大学学报（医学版），2004，39（1）：20-22.
[302] 谢华. 杜氏盐藻（*Dunaliella salina*）硝酸盐还原酶基因的克隆、表达及功能鉴定 [D]. 郑州：郑州大学，2004.
[303] 谢荣，唐学玺，李永祺. 有机磷农药和重金属对海洋微藻的联合毒性研究 [J]. 海洋环境科学，1999，2：16-20.
[304] 徐朋奇，李木，张红梅，等. 杜氏盐藻类驱动蛋白钙调素结合蛋白马达区的表达与纯化 [J]. 郑州大学学报（医学版），2011，46（6）：831-835.
[305] 徐文琦，柴晓杰，张婷，等 胰蛋白酶抑制剂*KSTI3*基因新型真核表达载体的构建及其在盐藻中的表达 [J]. 中国生物工程杂志，2011，31（8）：29-34.
[306] 许芳，石科，李靓，等. 杜氏盐藻*FKBP* cDNA的克隆及其在鞭毛解组装中的功能 [J]. 郑州大学学报（医学版），2011，46（6）：825-828.
[307] 许芳. 杜氏盐藻*FKBP18*基因的克隆及其功能分析 [D]. 郑州：郑州大学，2012.
[308] 许尧，张楠楠，张彦婷，等. 杜氏盐藻环盒子1相互作用蛋白的酵母双杂

交法筛选［J］. 郑州大学学报（医学版），2015，50（3）：326-31.
［309］许尧. 杜氏盐藻环盒子1互作蛋白的筛选及功能初探［D］. 郑州：郑州大学，2015.
［310］许正超，姜春雷，刘琦，等. 盐生杜氏藻和衣藻双结构域NAD$^+$-GPD基因的生物信息学分析［J］. 四川大学学报（自然科学版），2009，46（5）：1525-1530.
［311］薛飞，柴晓杰，余祝君，等. 盐藻新基因*DsSTPK*的克隆及生物信息学分析［J］. 中国生物化学与分子生物学报，2012，28（3）：289-295.
［312］薛乐勋，潘卫东，姜国忠，等. 转基因盐藻生物反应器：中国，CN00131217.0［P］. 2005-09-14.
［313］薛乐勋，潘卫东，姜国忠，等. 转人血管抑素（Angiostatin）基因藻的制备方法：中国，CN00114449.9［P］. 2003-7-30.
［314］薛乐勋，潘卫东，李杰，等. 转基因盐藻制备口服型禽流感疫苗的方法：中国，CN201010505085.0［P］. 2012-11-21.
［315］薛乐勋，王天云，潘卫东，等. 杜氏盐藻核基质附着区结合蛋白及其制备方法：中国，CN201110022878.1［P］. 2012-07-25.
［316］薛艳丽，李杰，刘玲玲，等. 杜氏盐藻对氯酸盐的敏感性及氯酸盐抗性株的分离［J］. 肿瘤基础与临床，2007，20（5）：378-381.
［317］闫红霞，李杰，王莉莉，等. 杜氏盐藻硝酸盐还原酶基因5′上游序列驱动*bar*基因的表达［J］.郑州大学学报（医学版），2008，43（6）：1129-1133.
［318］阎赟梦，李庆华，李杰，等. 杜氏盐藻*S*-腺苷高半胱氨酸水解酶基因的克隆及功能分［J］. 郑州大学学报（医学版），2011，46（4）：517-520.
［319］晏露，姜建国，刘冠楠，等. 盐藻番茄红素*β*-环化酶全长cDNA的克隆及结构分析［J］. 现代食品科技，2010，3：7-10.
［320］叶霁，唐欣昀. 甘油对杜氏盐藻电击转化的影响［J］. 生物学杂志，2007，24（3）：45-47.
［321］尹卫强，刘颖芬，李炳乾，等. 国内杜氏盐藻综合利用的现状及发展趋势［J］. 盐业与化工，2013，42（12）：1-3.
［322］余祝君，柴晓杰，张晓琳，等. 盐藻小G蛋白基因（*DsRab*）的克隆及在高盐胁迫下的表达分析［J］. 生物技术通报，2013，9：77-83.
［323］岳伟萍. 抗生素在海链藻培养过程中作用的研究［J］. 河北渔业，2009，7：12-16.
［324］张弛，王双辉，兰利琼，等. 盐藻磷酸果糖激酶*DsPFK*基因的原核表达及酶活测定［J］. 四川大学学报（自然科学版），2014，51（3）：638-642.
［325］张华. 盐生杜氏藻3-磷酸甘油脱氢酶基因在苜蓿中的转化及检测［D］. 成都：四川大学，2004.
［326］张汇征，崔柳青，潘卫东，等. 杜氏盐藻叶绿体转化载体pUC-chlN 1622-CAT的构建［J］. 郑州大学学报（医学版），2013，48（1）：20-24.
［327］张汇征. 杜氏盐藻CCAP19/18叶绿体转化载体的构建及转化［D］. 郑州：

郑州大学, 2012.
[328] 张磊, 崔柳青, 李杰, 等. 杜氏盐藻葡萄糖-6-磷酸异构酶重组蛋白的纯化及其多克隆抗体制备[J] . 郑州大学学报 (医学版), 2010, 6: 910-914.
[329] 张磊. 杜氏盐藻 (*Dunaliella salina*) GPI多克隆抗体的制备及其在MDCK细胞中的定位[D] . 郑州: 郑州大学, 2010.
[330] 张楠楠, 潘卫东, 崔玉琳, 等. 杜氏盐藻磷酸烯醇式丙酮酸羧化酶基因的克隆和分析[J] . 海洋科学, 2011, 35 (12): 42-47.
[331] 张楠楠. 杜氏盐藻*PEPC*基因的克隆与油菜*DGAT*基因微藻表达载体的构建[D] . 郑州: 郑州大学, 2012.
[332] 张庆莲, 乔代蓉, 孙胜春, 等. 盐生杜氏藻的完整叶绿体分离[J] . 四川大学学报 (自然科学版), 2005, 42 (1): 210-212.
[333] 张庆莲. 盐生杜氏藻具有独特双结构域3-磷酸甘油脱氢酶的功能鉴定[D] . 成都: 四川大学, 2005.
[334] 张婷, 柴晓杰, 王媛, 等. 盐生杜氏藻*MAPK*基因的克隆及表达分析[J] . 中国农学通报, 2013 (15): 157-163.
[335] 张小毅, 刘巨源, 邱乐乐, 等. 杜氏盐藻甘油醛-3-磷酸脱氢酶基因启动子驱动氯霉素乙酰转移酶基因的表达及其活性检测[J] . 新乡医学院学报, 2012, 29 (6): 419-421.
[336] 张晓宁. 盐藻耐盐相关基因的克隆、功能分析与高效启动子的分离鉴定[D] . 上海: 复旦大学, 2002.
[337] 张哲, 王江涛, 谭丽菊. 草甘膦对旋链角毛藻和盐生杜氏藻的毒性兴奋效应[J] . 生态毒理学报, 2010, 5 (5): 685-691.
[338] 张哲. 草甘膦对六种海洋微藻的毒性兴奋效应研究[D] . 青岛: 中国海洋大学, 2010.
[339] 章丽. 盐生杜氏藻β-胡萝卜素羟化酶基因的克隆及在鱼腥藻7120中的转化[D] . 宁波: 宁波大学, 2013.
[340] 赵锦, 刘孟军, 蒋洪恩. 转基因技术及其在植物育种中的应用[J] . 生物技术, 2002, 6: 42-43.
[341] 赵锐, 金楠, 陈卫民, 等. 盐藻LHCB3蛋白的表达纯化及抗体制备[J] . 应用与环境生物学报, 2011, 17 (6): 847-850.
[342] 郑鸣, 白林含, 马梵辛, 等. 盐生杜氏藻*cbr*基因的克隆[J] . 四川大学学报 (自然科学版), 2003, 40 (3): 590-593.
[343] 郑鸣. 盐生杜氏藻*cbr*基因的克隆及其在烟草中的鉴定[D] . 成都: 四川大学, 2003.
[344] 郑荣. LiAc/ssDNA/PEG法高效转化酵母[J] . 湖北三峡学院学报, 1997, 1: 81-86.
[345] 郑永卿. 微藻电击转化方法的建立及新型载体的构建[D] . 广州: 中山大学, 2010.
[346] 钟闰, 吴思伟, 何秀苗, 等. 杜氏盐藻胞外多糖抗肿瘤活性及其机制研究

[J] . 食品工业科技, 2020, 41 (22): 126-133.

[347] 朱立强. 杜氏盐藻kinesin家族蛋白dsKIF4 cDNA片段的克隆及其在鞭毛再生中的作用[D] . 郑州, 郑州大学, 2013.

[348] 邹智, 卢长明. 影响农杆菌介导遗传转化的植物因子研究进展[J] . 生物技术通报, 2008, 1: 1-9.

第七章　盐藻的开发与应用

盐藻培养条件简单、生长快速，且含有大量宝贵的天然物质，如类胡萝卜素、甘油、脂质、维生素、矿物质等，具有极高的营养价值，被广泛应用于食品行业，已成为天然胡萝卜素的最佳商业来源。除此之外，盐藻在生物工程、化学工程等领域也具有较大潜力，如可作为外源蛋白质的表达载体、利用盐藻建立废水处理再利用系统等。对于当今世界面临的能源紧缺、环境污染、粮食不足等重大难题，盐藻作为一种光能自养型生物，生产效率高，在生态系统中属于初级生产者，对整个物质循环作用巨大，展现出广阔的应用前景。本章将从七个方面对盐藻的开发应用现状进行详细阐述。

第一节　盐藻在人类健康领域中的应用

随着社会发展和人口数量增长，人们对健康生活的需求也日益增高。经联合国粮农组织和世界卫生组织食品添加剂联合专家委员会认定，β- 胡萝卜素是一种 A 类优质营养色素，而盐藻是迄今为止人类发现的天然 β- 胡萝卜素含量最高的生物。此外，盐藻体内还含有叶黄素、玉米黄素等天然色素，以及不饱和脂肪酸、维生素 E 和多种微量元素。因此，盐藻及 β- 胡萝卜素等提取物在人类健康领域的研究中越发受到关注，目前已被认为是食品或保健品、药品等成分的良好天然来源。

一、盐藻在食品领域中的应用

盐藻被联合国粮农组织确定为 21 世纪绿色健康食品，也是我国已批准的新食品原料之一。据统计，截止到 2020 年，我国保健食品中已批准的盐藻相关产品达 13 个，这些产品具有补充维生素 A、增强免疫力、对化学性肝损伤有辅助保护功能、缓解视疲劳、抗辐射、免疫调节、抗衰老等多种功能，具有不可估量的市场前景（伍先绍，2008；黄金，2020）。

（一）作为食品添加剂

目前，盐藻作为天然的食品添加剂被用于食品外观的改善以及调味，提高其营养价值等方面。研究发现，将 2% 盐藻生物量添加至曲奇中，不但能提升曲奇口感、改善其外观，而且可增大曲奇中总酚含量，提高其抗氧化能力，受到消费者青睐。此外，有相关企业将盐藻及其提取物的抗菌、抗氧化功能用于饮品制作中，包括果饮（陈智毅，2020）、乳制品（巴根纳，2012a；2012b）等，除了抗菌、抗氧化功能，饮用时还可感受到盐藻的特有香气。盐藻中的其他色素还可作为天然色素添加至食品中。为此，有研究通过化学诱变构建一种可改进其色素（特别是叶黄素）产量的新型盐藻突变体，可在工业水平上有效地生产基于类胡萝卜素的色素（陈彦先，2019）。冯书营教授研究团队分别建立了一种盐藻黄色素和盐藻绿色素的提取技术，在该制备过程中仅添加了乙醇进行抽提，未添加任何酸碱，敞口过夜后乙醇蒸发，是一种安全环保、无残留的环境友好型工艺，制备的盐藻黄色素和盐藻绿色素可以用于糕点饮料、保健品等多个领域（冯书营，2020a；2020b）。

（二）作为食品原料

有研究人员将小麦、盐藻、黑豆等配制成盐藻面，在小鼠模型中发现，采用其制作的面条能够提高抗氧化活性和免疫功能，提示盐藻面营养丰富，可增强体质（杨凯，2018）。盐藻还被用于膨化食品生产中，即将无铝膨松剂和盐藻粉及其他微藻粉、紫薯燕麦、黑豆玉米等混合，显著提高了膨化食品的营养价值和品质（孙含，2020）。另外也可以利用盐藻制作保健酒，将盐藻与传统中药牛蒡根加工配制成牛蒡盐藻酒。在该酒制作过程中，研究人员采用粮食酒精和蒸馏水对盐藻进行萃取，充分提取了盐藻中的叶绿素 a、β- 胡萝卜素、藻蓝蛋白和微藻多糖，也保留了牛蒡中菊糖、维生素及蛋白质等成分，该酒既有益身体健康，又能养容美颜，而且酒的味道醇厚、色泽清亮、制备简便、成本低廉，有非常广阔的应用前景（王培磊，2016）。

（三）盐藻植物盐的开发

植物盐是指从植物有机体中获得的、富含多种矿物质和微量元素的一种新型食用盐，对人体的微量元素平衡、机能调节具有一定促进作用。盐藻具有极强的耐盐性，同时也是太阳能盐场中常见的结晶器，因此可以用来生产天然的植物盐。然而研究表明，从盐藻细胞中释放的有机物质会干扰 NaCl 结晶，导致结晶结构（特别是微晶尺寸）改变，还会影响植物盐中的污染物数量和质量（Giordano，2014）。故此，探索高效获得植物盐的方法显得非常重要。张福等利用盐藻的耐盐特性，将藻的培养与盐的结晶过程同时进行，大幅降低了植物盐的生产费用，利于规模化生产，同时还可保持植物盐的良好活性（张福，2013）。也有研究发现，将培养了10~20d盐藻的高盐卤水放置于光照充足且空气流畅的室外，通过蒸发浓缩可获得优质的植物盐，其中蛋白质和盐藻含量分别达30mg/100g和74mg/100g（王胜，2018）。此外，还可结合海水淡化浓缩技术对海水进行杀菌或过滤，经浓缩后进一步用于藻类培养，然后将此海水干燥处理，最终不仅可获得含有盐藻和其他藻类以及*β*-胡萝卜素等有效成分的植物盐，而且植物盐的制备过程也有助于改善海岸环境（金铉周，2015）。

（四）盐藻粉及盐藻软胶囊的生产

盐藻粉富含蛋白质、不饱和脂肪酸以及维生素E和*β*-胡萝卜素等活性物质，利用盐藻粉制得的产品已在美国、日本、欧盟国家广泛用于医药、食品、营养保健品及化妆品等行业（童微星，2021）。在我国，主要见于盐藻粉和盐藻软胶囊的生产应用。如利用封闭式养殖池大规模养殖盐藻，采用物理方法分离获得藻糊，然后经喷雾干燥法制成盐藻粉，将其与玉米油、维生素E混合挤压获得盐藻粉软胶囊，为人们提供了一种便于食用的天然绿色保健食品（郭连城，2003）。也可以采用食用花生油作为溶剂，将盐藻与维生素E混合配制成一种复方盐藻素胶囊。动物实验研究结果显示，该胶囊在小鼠体内具有抗氧化功能，并可有效提高小鼠免疫力（李怡岚，2007）。还可以将盐藻粉、*β*-胡萝卜素与精制盐、碘酸钾等混合制得复合盐藻，该方法使得盐藻粉中的营养成分在制作过程中得到极大程度的保留，将其用于人体营养保健（国兴君，2017）。

二、抗菌、消炎、抗病毒的应用

（一）抗菌作用

有研究显示，经加压流体技术制备的盐藻提取物处理番茄植株，可以使植株的细菌性斑点病发病率显著下降，病征也得到减轻。进一步深入研究发现，盐藻提取物对引起该病症的丁香假单胞菌具有抗菌活性（Alfredo，2020）。而采用超临界CO_2流体萃取法获得的盐藻提取物虽无明显的抗真菌活性，但具有抗细菌活性，包括大肠杆菌、金黄色葡萄球菌、白霉菌等，尤其是对金黄色葡萄球菌，其抑菌活性成分包括吲哚类、萜烯类、酚类、*γ*-亚麻酸、脂肪酸和挥发性物质卤代烃等（Mendiola，2008）。除此之外，采用肠道蛋白酶对盐藻藻体蛋白水解，发现水解产物中的63u蛋白质及其衍生肽可抑制大肠杆菌、金黄色葡萄球菌、幽门螺旋杆菌等细菌的生长（Darvish，2018），表明盐藻藻体蛋白也有抑菌作用。

不同的提取方法会影响盐藻提取物的抑菌效果。Herrero 等发现，分别以水、乙醇、石油醚和正己烷作为提取溶剂时，水的提取率相对最低，乙醇最高，而以石油醚和正己烷为提取溶剂获得的盐藻提取物抑菌效果最好。此外，提取率通常随着温度的升高而升高，在 160℃温度下获得的提取物抑菌效果也较好（Herrero，2006）。采用超临界 CO_2 流体萃取法制备盐藻提取物时，在 9.8℃、萃取压力为 31.4MPa 时获得的盐藻提取物也显示出了较好的抑菌活性（Mendiola，2008）。

（二）消炎作用

动物实验表明，基于天然 *β*- 胡萝卜素的油剂、结晶体、单体均具有治疗胃溃疡、十二指肠溃疡、胃炎和肠炎等炎症性疾病的功效，而且还可保护肠胃黏膜（童微星，2001；2010）。在感染了伪狂犬病病毒（pseudorabies virus，PRV）的单核巨噬细胞 RAW 264.7 中，盐藻的类胡萝卜素提取物可通过抑制 TLR9、PI3K/Akt 的磷酸化来调节核因子 -*κ*B（NF-*κ*B）通路，通过测量细胞活力、细胞毒性、炎症介质（如 NO、iNOS、COX-2）、促炎细胞因子等因素，证实了其具有一定抗炎作用（Lin，2014）。盐藻类胡萝卜素提取物不仅作用于 NF-*κ*B 通路抑制炎症反应（Yang，2013），还可以抑制 JAK/STAT 通路进而抑制活性氧（ROS）、白细胞介素 -6（IL-6）和 NO 的产生，使感染了病毒的 RAW 264.7 细胞中的细胞信号转导抑制因子（SOCS3）表达增强（Lin，2017），从而实现抗炎作用。

盐藻体内含有丰富的 *ω*-3 脂肪酸，因此其具有替代海洋鱼油成为 *ω*-3 脂肪酸天然来源的巨大潜力（Chitranjali，2015），其主要由二十碳五烯酸（eicosapentaenoic acid，EPA）和二十二碳六烯酸（docosahexaenoic acid，DHA）组成。研究发现，在经脂多糖（lipopolysaccharide，LPS）炎症诱导的外周血单核细胞（PBMC）中，加入盐藻来源的 *ω*-3 脂肪酸浓缩液可显著降低细胞中 TNF-*α* 和 IL-6 水平，并且可以抑制环氧合酶（COX-2）、基质金属蛋白酶（MMP-2、MMP-9）表达，提示盐藻中提取的 *ω*-3 脂肪酸浓缩物也具有抗炎活性（Chitranjali，2014）。

（三）抗病毒作用

研究者利用加压液体萃取法（PLE）在乙醇、水和正己烷这三种溶剂中分别获得了盐藻和雨生红球藻的提取物，并在 1 型单纯疱疹病毒（HSV-1）的不同感染阶段检测其抗病毒活性。研究结果发现，盐藻和雨生红球藻的提取物均可抑制 HSV-1 的感染，特别是雨生红球藻的乙醇提取物可显著抑制 HSV-1 的胞内复制。进一步研究发现，盐藻的水提取物抗病毒活性与多糖有关，其乙醇提取物的抗病毒活性则可能与 β- 紫罗兰酮、新植二烯等化合物有关；而雨生红球藻提取物的抗病毒活性可能与短链脂肪酸的存在有关，表明不同藻类的不同提取物的抗病毒活性物质也各不相同（Susana，2012）。

三、抗氧化作用

氧化应激是指生物体内氧化与抗氧化作用失衡的一种状态，是导致心血管疾病、脑缺血、癌症等多种疾病和衰老的重要因素。各种刺激诱导的 ROS 过量产生会导致氧化应激发生，继而破坏细胞的正常功能，降低酶活性，造成脂质、蛋白质和 DNA 等损伤而引发疾病，因此，筛选高效的具有抗氧化活性的物质具有重要意义。

（一）类胡萝卜素

盐藻体内含有大量的类胡萝卜素。其中，β- 胡萝卜素属于类胡萝卜素中的一种，是天然化合物中有效的氧自由基淬灭剂，具有抗氧化、抗辐射和调节免疫等作用，可提高人体免疫力，增强抗病能力，降低癌症发生率等（赵素娟，2003）。目前，盐藻在市场中的应用主要集中于盐藻 β- 胡萝卜素相关产品的开发生产（伍先绍，2008）。因此，筛选高产类胡萝卜素的藻株，开发 β- 胡萝卜素等提取工艺，对类胡萝卜素的商业化生产非常重要。有研究在数百个澳大利亚微藻分离株中选取 12 种微藻进行了类胡萝卜素产量和体外抗氧化能力检测。结果显示，盐藻、浮游生物、盐生巴夫藻（*Pavlova salina*）和球等鞭金藻（*Isochrysis Galbana*）中的类胡萝卜含量相对较高，进一步证实了盐藻的商业化价值和潜力（Ahmed，2014）。

（二）抗氧化酶

盐藻的抗氧化能力不仅与 β- 胡萝卜素相关，还与盐藻体内的 SOD、CAT 和过氧化物酶 POD 等抗氧化酶有关（Haghjou，2009）。研究显示，在大鼠的结肠炎模型以及紫外线辐射诱导的小鼠晶状体氧化损伤模型中，盐藻均提高了其机体内的抗氧化酶活性，并抑制了脂质过氧化和炎症因子的表达，可保护细胞免受氧化损伤（Tsai，2012；Abdel-Daim，2015）。

1. 光照、温度对抗氧化酶活性的影响

抗氧化酶活性受诸多因素调控。有研究比较了两种盐藻藻株（IR-1 和 Gh-U）抗坏血酸 - 谷胱甘肽（ASA-GSH）循环系统的成分，以及 SOD 和 POD 活性。结果显示，菌株 IR-1 的 SOD、抗坏血酸过氧化物酶（ascorbate peroxidase，APX）和邻苯三酚过氧化物酶（pyrogallol peroxidase）活性约为藻株 Gh-U 的 4 倍。通过改变光照和温度来观察这些抗氧化剂的变化情况，发现强光［1200μmol/（L · m^2 · s）］、低温（13℃）和低温 - 强光［13℃ /1200μmol/（L · m^2 · s）］组合的处理，使总抗坏血酸含量增加了 10%~50%，总谷胱甘肽含量增加了 20%~100%，无论是强光还是低温条件都会增加 SOD 活性，但对 ASA-GSH 循环酶的活性无显著影响，说明盐藻可以通过增加 SOD 活性和抗坏血酸、谷胱甘肽含量来实现光氧化损伤的修复（Haghjou，2009）。

2. 盐浓度对抗氧化酶活性的影响

高浓度的活性氧（如超氧化自由基、羟基自由基和 H_2O_2）会氧化损伤生物分子，破坏细胞的新陈代谢，从而造成生物氧化胁迫。在不同的盐浓度条件下，向处于萌芽期的辣椒添加盐藻提取物，以测定盐藻对其活性氧解毒的影响。结果显示，盐藻提取物可以提高辣椒抗氧化酶含量，降低超氧化物自由基和脂质过氧化物产量（Guzmán-Murillo，2013）。同样，还有研究发现盐藻在 0.5mol/L NaCl 和光照：黑暗为 16h ： 8h 的光周期条件下生长最好，而当细胞处于 >2mol/L NaCl 时，细胞内活性氧含量、抗氧化酶的活性和中性脂质积累增加，但其脯氨酸和丙二醛含量急剧下降，并且高盐度会明显抑制 SOD 异构体的表达（Singh，2019c）。Soltani 等在秋水仙碱诱导盐藻多倍体中，研究了盐度对盐藻抗氧化酶活性的影响。结果表明，在不同的盐胁迫下，盐藻抗氧化酶活性与盐胁迫程度呈正相关。其中，在 4mol/L NaCl 胁迫时的酶活性相对最高，而盐藻的多倍体水平也会影响其抗氧化酶的活性（Soltani，2019）。

3. 细菌对抗氧化酶活性的影响

细菌也会影响盐藻的抗氧化活性。Nemtseva 等从俄罗斯的一个高盐湖泊中分离获得盐藻株 IPPAS D-232，发现该湖泊中的极端嗜盐古生菌特班齐赫盐红菌（*Haloruum tebenquichense*）和中度嗜盐菌海生嗜盐球菌（*Marinococcus halophilus*）可以促进盐藻株 IPPAS D-232 生长，并提高其抗氧化活性。在连续搅拌条件下，相较于 139.6g/L、279.2g/L 的 NaCl，93.1g/L 的 NaCl 浓度的培养条件可使其积累更高的生物量（Nemtseva，2013）。

4. 纳米化和水杨酸对抗氧化酶活性的影响

盐藻抗氧化酶活性与纳米银颗粒（AgNPs）和水杨酸（salicylic acid，SA）的存在也具有相关性。Bahador 等将处于对数生长期的盐藻悬浮液加入到不同水平的纳米银颗粒中，发现 25pmol/L AgNPs 可以增强蛋白质水解、脂质过氧化和抗氧化酶的活性，从而降低细胞分裂水平；而经 1mmol/L SA 处理的 25pmol/L AgNPs 则会使抗氧化酶和蛋白酶水解活性下降，同时可降低除 β- 胡萝卜素之外代谢物的积累，使盐藻细胞产生氧化应激（Bahador，2019）。王贞丽等从盐藻中提取纳米水溶性 β- 胡萝卜素（以顺式结构为主），发现其具有更强的自由基清除能力，尤其是对单线态氧的清除能力（王贞丽，2007）。

（三）抗氧化多肽

盐藻中的蛋白质具有清除自由基的作用。1，1- 二苯基 -2- 三硝基苯肼（2，2-diphenyl-1-picrylhydrazyl，DPPH）是一种具有单一稳定电子的自由基，具有较强的得电子能力，可损伤周围大分子，引起机体衰老或肿瘤等疾病。有研究将 2g 盐藻粉末置于 60mL 1mol/L NaOH 溶液中，在 800W 超声处理 15min 后获得分子质量大小为 100~10000u 的盐藻多肽提取物，其中 500~1000u 组分的盐藻提取物具有更强的 DPPH 自由基清除活性。然而，多肽类化合物易在肠胃中降解，从而引起生物活性降低甚至消失。为此，该研究在体外模拟人体胃肠消化过程，发现盐藻多肽提取物在胃肠消化液中仍具有较强的清除 DPPH 自由基的活性。将 500~1000u 组分进行质谱分析，鉴定出了 4 种小分子多肽，分别为 Ile-Leu-Thr-Lys-Ala-Ala-Ile-Glu-Gly-Lys、Ile-Ile-Tyr-Phe-Gln-Gly-Lys、Asn-Asp-Pro-Ser-Thr-Val-Lys 和 Thr-Val-Arg-Pro-Gln-Arg，这些多肽有望作为抗氧化多肽发展为一种人体功能保健食品（Xia，2019）。

四、癌症的防治

全球癌症发病率和死亡率正在快速增长，尽管癌症生物学和治疗学已取得了一定进展，但抗肿瘤药物的耐药性和毒副作用仍是亟须解决的问题，迫切需要新的无毒或毒副作用小的替代治疗药物。使用天然化合物来缓解症状甚至预防和治疗癌症是近年来的研究热点之一。目前有研究表明，盐藻中的活性代谢产物可提高常规化疗药的疗效，甚至具有抗肿瘤的生物活性（刘丽萍，2008）。

（一）抑制肿瘤细胞生长

1. 乳腺癌

Nagasawa 等发现，在乳腺癌自发模型动物 SHN 小鼠的饲料中添加巴氏杜氏藻干粉和盐藻油性溶液，可显著抑制小鼠乳腺癌的发生。但对小鼠的血浆泌乳素、催乳素水平、内分泌器官重量和发情周期无明显影响。提示盐藻可以预防乳腺癌的发生，同时该作用与内分泌系统的调节无显著关联（Nagasawa，1989）。Srinivasan 等采用二甲基苯蒽（DMBA）诱导建立雌性 Wistar 大鼠乳腺癌模型，对大鼠饲喂 1000mg/kg 盐藻冻干粉后同样可有效抑制肿瘤细胞增殖，肿瘤减少率达 83.4%（Srinivasan，2017）。二者实验均说明盐藻对乳腺癌的预防和控制有着显著的积极作用。

2. 前列腺癌、宫颈癌

Jayappriyan 等从印度一个盐田中分离获得盐藻株，编号为 EU5891199，从中提取获得天然的 β- 胡萝卜素，最终得率为 3mg/mL。采用流式细胞仪分别分析盐藻提取 β- 胡萝卜素与合成来源的 β- 胡萝卜素对人前列腺癌细胞（PC-3）的抗肿瘤活性。实验结果表明，盐藻藻株 EU5891199 中提取获得的天然 β- 胡萝卜素和合成来源的 β- 胡萝卜素均可促进 PC-3 细胞的凋亡，凋亡率分别为 32% 和 27%，提示盐藻提取的 β- 胡萝卜素对前列腺癌细胞的杀伤活性更强（Jayappriyan，2013）。此外，盐藻的胞外多糖可抑制人宫颈癌细胞 Hela 生长，并促进其凋亡。通过转录组学检测发现了 2032 个差异表达基因，包括 1132 个上调基因和 900 个下调基因，这些基因参与了 MAPK、TNF、VEGF 和 Ras 等凋亡相关信号通路，可为进一步研究抗肿瘤机制提供一定参考（钟闰，2020）。

3. 白血病

Chuang 等给小鼠静脉注射急性粒 - 单核白血病细胞 WEHI-3，建立起同种移植性 BALB/c 小鼠白血病模型。通过口服不同剂量的盐藻（184.5、369、922.5mg/kg），发现口服盐藻组可以延长小鼠生存时间，抑制脾肿大，还可增强吞噬细胞的吞噬作用和自然杀伤细胞的细胞毒性。同时，T 淋巴细胞、B 淋巴细胞的增殖得以提高，干扰素 -γ（IFN-γ）和白细胞介素 -2（IL-2）水平升高，白细胞介素 -4（IL-4）和白细胞介素 -10（IL-10）的水平降低（Chuang，2014）。表明盐藻可增强白血病小鼠的机体免疫能力，具有治疗白血病的潜力。

4. 皮肤癌

皮肤癌是最常见的恶性肿瘤类型之一，包括黑色素瘤和非黑色素瘤，其发病率和死亡率均较高。有研究分别探讨了盐藻、来自于死海的嗜盐富饶菌及二者混合物在体外治疗皮肤癌的潜力。结果显示，盐藻和嗜盐富饶菌均可抑制肉瘤和皮肤基底细胞癌的生长，二者的混合物还会产生协同作用，提示盐藻和嗜盐富饶菌联用的方法有望发展为一种皮肤癌的新型疗法（Raz，2019），但其作用机制还需要深入研究。

5. 神经母细胞瘤

有研究发现，与人的正常血管内皮细胞 ECV304 相比，从盐藻中提取的精油对人神经母细胞瘤细胞 SH-SY5Y 有着显著的细胞毒性。进一步采用气相色谱质谱联用（GC-MS）技术对盐藻精油成分进行分析，共鉴定出 50 种化合物。其中的主要化合物为十八烷酸和十六烷酸，提示盐藻精油的抗人神经母细胞瘤细胞作用可能与这两种成分有关（Ataseyer-Arslan，2015）。同时，盐藻体内 β-胡萝卜素的几何异构体（Raja，2007）也影响着细胞向肿瘤转化的发展。在以往的研究中，多以脂溶性 β- 胡萝卜素（以反式结构为主）为研究对象，然而 β-胡萝卜素不同异构体表现出来的生物活性也存在差异。Hieber 等在小鼠胚胎成纤维细胞 10T1/2 和人角质形成细胞 HaCaT 中，检测了不同异构体形式的 β- 胡萝卜素对细胞增殖的作用。研究发现，全反式 β- 胡萝卜素在抑制这两种细胞的肿瘤转化活性方面比 9- 顺式 β- 胡萝卜素约强 3.5 倍（Hieber，2000）。故此，今后在盐藻抗肿瘤研究方面，加强 β- 胡萝卜素异构体的修改改造显示出重要的应用价值。

6. 纤维肉瘤

研究人员采用甲基胆蒽诱导 Wister 大鼠出现纤维肉瘤。将 0.5g 或 1.0g 的盐藻冻干粉与羧甲基纤维素混合后对大鼠进行口服饲喂，以饲喂化疗药物顺铂和维生素 E 的混合物作为对照组。研究发现，与对照组相比，盐藻给药组可降低大鼠体内胆固醇和乳酸脱氢酶水平以及 CAT、SOD、血清天冬氨酸氨基转移酶、血清谷丙转氨酶活性。通过组织病理学检测进一步发现，盐藻给药组大鼠中的肿瘤组织出现退行性改变，提示盐藻对纤维肉瘤也有一定治疗作用（Raja，2007）。

（二）新型抗癌药物的开发

Singh 研究团队利用盐藻水提物作为还原剂和稳定剂，分别在 $AgNO_3$ 和 $HAuCl_4 \cdot xH_2O$ 中合成了纳米银粒子（AgNPs）和纳米金粒子（AuNPs）。经检测，AgNPs 和 AuNPs 可杀死人乳腺癌细胞 MCF-7，而对正常人乳腺上皮细胞 MCF-10A 无毒性效应，有望成为新型抗癌药物（Singh，2017；2019b）。同时，抗癌药物的使用方法也得到不断地改进。Zamani 等在对盐藻提取物进行包装制备磁性纳米粒子时，为减少纳米粒子间的团聚问题而选用阿拉伯树胶为载体。然后采用总抗氧化能力测定（FRAP）和MTT法分别检测其对人乳腺癌细胞MCF-7、人宫颈癌细胞Hela的抗氧化活性和肿瘤杀伤能力，均表现出具有较好的抗氧化、抗肿瘤能力，今后可将其作为一种盐藻提取物药物的口服递送系统（Zamani，2019）。

（三）对化疗药物的协同增效作用

盐藻不仅具有抗肿瘤活性，而且与其他化疗药物联用可起到协同增效作用。刘丽萍等通过分析盐藻提取物后发现，除β-胡萝卜素和多糖等抗肿瘤活性成分之外，盐藻中还包括能够抗化疗药物表阿霉素所致骨髓细胞损伤的活性成分和提高肿瘤细胞对化疗药物顺铂敏感性的成分（刘丽萍，2008）。同时，将常用化疗药物顺铂和盐藻β-胡萝卜素提取物按照质量比为3：（25~100）进行配制，研发了一种可辅助治疗LEWIS肺癌的海洋药物。在该药物的盐藻β-胡萝卜素提取物中，顺式异构体的重量占比>50%。盐藻β-胡萝卜素的加入有效地提高了顺铂的抗肿瘤作用，并降低顺铂的毒副作用（王春波，2019）。因此，在抗肿瘤策略和机制研究中，药物之间的协同增效作用不容忽视。

五、对神经系统的作用

（一）改善记忆

生物体中的自由基能够损伤中枢神经系统，从而影响学习和记忆能力。多项研究已证实了盐藻的自由基清除能力。研究人员基于盐藻开发了可以改善记忆力的食品，比如以南瓜粉、大豆粉为主要原料，添加盐藻提取物、二十二碳六烯酸（DHA）藻油等新食品原料，辅以茯苓、桂圆、杏仁等药食两用中草药，组成该特殊膳食食品配方。该食品不但具有改善睡眠、缓解神经衰弱、改善记忆力的功效，而且对人体无毒副作用，生产成本低，具有较好的市场推广价值（张卫华，2017）。

（二）抗阿尔茨海默病

盐藻在阿尔茨海默病中可作为天然的保护剂。EI-Baz团队基于$AlCl_3$诱导的阿尔茨海默病大鼠模型，连续6周给模型鼠服用盐藻提取物（150mg/kg），分析钙调蛋白水平、抗凋亡标志物、对氧磷酶1（PON1）活性、脑源性神经营养因子、淀粉样前体蛋白表达及DNA加合物的产生等指标。结果发现，补充盐藻的大鼠PON1活性升高，钙调蛋白、抗凋亡标志物和脑源性神经营养因子水平均上调，DNA加合物水平降低。由此可知，盐藻提取物可保护阿尔兹海默病大鼠脑细胞免受氧化应激（EI-Baz，2016）。

六、对心血管疾病和肥胖的作用

（一）预防动脉粥样硬化

在肝微粒体脂质过氧化大鼠模型中，连续6周饲喂含有β-胡萝卜素或类胡萝卜素的饲料。结果显示，大鼠血浆和肝中的总脂、甘油三酯、总胆固醇和磷脂浓度均显著降低，表明盐藻的类胡萝卜素具有降血脂和降胆固醇的特性（El-Baky，2013）。此外，盐藻β-胡萝卜素还能通过调节血脂代谢、降低脂质过氧化水平，有效抑制血清和动脉壁丙二醛的生成，从而抑制动脉粥样硬化和脂肪肝的形成与发展（黄建乡，2003；穆海英，2006）。

（二）缓解心衰

为了了解盐藻细胞的总生物量、类胡萝卜素和极性组分对大鼠心脏的保护与治疗作用，El-Baz等在D-半乳糖诱导的心衰大鼠模型中，分别采用盐藻生物量（250mg/kg）、类胡萝卜素（250μg/kg）和极性组分（250μg/kg）连续饲喂大鼠28d。研究发现，盐藻总生物量组和类胡萝卜素组大鼠的血清同型半胱氨酸、肌酐激酶同工酶、乳酸脱氢酶、诱导型NO合成酶和IL-6水平显著降低，心脏组织中葡萄糖转运体4和SOD含量增加，表明盐藻合成的总生物量和类胡萝卜素可改善D-半乳糖诱导的衰老相关心功能障碍（El-Baz，2018a）。不仅如此，胡萝卜素在一定条件下可转化为视黄素，而视黄素在早期心血管形态发生过程中是必不可少的，并且在高血压和心肌梗死后心脏重构中也发挥重要作用。El-Baz等进一步在该模型中，给大鼠饲喂盐藻类胡萝卜素酯类化合物二十烷基玉米黄质（zeaxanthin heneicosylate，ZH）（250μg/kg），发现大鼠心脏衰老表现明显改善，心脏组织中视黄素受体α（retinoid receptor alpha，RAR-α）表达显著升高，提示ZH可能通过激活视黄素受体而改善大鼠心功能障碍（El-Baz，2019a）。

（三）改善肥胖

盐藻及其提取物有一定降脂作用，El-Baz等对体重为150~160g的大鼠进行连续12周的高脂饲料喂养，再分别连续喂养盐藻提取物（150mg/kg）、奥利司他药物（12mg/kg）6周。结果发现，药物组和盐藻提取物组在不增加食欲的情况下，均能显著降低大鼠体重、肝重、内脏脂肪和脂肪谱，抑制胰腺脂肪酶活性，增加粪便脂肪，改善肝功能酶活性、胰岛素、血糖和瘦素水平。该研究证实了盐藻可显著降低体重、改善肥胖及调节其相关并发症的代谢途径（El-Baz，2018b），因此，盐藻提取物有望成为一种天然抗肥胖营养药物。

七、糖尿病的防治

糖尿病是一组以高血糖为特征的代谢性疾病。其中，抗氧化疗法可以改善糖尿病患者的氧化应激状态，从而有助于糖尿病的防治。有研究证实，盐藻及其提取物的抗氧化特性可以抑制炎症介质和氧化应激分子，上调硫氧还蛋白（Trx）活性，对糖尿病的神经性病变起到一定治疗作用（Ruperez，2009；El-Baz，2020a）。也有研究表明，2 型糖尿病与 β- 胡萝卜素摄入量也有一定关联。Harari 等在 db/db 糖尿病小鼠的饲料中添加了 8% 盐藻粉后，显著抑制了小鼠血糖升高，降低了促炎因子 mRNA 水平，再次证实了盐藻可通过减少炎症来抑制 db/db 小鼠的糖尿病（Harari，2013）。

如今，市场上有多种含盐藻成分的降糖降脂饮品，如一种包含盐藻、荸荠、苦菊和玉米须等提取物的降糖降脂组合物（冯书营，2021c）。另有天然胡萝卜素、鱼肝油以及人参皂苷（甲醇提取物）、山药（乙醇提取物）、牡蛎（酶解提取物）、青黛等的提取物（青黛脂溶性提取物）组成的盐藻素营养组合物。这些组合物营养均衡，能够显著增强人体免疫功能，延缓衰老，同时对高血脂、高血压和糖尿病患者的临床症状有明显改善作用，尤为适合中老年人服用（徐贵义，2017b）。

八、保肝护肝作用

（一）脂肪肝的预防与治疗

脂肪肝是肝脏疾病发展过程中的中间病理过程，在病毒性肝炎、肥胖症等多种肝脏疾病中均可能发生。自由基在肝损伤中起重要作用，因此在肝脏病变早期及时清除自由基，将有利于抑制脂肪肝的病症发展。利用鹌鹑脂肪肝动物模型，采用包含不同浓度的盐藻 β- 胡萝卜素饲料喂养鹌鹑，并对其进行肝脏组织学检查。结果表明，盐藻 β- 胡萝卜素在 6.25~25mg/kg 范围内具有调节鹌鹑血脂代谢，降低脂质过氧化水平的功能，能够有效减轻肝脏脂肪病变程度，从而抑制脂肪肝的形成与发展（王春波，1999）。此外在大鼠脂肪肝病理模型中，同样发现盐藻类胡萝卜素可通过调节氧化还原状态、炎症因子和凋亡分子而减轻衰老大鼠的年龄相关性脂肪肝（El-Baz，2020b）。

（二）抑制肝脏纤维化

盐藻可提高抗氧化酶活性和抑制脂质过氧化作用，从而起到保护小鼠肝脏的功能（Hsu，2008）。El-Baz 等在硫代乙酰胺诱导的肝纤维化大鼠模型中，对大鼠饲喂盐藻后，发现盐藻能刺激血红蛋白合成，可改善肝细胞组织学特征，并能改善硫代乙酰胺的毒性作用，从而抑制肝脏纤维化（El-Baz，2019b）。

（三）解酒护肝作用

盐藻对肝脏的保护作用在一种解酒护肝组合物、解酒护肝饮品中也得以体现。盐藻配合枳椇子、葛花、茯苓、白术、芦根、女贞子、薄荷等，能够提高免疫、营养细胞，而且起到解酒护肝、利水的作用，同时还可抗氧化，健胃护胃,进而减轻酒精对人体的伤害（冯书营,2021b）。即使服用了超高剂量的盐藻，如连续 3 个月投喂动物［100mg/（kg · d）］，盐藻粉不仅对肝脏等脏器无毒副作用，而且成功地刺激了血红蛋白的合成，因而有望在未来作为多种疾病的预防剂（El-Baz，2019c）。

九、人体保健方面的其他应用

（一）保护视力

盐藻中富含的 β- 胡萝卜素作为维生素 A 的前体，可以保护眼睛视网膜和晶状体免受自由基损伤,维持视网膜正常功能。叶黄素也是盐藻中的一种天然色素，可促进视网膜细胞中的视紫质再生，预防视网膜剥离，保护视力。如将盐藻与苁蓉（或锁阳）、菊花、牛磺酸、番茄红素（或虾青素，或葡萄籽）等配制而成一种可缓解眼疲劳、改善视力、具有明目功效的组合物，这些成分可将清肝明目、营养眼睛与补肾相结合，使精血充足，眼睛得到更加有效的滋养和保护（孟令刚，2014）。

（二）调节肠道菌群

盐藻具有调节肠道微生态的功能。对大鼠皮下注射二甲基肼诱导结肠癌，然后饲喂富含类胡萝卜素的盐藻冻干剂 16 周后，采用宏基因组文库分析技术对大鼠粪便中提取的 DNA 进行测序分析。结果表明，饲喂盐藻的大鼠肠道菌群发生显著变化，提示盐藻有助于肠道菌群的调节（Gomathinayagam，2021）。此外，Darvish 等发现盐藻藻体蛋白在肠道蛋白酶的水解作用下，小于 3u 蛋白质水解产物可显著降低人结肠癌细胞的活力，对结肠癌具有一定的治疗潜力。

十、在化妆品领域中的应用

环境的污染、紫外线辐射、睡眠不足、过度饮酒等给人们肌肤带来了不同程度的伤害，如肌肤暗沉、皱纹等，给人们生活带来很大困扰。盐藻中富含的多种微量元素可以为肌肤提供必需氨基酸等营养成分；盐藻多糖、甘油具有较好的保湿功效；其体内大量的抗氧化物质也可抵抗皮肤衰老。因此，盐藻在化妆品行业已有广泛应用。

（一）润肤洁肤

通过超临界 CO_2 液体萃取法从盐藻粉中获得盐藻提取物，并将其作为沐浴露配方之一。研究结果显示其不仅使沐浴露具有更好的保湿性，而且可以使沐浴露的泡沫更加细腻丰富，这可能与其可增加泡沫厚度有关。该研究研制的沐浴露配方还包括海藻糖、芦荟提取物、金缕梅提取物等天然植物组分，其具有不含激素、生物降解性好的优点，可用于敏感性、过敏性体质皮肤的清洁，而且环保无污染（严敬华，2021）。此外，盐藻提取物也可以作为面霜的成分之一，将其与小果咖啡籽、牛油果树籽饼、欧洲越橘果等提取物相混合，制得的面霜具有水润亮肤、提高肌肤抵御能力的功效（范勇，2020）。

（二）祛皱修复

盐藻可以为皮肤细胞中的线粒体提供能量，维持肌肤能量代谢平衡，具有肌肤兴奋作用，促使肌肤细胞复苏增生，延缓皮肤衰老。将提取 β- 胡萝卜素后的盐藻粉渣进行二次提取，获得其中的水溶性游离氨基酸、维生素、无机盐等小分子水溶性混合物。其中含有的高浓度 K^+ 与细胞中 ATP 的合成代谢息息相关，因而可提高细胞能量代谢速度，是一种有效的肌肤能量促进剂，加快细胞更新，全面改善肌肤状态（杜首英，2010）。因此，盐藻提取物已作为主要功能性成分之一而被开发为面霜（李书乾，2020）、精华液（汪应秀，2019；麦杰英，2020）等产品，具有提亮肤色、祛皱抗衰、舒缓修复肌肤的功效。

（三）防止光损伤

盐藻提取物中含有六氢番茄红素和八氢番茄红素，具有吸收紫外线的特性，尤其可以有效减轻中波紫外线的辐射损伤。有研究显示，当防晒品中添加 >10% 盐藻提取物时，防晒效果好，但是成本较高，不利用实际应用；若添加量 <0.01%，则对中波紫外线的防晒指数没有明显提升。通常添加 5% 盐藻提取物，此时防晒效果和性价比均较为合适（刘德海，2017）。另有研究将盐藻、绣球菌、高山火绒草、密蒙花等提取物进行复配，该组合可以替代化学紫外线吸收剂，不仅防晒，而且成分更加稳定和安全，可以用于敏感肌肤使用。同时，盐藻和密蒙花提取物的复配具有瞬时退红亮肤、改善皮肤弹性的作用（陈潇，2019）。

（四）祛痘止痒

盐藻多糖具有一定的体内抑菌和抗炎作用（戴军，2007），有企业依据盐藻此特性研发了一种祛痘洗面奶。基于盐藻提取物，添加互叶白千层提取物、松油醇、松油烯等原料，研发的产品祛痘效果好、可以止痒杀菌并且安全环保（周渭川，2019）。利用盐藻提取物还可以研发医用冷敷面贴，它不但能够快速祛肿化瘀，抑菌抗炎，修复术后受损肌肤，还兼具补水保湿、祛痘淡斑、美白肌肤、调理亚健康肌肤的功效，生产工艺简单，易于产业化推广应用（赵晗，2019）。

（五）补水美白

盐藻在化妆品美白领域也占有一席之地。例如市场上可见的一种喷雾式睡眠面膜，该面膜中的功效活性剂包括盐藻提取物和氢化聚癸烯等，其不仅能够改善脸部皮肤的弹性，而且可以充分补充皮肤水分（季小洋，2021）。此外，盐藻还可用于增白美容液（龚灿锋，2015）、气垫 BB 霜（余华容，2017）以及补水美白组合物（刘珂纶，2017）等，这无疑为今后化妆品制备提供重要材料。

第二节　盐藻在动物养殖领域的应用

盐藻营养丰富，可满足水产生物的营养需求，而且无细胞壁，利于幼体进食和消化。因此，其在自然环境中是多种水生生物的天然饵料和幼体阶段的主要食物来源。此外，盐藻还可作为家畜等动物的优质养殖饲料，在水产业和农业领域均具有重要应用。

一、水产养殖饵料

（一）对浮游生物的生长繁殖影响

1. 桡足类

桡足类（*Nitocra spinipes*）是海水养殖中的一种优质生物活体饵料，但由于大规模培养技术的限制，导致桡足类在海水养殖业中难以普及。优质的饵料是决定桡足类生长和繁殖的关键因素。研究人员将特氏杜氏藻（*Dunaliella tertiolecta*）等微藻作为饵料进行组合，探究这些微藻对海藻类共足桡足类动物的生长繁殖影响。结果发现，角毛藻（*Rhodomonas salina*）饲喂下的桡足类动物繁殖率可达 64.3%，还可提高其幼体存活率，总体优于三角褐指藻（*Phaeodactylum tricornutum*）和特氏杜氏藻（Dahl，2009），提示可采用角毛藻作为桡足类动物的饵料。

2. 纤毛虫

原生动物纤毛虫是一种常见的微型生物类群，其作为浮游微食物网的顶级捕食者，同时也是小型后生动物如桡足类的主要食物，被认为是浮游生态系统中的关键一环。为了解纤毛虫在投喂不同单胞藻类和不同温度下的种群增长情况，以一种海洋大型底栖纤毛虫——叶状突口虫为例，在室内 3 种温度（15、20、25℃）条件下分别对其投喂等鞭金藻、牟氏角毛藻、盐藻和三角褐指藻，探索饵料种类对其增长率的影响。实验结果表明，其中盐藻投喂组的纤毛虫增长率较高、种群数量最大；而 15℃下牟氏角毛藻投喂组的种群增长率最低，提示底栖纤毛虫在较高温度和较佳食物条件下通常有更高的种群增长率（李承春，2012）。

盐蚕豆虫也是纤毛虫的一种，相比于叶状突口虫，盐蚕豆虫个体小、分布广、耐盐性高，其身体表面无任何坚硬的物质，易被幼鱼捕食和消化。采用盐藻和酵母两种不同类型的饵料投喂盐蚕豆虫，研究此二者对盐蚕豆虫生长的影响。结果显示，相较于酵母组，盐藻组的盐蚕豆虫具有较高的生长速率和较低的世代时间，表明食物的类型对盐蚕豆虫的种群生长有显著影响。实验进一步用密度为 1×10^{10}cell/L 的盐藻投喂后发现，盐藻可在短时间内实现盐蚕豆虫的高密度培养和利用，而酵母则适用于实验室中盐蚕豆虫的保种工作（汤荣成，2019）。

3. 卤虫

卤虫又称丰年虫，是一种小型甲壳类动物。卤虫主要生存于沿海盐田、内陆盐湖等高盐水域，是培育水产生物苗种的优质生物活体饲料，在水产养殖中应用广泛，现主要采用海水单胞藻类、藻粉等作为饵料对卤虫进行人工养殖。微藻饵料的种类对卤虫生长具有显著影响。将盐藻与球等鞭金藻、塔胞藻作为饵料，采用单独和混合培养方式饲养卤虫。结果显示，卤虫体长在不同饵料中的相对增长率依次为：塔胞藻组 > 盐藻 > 球等鞭金藻 + 塔胞藻组 > 球等鞭金藻 + 盐藻组 > 球等鞭金藻组（马婷，2020）。也有研究选取了盐藻、湛江等鞭金藻和青岛大扁藻这 3 种不同粒径的开口饵料藻分别投喂卤虫，卤虫对其最大摄食率分别为：1.66×10^5、3.06×10^5、6.7×10^4cell/（ind · h），表明粒径越小的饵料藻越易被卤虫摄食。根据食物选择性指数检测结果可知，卤虫优先选择食用的是等鞭金藻，其次为盐藻，最后是扁藻（张颖，2018）。此外，利用反渗透海水培养的盐藻已成功用于卤虫饲养（许泽昊，2019），还有研究在基于盐藻等生物体内的单细胞蛋白一步食物链上，建立了卤虫高密度养殖方法（钱浩，2017）。

盐藻投喂量可以影响卤虫的繁殖方式。卤虫繁殖主要包括卵生和卵胎生两种，可分别获得休眠卵和虫体。有研究发现，当盐藻饵料充足时，中华卤虫的雌体在产仔方式上偏卵生，产出休眠卵；当盐藻饵料匮乏时，其偏卵胎生，产生无节幼体（郑波，2019）。因此，人们可以根据繁殖目的，有针对性的调控环境因子。例如，改变盐藻饵料投喂量以干预卤虫的产仔方式，实现高效生产。但是在实际生产过程中，还需考虑饵料投喂量对卤虫产量、品质等方面的影响。

采用不同饲养方式进行盐藻投喂对卤虫的生长同样具有影响。目前，卤虫主要在盐场的排水渠及卤水池中粗放饲养，极易受天气等客观因素影响。而封闭式且能连续培养卤虫的培养系统既不受养殖场所限制，又易于操作，通过该系统培养的卤虫单产量比粗放养殖高 20~100 倍（曹跃明，2012）。此外，还可在太阳池中饲养卤虫。太阳池是一种具有一定盐浓度梯度的盐水池，能够大规模、长期吸收储存太阳能，是开发锂盐湖的有效手段。然而，在太阳池稳定运行后，温度会快速上升，导致盐藻等嗜盐藻会大量繁殖，影响锂盐质量。此时可将卤虫导入太阳池梯度层中进行培养，使卤虫吸食太阳池中的嗜盐藻，不但提高了太阳池生产效率，而且可以获得卤虫，提高附加经济价值，适宜在高原地区碳酸盐型太阳池中推广（郑绵平，2005）。

（二）对经济水产动物的生长繁殖影响

1. 对虾

南美白对虾是目前世界上养殖产量最高的三大虾类之一，也是我国南方地区养殖的主要虾种，其壳薄体肥，肉质鲜嫩，含有丰富的蛋白质、氨基酸以及钙、铁等矿物元素，且脂肪含量低于 1%，深受消费者青睐（徐慧倩，2012）。然而，南美白对虾的生长易受天气变化的制约，难以控制水体质量，导致产量不易控制。为此，可以在放苗前的池塘中接种适量的盐藻和角毛藻，再结合虾饲料进行养殖，使得小部分的虾饲料被对虾直接食用，而大部分虾饲料经水分解后，先被藻类吸收再间接被对虾食用。这不仅利于对虾的营养吸收，同时还可以通过控制藻类密度以保持优质的水环境，提高南美白对虾的成活率（朱志丞，2018）。

在日本对虾幼苗的养殖过程中，有研究以新鲜的鱿鱼和杂鱼为主要成分，添加了从盐藻中提取获得的 β- 胡萝卜素和高度不饱和脂肪酸，配制获得 5 组饲料。饲喂后发现，添加高度不饱和脂肪酸组的日本对虾繁殖性能最好，产卵率高达 73.5%，产卵量可达到 589 个，表明不饱和脂肪酸对日本对虾的种群繁殖能力有积极影响，而 β- 胡萝卜素的作用相对较小（El-Bermawi，2013）。

2. 贝类

合浦珠母贝又称马氏珠母贝，是培育海水珍珠的主要暖水性海洋双壳贝类。尽管藻类是水产生物的良好饵料，但对于多数合浦珠母贝幼虫而言，单胞藻难以被消化吸收，其仅可以摄食少量盐藻和牟氏角毛藻。研究发现，可以将易摄食和易消化的湛江叉鞭金藻、绿色巴夫藻以及球等鞭金藻作为主要饵料进行混合搭配，采取少量多次投喂的饲养方式进行合浦珠母贝幼虫培育（邓正华，2018）。不仅如此，采用含有盐藻的饵料投喂海湾扇贝亲贝，有利于亲贝的性腺发育，促进其繁育后代，从而降低扇贝育苗风险和成本，促进海湾扇贝育种产业的健康发展（张守都，2017）。在养殖厚壳贻贝时，可采用人工培养的盐藻、亚心形扁藻及角毛藻单胞藻为主要活饵料，辅以人工配合饵料螺旋藻粉、绿藻粉及干酵母，通过微流水培育技术使雌贝、雄贝性腺快速发育，再进行人工催产及授精，这种养殖方法既提高了雄贝催产效率及成熟精子比例，又增强其繁殖能力（张伟，2016）。

鲍鱼是一种名贵的海洋食用贝类，其肉质细嫩、营养丰富。有研究分析了盐藻、石莼莴苣（*Ulva lactuca*）、篮子藻（*Spyridia filamentosa*）和极大节旋藻（*Arthrospira maxima*）等藻类对鲍鱼的生长影响。结果表明，在饲料中添加10%的极大节旋藻或盐藻后，鲍鱼的壳长和体重均高于对照组；而在石莼莴苣、篮子藻饲养条件下的鲍鱼生长速率最低，表明盐藻富含鲍鱼生长所需营养物质，可促进鲍鱼生长（Vinh，2011）。研究人员还研发了一种喂养稚鲍的高效复合饲料，该饲料由野生盐藻粉、螺旋藻、裙带、鱼粉、大豆浓缩蛋白、酪蛋白、啤酒酵母、卤虫、磷酸二氢钙、卵磷脂、氯化胆碱、鲍鱼预混料组成，其原料来源稳定、营养搭配均衡，不仅能满足稚鲍生长所需的营养要求，而且利于稚鲍消化吸收，使稚鲍的免疫机能和抗应激能力都得到了明显增强（伏桂华，2011）。

3. 鱼类

草鱼，俗称鲩鱼，是我国特有的“四大家鱼”之一。尽管草鱼是大型食草性鱼类，然而仅喂草远远不能达到营养要求。若将盐藻、小球藻、螺旋藻等微藻为原料制成的藻粉颗粒、改性皂石粉、微量营养素、黏合剂和发酵糟渣的混合料作为稻香鲩养殖饲料，喂养6个月后的鲩鱼存活率高达100%，体重增长了11.07~12.16倍，且收获的鲩鱼肉质得到极大改善，其鱼肉蛋白质含量高，脂肪含量低，营养丰富，口感极佳（潘淦，2020）。此外，针对当前浪人鲹的繁育率和鱼苗成活率较低的问题，可采用复配的藻料与饲料对仔鱼进行培育，同样能显著提高浪人鲹仔鱼的成活率和繁殖品质（蔡春有，2021）。

4. 龟类

火焰龟，属于水栖龟类，其腹部图案大小和形状多变，具有较好的观赏价值。同时，火焰龟含有丰富的蛋白质，药用价值较高，也是一种理想补品。在繁殖火焰龟时，可在其产蛋前 5~10d 的饲料中添加一定量的盐藻、小球藻和螺旋藻组成的微藻粉，使饲料营养成分更加全面丰富。研究结果表明，微藻粉中的胡萝卜素、不饱和脂肪酸、藻蓝蛋白等也能促进火焰龟产卵（陈强，2019）。

（三）制备微胶囊型饵料

EPA、DHA 是水产生物苗种生长发育的重要有机化合物，而卤虫、轮虫作为水产生物苗种繁殖中的重要幼体开口饵料，却无法自身合成 EPA、DHA 等高度不饱和脂肪酸。研究显示，卤虫、轮虫体内高度不饱和脂肪酸含量与其所摄取饵料中的高度不饱和脂肪酸含量成正比。因此，从鱼油等海洋动物中提取的富含多种不饱和脂肪酸的乳浊液成为卤虫、轮虫的饵料强化剂，但这种乳浊液形式的饵料强化剂不仅易被氧化，而且难以控制乳滴粒径大小。卤虫、轮虫对饵料的颗粒大小具有选择性，导致其可能无法摄取该乳浊液。为此，将盐藻提取物和维生素加至微胶囊中制备了一种营养强化微胶囊水剂，其粒子大小为 1~200μm，适于饲养卤虫和轮虫，也可以直接作为水产生物的饵料（辛乃宏，2013）。

二、家畜养殖饲料

盐藻在家畜养殖过程中也具有重要作用。有研究开发了一种可以促进母猪卵母细胞减数分裂恢复的组合物，其中包含盐藻、止痢草、牛至草、山葵、肉桂、迷迭香和紫万年青的提取物和载体。这种组合物能促进母猪卵母细胞减数分裂恢复，提高卵母细胞的质量和母猪怀孕比例，还可促进母猪生殖健康，延长母猪生长年限，从而降低了养猪场的成本，提高了母猪生产力（徐盛玉，2018）。另有研究在波尔山羊的饲料中添加盐藻，也可改善其卵泡发育及血浆代谢物和激素水平，提高波尔山羊的繁殖能力（Senosy，2017）。

三、提高动物机体抗病能力

盐藻在提高动物免疫力，协助其抵抗细菌、病毒方面的作用也较为明显。如在鲟鱼养殖中，采用甲藻和盐藻制成的藻类提取物与鲟鱼亲鱼膨化饲料、鳗鲡成鳗配合饲料、鱼油、植物叶、胡萝卜、冷冻杂鱼与水制成的一种鲟鱼软颗粒饲料，可促进鲟鱼新陈代谢和性腺发育；同时，类胡萝卜素还是一种抗氧化剂，可以增强抗病能力，提高鲟鱼成活率（夏永涛，2018）。另有研究将盐藻添加至草鱼饲料中，饲喂6个月后，草鱼肠道中易引发肠胃炎的嗜水气单胞菌、肠型点状气单胞菌、豚鼠气单胞菌、大肠杆菌和肠球菌等细菌含量降低，而乳酸杆菌和双歧杆菌等益生菌含量增加，表明这种含盐藻的饲料可协助草鱼抵抗细菌感染，有效降低草鱼发生肠胃炎的风险（潘淦，2020）。

此外，盐藻提取物还具有一定的抗病毒活性。Vinh 等采用不同的藻类进行鲍鱼饲喂时发现，从盐藻中提取获得的脂溶性提取物可以有效抗1型单纯疱疹病毒（HSV-1），但是该提取物抗病毒活性弱于石莼莴苣和篮子藻提取物。因此，在 HSV-1 病毒高发地区中，更宜采用石莼莴苣和篮子藻作为鲍鱼的饵料（Vinh，2011）。有研究比较了分别从盐藻、红发夫酵母、万寿菊、甜椒中提取的天然类胡萝卜素和人工合成的β-胡萝卜素、虾青素、角黄素饲喂虹鳟鱼后，其对传染性造血坏死病毒（IHNV）的抵抗力，发现在2×10^3 $TCID_{50}$/mL 的攻毒剂量下，虾青素的抗 IHNV 能力相对最强，而饲喂从盐藻和万寿菊中提取的类胡萝卜素（100mg/kg）也可降低虹鳟鱼死亡率（Amar，2012）。另有研究将盐藻提取液与抗中华蜜蜂囊状幼虫病毒（CSBV）的卵黄抗体混合，得到抗 CSBV 的卵黄抗体复合制剂。该复合制剂中加入的盐藻提取液不仅可以提高蜜蜂幼虫的生长发育速度和抗病能力，也提高了应用卵黄抗体时的适口性，缩短用药时间（冯书营，2021a）。

四、改善经济水产动物体色

（一）小龙虾

Harpaz 等采用盐藻等来源的类胡萝卜素喂养小龙虾（100μg/g）49~55d，研究其对小龙虾生长过程中色素沉淀及生长的影响。结果显示，与未添加类胡萝卜素饲料的对照组相比，接受类胡萝卜素饲料的小龙虾比对照组表现出更好的体色（Harpaz，1998）。

（二）鲟鱼

鲟鱼最大的经济价值在于有“黑色软黄金”之称的鱼子酱。有研究将盐藻等藻类提取物、胡萝卜等添加入鲟鱼饲料中，使饲料富含类胡萝卜素，促进鱼卵色素沉积，可使鱼卵颜色由普遍的黑色通过生理代谢而转化为更高价值的浅色，甚至是稀缺的金黄色，从而获得优质的鲟鱼鱼子酱（夏永涛，2018）。

（三）中国对虾

中国对虾又称东方对虾，主要分布于我国渤海和黄海海域。因中国对虾熟后颜色鲜艳橙红，弯弓长须，被视为健康长寿的象征，常作为节日礼品出售。但是，中国对虾在冷藏运输过程后常出现褪色现象，对对虾的销售以及养殖业及加工业的发展造成不利影响。因此，为了更好地保存冷藏对虾，孙协军等研发了一种冷藏熟中国对虾的护色剂和护色方法。该护色剂主要成分为盐藻多糖、螺旋藻多糖和海带多糖，均为天然来源，使消费者食用起来更加安全、放心。同时，海藻多糖对中国对虾有一定保水作用，这三种多糖复配后可以形成一层保护膜，并通过物理屏障作用抑制虾青素的氧化。在保持冻藏熟对虾颜色亮泽的前提下，有效保持了对虾硬度、弹性和新鲜度，提高了产品食用品质（孙协军，2019）。

（四）花斑剑尾鱼

有研究分析了富含盐藻 β- 胡萝卜素的卤虫饵料对花斑剑尾鱼体色、皮肤中类胡萝卜素和黏膜免疫反应的影响。将 180 条花斑剑尾鱼随机分为 4 组，分别饲喂商品化饲料、卤虫饵料、添加蓖麻油的卤虫浓缩饵料和添加 β- 胡萝卜素的卤虫浓缩饵料，每天饲喂 3 次。实验结果表明，在这 4 组中，采用添加了盐藻 β- 胡萝卜素的卤虫浓缩饵料喂养花斑剑尾鱼后，其体内类胡萝卜素含量、总免疫球蛋白和碱性磷酸酶活性均为最高，并且皮肤着色色调指数显著降低，表明添加 β- 胡萝卜素的卤虫浓缩饵料可以增强花斑剑尾鱼的黏膜免疫应答，而且可以改善花斑剑尾鱼体色（Abdollahi，2019）。

第三节　盐藻在环境治理领域的应用

盐藻是光能自养型生物，可以利用无机物合成有机物，因此可以固定废气中 CO_2，也可以同化废气、废水、废渣中的氮、磷等元素，还可以吸收毒害物质，目前被广泛用于环境中有毒物质的监测和“三废”治理之中。

一、废水处理

（一）养殖业废水处理

畜禽废水是指畜禽养殖过程中产生的粪尿、粪污发酵液、畜禽舍冲洗废水等，其中含有氮、磷、有机碳和重金属等污染物，如不及时有效处理，不仅污染环境，而且造成资源浪费。目前，成功建立起了一种基于微藻培养和水热液化的畜禽废水增值利用方法。该方法将畜禽废水进行絮凝沉淀、过滤、稀释后置于微藻培养池中，在池内接种驯化后的盐藻、小球藻、螺旋藻等微藻进行培养，经水热液化和液态产物过滤分离得到粗油和水相产物。其中的水热液化废水可被继续作为营养液导入微藻培养池中，用于补充氮、磷等营养物质，开展循环利用，很好地解决目前畜禽废水营养资源化利用的问题（刘志丹，2021）。

（二）工业废水处理

由于盐藻可在多种环境胁迫下生长，因此，Hadizadeh Zahra 团队评价了鱼粉工厂的主要废水——鱼胶水用于盐藻培养的可能性。其采用 0%、10%、25%、50%、75%、100% 的鱼胶水代替盐藻标准培养基（f/2），发现当鱼胶水占比为 75% 时，培养 14d 内可观察到盐藻细胞密度显著增加，叶绿素、总类胡萝卜素和 *β*- 胡萝卜素（3.64μg/mL）含量也相对最高。因此，可以采用 75% 鱼胶水代替传统培养基来培养盐藻，降低盐藻生产成本，并能实现鱼粉加工厂废水的循环利用（Hadizadeh，2020）。

（三）船舶压载水处理监测

船舶压载水是指用于控制船舶横倾、纵倾、吃水等而加载到船上的水和悬浮物质，其中通常含有大量生物，包括浮游生物、微生物、小型鱼类等。这些生物在跟随船舶航行过程中自我生存或死亡或进入新的环境中，引发了严重的生物入侵问题，需要对压载水进行处理。在该过程中，有研究以盐藻作为指示研究了 UV/Ag-TiO_2/O_3 工艺处理压载水的能力。研究人员通过测定盐藻失活曲线和废水的毒性，发现 UV/Ag-TiO_2/O_3 工艺比单独使用臭氧（O_3）或 UV/Ag-TiO_2 工艺下的盐藻失活率高，而且盐藻失活率和叶绿素 a 减少率与 O_3 剂量、UV 强度呈正相关。结果提示 UV/Ag-TiO_2/O_3 工艺具有更好的处理压载水的潜力，同时盐藻也可用于监测船舶压载水处理过程（Wu，2011）。

（四）污水中氮、磷元素的清除

生活污水以及工农业生产中的有机污水和废渣中包含较多的氮、磷元素，是引起水体富营养化的主要营养元素，对水质带来严峻考验。目前的脱氮除磷方法较多，各种工艺的优缺点也各不相同。传统的以活性污泥为主的生物脱氮除磷技术存有二次污染风险。例如氨的硝化反硝化脱除过程中会产生大量 NO_x，排入大气中引起温室效应。微藻污水处理技术最早源于 20 世纪 50 年代美国加利福尼亚大学伯克利分校科学家提出的稳定塘设计，随后发展为高效藻类塘技术。相比活性污泥工艺，该方法不足之处在于占地面积大。开发于 20 世纪 70 年代的序批式活性污泥反应器以批次式进行反应，工艺简单，运行灵活。2016 年，中国科学院上海高等研究院公开了一种利用序批式微藻反应器去除污水中氮磷的方法，该方法用微藻代替活性污泥作为反应主体，以单个可编程控制的序批式反应器作为微藻光生物反应器。通过控制反应器内的微藻浓度，在较短停留时间内实现了对污水中氮、磷的一步法高效去除。其工艺效果稳定，无二次污染，并可同时实现氮磷的资源化利用，对污水处理具有较好的应用潜力（汪靓，2019）。

另有研究者将常规碱沉淀法与微藻处理系统相结合后处理废水中的氮磷。水培温室的废水中总磷（30~100mg PO_4^{3-}P/L）和硝酸盐（200~300mg NO^{3-}N/L）浓度较高，用强碱处理可去除 97% 的总磷（特别是磷酸盐形式），且不影响温室废水中的硝酸盐离子浓度。采用经碱处理后的废水（pH 7.5）培养盐藻，4d 后废水中硝酸盐含量降低 80%。同时，微藻系统的胡萝卜素含量可达（0.5 ± 0.02）μg/mg（干细胞重量），是对照组的 1.5 倍。该方法可在短时间内去除温室水培废水中多余养分，并且可提取胡萝卜素增加附加值（Saxena，2013）。有研究者进一步探究了盐藻对水溶液中硝酸盐（NO_3^-）和磷酸盐（PO_4^{3-}）的去除机制。在 pH 7.0、0.05g/L 微藻生物质剂量、NO_3^- 和 PO_4^{3-} 初始浓度为 350mg/L 的浓度下，盐藻对 NO_3^- 和 PO_4^{3-} 的最大吸附量分别为 332mg/g 和 544mg/g，最佳去除率分别为 54% 和 82%。结果表明藻类对磷酸盐的分解吸附能力高于硝酸盐，可将盐藻作为吸附材料从水溶液中回收和吸附 NO_3^- 和 PO_4^{3-} 离子（Amini，2019）。Liu 等发现，当城市废水浓度为 75%（废水与盐水混合物 - 生长培养基的比例为 3 ∶ 1），盐度为 30×10^{-12} 时，藻类生长最佳，可去除城市污水中 45%~88%（质量分数）的硝酸盐、氨氮和磷。该研究同样证实了盐藻可作为一种潜在的候选物种用于废水处理系统中（Liu，2018）。

（五）盐藻培养废液的再利用

由于盐藻培养废液中残余盐浓度较高，同时含有多糖、甘油等具有经济价值的代谢产物。因此，直接排放盐藻培养废液不仅污染环境，造成土壤板结盐化，而且浪费资源，降低经济效益。为此，有研究者发明了一种盐藻培养废液的高附加值处理方法。简言之，将盐藻细胞收集后的废液经沙滤床的过滤和阴性大孔树脂吸附柱的吸附，再从洗脱液中回收盐藻生长过程中分泌的胞外多糖、甘油等有机物，并对滤过液进行微量元素、大量元素补加后用于盐藻培养。结果表明，该方法可以从盐藻培养废液中获得盐藻胞外多糖 8.59mg/L、甘油 2.87mg/L，回收效率分别达到 11.6% 和 7.8%。同时，由于避免了废液中较高的多糖和甘油含量可能造成的藻液黏度增加等不利于盐藻生长的因素，该方法可在保持盐藻生物量、类胡萝卜素含量的条件下实现盐藻培养废液的 3 次再利用。据估计，生产 1kg 生物量的盐藻大约需消耗 1t 水（Wasif，2015）。因此，采用该方法处理盐藻培养废液不仅可以节约水资源，提高附加收益，而且成本低廉、操作简单，为盐藻培养提供参考（吕和鑫，2019）。

同样，在利用回收的盐藻培养废液作为盐藻培养基时，有研究比较分析了两种氧化消毒方法——臭氧、紫外线照射在废液再利用中的应用效果。这两种方法在饮用水消毒中已有广泛应用，在该研究中，将盐藻培养废液经膜渗透处理后，添加 H_2O_2 并同时分别经紫外线照射、臭氧处理后用于盐藻培养。研究结果显示，经紫外线照射并添加 H_2O_2 的废液加工液更有利于盐藻中胡萝卜素的积累，而且此时的硝酸盐含量较低，甘油分解率较高。结果提示采用超滤和紫外线照射、高级氧化工艺结合的方式也是循环利用盐藻培养废液的良好方式（Monte，2019）。

二、废气处理

（一）废气的利用

1. 火电厂废气

近几十年来，人类生产活动导致了 CO_2 浓度显著升高，全球变暖现象加重，亟须解决该问题。微藻可通过光合作用将 CO_2 固定到有机化合物中，同时该有机物还可作为商业产品进行开发利用（图 7-1）。为此，研究人员建立了一个数

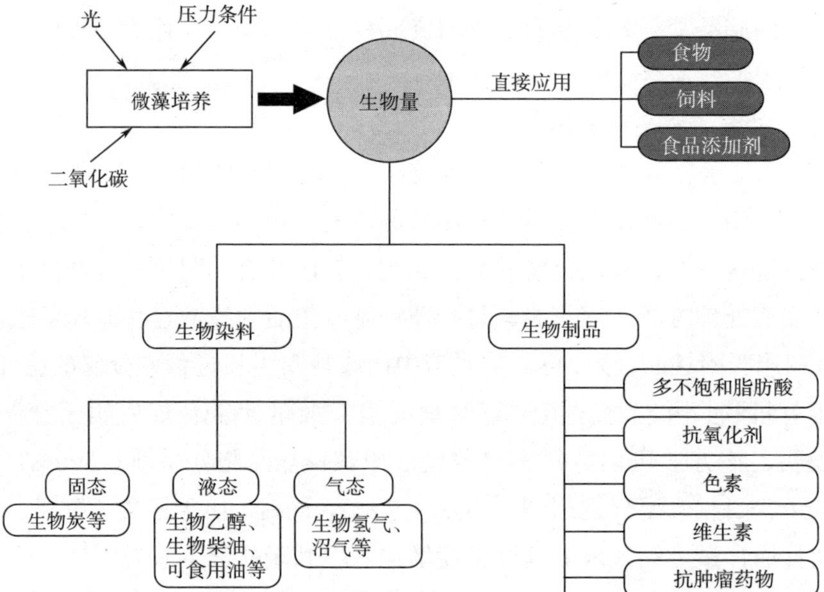

图 7-1 盐藻等微藻对 CO_2 的固定及其他有机物的生成

资料来源：Khan，2018。

学模型用于评价盐度和日照强度对盐藻固定 CO_2 和生产胡萝卜素能力的影响，可以用于指导盐藻培养条件设置（Araújo，2009）。火电厂废气中的 CO_2 浓度可高达 10%~20%，以火电厂排放的 CO_2 废气作为碳源，有研究者开发了一种自养产油微藻的高密度培养工艺。该工艺选用盐藻、小球藻、三角褐指藻等微藻为受试藻种，以过滤除菌除藻后的市政污水作为培养基，采用分割法与二步法相耦合的发酵方法进行微藻高密度培养和藻油生产。与传统的分批发酵和连续发酵工艺相比，该工艺对氮、磷及 CO_2 去除效率更高，藻浓度、油脂含量、蛋白质含量高，而且操作简便、成本低、无污染，适合工业化大规模生产，可以达到保护环境和生产生物资源的双重效果（杨海麟，2013）。

2. 钢铁厂废气

钢铁加工过程中会伴随高浓度 CO_2 的产生，有研究探究了利用钢铁厂废气培养微藻的可行性。在气升式循环生物反应器中培养微藻后发现，微藻存活率可达 100%，而且生物量增长稳定。在 2200L 的生物反应器中，废气中的 CO_2 吸收率可达 23%，同时，CO_2 吸收和 O_2 释放呈负相关性，因此，去除 O_2 的抑制可以获得更高密度的生物质和更快的生长速率（William，2011）。

3. 烟道气体

煤等化石燃料燃烧时会产生对环境有污染的气态物质，这些物质往往通过烟道或烟囱排出，因此被称为烟道气体。烟道气体中含有的大量 SO_2、NO_x 以及悬浮颗粒物等，是大气污染的主要固定污染源。利用高级氧化法对烟气进行预处理，之后在生物反应器中利用工程微藻吸收利用预处理后烟气中的 CO_2。该方法成本低、投资小、效率高、处理效果好，同时由于工程微藻也可用于提取功能性产品，从而使烟道气体资源化，并增加生物质能的来源（马军，2012）。然而，采用藻类培养物吸收烟道气体时，Harter 等发现 CH_4 和 N_2O 的固存率分别为 13.03μg/（L·d）、4261μg/（L·d），而 CO_2 的固存率［0.13g/（L·d）］较低。而且同时排放的其他温室气体同样会带来环境污染危害，如与生产 CH_4 和 N_2O 直接有关的气体有 CO_2 和 NO_x。因此，需要严格审查用于烟气处理的藻类养殖系统（即露天池塘）的直接温室气体排放（Harter，2013）。

（二）CO_2 利用率的提高

热化学转化是一种有效提高 CO_2 利用率的技术，可以将生物质转化为有价值的生物油、焦炭和气态物质。在 500℃下，盐藻通过热解可获得生物质炭。以生物质炭为原料，在固定床反应器中与 CO_2 反应，在高温和有蒸汽的条件下

具有较高的 CO_2 利用率。若在 Au/Al_2O_3 催化剂作用下，将生物质炭的水蒸气气化和水气转换反应相结合，还可以成为一种改进 H_2 生产的新途径。其 H_2 浓度比无催化剂时可提高 1.8 倍，该方法不仅可以减少 CO_2 排放，而且生产了可再生能源（Yang，2012）。

此外，利用微藻固定 CO_2 的机制来吸收废气中的 CO_2，也是一种解决排气污染并提高 CO_2 利用率的方法，但是该方法存在运输成本高的不足。为此，有研究提出了一种基于碳酸氢盐的碳捕获和微藻培养的混合系统。其中碳酸氢盐用于藻类培养，该过程中产生的碳酸盐也可用来吸收更多 CO_2，因此该系统需要使用高浓度的碳酸氢盐。进一步研究发现，集胞藻（*Synechocystis* sp.）对 $NaHCO_3$ 的耐受性最高，可达 0.3mol/L，盐藻则为 0.6mol/L（Chi，2014）。

在培养藻类时，培养介质中积累的高浓度 O_2 会抑制微藻的光合作用，因此除氧也有助于提高微藻对 CO_2 利用率。传统的除氧方式通常是在培养装置内设置除气器或向培养基中大量鼓气，但是存在耗能高、污染风险大、效率低等缺点。因此，开发用于微藻生物质生产的新型除氧方法十分必要。异抗坏血酸钠（又称异维生素 C 钠）是一种新型食品抗氧化剂。以盐藻、普通小球藻、淡水微绿球藻为受试藻种，有研究分析了异维生素 C 钠在微藻光能自养体系中的除氧效果以及对微藻的生长影响。结果发现，异维生素 C 钠对盐藻生长具有强烈的抑制效应，在盐藻的光自养体系中的除氧效果不佳。因此，异维生素 C 钠不适于作为盐藻培养体系的除氧剂，但可以用于去除其他两种藻类光合作用释放的 O_2，提高 CO_2 的固碳速率（崔鸿武，2015）。

（三）CO_2 利用及检测设备的开发

有研究者利用盐藻吸收 CO_2 释放 O_2 的特点制备了一种空气净化设备（徐贵义，2013a；2013b），并借助可调节光照强度的光源来调节 CO_2 吸收与 O_2 释放的速率和充足性。盐藻空气净化器的第一净化箱体和第二净化箱体的箱体内装有盐藻培养液，用于吸收 CO_2、释放 O_2。同时利用光源提供光照，不断分裂生长的盐藻可通过取液管路流出，可以用于日常保健饮用或调料食用。依靠第一连通管和第二连通管组成的循环系统有效保证了空气净化器中释放 O_2 的充足性，使用方便，操作简单，实用性强（徐贵义，2017a）。与此同时，为了更准确地检测溶解状态的 CO_2，研究人员基于从盐藻中提取获得的碳酸酐酶开发了一种新型电化学生物传感器。将碳酸酐酶固定在 CO_2 电位电极上，可大幅提高其响应时间。在电流型生物传感器中，可使用钙作为生物成分，结合对苯醌作为氧化还原介质，其响应时间比没有碳酸酐酶的情况下缩短10倍（Cammaroto，1998）。

三、废渣处理

富营养化水体中的高氮、磷主要来源于生活污水以及工农业生产中的有机污水和废渣。因此，如何高效、经济地处理污水中废渣也是关系环境保护和工农业可持续发展的重要问题。目前，国内外利用微藻净化污水的研究较多。2009年，一种有机污水废渣处理耦合养藻炼油的生产方法被公开，该方法涉及了微藻培养工程领域、生物柴油炼制领域和环保领域。通过厌氧生化技术处理有机污水、有机废渣，然后用于沼气生产，进而发电供热。再将经过好氧生化处理后的污水加至光生物反应器中，并通入沼气燃烧后产生的CO_2废气，用于养殖盐藻或小球藻等含油微藻。然后收集微藻，破壁分离获得微藻油、微藻蛋白、微藻多糖等，并以微藻油为原料炼制生物柴油。该方法将有机污水废渣处理、微藻培养与加工、生物柴油炼制相结合，不仅降低了生产成本，而且实现了生物柴油的清洁生产，同时治理了废水、废气以及废弃物等“三废”（蔡志武，2011）。另有研究利用高级氧化预处理污水、利用微藻深度处理污水及吸收CO_2，可以解决现有方法中藻类无法吸收污水中大分子有机污染物的不足（马军，2012）。但是，该方法在实施过程中，需要向污水中投加H_2O_2、Fenton试剂、O_3等化学氧化剂进行氧化预处理，会有造成二次环境污染的风险。

另有研究报道了深度处理高浓度污水的其他方法。如先采用电化学氧化法对污水进行预处理，并调节pH至7.0~9.0，然后向其中接种微藻，通过培养微藻达到净化污水的目的。该方法将电化学氧化与微藻生物处理相结合。其中，电化学氧化技术是通过电解氧化、电解絮凝、电解沉降等复合作用去除污水中污染物的方法。该过程不受污水成分、浓度、pH的影响，污水的处理范围广；其次，微藻生长过程中可以利用污水中的营养物质，以光能为能源，以有机物的形式将营养物质储存于藻细胞中。收获的藻类可以通过热水解转化成原油或作为饲料添加剂、生物饵料及可再生能源，实现环境增值（曹薇，2013）。

除了污水中的废弃物，盐藻对橄榄磨固体废物（olive mile solid waste，OMSW）也具有降解作用。OMSW是在精制橄榄油时产生的一种污染废弃物，有研究以盐藻为共底物进行OMSW厌氧消化，以降低碳氮比。结果表明，当共消化混合物为50% OMSW和50%盐藻时，生物降解性最高；当共消化混合物为 75% OMSW 和 25% 盐藻时，获得的甲烷产量最高（Fernández-Rodríguez，2014）。

四、重金属及其他毒物的监测与清除

随着人类活动的加剧和社会经济的发展，各项生产活动中排放的各类重金属污染物也随之增多。多数重金属具有高移动性和高毒害性，当重金属排入环境中后，可与有机质结合，进而积累在海洋生物体内使其中毒，又通过食物链传递给人类，对人类健康造成巨大威胁。海洋单细胞微藻是近海浅水生态系统重要的初级生产者，生物量巨大；同时，也是水产养殖中的优质饵料，是海洋食物链第一级的重要组成部分，对水体中的污染物具有一定的富集和降解作用，显著影响着污染物的环境行为。因此，微藻可作为一种监测与清除毒物的物种。

（一）重金属的毒性监测

1. 镉

低浓度的重金属镉（Cd）即会对环境中的生物产生毒害作用。对于植物而言，镉会干扰其光合作用、碳水化合物代谢、硫酸盐的同化等。研究人员通过观察盐藻生理现象和分析基因表达水平，探究了不同浓度的镉对盐藻的生长影响。结果表明，在浓度为 0.5、2.5mg/L 的镉处理 6h 后，盐藻细胞脂质中过氧化物水平和超微结构保持不变，叶绿素 a、叶绿素 b、类胡萝卜素含量增加。但暴露 96h 后，其细胞脂质中过氧化物水平增加，色素含量降低，细胞超微结构在 2.5mg/L 镉胁迫下明显受损，而且 APX、SOD、谷胱甘肽过氧化物酶（GPX）和谷胱甘肽还原酶（GR）等抗氧化酶活性均有不同程度的变化。RNA-seq 和 qRT-PCR 分析进一步显示，ROS 清除、光系统和核糖体功能相关基因也有差异表达（Zhu，2019）。但是，在低浓度重金属的长期污染过程中，生物机体会建立一系列生理生化反应以保护自身。例如形成高亲和力的配体（如植物螯合肽、谷胱甘肽等），是藻类响应重金属长期胁迫的一种直接的耐受机制。其中，硫是合成这些金属结合蛋白的必需元素。水中可溶性硫酸盐是光合生物合成这些金属结合蛋白的主要硫源，研究人员分别在 0.3mmol/L 和 3mmol/L SO_4^{2-} 浓度下，将盐藻暴露于相同浓度的镉中，发现盐藻内总镉含量基本相同。但在 0.3mmol/L SO_4^{2-} 条件下，细胞内镉含量大约仅占 3mmol/L SO_4^{2-} 条件下的 40%，这可能是由于细胞在较高浓度的 SO_4^{2-} 中合成的络合基团浓度较高，从而增强了镉的毒性。当镉暴露抑制了盐藻的生长代谢时，会诱导盐藻吸收硫酸盐，提示在进行水生生态系统的健康质量评价时，应考虑不同元素之间的相互作用关系（马福俊，2008）。

2. 铬

铬（Cr）是一种毒性非常高的重金属之一，通常以 Cr^{3+}、Cr^{6+} 两种价态存在于自然界中。有研究分析了 0、0.1、0.5、1、2mg/L Cr^{6+} 对盐藻细胞密度、叶绿素 a、β- 胡萝卜素、可溶性蛋白质含量和叶绿素荧光参数的影响。结果显示，Cr^{6+} 在盐藻体内的积累可以明显抑制盐藻细胞的生长。培养 6d 后，盐藻细胞内叶绿素和胡萝卜素含量明显降低。此外，这种影响与铬离子浓度直接相关。盐藻在受到较高浓度 Cr^{6+} 胁迫后，叶绿素荧光参数均明显下降，因此也可通过叶绿素荧光的变化来检测环境对盐藻的影响（孙正，2018）。

目前已利用盐藻的生物质——藻类衍生的氮、磷双掺杂型碳点（algal derived nitrogen phosphorous carbon dots，A-NPCD），通过绿色化学方法，一步水热合成氮、磷双掺杂碳点。通过透射电子显微镜（TEM）、傅里叶变换红外光谱（FTIR）、X 射线衍射（XRD）、动态光散射（DLS）和 X 射线光电子能谱（XPS）对合成的 A-NPCD 进行表征分析。结果显示，其具有显著的荧光量子产量（8%）的光学特性，并可在紫外线下呈现蓝色。A-NPCDs 作为 Cr^{6+} 的荧光关闭传感器具有较高灵敏度，可检测到 0.018μmol/L Cr^{6+}，该浓度低于饮用水中允许的 Cr^{6+} 水平。采用 MTT 方法在 HEK-293 细胞系上对 A-NPCD 进行安全性评价，结果表明其无明显细胞毒性。故此，A-NPCD 有望成为一种很好的化学衍生碳点替代品，用于 HEK-293 等细胞系中 Cr^{6+} 的活细胞成像和细胞内检测（Singh，2019a）。

（二）污水中重金属的清除

1. 铀

研究人员探究了盐藻和小球藻对 UO_2^{2+} 的生物吸附作用。通过研究朗格缪尔（Langmuir）和弗伦德利希（Freundlich）生物吸附等温线的特征参数，发现小球藻对 UO_2^{2+} 的吸收强于盐藻。通过 FTIR 分析，证明其通过细胞内部某些官能团的振动带移动而产生对 UO_2^{2+} 的吸附作用（Alexandru，2012）。

2. 铬

盐藻不仅可以动态监测铬离子，还可以吸附水溶液中 Cr^{6+}。有研究采用分离自印度桑巴尔盐湖的盐藻，基于 Box-Behnken 设计，在一定的 pH（6~11）、孵育时间（48~120h）、金属浓度（5~25mg/L）、接种剂量（2%~10%，体积分数）

等参数下，采用响应面分析法（response surface methodology，RSM）分析了盐藻对 Cr^{6+} 吸附过程的影响及其组合效应。结果显示，其在广泛的 pH 和金属浓度范围内，对降低水溶液中 Cr^{6+} 水平方面有巨大潜力。在最适 pH（8.6）和接种量 10%（体积分数）条件下，盐藻在 120h 时对 Cr^{6+} 的吸附效率最高（66.4%），为有害重金属污染的环境的生物修复提供了可行的解决方案（Vidyalaxmi，2019）。

3. 砷

砷（As）是一种非金属元素，广泛存在于自然界。单质砷基本无毒，但其氧化物及砷酸盐毒性较大，As^{3+} 毒性强于 As^{5+}，其化合物 As_2O_3 被称为砒霜，是一种毒性很强的物质。砷及无机砷化合物于 2017 年被 WHO 列为一类致癌物，并于 2019 年列入第一批有毒有害水污染物名录。盐藻具有很强的耐盐性和对砷的耐毒性，是一种潜力巨大的清除砷污染的介导剂。藻类与细菌通常为共生关系存在于环境中，藻菌共生系统在环境污染治理中具有良好的应用前景。2013 年，研究人员从盐藻中分离到一株细菌，经 16S rRNA 序列分析鉴定为芽孢杆菌。将盐藻暴露于不同浓度的 As^{3+} 和 As^{5+} 溶液中 13d 后，测定盐藻对砷的吸收、吸附和转化，以及培养液中砷的浓度和形态。结果表明，盐藻对砷具有较高耐受力，在 250mmol/L 和 500mmol/L 的亚砷酸盐溶液中，砷的去除率仅为 7.9%~8.3%，而芽孢杆菌对砷的去除率也仅为 6.1%~19.9%。但藻菌共生系统对 25~100mmol/L As^{3+} 和 As^{5+} 溶液中砷的去除能力可达 54% 以上，表明藻菌共生系统具有较强的砷去除能力（王亚，2013）。

五、污染物的毒性监测

藻类是水域生态系统的主要初级生产者，其初级生产量和种类多样性将直接影响水域生态系统的结构和功能。由于其对毒物较为敏感，因此可作为一种模式生物研究污染物的毒性效应，评价污染物的生态风险。

（一）石油

近海岸常受石油衍生的碳氢化合物的污染，而该化合物是持久性有机污染物。因此，石油污染的海洋生物效应是海洋环境保护的重要研究内容。将受石油污染的海水与微藻培养相结合，既可以为培养微藻提供营养，为制备微藻生物燃料提供原料，还可以提高菌 - 藻共同降解海水石油污染的速率。在实验室条件下，通常采用藻类在污染物中的单次培养来研究污染物质的影响。相较而言，在污染物中连续培养藻类可使其处在相对稳定的环境中，更适合进行污染物质对藻类生理代谢影响的研究。有研究通过在污染物中恒化连续培养藻类，探究了胜利原油、渤海原油和油分散剂 Corexit9527 对藻类胞内外有机磷的影响。结果表明，在慢性污染实验中连续输入含油培养液，保持溶油浓度相对恒定，可导致三角褐指藻内的溶解态有机磷（DOP）减少，而颗粒有机磷（POP）随原油的不同而产生不同变化；盐藻的 DOP 和 POP 均减少。在急性污染实验中直接向藻类培养基中加入原油和油分散剂，引起盐藻 DOP 减小，POP 增大；而三角褐指藻的 DOP 和 POP 均减小；且两种藻的 DOP/POP 的比值在慢性污染实验中增大，在急性污染实验中减小。该研究表明，油分散剂的加入会增强原油对藻类生长的影响（孙林枫，1990）。

研究微藻光合系统受石油胁迫的影响是探究藻种培养可行性的另一项重要指标。暗处理单细胞悬液后，经激发可检测到叶绿素的荧光信号。基于该特点，采用调制叶绿素荧光技术（imaging-PAM），对比了盐藻和小球藻在受石油污染的海水中的生长情况，结果表明小球藻的光合系统受石油胁迫影响较小。因此，在被石油污染的海水中更适宜培养小球藻（李铁松，2015；王彤，2015）。另有研究采用盐藻、小球藻、海链藻、三角褐指藻和东海原甲藻等五种海洋浮游植物，探究其对石油烃污染的耐受性。结果显示，盐藻和小球藻均可在高浓度的柴油水溶性物质（5mg/L）中存活，并能有效降解石油烃。此外证实，微藻中 β-胡萝卜素含量与水溶性物质的降解速率具有相关性。同时，有强抗氧化能力的 β-胡萝卜素可有效去除海水中 OH^-，保护藻类细胞，表明微藻中 β- 胡萝卜素对水溶性物质的降解具有双重性（Liu，2019）。

（二）增塑剂

邻苯二甲酸酯（phthalates acid esters，PAEs）是一类广泛应用于塑料制品的增塑剂和软化剂。其中，邻苯二甲酸二乙酯（diethyl phthalate，DEP）、邻苯二甲酸二丁酯（dibutyl phthalate，DBP）、邻苯二甲酸二甲酯（dimethyl phthalate，DMP）是典型的 PAEs，对人类内分泌系统有干扰效应，对生物的生长发育具有一定毒性，被美国环保局列为优先控制的污染物。由于塑料制品的大量消耗和持续排入，水体、土壤、空气等均可受其污染。因此，增塑剂是目前环境科学领域备受关注的有机污染物，其对藻类的生长也具有明显的抑制作用。

通过 96h 的急性毒理实验，有研究探究了 DMP 对盐藻、绿色巴夫藻（*Pavlovaviridis*）、三角褐指藻的毒性作用。结果显示，在 DMP 的处理浓度为 0.1~200mg/L 时，DMP 对三种藻类的生长抑制率分别为 22.9%~93.1%、

42.1%~82.2% 和 61.9%~92.2%，EC_{50} 分别为 103.3、43.9、0.12mg/L，表明 DMP 可以抑制盐藻等藻类生长（吴志辉，2006）。此外，也有研究人员探讨了 DMP 与 DEP 对盐藻的联合毒性效应。联合毒性效应是指两种或两种以上的化学物质同时或短时期内先后作用于机体所产生的综合毒性作用。该研究以 96h 的单一毒性效应 EC_{50} 为一个毒性单位，将这两种环境激素按照三种比例水平（即毒性单位比 1 ∶ 1、1 ∶ 4 和 4 ∶ 1）进行两两组合后开展联合毒性实验。结果表明，DMP、DEP 对盐藻生长均有抑制作用。在 96h 时，DMP 和 DEP 单一暴露对盐藻 EC_{50} 分别为 317.49 和 69.54mg/L。此外，联合暴露对盐藻细胞的生长和光合作用的抑制效果比单一暴露更强。两者在 1 ∶ 1、1 ∶ 4 和 4 ∶ 1 三个比例水平上的联合毒性效应均表现为相加或协同效应，其中比例为 1 ∶ 1 的协同效应最强（赫冬梅，2012）。

另有研究利用盐藻、角毛藻、新月柱鞘藻为受试藻种，研究了其对 DEP 和 DBP 单独和共存情况下的耐受性。研究发现，DBP 和 DEP 对这三种微藻的联合毒性效应均表现为简单相加。其中，DBP 对海洋微藻的生态威胁更大；而角毛藻和新月柱鞘藻对 DEP、DBP 的耐受性明显强于盐藻（李英，2014）。通过检测细胞密度和叶绿素 a 含量，三种微藻对 DEP 的敏感程度为：角毛藻 > 新月细柱藻 > 盐藻；对 DBP 的敏感顺序为：新月细柱藻 > 角毛藻 > 盐藻。进一步对二者作用机制进行探究，发现 DBP 可使藻体 SOD 活性持续增强，细胞膜结构损伤，丙二醛含量显著增加。结果表明，DBP 可能通过作用藻体的膜结构而引起细胞氧化损伤，最终导致细胞死亡。而 DEP 使得藻体 SOD 活性先增强后减弱，β- 胡萝卜素显著增加。亚显微结构观察时，未发现膜结构出现明显损伤，但淀粉粒大量增加，线粒体畸形。藻体可能通过合成 β- 胡萝卜素和淀粉粒抵御氧化胁迫，但大量的物质合成可能导致细胞代谢紊乱，加速藻细胞凋亡。该研究为 PAEs 环境激素的环境行为提供了科学依据（Chi，2019）。

同时，该团队研究了微藻对 DEP 和 DBP 的生物降解作用。在无菌条件下且当 DEP 与 DBP 共存时，盐藻和角毛藻对 DEP 均无明显降解作用，新月柱鞘藻仅在 168h 对 DEP 有一定降解作用（18.0%），而对 DBP 降解能力最强的是新月柱鞘藻；当只有 DEP 时，三种微藻对 DEP 均有明显降解，表明 DBP 会抑制微藻对 DEP 的生物降解。在有菌条件下，DBP 降解明显（Chi，2019）。由于 DEP 和 DBP 在胞外和胞内粗提物的降解趋势与在藻液时相似，且 DEP 水溶性较高，相对更易被藻类吸收。而 DBP 可同时处于水相和藻相，因此，DEP 的生物降解主要由藻胞外酶作用，DBP 则在藻细胞的胞外和胞内粗酶液中均能被降解（Gao，2015）。

此外，以盐藻为受试藻种，探究了比藻细胞大的微塑料（200μm）对其的影响。将盐藻暴露于聚乙烯微塑料 6d 后，藻细胞大小和粒度无明显变化，但促进了盐藻的生长和光合活性。这可能是由于从微塑料中浸出的微量化学物质（内分泌干扰物、邻苯二甲酸酯类、稳定剂）发挥了相关作用。该研究还发现，当微塑料比藻细胞小时，其对盐藻可产生较大的不利影响，提示微塑料与微藻的大小比例有助于判断其对微藻的影响（Chae，2019）。

（三）纳米材料

随着纳米技术的飞速发展，人工纳米材料作为一种性能优越的新兴材料广泛用于生产和生活中，纳米材料的使用量在过去十年有了较大幅度增加，导致其频繁存在于水生系统中，成为潜在的环境干扰者。

1. 纳米银颗粒

Johari 等评价了纳米银颗粒（AgNPs）和硝酸银（$AgNO_3$）在 3 种不同盐度（35、70、140g/L）下对盐藻的潜在毒性作用。根据修改后的 OECD 指南（第 201 号），将盐藻暴露于不同浓度的盐水介质中 72h。结果显示，与对照组相比，AgNPs 和 $AgNO_3$ 在不同的盐水培养基中均能抑制盐藻生长，而且该抑制作用随时间和浓度的增加而显著增强。其中，$AgNO_3$ 对盐藻的半数抑制浓度（IC_{50}）均显著高于 AgNPs（Johari，2018）。

2. 氧化石墨烯

氧化石墨烯（graphene oxide，GO）是石墨烯的重要衍生物之一，其独特的 2D 形状和物理化学特性使其在生物医学研究中存在巨大潜力，但也会给生物体和自然界带来安全隐患。以 2 种海水微藻——盐藻、海水微绿球藻和 2 种淡水微藻——斜生栅藻、淡水微绿球藻作为受试藻种，通过配制不同浓度 GO 培养液对其进行急性毒性研究，在此过程中观察 GO 胁迫下微藻的生长曲线变化，并计算 72h 时的 EC_{50}。结果显示，GO 对 4 种微藻的生长均具有明显抑制作用。其中，盐藻的 72h EC_{50} 最低，为 13.04mg/L。根据水体中急性毒性分级标准，GO 对微藻的毒性强度属于“轻毒”。进一步研究发现，GO 对微藻的致毒机制主要包括 GO 自身遮蔽效应、GO 浸提液中金属残余物的作用、GO 与藻细胞的团聚吸附作用，以及藻细胞对 GO 的吸收等。但该毒性效应也与培养温度、盐度、pH 等环境因子有关，为今后深入开展 GO 在水环境中的生态风险评价提供科学依据（张倩，2015）。

3. 二氧化钛

纳米二氧化钛（nanoparticle-TiO_2，TiO_2 NPs）是应用较广的一类纳米颗粒，在人工纳米材料中年产量居世界第一。据预测，其在表层水体中的浓度高于其他金属纳米材料，存在污染水体环境和影响水生生物以及海洋生态系统的风险。为证实该预测，有研究以盐藻、中肋骨条藻为受试藻种，通过测定其叶绿素含量和脂质过氧化水平探究 TiO_2 NPs 对微藻的毒性效应。结果显示，TiO_2 NPs 能被微藻吸附，并对其产生氧化损伤，从而抑制微藻生长和光合作用（张偲，2018）。然而，积累在盐藻内的 TiO_2 NPs 对卤虫的毒性与暴露方式也有一定关系。与膳食暴露相比，水传播暴露可以产生更多的活性氧和 SOD、CAT 等抗氧化酶，对 TiO_2 NPs 的毒性、吸收和积累更明显，提示不同的暴露方式对 TiO_2 NPs 在盐藻中的营养转移潜力影响不同（Bhuvaneshwari，2018）。

另有研究以盐藻、小球藻为受试藻种，评价了其对 P25 TiO_2 NPs 的敏感性差异。结果表明，盐藻对 TiO_2 NPs 的敏感性低于小球藻。TiO_2 NPs 在 UV 辐射和黑暗条件下对盐藻的 EC_{50} 分别为 1.8mg/L 和 13.3mg/L；对小球藻的 EC_{50} 分别为 1.6mg/L 和 5.0mg/L。在两种条件下，盐藻 SOD 活性随 TiO_2 NPs 浓度而降低的幅度均大于小球藻，而小球藻 CAT 的活性随 TiO_2 NPs 浓度的增加而增强。相比于盐藻，小球藻在相同条件下吸附的 TiO_2 NPs 更多（Thiagarajan，2019）。

（四）多溴联苯醚同系物

多溴联苯醚（PBDEs）是一类重要的溴代阻燃剂，广泛应用于塑料、纺织品、电子电路、建筑材料以及家用电器等多个领域。在过去 30 年来，全球的湖泊、海洋、河流中均已检出 PBDEs。2017 年，WHO 国际癌症研究机构将其列入 2A 类致癌物质清单中。按照《新化学物质危害评估导则》（HJ/T 154—2004），PBDEs 同系物 BDE-28、BDE-47 和 BDE-99 对微藻的毒性属“极高”等级，BDE-153 和 BDE-209 属于“高毒”等级。

选取 5 种在海洋生物体内含量较高的 PBDEs 同系物，包括 BDE-28、BDE-47、BDE-99、BDE-153 和 BDE-209，分别对盐藻和亚心形扁藻进行急性毒性实验，检测其在 96 h 时对微藻的半数抑制浓度 EC_{50}。结果表明，PBDEs 对微藻生长抑制程度呈现一定的剂量 - 效应关系，根据 EC_{50} 结果进行毒性排序，从大到小依次为 BDE-28、BDE-47、BDE-99、BDE-153、BDE-209，随溴原子取代数的增加，其对海洋饵料藻的毒性呈下降趋势。其中，BDE-28、BDE-209对盐藻的 EC_{50} 分别为75.35μg/L和1867.95μg/L，该数值高于近岸海水中PBDEs浓度，表明目前近岸海水中的PBDEs尚不会对盐藻产生急性毒性（胡恒，2015）。该研究团队接着以BDE-28为代表性PBDEs，测定盐藻暴露于10μg/L和100μg/L BDE-28之后的光合色素（叶绿素a、叶绿素b和类胡萝卜素）、可溶性蛋白质、谷胱甘肽及其代谢酶（谷胱甘肽过氧化物酶、谷胱甘肽还原酶、谷胱甘肽硫转移酶）变化。结果显示盐藻的光合色素、可溶性蛋白质含量均受到BDE-28暴露浓度和时间的影响。其中，盐藻的光合色素对BDE-28的敏感性顺序为：叶绿素a>类胡萝卜素>叶绿素b，提示叶绿素a和类胡萝卜素可以作为海水PBDEs污染水平的指标。此外，谷胱甘肽（GSH）含量受BDE-28的影响较为明显，而且该变化发生于分子细胞水平上的应激反应。因此，GSH可作为PBDEs污染的早期预警指标。

另有研究团队以BDE-47为代表性PBDEs，探究了盐藻和微小亚历山大藻（*Alexandrium minutum*）对其耐受性。结果显示，微小亚历山大藻对BDE-47的敏感性高于盐藻，这可能与其生长速率、细胞结构和光合作用强度有关。在BDE-47作用下，两种微藻的细胞ROS水平均显著升高，细胞内SOD、CAT和谷胱甘肽还原酶（GR）活性也相应升高，而谷胱甘肽过氧化物酶（GPX）活性降低。这两种微藻的不同酶反应活性表明其抗氧化机制存在不同，推测微小亚历山大藻清除的效率可能高于盐藻（Zhao，2017）。

（五）杀菌剂

1. 吡硫锌

吡硫锌（zinc pyrithione，ZPT）又称吡啶硫铜锌，是一种对真菌和细菌有较强杀伤力的人工合成化学品。不仅作为抗头皮屑剂而大量用于洗护产品，还用于海洋抗污损涂料、乳胶漆等各类涂料中，在海水和淡水环境中均有存在。有研究以盐藻为受试藻种，评估了吡硫锌对淡水和海洋生态环境的可能风险。该研究基于美国材料与试验协会的有机污染物水解、光解实验方法，分别检测了吡硫锌在其水解液、光解液中的残留浓度和对盐藻的生长抑制毒性。结果显示，偏碱性环境利于吡硫锌的水解和光解，含盐水体不利于其水解但利于其光解。此外，吡硫锌自身及其降解产物在海水中的毒性要高于在淡水中的毒性。故此，以吡硫锌作为海洋抗污损涂料添加剂时需注意其对海洋环境的毒性风险（赵旸，2019）。

2. 灭扫利

农药，是指农业上用于防治病虫害及调节植物生长的化学药剂。然而，农药的错误使用会导致其在水体中残留，甚至危害水生生物和水生态环境。灭扫利［20%（体积分数）甲氰菊酯］是一种常用的拟除虫菊酯类（占杀虫剂消费市场的3%~5%）杀虫剂。为了筛选敏感藻种用于海水池塘的水质污染监测，有研究将3种海水单胞藻（包括蛋白核小球藻、盐藻、强壮前沟藻）在8种不同浓度的灭扫利中暴露7d，发现灭扫利的毒性效应随着时间的延长而降低。通过检测灭扫利对3种藻类的半数抑制浓度，发现蛋白核小球藻对其最敏感，其次为盐藻、强壮前沟藻。因此在海水养殖池塘中，以灭扫利作为杀藻剂对蛋白核小球藻和盐藻具有较大影响，对强壮前沟藻影响较小，可以为农药污染指示藻种的筛选提供参考（李春宇，2018）。

3. 百草枯

百草枯对盐藻具有时间、剂量和光依赖性漂白作用。亚致死水平的百草枯可引起细胞SOD和CAT含量增加，而甲磺酸去铁胺-Mn^{4+}可以在体外催化O_2^-分解为H_2O_2和O_2，使盐藻免受百草枯的毒性作用。然而，单独的甲磺酸去铁胺对盐藻有毒性，同时，在没有甲磺酸去铁胺的情况下，Mn^{2+}、Mn^{3+}和Mn^{4+}对盐藻无保护作用（Rabinowitch，1987）。

4. 四氯化碳

四氯化碳（CCl_4）是一种水消毒副产品，在低浓度下即可对哺乳动物产生不利影响。有研究探究了盐藻暴露于低浓度CCl_4中的生长变化情况。结果显示，当CCl_4浓度低于0.13%时，对盐藻生长无明显影响；当CCl_4浓度达0.2%时，可以抑制盐藻生长；当CCl_4浓度超过0.32%，盐藻生长速度和β-胡萝卜素含量均降低。随机扩增多态性DNA标记（random amplified polymorphic DNA，RAPD）实验结果显示，CCl_4对盐藻的慢性影响可以导致其基因组DNA改变，这可能是为了使自身能够适应有毒物污染的生存环境（Zhu，2008）。

（六）表面活性剂

1. 烷基乙氧基硫酸盐

烷基乙氧基硫酸盐（alkyl ethoxysulphates，AES）是一种广泛应用于工业和商业领域的阴离子表面活性剂，其在海水中降解速率极慢。通过检测盐藻、微拟球藻、球等鞭金藻、纤细角毛藻和无脊椎动物卤虫的生长抑制率和死亡率，评估其在海水中的生物降解性和毒性效应。结果显示，AES在海水中具有广泛的生物降解性，根据 96h 的 EC_{50}，AES 对盐藻的毒性最大（EC_{50}=4.68g/L），对球等鞭金藻的毒性最小（EC_{50}=24.02mg/L），提示 AES 的毒性与生物种类具有一定相关性（Sibila，2008）。

2. 壬基酚

壬基酚是非离子表面活性剂壬基酚聚氧乙烯醚的合成原料，具有毒性、难降解性及易积累性，极低的浓度即可造成严重影响。然而，大量工业和生活污水的排放导致水体和沉积物中壬基酚出现高值。有研究显示，壬基酚对盐藻、旋链角毛藻、中肋骨条藻、尖刺拟菱形藻和青岛大扁藻的生长均存在抑制作用，且抑制率随浓度增加而增强，其对不同藻种的抑制大小为：旋链角毛藻 > 中肋骨条藻相差 > 尖刺拟菱形藻 > 盐藻 > 青岛大扁藻（刘文萍，2008）。

（七）水杨酸羟肟酸

水杨酸羟肟酸（salicylic hydroxamic acid，SHAM）是一种对金属离子具有高效选择性的螯合剂，也是一种呼吸抑制剂，在金属氧化矿的浮选、溶剂萃取、废水处理及医药等领域有广泛应用。研究显示，SHAM 对水稻、酵母和盐藻的生长均有抑制作用，其中对盐藻的抑制最为明显（Sitaramam，2008）。

（八）酚类

以盐藻为受试藻种，将三种典型的致突变性毒物——2，4- 二甲酚、对甲酚及苯酚进行两两组合后，分析盐藻对其耐受性。根据 48h EC_{50} 检测结果，对盐藻抑制率最大的为苯酚，最小的为 2，4- 二甲酚（Chen，2007）。

第四节　盐藻在基因工程领域的应用

由于盐藻细胞具有诸多生物学优点，当前被开发作为新型细胞表达系统，主要进行重组亚单位疫苗、抗体表达和重组药用蛋白生产等方面的研究。盐藻作为新型表达系统，目前已经成功表达了禽流感疫苗、对虾白斑综合征病毒亚单位疫苗、禽类干扰素等产品。

一、H5N1禽流感口服疫苗

禽流感是由流感病毒引起的一种以侵害呼吸系统为主的疾病，给人类健康和畜禽业带来了极大威胁。疫苗免疫是防治禽流感暴发的有效手段。除了传统的灭活疫苗，还可将盐藻用于禽流感疫苗的制备中。基于转基因盐藻，薛乐勋教授成功制备了一种口服型禽流感疫苗。通过构建一种包含盐藻自身调控元件和禽流感病毒 HA、NA 重组基因的双元表达载体，然后转化盐藻，经过筛选和鉴定，获得稳定高表达重组 C3d-H5N1 融合蛋白的盐藻转化株。经大规模培养后制备获得口服型禽流感疫苗胶囊。该方法制备的盐藻转化株可用于开放培养，同时产量高、成本低，可实现转基因盐藻制备口服型动物禽流感疫苗的规模化生产，满足市场需求（薛乐勋，2012）。同时，制备的 H5N1 禽流感亚单位疫苗也可以作为功能性的饲料添加剂，应用于大规模的实际生产需要（冯书营，2013）。

二、对虾白斑综合征病毒亚单位疫苗

对虾白斑综合征病毒（WSSV）亚单位疫苗可以提高对虾的抗病毒免疫应答，但传统的表达系统存在一定缺陷而难以得到推广应用。为此，有研究巧妙利用对虾、WSSV 和盐藻细胞三者之间存在的天然联系，即 WSSV 可感染虾、虾以盐藻为饵料、盐藻细胞又是一个天然的绿色表达系统，通过向盐藻载体中克隆入 WSSV VP28 基因构建转基因盐藻株。经 Western Blot 和酶联免疫吸附测定（ELISA）发现，重组 VP28 蛋白可成功表达。对虾进行攻毒，并投喂含有 VP28 基因的转基因盐藻，发现通过口服途径递送的 WSSV VP28 亚单位疫苗对虾具有一定保护作用（Feng，2014）。为了进一步提高重组亚单位疫苗的免疫保护效果，通过基因工程手段克隆得到 WSSV 囊膜蛋白 VP19、VP28 基因，将二者基因融合表达，最终筛选培养出稳定表达病毒囊膜蛋白的转化藻株。以该转基因藻株作为活体饵料直接投喂虾体，提高了对虾体的免疫保护作用。通过该方法制备的转基因藻株能稳定表达无须提取的活性蛋白，并可直接当作活体疫苗投喂虾体，不仅操作方便，而且成本低，安全无毒，免疫效果强（冯书营，2014a）。

三、通用型禽类干扰素

有研究以禽类 α- 干扰素、γ- 干扰素基因序列为基础，构建了一种口服型禽用干扰素盐藻藻株。其将具有较强抗病毒作用的 α- 干扰素基因和能够提高机体免疫力、增强体质的 γ- 干扰素基因融合后表达，因此重组的 α+γ 融合干扰素兼有二者的功能。同时，利用盐藻生物反应器作为表达系统，不仅可以实现外源基因的表达，而且利用盐藻自身营养丰富、无毒无害等优点，制备获得“一株多用”的转基因藻株。将该转基因藻株制备获得的禽用干扰素表达藻体作为口服制剂，可应用于禽类病毒性疾病的预防或治疗、禽类养殖业和有关饲料加工业等领域，效果好且绿色环保、成本低廉（冯书营，2014b）。

第五节　盐藻在生物能源领域的应用

盐藻具有光合效率高、脂类含量较多、生长快速、易培养等特点，且收获干燥后不需要进行任何前处理即可进行热解，可根据生产目的改变终产品的油气比例，有助于适应燃料油气、沼气等多方面需求，是制备生物能源的良好材料。

一、生物油气

近年来，化石能源日益枯竭，而生物能源具有可再生、污染小等优点，开发利用生物能源将是缓解我国能源和环境压力，建立可持续发展能源系统的有效措施。目前采用的生物质主要为秸秆等常规原料，可以通过光合作用将大气中的 CO_2 转化为脂质，进一步通过酯化作用生成生物柴油。但是植物秸秆中含有较多纤维素和淀粉，裂解后产生的可利用燃料油气回收率低，且易造成二次污染。有研究采用盐藻粉成功制备了燃料油气（贾立山，2008）。通过分析普通小球藻和盐藻这两种代表性微藻的快速热解特性，在固定床反应器上开展了快速热解实验。根据不同热解条件下的热解焦、热解油及热解气产率，发现在 500℃热解温度下的产油率最高，普通小球藻和盐藻产油率分别为 60.67%、64.87%，表明这两种微藻都是良好的热解制油原料（黄永福，2013）。

二、沼气

沼气是各种有机物质在厌氧条件和适宜的温度、pH 中通过微生物发酵作用而产生的一种混合型可燃气体。其主要成分为甲烷，特性与天然气相似，可用于炊事、供暖、照明，还可作为生产 CCl_4 等的化工原料，属于可再生能源的一种。微藻中含有丰富的有机物质，因此可将其作为厌氧消化原料进行沼气发酵。有研究对比分析了盐藻和小球藻作为生物质用于沼气生产的能力。相较而言，盐藻生物质生产率高、预处理需求简单且易于转化为沼气，说明盐藻比小球藻更适于沼气生产（Jeon，2012）。

三、燃料利用率的提高

盐藻在煤炭的洁净煤技术中也有应用。煤炭是世界上储量丰富、分布广泛的化石燃料，其开发与利用的研究热点之一是洁净煤技术。其中，煤液化是一种常用的洁净煤技术，可通过煤炭液化过程去除硫等有害元素和一定灰分。有研究显示，煤与富含氢的物质共液化可降低煤液化过程中的氢耗量，提高煤中碳的利用率。通过将煤与盐藻进行共液化，并采用了 FTIR 和气相色谱 - 质谱联用（GC-MS）等方法分析在亚 / 超临界水 - 乙醇体系中的液化产物，考察乙醇质量分数、反应温度、料液比和反应时间对共液化效果的影响，从而可分析煤与盐藻的共液化规律。结果显示，当乙醇质量分数为 60%、反应温度为 360℃、料液比为 1 ∶ 10、反应时间为 30min 时，所得液体燃料的产率和转化率分别为 40.29% 和 70.62%。此外，添加盐藻可显著促进煤液化，提高了液体燃料的产率和转化率，同时也提高了液体燃料的品质，为煤的清洁化利用提供了理论基础（杨瑞丽，2013a）。

热重分析是煤、生物质及聚合物热解、燃烧特性及热解动力学研究中的一种常用研究手段。有研究通过热重分析探究了煤与盐藻的不同混合比对共热解过程的影响。结果表明，由于煤和盐藻在生物化学组成和内部分子结构上存在差异，二者的单独热解特性也有较大不同。其中，煤的固定碳和灰分含量高，因此煤在相同热解阶段的失重率低于盐藻。但在 200~500℃范围内，煤与盐藻共热解特性存在明显的协同效应，协同效应值可高达 28%，提高了煤的利用率（杨瑞丽，2013b）。

四、盐卤蒸发效率的提高

盐卤是指采用海水或盐湖水制盐后残留于盐池中的母液。由于盐卤中富含钾盐、锂盐等矿产资源，工业界通常利用盐湖当地的自然资源特点（如强光照、低降雨量）修建盐田，通过蒸发盐卤获得具有经济价值的矿产资源。但在自然条件下，盐卤对太阳光的吸收率较低，因此需要较大面积的盐田蒸发卤水，造成了盐卤蒸发时投资成本高、占地面积大的不足。盐藻能够在高盐含量的卤水中生存，其体内含有的杯状色素体也可以促进水体对阳光的吸收。因此，可通过培养杜氏盐藻、嗜酸性杜氏盐藻等盐藻提高盐卤蒸发效率。首先取一定量盐藻于原卤中扩大培养，直至盐藻浓度为（5~8）$\times 10^4$cell/mL；然后将上述藻液投入原卤中，使盐藻在原卤中生长繁殖，并采用原卤导卤方式，使盐藻浓度保持在（1.5~3.5）$\times 10^5$cell/mL，同时进行光照蒸发；最后停止导卤，继续光照蒸发，分离获得盐矿和老卤。该方法可将盐卤蒸发效率提高 10% 以上，对我国矿产资源开发利用具有一定借鉴意义（娄金东，2020）。

第六节　盐藻在农业领域的应用

一、土壤的修复与改良

土壤板结在种植过程中较为常见，通常是缺乏有机物质的土壤在降雨等作用下土料被分散，干燥后出现表土变硬的现象。土壤板结容易引起农作物根系生长不良，降低农产品的产量和品质。将盐藻皮颗粒与聚丙烯酰胺按质量比100 ：（0.5~1）混合后，可制成能够有效防治土壤板结的土壤调理剂。其中，盐藻皮是滨海晒盐场在晒盐期间生长于盐田表面的一层藻类物质，往往需要人工将其刮掉后弃于盐田外。而该土壤调理剂中使用的盐藻皮颗粒即由盐藻皮晒干、粉碎、过筛（孔径 2mm）而得，而聚丙烯酰胺是一种可促进形成土壤团粒结构的高分子聚合物。将该土壤调理剂在作物种植前与基肥一同施用，不仅可明显促进作物根系生长和增加作物产量，还可降低土壤容重，增加土壤孔隙度、阳离子交换量和土壤大团聚体的比例，从而有效地改善土壤板结现象（黄东风，2020）。

盐藻不仅对土壤板结有良好的作用，对土壤修复和资源化利用也有重要影响。有研究采用多塘 - 藻水循环灌溉系统实现污染土壤的修复。该系统利用人造水塘、土壤及盐藻、小球藻等微藻三者之间的相互作用，以水塘微藻联合修复系统为核心，配制、驯化土壤修复微藻。用水塘收集雨水并培养微藻，将微藻喷洒至田间，通过循环灌溉并回收藻水，收回污染土壤中的重金属，降低土壤盐分，提升土壤营养成分，以此恢复土壤肥力。加之微藻的回收制备，最终实现资源化利用、土地修复的目的（潘纲，2020）。

二、生物有机肥的开发

随着藻类养殖业的迅猛发展，从藻类提取高附加值产品后产生的微藻渣也日益增多。除了将部分微藻渣用于水产养殖饲料，其处理方式有直接投放和填埋法。然而，直接投放会造成水体富营养化，而填埋法则占用了大量土地资源。研究发现，藻渣中含有丰富的营养物质，基于此制得的海藻液体肥对北极小球藻细胞的生长和营养物质积累均具有促进作用。因此，将藻类废弃物作为原料加工成有机海藻肥料，将是一项变废为宝的有效措施，不仅为大型海藻和微藻加工企业提供废弃物处理的新思路,同时提高了企业的环保能力和经济效益（王长海，2017）。

第七节　盐藻在其他领域的应用

一、烟用香料

类胡萝卜素是广泛存在于盐藻中的一种天然色素，易被自由基等活性基团氧化降解而产生氧化异佛尔酮、*β*- 紫罗兰酮等化合物，这些化合物是一类重要的香味前体物质，可作为烟草制品中的特征香气成分。有研究者将盐藻、小球藻、龙须菜等海藻烘干粉碎后进行氧化降解，提取其中色素降解产物并添加至卷烟中，不仅不会改变卷烟的原有性能和原有加工工艺，还会增加卷烟香气量，降低刺激性气味，提高了卷烟的感官品质（刘珊，2014）。因此，盐藻色素降解产物可以作为一种新型的烟用香料，具有实际生产意义和价值。

二、生物功能材料制备

（一）微藻薄膜材料

目前，微藻的后加工制品形状主要以粉剂、片剂为主。但是，未经化学改性的微藻粉末内各组分分子主要以无规则形式聚集，分子间结合力较弱，在水中溶失率大，因此难以获得除粉剂、片剂之外的耐水溶解的微藻薄膜、微藻多孔材料等，限制了微藻功能的进一步开发。研究显示，向微藻中加入交联剂、改性剂等可使蛋白质分子上的官能团发生化学反应，从而有利于开发多形态、多用途的产品，例如，通过与其他材料复合来制备生物可降解材料，拓宽微藻的应用途径（史博，2017）。

（二）生物防污涂料

在海洋工业中，生物污损是指人工设施表面上附着、生长、繁殖的生物体的积累。由于人类对海洋资源的开发和利用有了较大发展，生物污损成为亟须解决的问题。传统的防污涂料是以有机锡和氧化亚铜等防污剂的毒杀方式进行防污，但该方式会对海洋环境造成污染。近年来，海洋天然产物被认为是潜力巨大的环境友好型防污材料来源。国家专利局公开了一种海洋微生物防污涂料的制备方法。首先将海洋生物膜、盐藻、甲藻等进行匀浆后在琼脂平板上划线分离培养，然后挑取有水解圈生成的菌落进行进一步分离纯化获得微生物菌落，再从中制备防污蛋白酶。通过这种方法制备的防污涂料不仅防污损效果好，成本低，无污染，而且具有一定的耐腐蚀、耐热性能（张爱军，2017）。还有研究发现盐藻的脂肪酸提取物具有较高的防污活性，也可作为有毒防污化合物的有效替代品（Gao，2014）。

（三）海藻生物纤维

海藻生物纤维可以加工成纱线、机织物、针织物等，还可用于美容化妆材料、医用卫生材料或纺织材料。有研究发明了一种海藻生物纤维。该纤维以海洋生物高分子为载体形成纺丝溶液，在纺丝溶液中加入盐藻、螺旋藻、小球藻等微藻，使海藻生物纤维中分散着各种微藻细胞，从而增添了对人体有益的生物活性成分，并增加了该纤维或纺织材料的亲肤特性及保健功效，特别适用于与人体密切接触的各种医疗卫生纺织材料，如医用敷料及婴儿纸尿裤等产品。这些产品可以通过其包含的各种生物活性成分起到抗氧化、提高免疫力等功能，且对人体无毒副作用（秦益民，2017）。

藻酸盐敷料是由藻酸盐组成的一种高吸收性能的功能性伤口敷料，其在吸收伤口渗出液后可形成柔软的凝胶，促进伤口愈合，缓解伤口疼痛，但是存在抗菌性弱的缺点。带正电荷的阳离子聚合物聚六亚甲基胍盐可以吸附通常带负电荷的病原微生物，因此其作为杀菌剂广泛应用于抗菌伤口敷料。但是聚六亚甲基胍盐具有潜在的致癌性而不能大量使用。有研究克服了其与阴离子聚合物藻酸盐混合后胍盐抗菌活性钝化较快的难题，将少量的聚六亚甲基胍盐和藻酸盐相结合，制备出一种含有抗菌药物的医用复合海藻酸盐敷料，实现了盐藻酸盐纤维医用制品良好的、长期的抗菌活性，并显著降低了潜在的致癌、致突变和生殖毒性的风险（孟永刚，2020）。

参考文献

［1］Abdel-Daim MM，Farouk SM，Madkour FF，et al. Anti-inflammatory and immunomodulatory effects of *Spirulina platensis* in comparison to *Dunaliella salina* in acetic acid-induced rat experimental colitis［J］. Immunopharmacol Immunotoxicol，2015，37（2）：126-139.

［2］Abdollahi Y，Ahmadifard N，Agh N，et al. *β*-carotene-enriched *Artemia* as a natural carotenoid improved skin pigmentation and enhanced the mucus immune responses of platyfish *Xiphophorus maculatus*［J］. Aquacult Int，2019，27（6）：1847-1858.

［3］Ahmed F，Fanning K，Netzel M，et al. Profiling of carotenoids and antioxidant capacity of microalgae from subtropical coastal and brackish waters［J］. Food Chem，2014，165：300-306.

［4］Alexandru C，Doina H，Valeriu R，et al. Removal of uranyl ions from $UO_2(NO_3)_2$ solution by means of *Chlorella vulgaris* and *Dunaliella salina* algae［J］. Cent Eur J Chem，2012，10（5）：1669-1675.

［5］Alfredo Ambrico，Mario Trupo，Rosaria Magarelli，et al. Effectiveness of *Dunaliella salina* extracts against *Bacillus subtilis* and bacterial plant pathogens［J］. Pathogens，2020，9（8）：613.

［6］Amar EC，Kiron V，Akutsu T，et al. Resistance of rainbow trout oncorhynchus mykiss to infectious hematopoietic necrosis virus（IHNV）experimental infection following ingestion of natural and synthetic

carotenoids[J]. Aquaculture, 2012, 330/333: 148-155.
[7] Amini, M, Amini Khoei Z, Erfanifar E. Nitrate (NO_3^-) and phosphate (PO_4^{3-}) removal from aqueous solutions by microalgae *Dunaliella salina*[J]. Biocatal Agric Biotechnol, 2019, 19: 101097.
[8] Araújo OQ, Gobbi CN, Chaloub RM, et al. Assessment of the impact of salinity and irradiance on the combined carbon dioxide sequestration and carotenoids production by *Dunaliella salina*: A mathematical model[J]. Biotechnol Bioeng, 2009, 102 (2): 425-435.
[9] Ataseyer-Arslan B, Yilancioglu K, Bekaroglu MG, et al. Cytotoxic effect of extract from *Dunaliella salina* against SH-SY5Y neuroblastoma cells[J]. Gen Physiol Biophys, 2015, 34 (2): 201-207.
[10] Bahador E, Einali A, Azizian-Shermeh O, et al. Metabolic responses of the green microalga *Dunaliella salina* to silver nanoparticles-induced oxidative stress in the presence of salicylic acid treatment[J]. Aquat Toxicol, 2019, 217: 105356.
[11] Bhuvaneshwari M, Thiagarajan V, Nemade P, et al. Toxicity and trophic transfer of P25 TiO_2 NPs from *Dunaliella salina* to *Artemia salina*: Effect of dietary and waterborne exposure[J]. Environ Res. Section A, 2018, 160: 39-46.
[12] Cammaroto C, Diliberto L, Ferralis M, et al. Use of carbonic anhydrase in electrochemical biosensors for dissolved CO_2[J]. Sensors and Actuators: B. Chemical, 1998, 48 (1): 439-447.
[13] Chae Y, Kim D, An YJ. Effects of micro-sized polyethylene spheres on the marine microalga *Dunaliella salina*: Focusing on the algal cell to plastic particle size ratio[J]. Aquat Toxicol, 2019, 216: 105296.
[14] Chen J, Jiang JG, Lin QS. Technical note: Toxicity tests of typical mutagenic phenols on *Dunaliella salina*[J]. Trans ASABE, 2007, 50 (2): 685-688.
[15] Chi J, Li Y, Gao J. Interaction between three marine microalgae and two phthalate acid esters[J]. Ecotox Environ Safe, 2019, 170 (4): 407-411.
[16] Chi ZY, Elloy F, Xie YX, et al. Selection of microalgae and cyanobacteria strains for bicarbonate-based integrated carbon capture and algae production system[J]. Appl Biochem Biotechnol, 2014, 172 (1): 447-457.
[17] Chitranjali T, Chandran PA, Kurup GM. Omega-3 fatty acid concentrate from *Dunaliella salina* possesses anti-inflammatory properties including blockade of NF-κB nuclear translocation[J]. Immunopharmacol Immunotoxicol, 2015, 37 (1): 81-89.
[18] Chuang WC, Ho YC, Liao JW, et al. *Dunaliella salina* exhibits an antileukemic immunity in a mouse model of WEHI-3 leukemia cells[J]. J Agric Food Chem, 2014, 62 (47): 11479-11487.

[19] Dahl U, Lind CR, Gorokhova E, et al. Food quality effects on copepod growth and development: Implications for bioassays in ecotoxicological testing [J] . Ecotoxicol Environ Saf, 2009, 72 (2): 351-357.
[20] Darvish M, Jalili H, Ranaei-Siadat SO, et al. Potential cytotoxic effects of peptide fractions from *Dunaliella salina* protein hydrolyzed by gastric proteases [J] . J Aquat Food Prod T, 2018, 27 (2): 165-175.
[21] Duan W, Meng F, Lin Y, Wang G. Toxicological effects of phenol on four marine microalgae [J] . Environ Toxicol Pharmacol, 2017, 52: 170-176.
[22] El-Baky HHA, El-Baroty GS. The Potential use of microalgal carotenoids as dietary supplements and natural preservative ingredients [J] . J Aquat Food Prod T, 2013, 22 (4): 392-406.
[23] El-Baz FK, Abdel Jaleel GA, Saleh DO, et al. Protective and therapeutic potentials of *Dunaliella salina* on aging-associated cardiac dysfunction in rats [J] . Asian Pac J Trop Bio, 2018a, 8 (8): 403-410.
[24] El-Baz FK, Aly HF. Potential of *Dunaliella salina* microalgae to ameliorate high-fat diet-induced obesity in animals' rodent [J] . Asian J Pharm Clin Res, 2018b, 11 (3): 312-318.
[25] El-Baz FK, Hussein RA, Saleh DO, et al. Zeaxanthin isolated from *Dunaliella salina* microalgae ameliorates age associated cardiac dysfunction in rats through stimulation of retinoid receptors [J] . Mar Drugs, 2019a, 17 (5): 290.
[26] El-Baz FK, Salama A, Salama RA, et al. Therapeutic effect of *Dunaliella salina* microalgae on thioacetamide- (TAA-) induced hepatic liver fibrosis in rats: Role of TGF-β and MMP9 [J] . Biomed Res Int, 2019b, 2019: 1-9.
[27] El-Baz FK, Salama A, Salama RA. *Dunaliella salina* attenuates diabetic neuropathy induced by stz in rats: Involvement of thioredoxin [J] . Biomed Res Int, 2020a, 2020: 1295492.
[28] El-Baz FK, Saleh DO, Abdel Jaleel GA, et al. Attenuation of age-related hepatic steatosis by *Dunaliella salina* microalgae in senescence rats through the regulation of redox status, inflammatory indices, and apoptotic biomarkers [J]. Adv Pharmacol Pharm Sci, 2020b: 3797218.
[29] El-Baz FK, Aly HF, Khalil WK, et al. Antineurodegenerative activity of microalgae *Dunaliella Salina* in rats with Alzhemer' s disease [J] . Asian J Pharm Clin Res, 2016, 10 (1): 134-139.
[30] El-Baz FK, Aly HF, Salama AA. Toxicity assessment of the green *Dunaliella salina* microalgae [J] . Toxicol Rep, 2019c, 6: 850-861.
[31] El-Bermawi N. Effects of dietary *Dunaliella salina* extract and highly unsaturated fatty acids on the fecundity and lipid content of pond-reared *Penaeus japonicus* brood-stock [J] . Commun Agric Appl Biol Sci, 2013, 78 (4): 111-114.

[32] Feng SY, Feng WP, Zhao L, et al. Preparation of transgenic *Dunaliella salina* for immunization against white spot syndrome virus in crayfish [J]. Arch Virol, 2014, 159 (3): 519-525.
[33] Fernández-Rodríguez MJ, Rincón B, Fermoso FG, et al. Assessment of two-phase olive mill solid waste and microalgae co-digestion to improve methane production and process kinetics [J]. Bioresource Technology, 2014, 157: 263-269.
[34] Gao J, Chi J. Biodegradation of phthalate acid esters by different marine microalgal species [J]. Mar Pollut Bull, 2015, 99 (1-2): 70-75.
[35] Gao M, Li FC, Su RG, et al. Antifouling potential of the marine microalga *Dunaliella salina* [J]. World J Microbiol Biotechnol, 2014, 30 (11): 2899-2905.
[36] Giordano M, Bargnesi F, Mariani P, et al. *Dunaliella salina* (Chlorophyceae) affects the quality of NaCl crystals [J]. Cryptogamie, Algologie, 2014, 35 (3): 285-302.
[37] Gomathinayagam S, Kodiveri Muthukaliannan G. Metagenomic analysis of the faecal microbiome of rats with 1, 2-dimethylhydrazine induced colon cancer and prophylactic whole-cell carotenoid intervention [J]. Indian J Microbiol, 2021, 61 (1): 38-44.
[38] Guzmán-Murillo MA, Ascencio F, Larrinaga-Mayoral JA. Germination and ROS detoxification in bell pepper (*Capsicum annuum* L.) under NaCl stress and treatment with microalgae extracts [J]. Protoplasma, 2013, 250 (1): 33-42.
[39] Hadizadeh Z, Mehrgan MS, Shekarabi SPH, et al. The potential use of stickwater from a kilka fishmeal plant in *Dunaliella salina* cultivation [J]. Environ Sci Pollut Res Int, 2020, 27 (2): 2144-2154.
[40] Haghjou MM, Shariati M, Smirnoff N. The effect of acute high light and low temperature stresses on the ascorbate-glutathione cycle and superoxide dismutase activity in two *Dunaliella salina* strains [J]. Physiol Plant, 2009, 135 (3): 272-280.
[41] Harari A, Harats D, Marko D, et al. Supplementation with 9-*cis* β-carotene-rich alga *Dunaliella* improves hyperglycemia and adipose tissue inflammation in diabetic mice [J]. J Appl Psychol, 2013, 25 (2): 687-693.
[42] Harpaz S, Rise M, Arad S, et al. The effect of three carotenoid sources on growth and pigmentation of juvenile freshwater crayfish *Cherax quadricarinatus* [J]. Aquaculture Nutrition, 1998, 4 (3): 201-208.
[43] Harter T, Bossier P, Verreth J, et al. Carbon and nitrogen mass balance during flue gas treatment with *Dunaliella salina* cultures [J]. J Appl Psychol, 2013, 25 (2): 359-368.
[44] Herrero M, Ibáñez E, Cifuentes A, et al. *Dunaliella salina* microalga

pressurized liquid extracts as potential antimicrobials [J] . J Food Prot, 2006, 69 (10): 2471-2477.

[45] Hieber AD, King TJ, Morioka S, et al. Comparative effects of all-trans *β*-carotene vs 9-*cis* *β*-carotene on carcinogen-induced neoplastic transformation and connexin 43 expression in murine 10T1/2 cells and on the differentiation of human keratinocytes [J] . Nutr Cancer, 2000, 37 (2): 234-244.

[46] Hsu YW, Tsai CF, Chang WH, et al. Protective effects of *Dunaliella salina*-A carotenoids-rich alga, against carbon tetrachloride-induced hepatotoxicity in mice [J] . Food Chem Toxicol, 2008, 46 (10): 3311-3317.

[47] Jayappriyan KR, Rajkumar R, Venkatakrishnan V, et al. In *vitro* anticancer activity of natural *β*-carotene from *Dunaliella salina* EU5891199 in PC-3 cells [J] . Biomed Prev Nutr, 2013, 3 (2): 99-105.

[48] Jeon N, Kim D, An J, et al. *Dunaliella salina* as a microalgal biomass for biogas production [J] . Korean J Microbiol Biotech, 2012, 40 (3): 282-285.

[49] Johari SA, Sarkheil M, Tayemeh MB, et al. Influence of salinity on the toxicity of silver nanoparticles (AgNPs) and silver nitrate ($AgNO_3$) in halophilic microalgae, *Dunaliella salina* [J] . Chemosphere: Envir Toxicol Risk Assess, 2018, 209 (10): 156-162.

[50] Khan MI, Shin JH, Kim JD. The promising future of microalgae: Current status, challenges, and optimization of a sustainable and renewable industry for biofuels, feed, and other products [J] . Microb Cell Fact, 2018, 17: 36.

[51] Lin HW, Chen YC, Liu CW, et al. Regulation of virus-induced inflammatory response by *Dunaliella salina* alga extract in macrophages [J] . Food Chem Toxicol, 2014, 71: 159-165.

[52] Lin HW, Liu CW, Yang DJ, et al. *Dunaliella salina* alga extract inhibits the production of interleukin-6, nitric oxide, and reactive oxygen species by regulating nuclear factor-kappaB/Janus kinase/signal transducer and activator of transcription in virus-infected RAW264.7 cells [J] . J Food Drug Anal, 2017, 25 (4): 908-918.

[53] Liu F, Tu T, Li S, et al. Relationship between plankton-based *β*-carotene and biodegradable adaptablity to petroleum-derived hydrocarbon [J] . Chemosphere, 2019, 237: 124430.

[54] Liu Y, Yildiz I. The effect of salinity concentration on algal biomass production and nutrient removal from municipal wastewater by *Dunaliella salina* [J] . Int J Energ Res, 2018, 42 (9): 2997-3006.

[55] Lopez H, Magdaleno D, Stephano J. The complete chloroplast genome of the green microalgae *Dunaliella salina* strain SQ [J] . Mitochondrial DNA B Resour, 2017, 2 (1): 225-226.

[56] Mendiola JA, Susana S, Alejandro C, et al. Antimicrobial activity of sub- and

supercritical CO_2 extracts of the green alga *Dunaliella salina*[J]. J Food Prot, 2008, 71 (10): 2138-2143.

[57] Monte J, Sá M, Parreira C, et al. Recycling of *Dunaliella salina* cultivation medium by integrated membrane filtration and advanced oxidation[J]. Algal Res, 2019, 39: 101460.

[58] Nagasawa H, Konishi R, Sensui N, et al. Inhibition by beta-carotene-rich algae *Dunaliella* of spontaneous mammary tumourigenesis in mice[J]. Anticancer Res, 1989; 9 (1): 71-75.

[59] Nemtseva NV, Selivanova EA, Ignatenko ME, et al. Characterization of a novel *Dunaliella salina* (Chlorophyta) strain and the assessment of its cultivation parameters[J]. Russ J Plant Physl+, 2013, 60 (4): 529-535.

[60] Rabinowitch HD, Privalle CT, Fridovich I. Effects of paraquat on the green alga *Dunaliella salina*: protection by the mimic of superoxide dismutase, Desferal-Mn(Ⅳ)[J]. Free Radic Biol Med, 1987, 3 (2): 125-131.

[61] Raja R, Hemaiswarya S, Balasubramanyam D, et al. Protective effect of *Dunaliella salina* (Volvocales, Chlorophyta) against experimentally induced fibrosarcoma on wistar rats[J]. Microbiol Res, 2007, 162 (2): 177-184.

[62] Raz O, Fahham A, Kuchina N, et al. *Dunaliella salina* and *Haloferax volcanii* synergistically attenuate skin cancer in *vitro*[J]. J Cancer Ther, 2019, 10(9): 747-754.

[63] Ruperez FJ, Garcia-Martinez D, Baena B, et al. *Dunaliella salina* extract effect on diabetic rats: Metabolic fingerprinting and target metabolite analysis[J]. Pharm Biomed Anal, 2009, 49 (3): 786-792.

[64] Saxena P, Bassi A. Removal of nutrients from hydroponic greenhouse effluent by alkali precipitation and algae cultivation method[J]. J Chem Technol Biot, 2013, 88 (5): 858-863.

[65] Selim CY, Murat K, Meltem AO. Biochemical composition and bioactivity screening of various extracts from *Dunaliella salina*, a green microalga[J]. EXCLI Journal, 2014, 13: 679-690.

[66] Senosy W, Kassab AY, Mohammed AA. Effects of feeding green microalgae on ovarian activity, reproductive hormones and metabolic parameters of Boer goats in arid subtropics[J]. Theriogenology, 2017, 96: 16-22.

[67] Sibila MA, Garrido MC, Perales JA, et al. Ecotoxicity and biodegradability of an alkyl ethoxysulphate surfactant in coastal waters[J]. Sci Total Environ, 2008, 394 (2-3): 265-274.

[68] Singh AK, Singh VK, Singh M, et al. One pot hydrothermal synthesis of fluorescent NP-carbon dots derived from *Dunaliella salina* biomass and its application in on-off sensing of Hg(Ⅱ), Cr(Ⅵ) and live cell imaging[J]. J Photoch Photobio A: Chemistry, 2019a, 376: 63-72.

[69] Singh AK, Tiwari R, Kumar V, et al. Photo-induced biosynthesis of silver nanoparticles from aqueous extract of *Dunaliella salina* and their anticancer potential[J]. J Photochem Photobiol B, 2017, 166: 202-211.

[70] Singh AK, Tiwari R, Singh VK, et al. Green synthesis of gold nanoparticles from *Dunaliella salina*, its characterization and in *vitro* anticancer activity on breast cancer cell line[J]. J Drug Deliv Sci Technol, 2019b, 51: 164-176.

[71] Singh P, Khadim R, Singh AK, et al. Biochemical and physiological characterization of a halotolerant *Dunaliella salina* isolated from hypersaline Sambhar lake India[J]. J Phycol, 2019c, 55 (1): 60-73.

[72] Sitaramam V, Pachapurkar S, Gokhale T. The alternative oxidase mediated respiration contributes to growth, resistance to hyperosmotic media and accumulation of secondary metabolites in three species[J]. Physiol Mol Biol Plants, 2008, 14 (3): 235-251.

[73] Soltani Nezhad F, Mansouri H. Effects of polyploidy on response of *Dunaliella salina* to salinity[J]. J Mar Biol Assoc UK, 2019, 99 (5): 1041-1047.

[74] Srinivasan R, Chaitanyakumar A, Mageswari A, et al. Oral administration of lyophilized *Dunaliella salina*, a carotenoid-rich marine alga, reduces tumor progression in mammary cancer induced rats[J]. Food Funct, 2017, 8 (12): 4517-4527.

[75] Susana S, Laura J, Merichel P, et al. Antiviral compounds obtained from microalgae commonly used as carotenoid sources[J]. J Appl Psychol, 2012, 24 (4): 731-741.

[76] Thiagarajan V, Ramasubbu S, Natarajan C, et al. Differential sensitivity of marine algae *Dunaliella salina* and *Chlorella* sp. to $P25_2$ TiO_2 NPs[J]. Environ Sci Pollut Res Int, 2019, 26: 21394-21403.

[77] Tsai CF, Tseng JK, Lu FJ, et al. Prevention of ultraviolet B-induced lens oxidative damage in mice by *Dunaliella salina*, a carotenoids-rich alga[J]. Life Sci J, 2012, 9 (2): 94-99.

[78] Vidyalaxmi, Kaushik G, Raza K. Potential of novel *Dunaliella salina* from sambhar salt lake, *India*, for bioremediation of hexavalent chromium from aqueous effluents: An optimized green approach[J]. Ecotoxicol Environ Saf, 2019, 180: 430-438.

[79] Vinh TD , Yan L, Peter S, et al. Effects of micro and macroalgal diet supplementations on growth and immunity of greenlip abalone, *Haliotis laevigata*[J]. Aquaculture, 2011, 320 (1): 91-98.

[80] Wasif F, Suh WI, Park MS, et al. Water use and its recycling in microalgae cultivation for biofuel application[J]. Bioresource Technology, 2015, 184: 73-81.

[81] William BZ, Mohammad ZD, Hemaka Bandulasena HC, et al. Design of an

airlift loop bioreactor and pilot scales studies with fluidic oscillator induced microbubbles for growth of a microalgae *Dunaliella salina*[J]. Appl Energy, 2011, 88(10): 3357-3369.

[82] Wu DH, You H, Du JX, et al. Effects of UV/Ag-TiO_2/O_3 advanced oxidation on unicellular green alga *Dunaliella salina*: Implications for removal of invasive species from ballast water[J]. J Environ Sci, 2011, 23(3): 513-519.

[83] Xia E, Zhai L, Huang Z, et al. Optimization and identification of antioxidant peptide from underutilized *Dunaliella salina* protein: Extraction, in *vitro* gastrointestinal digestion, and fractionation[J]. Biomed Res Int, 2019, 2019: 6424651.

[84] Yang C, Jia LS, Su S, et al. Utilization of CO_2 and biomass char derived from pyrolysis of *Dunaliella salina*: The effects of steam and catalyst on CO and H_2 gas production[J]. Bioresource Technology, 2012, 110(110): 676-681.

[85] Yang DJ, Lin JT, Chen YC, et al. Suppressive effect of carotenoid extract of *Dunaliella salina* alga on production of LPS-stimulated pro-inflammatory mediators in RAW264.7 cells via NF-κB and JNK inactivation[J]. J Funct Foods, 2013, 5(2): 607-615.

[86] Zamani H, Moradshahi A. Evaluation of total reducing capacity in three *Dunaliella salina*(Dunal)teodoresco isolates[J]. J Appl Phycol, 2014, 26(1): 369-376.

[87] Zamani H, Rastegari B, Varamini M. Antioxidant and anti-cancer activity of *Dunaliella salina* extract and oral drug delivery potential via nano-based formulations of gum arabic coated magnetite nanoparticles[J]. J Drug Deliv Sci Technol, 2019, 54: 101278.

[88] Zhao Y, Wang Y, Li Y, et al. Response of photosynthesis and the antioxidant defense system of two microalgal species(*Alexandrium minutum* and *Dunaliella salina*)to the toxicity of BDE-47[J]. Mar Pollut Bull, 2017, 124(1): 459-469.

[89] Zhu QL, Guo SN, Wen F, et al. Transcriptional and physiological responses of *Dunaliella salina* to cadmium reveals time-dependent turnover of ribosome, photosystem, and ROS-scavenging pathways[J]. Aqua Toxicol, 2019, 207: 153-162.

[90] Zhu YH, Jiang JG. Toxicity of carbon tetrachloride to *Dunaliella salina*, an environmentally tolerant alga[J]. J Toxicol Environ Health A, 2008, 71(8): 474-477.

[91] 巴根纳，赵六永，马国文，等. 一种添加盐藻粉的乳饮料：中国，CN200910242722.7[P]. 2012b-09-05.

[92] 巴根纳，赵六永，马国文，等. 一种添加盐藻粉的酸性液态乳制品及其制备方法：中国，CN200910243614.1[P]. 2012a-11-21.

［93］蔡春有，蔡有森，蔡四川，等. 一种浪人鲹的人工繁育方法：中国，CN201910242229.9［P］. 2021-01-26.
［94］蔡志武. 有机污水废渣处理耦合养藻炼油的生产方法：中国，CN200910051152.3［P］. 2011-03-30.
［95］曹薇，王梦梓，李保明，等. 一种处理高浓度污水的方法：中国，CN201210123964.6［P］. 2013-10-16.
［96］曹跃明，战娟子. 卤虫封闭式培养系统及培养方法：中国，CN201110031223.0［P］. 2012-05-23.
［97］陈强，蔡德烈. 一种火焰龟的繁殖方法：中国，CN201710662430.3［P］. 2019-12-03.
［98］陈潇. 一种替代紫外线吸收剂的生物组合物及其应用：中国，CN201910514291.9［P］. 2019-10-01.
［99］陈彦先，金敃材. 杜氏藻突变体和使用其生产色素的方法：韩国，CN201780034310.7［P］. 2019-09-10.
［100］陈智毅. 一种含水果和食用菌天然抗氧化活性成分的饮料及其制备方法和应用：中国，CN201911159169.0［P］. 2020-03-13.
［101］崔鸿武. 异抗坏血酸钠对自养、异养和兼养条件下微藻生长产油的影响［D］. 青岛：中国海洋大学，2015.
［102］戴军. 杜氏盐藻多糖的提取、分离分析及其生物活性的研究［D］. 无锡：江南大学，2007.
［103］戴玉杰，宁玉林，凌君，等. 一种光强化化学除藻剂：中国，CN201811200268.4［P］. 2019-01-11.
［104］邓正华，陈明强，王雨，等. 合浦珠母贝幼虫培育的饵料优化研究［J］. 水产科学，2018，37（6）：721-727.
［105］杜首英，丁红霞，周小华，等. 一种杜氏盐藻二次提取液产品及其在皮肤保健用日用化工产品中的应用：中国，CN200710122389.7［P］. 2010-08-11.
［106］范勇，张文泽. 一种面霜及其生产工艺：中国，CN201911039743.9［P］. 2020-01-17.
［107］冯书营，杜景霞，李爱芳，等. 一种抗中华蜜蜂囊状幼虫病病毒的卵黄抗体复合制剂及制备：中国，CN201910142191.8［P］. 2021a-03-23.
［108］冯书营，杜景霞，李爱芳，等. 一种天然食用色素盐藻绿的制备方法及其应用：中国，CN201711383310.6［P］. 2020a-06-30.
［109］冯书营，李三强，李爱芳，等. 抗白斑综合征病毒的转基因藻株及其制备方法和应用：中国，CN201110298734.9［P］. 2014a-03-26.
［110］冯书营，梁高峰，杜景霞，等. 一种天然食用色素盐藻黄及其制备方法和应用：中国，CN201711383308.9［P］. 2020b-04-17.
［111］冯书营，欧丽娜，张改娜，等. 一种解酒护肝组合物、解酒护肝饮品及制备方法和应用：中国，CN201711473069.6［P］. 2021b-04-27.

[112] 冯书营，王臣，赵战琴，等. 一种抗禽流感的功能性饲料添加剂的制备方法：中国，CN201210000741.0[P]. 2013-11-06.
[113] 冯书营，王艳鸽，王臣，等. 一种禽用融合型口服干扰素表达藻体的制备及其应用：中国，CN201110431191.3[P]. 2014b-04-02.
[114] 冯书营，张改娜，欧丽娜，等. 一种降糖降脂组合物、降糖降脂饮品及其制备方法和应用：中国，CN201711471889.1[P]. 2021c-05-11.
[115] 伏桂华，周万友，程贵良. 一种稚鲍用配合饲料：中国，CN201110082843.7[P]. 2011-08-17.
[116] 高静. 海洋微藻对酞酸酯的生物降解[D]. 天津：天津大学，2014.
[117] 龚灿锋. 一种含有植物提取物的增白美容乳液：中国，CN201510620989.0[P]. 2015-11-18.
[118] 郭连城，张俊杰，崔志强，等. 盐藻粉生产及其软胶囊制备方法：中国，CN00119359.7[P]. 2003-06-04.
[119] 国兴君，张泉，侯广宪，等. 复合盐藻及其制备方法：中国，CN201510044022.2[P]. 2017-11-28.
[120] 赫冬梅，钱晓佳，段舜山，等. 邻苯二甲酸酯联合暴露对杜氏盐藻生长的影响[J]. 生态科学，2012，31（2）：202-205.
[121] 胡恒，于腾，孟范平，等. 5种多溴联苯醚同系物对海洋饵料藻（亚心型扁藻和盐生杜氏藻）的急性毒性[J]. 海洋环境科学，2015，34（5）：654-660.
[122] 黄东风，王利民，张青，等. 一种防治土壤板结的土壤调理剂及其应用：中国，CN201711039699.2[P]. 2020-09-18.
[123] 黄建乡. 盐藻β-胡萝卜素（顺）对鹌鹑实验性动脉粥样硬化和脂肪肝的治疗作用研究[D]. 青岛：青岛大学，2003.
[124] 黄金，宫平，惠伯棣. 盐藻在我国保健食品中研究进展[J]. 中国食品添加剂，2020，31（9）：135-145.
[125] 黄永福. 普通小球藻和盐生杜氏藻的快速热解特性研究[D]. 武汉：华中科技大学，2013.
[126] 季小洋，董明生，林锦雄，等. 一种喷雾式睡眠面膜及其制备方法：中国，CN201811182192.7[P]. 2021-07-09.
[127] 贾立山，刘广发，陈昱，等. 用杜氏藻藻粉制备燃料油气的方法：中国，CN200710009901.7[P]. 2008-06-18.
[128] 金铉周，文德洙，郑东浩，等. 含有微藻类的有效成分的盐的制造方法以及所制造的盐：中国，CN201280022912.8[P]. 2015-04-08.
[129] 李承春. 海洋大型底栖纤毛虫的种群增长和摄食效应[D]. 北京：中国科学院大学，2012.
[130] 李春宇，赵文，魏杰，等. 拟除虫菊酯类农药灭扫利对3种海水单胞藻生长的影响[J]. 中国渔业质量与标准，2018，8（3）：19-25.
[131] 李书乾，张目，李继德，等. 一种具有祛皱修复功效的镜面霜：中国，

CN201911062555.8［P］. 2020-01-21.
［132］李铁松，王彤，佟少明，等. 利用Imaging-PAM研究小球藻和杜氏盐藻对石油胁迫的响应［J］. 辽宁师范大学学报（自然科学版），2015，（4）：517-521.
［133］李怡岚. 复方盐藻素胶囊：中国，CN200510013540.4［P］. 2007-06-13.
［134］李英. 近岸水域中海洋微藻对酞酸酯的耐受性及其净化作用［D］. 天津：天津大学，2014.
［135］刘德海，刘培，李传茂，等. 防晒化妆品组合物及其海藻防晒成分的制备方法：中国，CN201510104419.6［P］. 2017-11-24.
［136］刘珂纶. 一种美白组合物及其制备方法：中国，CN201510247192.0［P］. 2017-12-01.
［137］刘丽萍. 杜氏藻提取物防治肿瘤作用的初步探讨［D］. 天津：天津医科大学，2008.
［138］刘珊，胡有持，胡军，等. 一种烟用香料的制备方法及其应用：中国，CN201310036933.1［P］. 2014-08-20.
［139］刘志丹，王猛，朱张兵，等. 一种畜禽废水环境增值利用的方法：中国，CN201710404290.X［P］. 2021-01-01.
［140］娄金东，谢超，冯文平，等. 一种利用盐藻提高盐湖卤水蒸发效率的方法：中国，CN201911152027.1［P］. 2020-02-28.
［141］吕和鑫，王世磊，贾士儒，等. 一种盐藻培养废液的高附加值处理方法：中国，CN201611055931.7［P］. 2019-07-16.
［142］马福俊，龙爱民，党爱翠，等. 杜氏盐藻对硫酸盐和镉的吸收及其相互关系［J］. 环境科学学报，2008，28（5）：873-878.
［143］马军，韩雅红，王群，等. 利用高级氧化预处理培养微藻进行污水处理的方法：中国，CN200910072898.2［P］. 2012-07-04.
［144］马婷，柴英辉，贾旭颖，等. 不同微藻饵料对卤虫生长及水环境变化的影响［J］，天津农学院学报，2020，27（4）：62-67.
［145］麦杰英，李雪竹，陈晓朋，等. 具有长效舒缓修复功效的化妆品组合物及其应用：中国，CN201911205025.4［P］. 2020-02-28.
［146］孟令刚. 含有苁蓉或锁阳与菊花、牛磺酸、番茄红素、叶黄素、β-胡萝卜素组合的组合物：中国，CN201210159682.1［P］. 2014-02-26.
［147］孟永刚，莫晋文. 一种抗菌藻酸盐纤维、其敷料的制备方法及应用：中国，CN201710611582.0［P］. 2020-07-21.
［148］穆海英. 盐藻β-胡萝卜素（反式）抗实验性动脉粥样硬化的研究［D］. 青岛：青岛大学，2006.
［149］潘淦，许爱娱. 一种用于稻香鲩养殖的饲料及其养殖方法：中国，CN201710662850.1［P］. 2020-07-07.
［150］潘纲，潘敏民. 一种多塘——藻水循环灌溉修复污染土壤的系统：中国，CN201711071898.1［P］. 2020-11-17.

[151] 钱浩，柴慈民. 一种利用单细胞蛋白一步食物链高密度养殖卤虫的方法：中国，CN201410412363.6[P]. 2017-03-15.
[152] 秦益民，刘洪武，刘健，等. 一种海藻生物纤维及其制备方法和应用：中国，CN201510938208.2[P]. 2017-10-27.
[153] 史博，张黎明，梁亮，等. 一种交联微藻薄膜的制备方法：中国，CN201510279109.8[P]. 2017-09-26.
[154] 孙含，赵晓燕，朱海涛，等. 一种混合微藻膨化食品及其制备方法：中国，CN201711007558.2[P]. 2020-10-30.
[155] 孙林枫. 石油和油分散剂对藻类胞内外有机磷的影响[J]. 环境化学，1990，9（2）：46-50.
[156] 孙协军，李秀霞，刘雪飞，等. 一种冻藏熟中国对虾的护色剂及护色方法：中国，CN201610179202.6[P]. 2019-03-15.
[157] 孙正，王璐，李映霞，等.六价铬胁迫对盐藻生理响应机制的研究[J]. 南阳师范学院学报，2018，17（6）：10-15.
[158] 汤荣成，齐红莉，王红宇，等. 不同食物及食物密度对盐蚕豆虫种群动力学特征的影响[J]. 动物学杂志，2019，54（4）：529-537.
[159] 童微星. 天然β-胡萝卜素油和天然β-胡萝卜素结晶体的应用：中国，CN200510061292.0[P]. 2010-04-28.
[160] 童微星. 盐藻在治疗消化道疾病上的应用：中国，CN97100944.9[P]. 2001-04-18.
[161] 汪靓，孙予罕，魏伟，等. 利用序批式微藻反应器去除污水中氮磷的方法：中国，CN201410603392.0[P]. 2019-04-23.
[162] 汪应秀，李雪竹，陈晓朋，等. 一种护肤品抗衰老精华液及其应用的抗衰老护肤品：中国，CN201910682200.2[P]. 2019-09-20.
[163] 王春波，高慧，张磊，等. 一种用于辅助治疗LEWIS肺癌的海洋药物：中国，CN201510446299.8[P]. 2018-07-13.
[164] 王春波，兰孝贞，张鲁平，等. 盐藻β-胡萝卜素对鹌鹑脂肪肝的影响[J]. 海洋与湖沼，1999，30（6）：658-662.
[165] 王培磊. 一种牛蒡盐藻酒及其制作工艺：中国，CN201410554180.8[P]. 2017-01-18.
[166] 王胜. 利用杜氏盐藻制造植物盐的方法：中国，CN201711362975.9[P]. 2018-07-24.
[167] 王彤. 利用石油污染海水培养小球藻和盐藻的条件优化[D]. 大连：辽宁师范大学，2015.
[168] 王亚，张春华，王淑，等. 带菌盐藻对不同形态砷的富集和转化研究[J]. 环境科学，2013，34（11）：4257-4265.
[169] 王长海，何梅琳，郑世燕，等. 以藻类加工废弃物生产有机海藻肥料的方法及制成的肥料：中国，CN201410626402.2[P]. 2017-12-22.
[170] 王贞丽，韩彦骞，王春波. 化学发光法测定盐藻β-胡萝卜素清除自由基的

能力[J]. 医学信息，2007，20（4）：615-617.
[171] 吴志辉，聂湘平，杨宇峰，等. 邻苯二甲酸二甲酯（DMP）对海洋微藻的生态毒理研究[J]. 生态科学，2006，25：168-170.
[172] 伍先绍，贺稚非，龚霄，等. 杜氏盐藻及其在功能食品中的应用[J]. 中国食品添加剂，2008，(2)：127-130.
[173] 夏永涛，孟祥龙，韩磊，等. 一种鲟鱼雌鱼特制软颗粒饲料及其制备方法：中国，CN201510332214.3[P]. 2018-08-10.
[174] 辛乃宏，刘颖芬. 海水鱼营养强化微胶囊水剂及其制备方法：中国，CN200910069809.9[P]. 2013-04-17.
[175] 徐贵义. 一种空气净化器：中国，CN201310753044.7[P]. 2017a-12-01.
[176] 徐贵义. 一种空气净化设备：中国，CN201220651944.1[P]. 2013a-06-05.
[177] 徐贵义. 一种盐藻素营养组合物及其制备方法：中国，CN201410397422.7[P]. 2017b-12-05.
[178] 徐慧倩，严金红，唐玲玲，等. 低温等离子体对南美白对虾冷藏期间品质保持的效果[J]. 现代食品科技，2021，37（4）：116-123，138.
[179] 徐盛玉，吴德，方正锋，等. 一种促进母猪卵母细胞减数分裂恢复的组合物及应用：中国，CN201510624013.0[P]. 2018-11-16.
[180] 许泽昊，胡海燕，唐思敏. 反渗透海水淡化后浓盐水养殖卤虫过程中的生理学变化[J]. 安徽农业科学，2019，47（19）：48-52.
[181] 薛乐勋，潘卫东，李杰，等. 转基因盐藻制备口服型禽流感疫苗的方法：中国，CN201010505085.0[P]. 2012-11-21.
[182] 严敬华. 一种润肤洁肤组合物及植物沐浴露：中国，CN201811101725.4[P]. 2021-04-30.
[183] 杨海麟，夏小乐，辛瑜，等. 一种自养产油微藻的高密度培养工艺：中国，CN201010509643.0[P]. 2013-07-17.
[184] 杨凯，余以刚. 一种增强体质的盐藻面：中国，CN20180554085.6[P]. 2018-11-16.
[185] 杨瑞丽，陈宇，吴玉龙，等. 煤与杜氏盐藻共热解过程分析及动力学研究[J]. 燃烧科学与技术，2013b，19（3）：281-286.
[186] 杨瑞丽，陈宇，吴玉龙，等. 亚/超临界水-乙醇体系中煤与杜氏盐藻共液化制备液体燃料[J]. 现代化工，2013a，33（4）：82-86.
[187] 余华容. 一种气垫BB霜及其制备方法：中国，CN201510202707.5[P]. 2017-11-17.
[188] 张爱军，臧家业. 一种海洋微生物防污涂料的制备方法：中国，CN201510383497.4[P]. 2017-10-20.
[189] 张偲，陈晓华，谭丽菊，等. 纳米TiO_2对中肋骨条藻和杜氏盐藻的毒性效应研究[J]. 海洋环境科学，2018，37（2）：215-220，227.
[190] 张福，马若欣，吕爱玲，等. 极端嗜盐绿色杜氏藻生物学特性研究[J]. 海湖盐与化工，2005，34（1）：25-28.

[191] 张福. 天然极端嗜盐生物盐的研制[J]. 盐业与化工，2013（5）：20-23.
[192] 张倩. 氧化石墨烯对4种微藻的致毒效应研究[D]. 青岛：中国海洋大学，2015.
[193] 张守都，李莉，张国范. 一种用人工代用饵料进行海湾扇贝亲贝促熟的方法：中国，CN201310539113.4[P]. 2017-11-03.
[194] 张伟. 一种厚壳贻贝人工催产及授精的方法：中国，CN201310485293.2[P]. 2016-04-06.
[195] 张卫华，刘文宝，王清华. 一种辅助改善记忆的特殊膳食用食品配方：中国，CN201510786669.2[P]. 2017-12-29.
[196] 张颖，孟克巴雅尔，谷禹壮，等. 艾比湖卤虫对不同粒径饵料藻的摄食选择性研究[J]. 大连海洋大学学报，2018，33（2）：203-209.
[197] 赵晗. 一种医用冷敷面贴及其制作方法：中国，CN201910759778.3[P]. 2019-10-08.
[198] 赵素娟，王淑惠，邓雪，等. 盐藻素抗突变作用的初探[J]. 卫生毒理学杂志，2003，17（1）：65-66.
[199] 赵旸，平双双，丁程程，等. 防污剂吡硫锌的水解、光解及其降解产物毒性研究[J].涂料工业，2019，49（11）：1-6.
[200] 郑波，杨玉涛，陈京华，等. 投喂量对中华卤虫解池种群产仔方式的影响[J]. 水产科学，2019，38（1）：86-91.
[201] 郑绵平，罗莎莎. 利用卤虫来杀灭太阳池中的嗜盐藻的方法：中国，CN03121505.X[P]. 2005-05-18.
[202] 钟闰，吴思伟，何秀苗，等. 杜氏盐藻胞外多糖抗肿瘤活性及其机制研究[J]. 食品工业科技，2020，41（22）：126-133.
[203] 周渭川. 一种祛痘洗面奶：中国，CN201910882899.7[P]. 2019-12-03.
[204] 朱志丞，庄小平，潘燕丽，等. 南美对虾的养殖方法：中国，CN201710771445.3[P]. 2018-08-31.

附录　一些藻类中文名称及拉丁学名对照表

塔玛亚历山大藻	*Alexandrium tamarense*
前沟藻	*Amphidinium* sp.
硅藻门	*Bacillariophyta*
牟氏角毛藻	*Chaetoceros muelleri*
自养小球藻	*Chlorella autotrophica*
小球藻	*Chlorella* sp.
绿藻门	*Chlorophyta*
杜氏藻	*Dunaliella* sp.
盐生杜氏藻	*Dunaliella salina*
巴氏杜氏藻	*Dunaliella bardawil*
巴夫杜氏藻	*Dunaliella parva*
绿色杜氏藻	*Dunaliella viridis*
杜氏藻	*Dunaliella tertiolecta*
赫氏圆石藻	*Emilianiahuxleyi*
赤潮异弯藻	*Heterosigma akashiwo*
球等鞭金藻	*Isochrysis galbana*
米氏凯伦藻	*Karenia mikinmotoi*
微绿球藻	*Nannochloropsis oculata*
微拟球藻	*Nannochloropsis* sp.
新月菱形藻	*Nitzschia closterium*
金牛鸵球藻	*Ostreococcus tauri*
绿色鞭毛藻	*Ostreococcus lucimarinus*
亚心形扁藻	*Platymonas subcordiformis*
球形棕囊藻	*Phaeocystis globosa*

三角褐指藻	*Phaeodactylum tricornutum*
青岛大扁藻	*Platymonas helgolandica*
东海原甲藻	*Prorocentrum donghaiense*
微小原甲藻	*Prorocentrum minimum*
塔胞藻	*Pyramimonas* sp.
甲藻门	*Pyrrophyta*
中肋骨条藻	*Skeletonema costatum*
威氏海链藻	*Thalassiosira weissfilogii*
卡德藻	*Tetraselmis* sp.
黄藻门	*Xanthophyta*